普通高等教育先进设计技术应用教材

ADAMS 2013 Advanced Application Tutorial with Examples

ADAMS 2013 应用实例精解教程

郭卫东　李守忠　马　璐　编著

机械工业出版社
CHINA MACHINE PRESS

本书以 ADAMS2013.2 为平台，以实例为主线，从基础入门开始，全面介绍 ADAMS 的建模与仿真技术及其在机械产品设计中的应用。本书共 9 章，主要内容有：ADAMS 概论、ADAMS 建模基础、函数的定义及应用、机械传动系统设计与仿真分析、柔性体建模及系统振动特性分析、ADAMS 模型的控制设计、机构的优化设计、ADAMS 建模中的用户化设计、ADAMS 二次开发。

本书可作为高等工科院校机械类、近机类专业本科生和研究生的教材，也可作为工程技术人员的参考用书。

图书在版编目（CIP）数据

ADAMS2013 应用实例精解教程/郭卫东，李守忠，马璐编著.—北京：机械工业出版社，2015.1（2025.8 重印）
普通高等教育先进设计技术应用教材
ISBN 978-7-111-49116-3

Ⅰ.①A… Ⅱ.①郭…②李…③马… Ⅲ.①机械工程-计算机仿真-应用软件-高等学校-教材 Ⅳ.①TH-39

中国版本图书馆 CIP 数据核字（2015）第 002700 号

机械工业出版社（北京市百万庄大街 22 号　邮政编码 100037）
策划编辑：舒　恬　　　　责任编辑：舒　恬　武　晋
版式设计：常天培　　　　责任校对：张晓蓉
封面设计：张　静　　　　责任印制：张　博
北京华宇信诺印刷有限公司印刷
2025 年 8 月第 1 版第 11 次印刷
184mm×260mm·21.75 印张·534 千字
标准书号：ISBN 978-7-111-49116-3
定价：59.00 元

电话服务　　　　　　　　　　网络服务
客服电话：010-88361066　　　机　工　官　网：www.cmpbook.com
　　　　　010-88379833　　　机　工　官　博：weibo.com/cmp1952
　　　　　010-68326294　　　金　书　网：www.golden-book.com
封底无防伪标均为盗版　　　　机工教育服务网：www.cmpedu.com

前 言
Preface

虚拟样机技术（Virtual Prototyping Technology）是当前设计制造领域的一项新技术，其应用涉及汽车制造、工程机械、航空航天、造船、航海、机械电子、通用机械等众多领域。用虚拟样机替代物理样机，不但可以缩短开发周期，而且设计效率也得到了很大的提高。

美国 MSC.Software 公司的机械系统动力学分析软件（Automatic Dynamic Analysis of Mechanical Systems，ADAMS）是虚拟样机技术得以实现的一个被广泛应用的平台，它以功能齐全、建模快捷、仿真容易、测试方便等特点受到工程技术人员和广大使用者的青睐。

自 20 世纪 90 年代 ADAMS 软件进入国内以来，先后已经有 10 余本与 ADAMS 应用有关的书籍出版，但从总体来看，教程中的应用实例偏少，原创性也不够，特别是还没有一本关于 ADAMS2013 版本的应用教程。针对这种情况，应广大读者的要求，北京航空航天大学携手 MSC Software 公司共同组织编写了本教程。

本书以 ADAMS2013.2 版为平台，结合作者们多年的科研实践和相关教学改革成果积累编著而成。本书以 20 多个设计应用实例为主线，从基础入门开始，介绍 ADAMS 在机械产品设计与分析中的应用。其内容涉及 ADAMS 的虚拟样机建模基础、函数的定义及其应用、机构设计、控制系统设计、柔性体建模、参数化建模、用户化设计等内容。

本书力求由浅入深，循序渐进地介绍 ADAMS 的功能和操作步骤，因此在编排方式上采用文字和图形相对应的原则，即文字的序号与图中的序号完全对应，非常便于读者阅读和按步骤对照学习和操作 ADAMS。本书还采用了二维码技术，通过扫描二维码，可以动态观看书中的 ADAMS 模型的仿真结果，便于对内容的理解和对所完成模型的对比检验（由于视频文件较大，请读者尽量在 wifi 环境下观看视频）。另外，读者可登录机械工业出版社教育服务网（www.cmpedu.com），在本教材"内容简介"页面找到相关电子资源的下载链接。

本书可作为本科生和研究生的有关课程（例如机械原理、机械系统动力学、产品设计与虚拟样机、ADAMS 应用与实践等）的教材，也可作为广大机械工程领域的工程技术人员的参考书。

参加本书编写的编写人员有：郭卫东（第 1 章部分，第 5 章，第 6 章部分，第 7 章，第 8 章，第 9 章部分），李守忠（第 2 章，第 3 章），马璐（第 1 章部分，第 4 章，第 6 章部分，第 9 章部分，附录）。本书由郭卫东负责全书的统稿、修改和定稿工作。

在此，向为本书做出贡献的其他教师和出版社的工作人员表示由衷的感谢。本书在编写过程中参考了一些同类教材和著作，在此也对这些教材和著作的作者们表示诚挚的谢意。

由于编者水平有限，书中疏漏欠妥之处在所难免，诚望读者批评指正。

郭卫东、李守忠、马璐

目 录
CONTENTS

前言

第1章 ADAMS 概论

1.1 ADAMS 软件简介 ·········· 1
  1.1.1 ADAMS 软件的发展历史 ·········· 1
  1.1.2 ADAMS 软件的设计流程 ·········· 2

1.2 ADAMS 软件的基本模块 ·········· 3
  1.2.1 前处理模块 ADAMS/View ·········· 3
  1.2.2 CAD 接口模块 ADAMS/Exchange ·········· 4
  1.2.3 后处理模块 ADAMS/PostProcessor ·········· 4
  1.2.4 求解器模块 ADAMS/Solver ·········· 5
  1.2.5 线性化求解模块 ADAMS/Linear ·········· 6
  1.2.6 优化/试验分析模块 ADAMS/Insight ·········· 6
  1.2.7 刚柔耦合分析模块 ADAMS/Flex ·········· 7
  1.2.8 耐久性模块 ADAMS/Durability ·········· 8
  1.2.9 控制模块 ADAMS/Controls ·········· 8
  1.2.10 机电一体化模块 ADAMS/Mechatronics ·········· 10
  1.2.11 振动分析模块 ADAMS/Vibration ·········· 10
  1.2.12 自动的柔性体生成模块 ADAMS/ViewFlex ·········· 10
  1.2.13 直接的 CAD 数据接口模块 ADAMS/Translators ·········· 11
  1.2.14 单机并行模块 ADAMS/Solver SMP ·········· 12
  1.2.15 汽车专业模块 ADAMS/Car ·········· 12
  1.2.16 机械专业模块 ADAMS/Machinery ·········· 12

1.3 ADAMS 模型创建与仿真的基本操作 ·········· 13
  1.3.1 ADAMS2013 的应用界面 ·········· 13
  1.3.2 ADAMS 模型的创建 ·········· 16
  1.3.3 力（Forces）的施加 ·········· 21
  1.3.4 模型的仿真（Simulation） ·········· 23
  1.3.5 仿真结果测量（Measure） ·········· 23
  1.3.6 测量结果的后处理（Adams/PostProcessor） ·········· 24

第2章　ADAMS 建模基础

2.1　连杆机构的建模与仿真 …… 26
- 2.1.1　设计问题的描述 …… 26
- 2.1.2　启动 ADAMS 软件并设置工作环境 …… 26
- 2.1.3　创建机构模型 …… 29
- 2.1.4　保存模型 …… 36
- 2.1.5　仿真与测试 …… 36

2.2　压力机建模与仿真 …… 44
- 2.2.1　设计问题的描述 …… 44
- 2.2.2　启动 ADAMS 软件并设置工作环境 …… 45
- 2.2.3　创建虚拟样机模型 …… 45
- 2.2.4　仿真与测试 …… 51

2.3　行星轮系建模与仿真 …… 54
- 2.3.1　设计问题的描述 …… 54
- 2.3.2　启动 ADAMS 软件并设置工作环境 …… 54
- 2.3.3　创建虚拟样机模型 …… 54
- 2.3.4　仿真与测试 …… 62
- 2.3.5　实体模型的导入 …… 65

2.4　凸轮机构建模与仿真 …… 68
- 2.4.1　设计问题的描述 …… 68
- 2.4.2　启动 ADAMS 软件并设置工作环境 …… 68
- 2.4.3　创建虚拟样机模型 …… 68
- 2.4.4　仿真与测试 …… 74

第3章　函数的定义及应用

3.1　IF 函数的定义及应用 …… 78
- 3.1.1　设计问题的描述 …… 78
- 3.1.2　启动 ADAMS 软件并设置工作环境 …… 79
- 3.1.3　创建虚拟样机模型 …… 79
- 3.1.4　设计凸轮 …… 84
- 3.1.5　仿真与测量模型 …… 87

3.2　STEP 函数的定义及应用 …… 88
- 3.2.1　设计问题的描述 …… 88
- 3.2.2　启动 ADAMS 软件并设置工作环境 …… 88
- 3.2.3　创建虚拟样机模型 …… 88
- 3.2.4　仿真与测量模型 …… 94

3.3 SPLINE 函数的定义及应用 ····· 96
3.3.1 设计问题的描述 ····· 96
3.3.2 启动 ADAMS 软件并设置工作环境 ····· 97
3.3.3 创建虚拟样机模型 ····· 97
3.3.4 仿真与测量模型 ····· 104

3.4 DIFF 函数的定义及应用 ····· 108
3.4.1 设计问题的描述 ····· 108
3.4.2 启动 ADAMS 软件并设置工作环境 ····· 110
3.4.3 创建虚拟样机模型 ····· 110
3.4.4 仿真与测量模型 ····· 114

3.5 CONTACT 函数的定义及应用 ····· 116
3.5.1 设计问题的描述 ····· 116
3.5.2 启动 ADAMS 软件并设置工作环境 ····· 116
3.5.3 创建虚拟样机模型 ····· 116
3.5.4 仿真与测量模型 ····· 124

第4章 机械传动系统设计与仿真分析

4.1 ADAMS/Machinery 模块简介 ····· 127
4.1.1 ADAMS/Machinery 模块的应用特点 ····· 127
4.1.2 ADAMS/Machinery 模块解决的问题 ····· 128

4.2 齿轮传动 ····· 128
4.2.1 设计问题的描述 ····· 128
4.2.2 齿轮传动模型的创建 ····· 129
4.2.3 模型仿真与分析 ····· 148

4.3 带传动 ····· 149
4.3.1 设计问题的描述 ····· 149
4.3.2 带传动模型的创建 ····· 149
4.3.3 模型仿真与分析 ····· 163

4.4 链传动 ····· 166
4.4.1 设计问题的描述 ····· 166
4.4.2 链传动模型的创建 ····· 167
4.4.3 模型仿真与分析 ····· 179

4.5 绳索传动 ····· 183
4.5.1 设计问题的描述 ····· 183
4.5.2 绳索传动模型的创建 ····· 183
4.5.3 模型仿真与分析 ····· 192

- 4.6 轴承 ··· 195
  - 4.6.1 设计问题的描述 ··· 195
  - 4.6.2 轴承模型的创建 ··· 195
  - 4.6.3 模型仿真与分析 ··· 203
- 4.7 电动机驱动 ··· 208
  - 4.7.1 设计问题的描述 ··· 208
  - 4.7.2 电动机模型的创建 ·· 209
  - 4.7.3 模型仿真与分析 ··· 213

第5章 柔性体建模及系统振动特性分析

- 5.1 非连续柔性杆体方式建模 ·· 216
  - 5.1.1 设计问题的描述 ··· 216
  - 5.1.2 创建虚拟样机模型 ·· 216
  - 5.1.3 仿真与测试模型 ··· 219
- 5.2 刚体转换成柔性体方式建模 ······································· 220
  - 5.2.1 设计问题的描述 ··· 220
  - 5.2.2 创建虚拟样机模型 ·· 221
  - 5.2.3 仿真与测试模型 ··· 224
- 5.3 ADAMS/Flex 柔性分析模块 ······································· 225
  - 5.3.1 设计问题的描述 ··· 225
  - 5.3.2 创建虚拟样机模型 ·· 225
  - 5.3.3 仿真与测试模型 ··· 229
- 5.4 ADAMS/Line 分析模块 ·· 230
  - 5.4.1 设计问题的描述 ··· 230
  - 5.4.2 打开机构模型文件 ·· 230
  - 5.4.3 创建仿真描述 ·· 230
  - 5.4.4 仿真模型 ·· 232
  - 5.4.5 机械系统振动特性分析 ···································· 232

第6章 ADAMS 模型的控制设计

- 6.1 传感器的创建与应用 ·· 234
  - 6.1.1 设计问题的描述 ··· 234
  - 6.1.2 启动 ADAMS 软件并设置工作环境 ···················· 234
  - 6.1.3 创建 ADAMS 模型 ·· 235
  - 6.1.4 仿真与测试模型 ··· 239
  - 6.1.5 创建传感器 ··· 240

6.2 仿真描述的设计与执行 ························· 242
6.2.1 设计问题的描述 ························· 242
6.2.2 启动 ADAMS 软件并设置工作环境 ························· 242
6.2.3 创建 ADAMS 模型 ························· 244
6.2.4 创建传感器 ························· 247
6.2.5 仿真描述的设计 ························· 248
6.2.6 仿真描述的执行 ························· 252

6.3 ADAMS/Controls 模块的应用 ························· 253
6.3.1 ADAMS/Controls 模块简介 ························· 253
6.3.2 设计问题的描述 ························· 253
6.3.3 模型的创建 ························· 254
6.3.4 控制系统的创建 ························· 260
6.3.5 模型的仿真与分析 ························· 261

第 7 章 机构的优化设计

7.1 机构的参数化模型 ························· 265
7.1.1 设计问题的描述 ························· 265
7.1.2 启动 ADAMS 软件并设置工作环境 ························· 265
7.1.3 创建机构模型 ························· 265

7.2 设计研究 ························· 276
7.2.1 传感器设置 ························· 276
7.2.2 设计变量研究 ························· 277

7.3 试验设计 ························· 279

7.4 机构的优化设计过程 ························· 280
7.4.1 机构优化模型 ························· 280
7.4.2 机构优化仿真分析 ························· 284

第 8 章 ADAMS 建模中的用户化设计

8.1 定制用户对话框 ························· 286
8.1.1 问题描述 ························· 286
8.1.2 用户对话框的设计 ························· 287
8.1.3 测试用户对话框 ························· 294
8.1.4 输出对话框文件 ························· 294

8.2 定制用户菜单 ························· 295
8.2.1 问题描述 ························· 295
8.2.2 打开机构模型文件 ························· 295

8.2.3 创建用户菜单 ……………………………………………………………… 295
8.2.4 执行用户菜单 ……………………………………………………………… 298
8.2.5 输出用户菜单 ……………………………………………………………… 299

第9章 ADAMS 二次开发

9.1 宏命令 …………………………………………………………………………… 300
 9.1.1 宏命令简介 ………………………………………………………………… 300
 9.1.2 设计问题的描述 …………………………………………………………… 302
 9.1.3 模型的创建 ………………………………………………………………… 302

9.2 用户子程序 ……………………………………………………………………… 312
 9.2.1 C 语言用户子程序的编译要求简介 ……………………………………… 312
 9.2.2 设计问题的描述 …………………………………………………………… 316
 9.2.3 模型的创建 ………………………………………………………………… 316
 9.2.4 用户子程序的编写及编译 ………………………………………………… 318
 9.2.5 模型的仿真与分析 ………………………………………………………… 321

附录 ADAMS 软件安装指南

附录 A License 服务器安装 …………………………………………………………… 323
附录 B ADAMS 程序安装 …………………………………………………………… 327

参考文献 …………………………………………………………………………………… 334

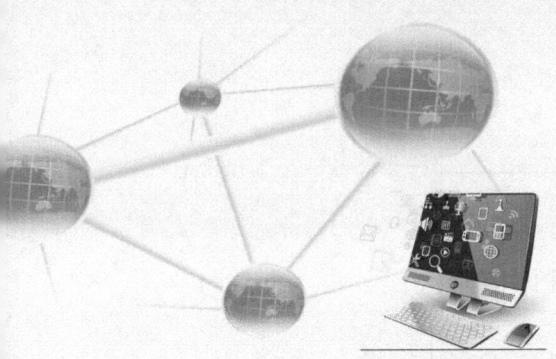

第 1 章　ADAMS 概论

ADAMS 软件是针对机械系统进行动力分析的专用软件，其仿真分析功能和应用范围目前处于世界领先水平。本章将首先回顾 ADAMS 软件的发展过程，然后对软件的主要模块进行介绍，最后对 ADAMS 软件的基本操作进行简要介绍。

1.1　ADAMS 软件简介

1.1.1　ADAMS 软件的发展历史

ADAMS 软件是美国 MSC 公司旗下的一款主要产品。

为了满足宇航工业对结构分析的迫切需求，美国国家航空航天局（National Aeronautics and Space Administration, NASA）于 1966 年提出了发展世界上第一套泛用型的有限元分析软件（NASA Structural Analysis Program, NASTRAN）的研制计划。美国 MSC 公司参与了整个 NASTRAN 程序的研制过程。1969 年 NASA 正式推出了其第一个 NASTRAN 版本，称为 COSMIC NASTRAN。之后 MSC 公司继续改良 NASTRAN，使之成为 MSC 公司的代表产品 MSC.NASTRAN。从此美国 MSC 公司进入了较为快速发展的时期。

1977 年，美国密歇根大学的 ADAMS 代码开发研究人员发起成立了 Mechanical Dynamics Incorporated（MDI）公司。从此世界上出现了一款机械系统自动化动力学仿真分析软件 ADAMS。

最开始 ADAMS 软件只有 ADAMS/Solver，用来解算非线性的方程组。使用者需要以文本方式建立模型，然后提交给 ADAMS/Solver 进行求解，使用很不方便。为了便于用户的使用，也为了软件的推广使用，在 20 世纪 90 年代初，ADAMS/View 发布，用户可以在统一的环境下建立机械系统的模型、仿真模型和分析检查结果。现在已经发布了一系列用于不同行业的 ADAMS 产品，例如 ADAMS/Car、ADAMS/Rail、ADAMS/Engine 等模块。

1995 年 ADAMS 软件进入中国，开始在北京航空航天大学、清华大学等高校中使用，随后不断扩展到国内的科研院所。

2002 年，MSC 公司以 1.2 亿美元收购了 MDI 公司。

随着 ADAMS 软件内容的不断完善和更新，其版本也不断地变更，由最初的 ADAMS8.0，到后来的 ADAMS9.1、ADAMS10.0、ADAMS12.0、ADAMS2003、ADAMS2005、ADAMS2007、ADAMS2010、ADAMS2012、ADAMS2013、ADAMS2014。

1.1.2 ADAMS 软件的设计流程

应用 ADAMS 软件进行虚拟样机设计的过程如图 1-1 所示。

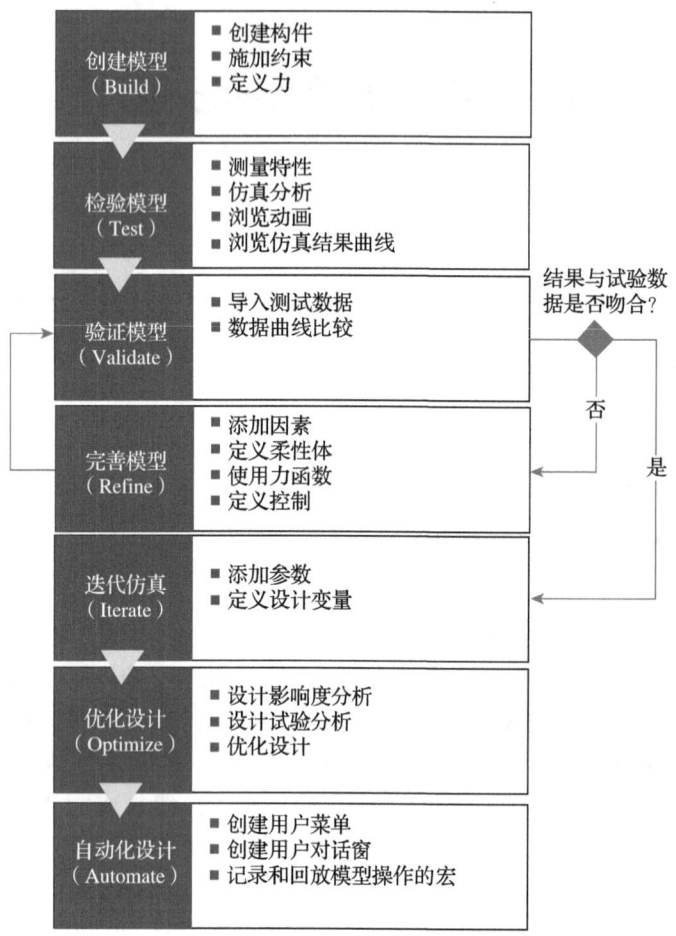

图 1-1 应用 ADAMS 软件进行虚拟样机设计的过程

1. 创建模型（Build）

创建机械系统的模型包括创建构件或零件（Create Parts）、对构件施加约束（Constrain the Parts）和定义作用于构件上的力（Define Forces Acting on the Parts）。构件是具有质量、转动惯量等物理特征的几何形体。约束用于确定构件之间的连接关系，明确构件之间的相对运动形式。

2. 检验（Test）和验证（Validate）模型

模型创建完成后或在创建模型过程中，可对模型进行仿真检验，验证模型的正确性。检验模型包括测量特性（Measure Characteristics）、仿真分析（Perform Simulations）、动画播放（Review Animations）和绘制曲线（Review Results as Plots）。验证模型包括输入测试数据（Import Test Data）和数据曲线比较（Superimpose Test Data on Plots）。

3. 完善（Refine）模型和迭代（Iterate）仿真

在初步检验模型正确的基础上进行模型验证，如果结果与试验数据不吻合，可以给模型添加更多的因素，以细化、完善模型，如定义约束中的摩擦、定义柔性体等。将模型参数化，通过修改参数来自动修改模型。完善模型包括施加摩擦（Add friction）、定义柔性体（Define flexible bodies）、使用力函数（Implement force functions）和定义控制（Define controls）。迭代模型包括添加模型参数（Add parametrics）和定义设计变量（Define design variables）。

4. 优化设计（Optimize）

ADAMS 软件可以自动进行多次仿真，每次仿真时，通过改变模型的设计变量，按照一定的算法找到机械系统设计的最优方案。优化设计包括设计变量影响度研究（Perform design sensitivity studies）、试验设计分析（Perform design of experiments）和优化设计分析（Perform optimization studies）。

5. 自动化设计（Automate）

为了方便用户操作及符合设计环境，可以创建用户菜单和对话窗，还可以使用宏命令执行复杂和重复的工作，以提高工作效率。用户化设计包括创建自定义菜单（Create Custom Menus）、创建用户对话窗（Create custom dialog boxes）和记录和回放模型操作的宏命令（Record and Replay Modeling Operation as Macros）。

1.2 ADAMS 软件的基本模块

ADAMS 软件的功能模块可分为核心基础模块、扩展附加和接口模块、专业模块、实用工具箱及第三方模块等。ADAMS 软件最常用的模块详细介绍如下。

1.2.1 前处理模块 ADAMS/View

ADAMS/View 模块是使用 ADAMS 软件建立机械系统功能化数字样机的可视化前处理环境，可以很方便地采用人机交互的方式建立模型中的相关对象，如定义运动部件、定义部件之间的约束关系或力的连接关系、施加强制驱动或外部载荷激励。

ADAMS/View 模块支持多窗口显示，最多可达六个，每个窗口显示不同的视图或结果；具有模型校验工具，有助于快速查找模型中存在的明显的建模问题；具有多种文件输入输出功能，如模型及仿真结果文件、几何外形文件、试验数据、表格输出等；能输出为有限元分析、物理试验及疲劳分析等直接使用的文件；通过把试验结果导入 ADAMS/View 模块，实现试验与仿真结果的综合比对，完成虚拟样机的置信度检验。

ADAMS/View 模块提供快速建立参数化模型的能力，便于改进设计；具有方便、实用的试验研究策略：单变量、多变量试验设计研究及优化分析功能；提供二次开发功能，可以重新定制界面，包括功能操作区、菜单、图标等，便于实现设计流程自动化或满足用户的个性化需求，以提高仿真效率。

利用 ADAMS/View 模块的内嵌式集成 ADAMS/Solver 模块解算的功能，用户可以直接进行仿真（图1-2），并且在仿真过程中直接观察机械系统的运动情况及用户关注的重要数据量随时间的变化情况，使技术人员能迅速地将注意力集中到产品需要完善的地方。ADAMS/View可以在产品设计的早期就开始使用，从而能快速发现并改正设计中的不当之处。

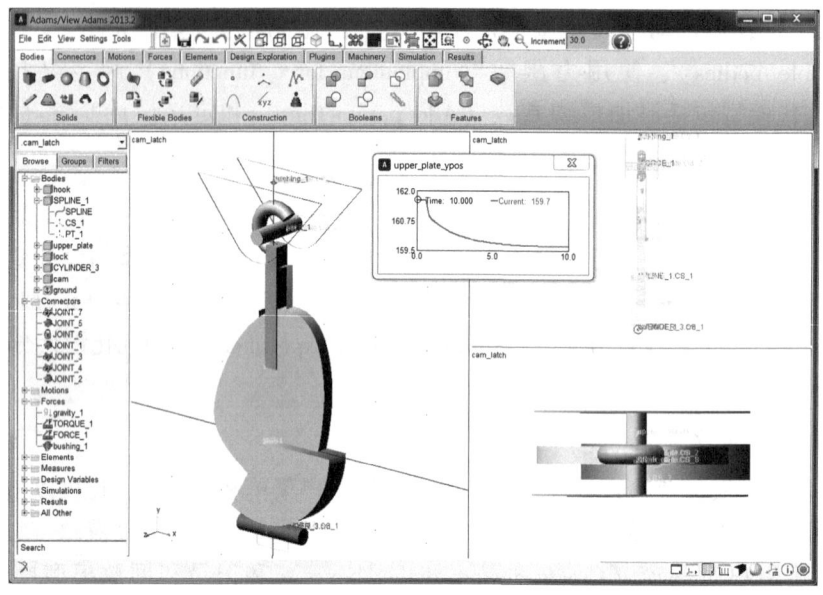

【图1-2 仿真】

图1-2 ADAMS/View模块中仿真模型

1.2.2 CAD接口模块 ADAMS/Exchange

ADAMS/Exchange模块为ADAMS软件与其他CAD/CAM/CAE软件之间的几何数据交换提供了工业标准的接口。通过ADAMS/Exchange模块，用户可以将所有来源于产品数据交换库（PDE/Lib）的标准格式的几何外形进行双向数据传输，标准格式包括IGES、STEP、DWG/DXF、Parasolid等。无论用户是用网格、面还是实体等几何图形来表示所设计的机构，都能够通过ADAMS/Exchange模块很容易地实现该几何图形在CAD软件与ADAMS软件之间的双向数据传输。

当用户将其他CAD/CAE/CAM软件中的模型传输到ADAMS软件中时，只要在ADAMS软件界面下从"File"下拉菜单中选择"Import"命令，打开"File Import"对话框，如图1-3所示，即可引导用户一步步方便地完成这个操作。ADAMS/Exchange模块自动地将几何图形转换到ADAMS软件中，无需重新输入数据。

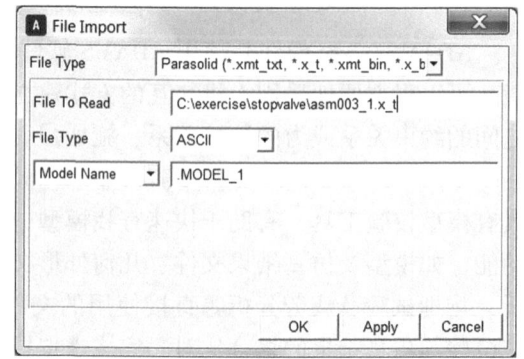

图1-3 使用ADAMS/Exchange模块导入CAD几何模型

1.2.3 后处理模块 ADAMS/PostProcessor

ADAMS/PostProcessor模块是显示ADAMS软件仿真结果的可视化图形界面。界面除了主窗口外，还有一个树形目录窗口、一个属性编辑窗口和一个数据选取窗口，如图 1-4 所示。

后处理的结果既可以显示为动画，也可以显示为数据曲线（对于振动分析结果，可以显示 3D 数据曲线），还可以显示为报告文档。主窗口可同时显示仿真的结果动画，以及数据曲线，可方便地叠加显示多次仿真的结果，以便比较；可以一个页面显示一个数据曲线，也可以在同一页面内显示最多六个分窗口的数据曲线。

相关页面的设置及数据曲线的设置都可以保存起来，于新的分析结果，可以使用已保存的后处理配置文件（".plt"文件），快速地完成数据的后处理过程，既有利于节省时间，也有利于报告格式的标准化。ADAMS/PostProcessor 模块既可以在 ADAMS/View 模块环境中运行，也可独立运行，并且独立运行时能加快软件启动速度，同时节约系统资源。

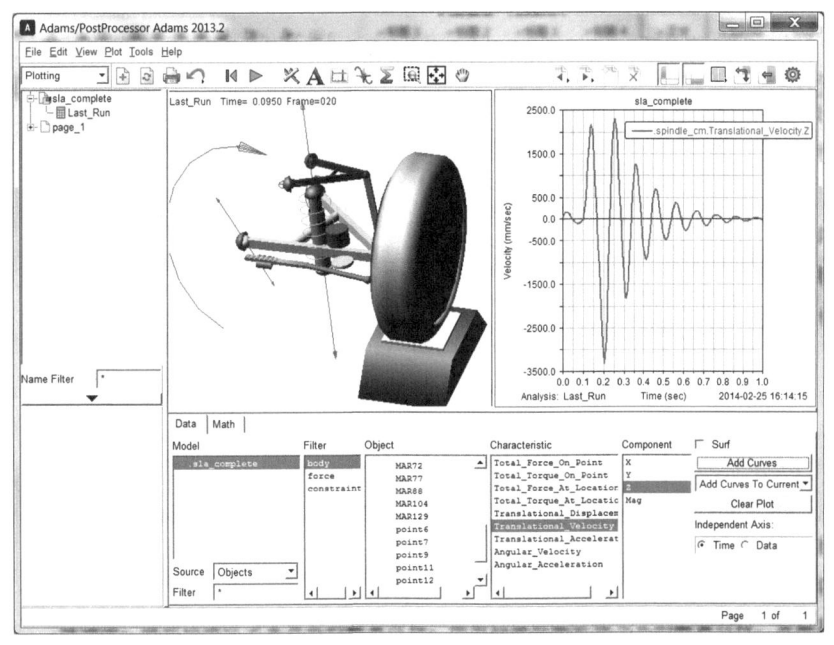

图 1-4　ADAMS/PostProcessor 模块的后处理界面

【图 1-4 仿真】

1.2.4　求解器模块 ADAMS/Solver

ADAMS/Solver 模块是 ADAMS 的求解器，包括稳定可靠的 Fortran 求解器和功能更为强大丰富的 C++求解器。该模块既可以集成在 ADAMS 前处理模块下使用，也可以从外部直接调用；既可以进行交互方式的解算过程，也可以进行批处理方式的解算过程。求解器导入模型后自动校验模型，再进行初始条件分析，然后进行后续的各种解算过程。ADAMS/Solver 模块有独特的调试功能，可以输出求解器解算过程中重要数据量的变化，方便用户理解、探索模型中深层次的关系。

ADAMS/Solver 模块借助空间笛卡儿坐标系及欧拉角描述空间刚体的运动状态，使用欧拉-拉格朗日方程自动形成系统的运动学或动力学方程；采用牛顿-拉夫森迭代算法求解模型，包含多种显式、隐式积分算法，如刚性积分方法（Gear's 和 Modified Gear's）、非刚性积分方法（Runge-Kutta 和 ABAM）、固定步长方法（Constant_BDF）以及二阶 HHT 和 NewMark 等积分方法；具有多种积分修正方法，如 3 阶指数法、稳定 2 阶指数法和稳定 1 阶指数法；支持柔性体－刚体、柔性体－柔性体接触碰撞的计算，柔性体可以是3D实体单元或3D壳单元；支持原生几何外形，如球、椭球体、圆柱体、长方体等直接进行碰撞载荷的计算，借助简单几何形状特征尺寸的优势，采用侦测接触碰撞的分析方法进行渗入体积和接触碰撞力的计算，以提高计算的精度并减少计算时间。

ADAMS/Solver模块能进行静力学、准静力学、运动学和非线性瞬态动力学的求解，并支持用户自定义的Fortran或C++子程序。此外，该模块还提供大量的求解参数选项供用户进一步调试求解器，以改进求解的效率和精度。

1.2.5　线性化求解模块 ADAMS/Linear

ADAMS/Linear模块是ADAMS求解器的一个重要功能扩展模块，其功能是对非线性方程组进行线性化，线性化后的方程组可以用来进行与机械系统振动性能相关的固有频率（特征值）和振型（特征矢量）的计算，相当于在大位移的时域范畴分析和小位移（变形）的频率范畴分析之间架起一座"桥梁"。其计算结果对于校验ADAMS模型的置信度也有很大帮助，很多机械系统（如卫星及空间探测器）很难在其正常工作环境下进行振动特性的试验，但对这些系统进行有限元或常规的模态试验相对来说比较容易，这样就可以得到其固有振动特性，因此可以将ADAMS频域分析结果与有限元或模态试验的结果进行比较，进而研究在特定环境下系统的模态及振动特性。

ADAMS/Linear模块支持传统的Calahan和Harwell线性化求解器，并提供最新的更为强大的非对称多重切面稀疏矩阵求解算法（Unsymetric, Multi Frontal, UMF）线性化求解器，这种新的线性化求解器对于特大模型进行线性化分析更为有效，求解速度也更快。ADAMS/Linear模块可以方便地考虑系统中零部件的柔性特性；利用求得的特征值和特征向量对系统进行稳定性研究；能进行系统级特征模态的计算和每阶模态能量分布的计算。

1.2.6　优化/试验分析模块 ADAMS/Insight

设计越复杂，影响设计的因素也就越多，由于各个参数之间可能是相互影响的，所以在每次只改变一个参数的情况下，很难判断设计是否更优。如果同时改变多个参数，那将需要进行指数级的大量的仿真计算，并产生庞大的仿真数据，而且对仿真数据的处理也很困难，很难判断到底哪个参数是主要的，哪个是次要的。

利用ADAMS/Insight模块，工程师们可以对功能化数字样机进行系统的研究、深入的分析，并可以与整个团队分享自己的研究成果。研究策略可以应用于部件或子系统，或者扩展到评估多层次问题中，实现跨部门的设计方案优化。ADAMS/Insight模块鼓励设计团队各个层次的协同，甚至将供应商包括在内，通过网页或者数据表格实现数据交换，从而使设计人员、研究人员以及项目管理人员能够直接参与到"What-if"的研究中，而不需要接触到实际的仿真模型。通过分享这些研究成果，可以在整个团队中加强交流并加速决策。

ADAMS/Insight模块的分析结果是基于网页技术的公示的，工程师可以方便地将仿真试验结果置于Intranet或Extranet网页上。不同部门的人员（如设计工程师、试验工程师、企业决策人员等）可以共享分析成果，加快决策进程，以最大限度地降低决策的风险。ADAMS/Insight模块是一个选装模块，既可以在ADAMS/View模块、ADAMS/Car模块环境下运行，也可以脱离ADAMS前处理环境单独运行。

利用 ADAMS/Insight 模块，工程师可以规划和完成一系列仿真优化试验，如图 1-5 所示，从而精确地预测所设计的复杂机械系统在各种工作条件下的性能，并提供了对试验结果进行各种专业化统计分析的工具，通过试验方案设计，更好地理解和掌握复杂机械系统的性能。利用 ADAMS/Insight 模块，设计工程师可以有效地区分关键参数和非关键参数，观察参数对产品性能的影响，从而帮助其更好地了解产品的性能。在产品制造出来之前，可以综合考虑各种制造因素的影响，如配合公差、装配误差、加工精度等，大大提高产品的可靠性能。

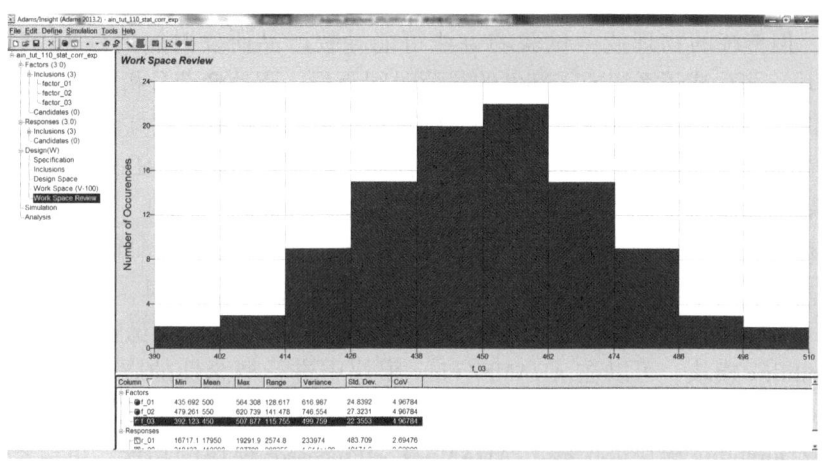

图 1-5　利用 ADAMS/Insight 模块进行优化设计

1.2.7　刚柔耦合分析模块 ADAMS/Flex

零部件的柔性变形对机械系统的性能有多大的影响？是否有破坏性的碰撞？是否造成系统的自锁和过早失效？这些问题都需要用 ADAMS/Flex 模块来解决。ADAMS/Flex 模块使工程师们能够研究在整个机械系统中部件的柔性变形的作用和影响（图 1-6），使用模态综合法，将有限元软件分析结果融入到整个系统级的仿真中。应用这种方法可以去除影响不大的模态，进而大大提高仿真的速度。

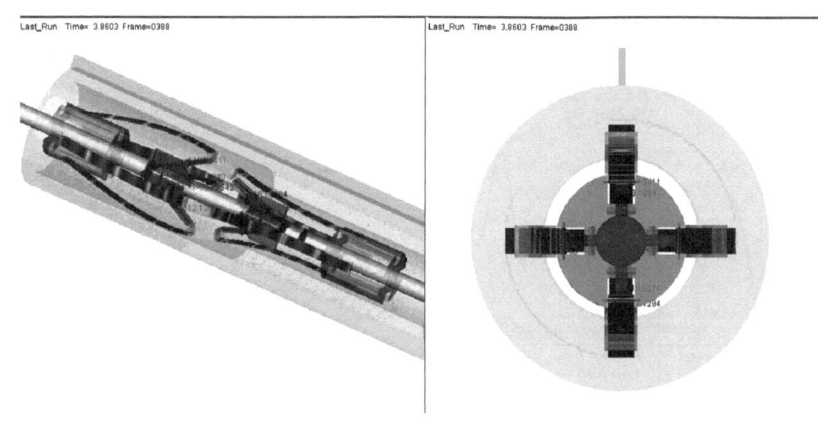

图 1-6　使用 ADAMS/Flex 模块进行刚柔耦合分析

【图1-6仿真】

ADAMS/Flex 模块支持从 NASTRAN、MARC、ABAQUS、ANSYS、I-DEAS 等专业有限元分析软件导出的模态中性文件（MNF 文件），具有多种及各阶模态的阻尼系数设置方法，用户可定义作用在柔性体上的分布载荷。ADAMS/Flex 模块具有运动部件的应力、应变的可视化效果，能够快速地识别和记录过载发生的时刻。仿真的结果，如零部件的应变、载荷时间历程及振动频率等，可用于应力、疲劳、噪声和振动等后续分析中。

1.2.8 耐久性模块 ADAMS/Durability

疲劳试验是产品开发过程中很重要的一个方面，但优良的疲劳性能往往与产品的其他性能相矛盾，如行走性能、操控性能或 NVH 性能。因此，找到一个各方面都满足性能要求的平衡点非常必要，但传统的物理疲劳试验的方法可能导致产品研发时间的延迟。使用 ADAMS/Durability 模块，可生成子系统或零部件的载荷时间历程，驱动疲劳分析工具（如 MTS 设备或疲劳分析软件），并可在 ADAMS 软件中对零部件进行概念性疲劳强度方面的研究。

MSC 公司与 MTS 公司和 nCode 公司进行合作，以保证 ADAMS/Durability 模块可以解决疲劳试验问题。MTS 公司的虚拟试验室技术（Virtual Test Lab, VTL）与 ADAMS/Durability 模块进行数据交换，提供标准机械试验系统所用的动力学模型。ADAMS/Durability 模块同时给 MSC Fatigue 软件和 nCode 公司的 FE-Fatigue 软件提供方便的接口，用来完成零部件的疲劳寿命预测。常用的试验数据格式，如 DAC 和 RPC 格式，可以双向输入和输出。使用 ADAMS/Durability 模块，可以在 ADAMS/View 模块中进行概念性的应力应变研究，以及在 MSC. NASTRAN 中做更详细的应力应变分析。

ADAMS/Durability 模块也扩展了 ADAMS/PostProcessor 模块的功能，可以动态显示柔性部件的应力应变情况，也可以绘制被测节点随时间变化的应力应变情况，如合成应力、最大剪切应力、主应力或应力应变的单个分量。图 1-7 所示为使用 ADAMS/Durability 模块查看刚柔耦合分析结果。

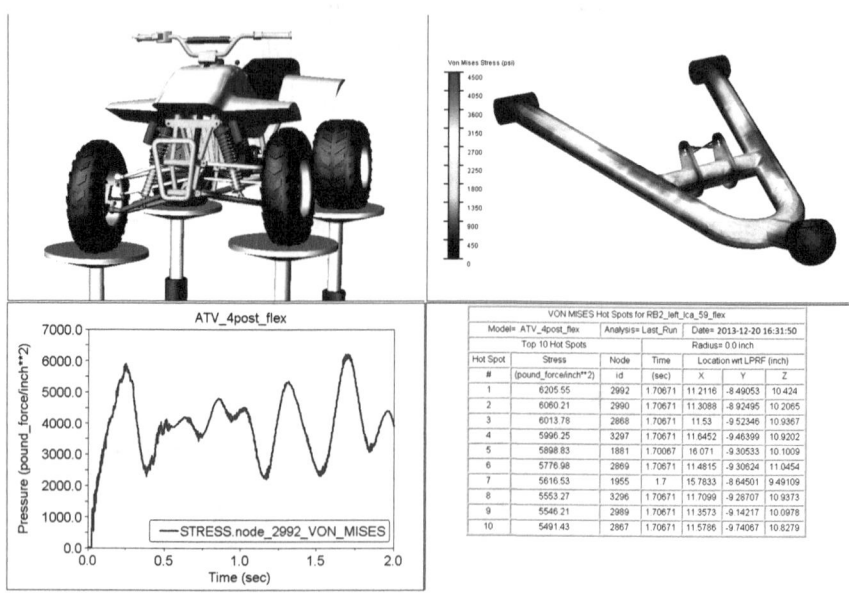

【图1-7 仿真】

图 1-7　使用 ADAMS/Durability 模块查看刚柔耦合分析结果

1.2.9 控制模块 ADAMS/Controls

在传统的机电产品研发流程中，虽然已经引入了各种工程辅助软件，如三维 CAD

软件、有限元分析软件、机构动力学分析软件和控制系统分析软件等,但彼此之间仍独立作业,缺乏整体协同作业规划。机械工程师与控制工程师虽然共同设计开发一个系统,但是他们各自都需要建立一个模型,对机械系统和控制系统进行独立设计和测试,然后进行集成。这样的开发方式有如下两个弊端:一方面,由于在设计阶段机械工程师与控制工程师缺乏互动,机械系统与控制系统独立设计,因而无法确切地检验所设计的控制规律是否有效、合理,也无法检验控制品质的高低,如果控制对象如液压系统中液压缸的载荷工况等信息无法完全准确地计算和把握,而只能通过估计的方式得到,自然会影响设计效果;另一方面,由于后期产品测试和验证经常与原始设计不符,一旦出现问题,必须回到各自的模型中重新修改机械系统和控制系统,造成巨大的人力、物力浪费。

ADAMS/Controls 模块可以将控制系统与机械系统集成在一起进行联合仿真,实现一体化仿真。主要的集成方式有两种:一种是将 ADAMS 软件建立的机械系统模型集成到控制系统仿真环境中,组成完整的机 - 电 - 液(气)耦合系统模型进行联合仿真;另一种方式是将控制软件中建立的控制系统导入到 ADAMS 模型中,利用 ADAMS 软件的求解器进行机 - 电 - 液(气)耦合系统的仿真分析。

ADAMS/Controls 模块能够让机构和控制两个系统一开始就共享模型信息,把两边考虑的机构控制问题同时包含在分析程序中,建立完整的机电系统模型。这样做有两方面的好处:一方面使控制工程师获得与实际工况相符的机构运动规律;另一方面利用整合的虚拟样机对机械系统和控制系统进行反复的联合调试,直到获得满意的设计效果,然后进行物理样机的建造和测试。图 1-8 所示为利用 ADAMS/Controls 模块实现飞机起落架联合仿真。显然,利用 ADAMS/Controls 模块的机构控制一体化虚拟样机技术对机电系统进行整体设计、调试和试验的方法,同传统的设计方法相比具有明显的优势,可以大大提高设计效率,缩短开发周期,降低产品开发成本,获得优化的机电系统整体性能。

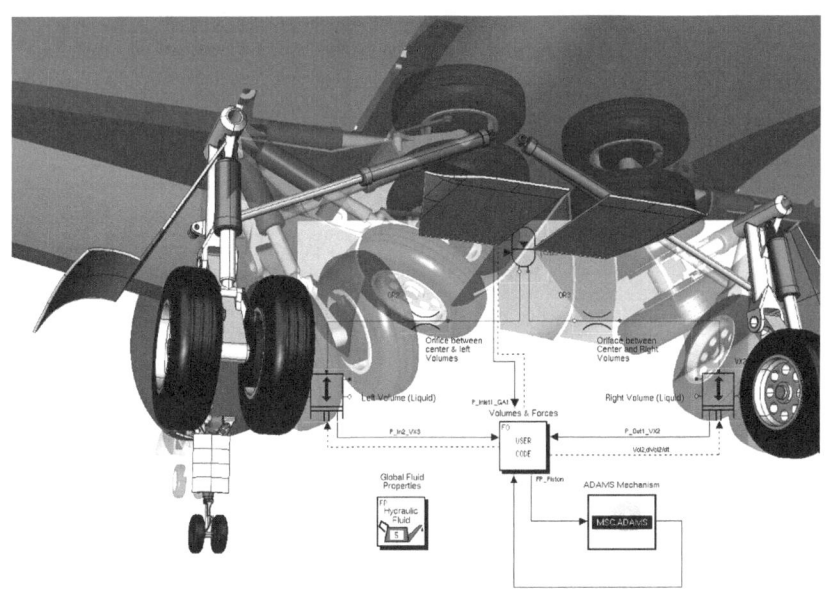

图 1-8 利用 ADAMS/Controls 模块实现飞机起落架联合仿真

1.2.10 机电一体化模块 ADAMS/Mechatronics

使用 ADAMS/Mechatronics 模块可以将控制系统更方便地集成到所建立的机械系统模型中。该模块提供建模元素，实现与虚拟控制系统之间的信息传递，更容易实现完整的系统级优化，尤其对于一些复杂问题更为适用，如车辆设计中转矩协调控制策略问题或重载机械中液压系统的性能优化等。

1.2.11 振动分析模块 ADAMS/Vibration

ADAMS/Vibration 模块用于机械系统在频域的强迫振动分析（图 1-9）。ADAMS/Vibration 模块首先对系统进行线性化分析，然后计算特征值、特征向量及在强迫激励作用下的传递函数和功率谱密度函数等频域特性。这一过程非常快捷，能得到频域的精确解，同时可以考虑系统中液压和控制单元对整个系统性能的影响。

在试验室或场地进行振动试验既费时又昂贵，而且一般只能在设计的后期才能进行；另外，噪声、振动和可感颤动（NVH 性能）在很多机械系统（如汽车、飞机、铁道车辆和卫星系统等）设计中都是极为重要的性能参数，但设计最适合的 NVH 性能会导致很多其他问题，如系统中某个部件受到一个激励会影响到系统中其他部件而出现问题。使用 ADAMS/Vibration 模块可以很好地解决上述问题，用户可以在设计的前期就进行振动性能方面的试验，可以进行减振、隔振设计及振动性能优化，并可根据根轨迹图进行稳定性分析，得到的输出数据可用来进行 NVH 性能研究。

【图1-9 仿真】

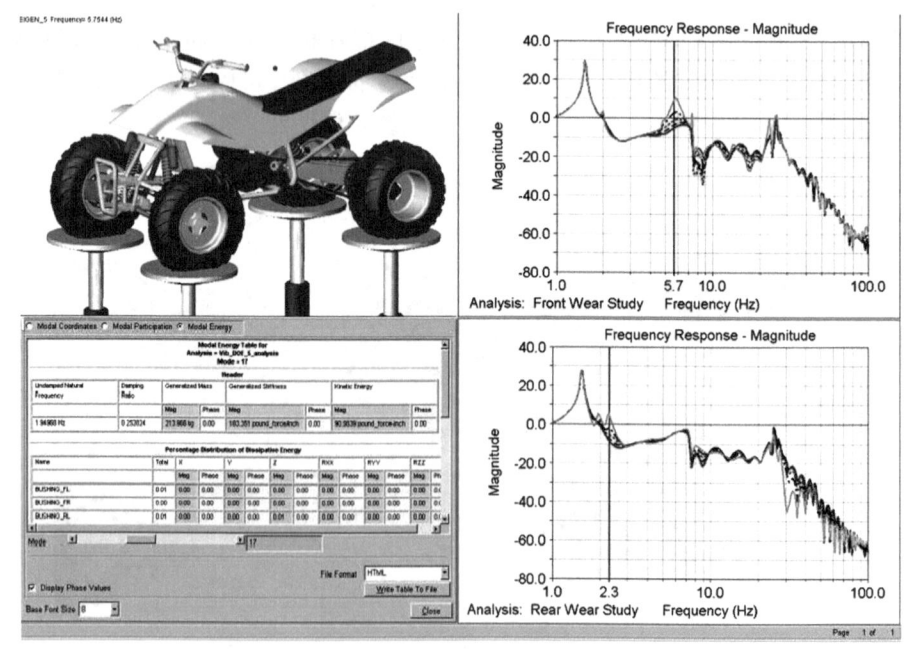

图 1-9　利用 ADAMS/Vibration 模块进行振动分析

1.2.12 自动的柔性体生成模块 ADAMS/ViewFlex

ADAMS/ViewFlex 模块是在 ADAMS 2012 版本中新增加的功能模块，是集成在 ADAMS

软件中的自动柔性体生成工具，使用该模块可以方便、高效地在 ADAMS 软件环境下（包括 ADAMS/View 模块环境和 ADAMS/Car 模块环境）直接创建并生成 ADAMS 软件所需的柔性体（图 1-10），通过直接对基于几何的刚性运动部件操作即可完成，并且不需要借助任何有限元软件。相比 ADAMS 2005 版本以前的 ADAMS/AutoFlex 模块，ADAMS/ViewFlex 模块由于采用的是 MSC 有限元前处理及 MSC. NASTRAN 求解技术，模型处理能力更强，柔性体模态信息更精确。使用这个模块，可以大大简化柔性体的处理流程，能在保证仿真精度的同时，使仿真效率更高。

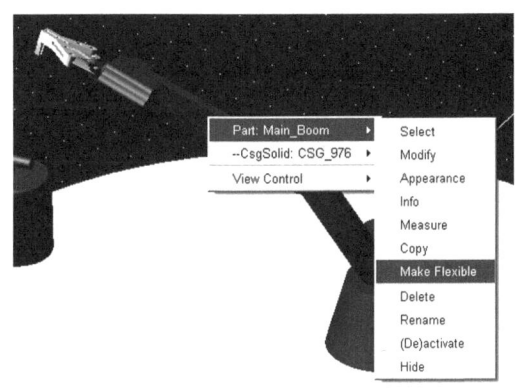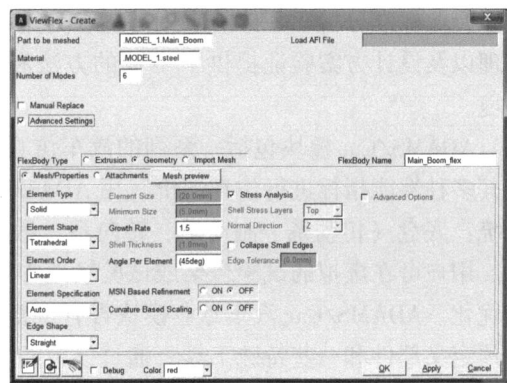

图 1-10　使用 ADAMS/ViewFlex 模块自动创建柔性体

1.2.13　直接的 CAD 数据接口模块 ADAMS/Translators

ADAMS/Translators 模块是全新的 CAD 数据直接接口模块，借助这个模块，ADAMS 软件与 CAD 软件之间能直接进行数据的导入、导出，不必转换成中间格式。ADAMS 软件可直接读取 CAD 装配体模型到 ADAMS 软件中并生成运动部件，几何定义更加精确，可防止使用中间格式方法导入模型的部分信息丢失等问题；而且使用这种方法导入后，模型的表面映射效果更好。ADAMS/Translators 模块支持 CATIA V4/V5、Pro/E、SolidWorks、UG NX、Inventor、ACIS 和 VDA 等软件格式的文件，如图 1-11 所示。

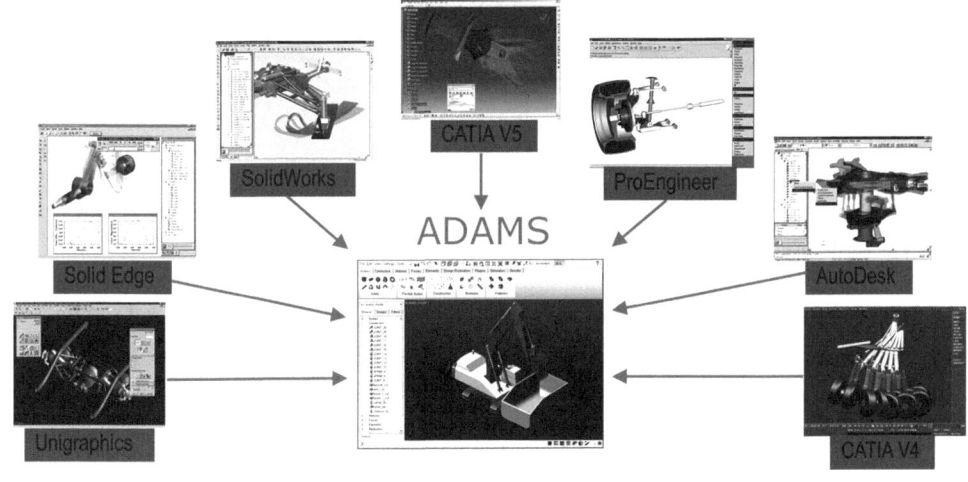

图 1-11　ADAMS 软件与主流 CAD 软件直接数据交换

1.2.14 单机并行模块 ADAMS/Solver SMP

ADAMS/Solver SMP 模块采用共享内存技术，支持单节点多线程的 CPU 并行运算。采用该技术最多可支持 8 个运算线程，因此解算速度可以显著提高。需要说明的是，该模块只适用于 C++求解器。

1.2.15 汽车专业模块 ADAMS/Car

ADAMS/Car 汽车专业模块系列提供轮式车辆性能分析的解决方案，是集专业化模板建模和行业标准分析于一体的应用环境，为用户快速完成轮式车辆的建模、专业化的分析、后处理以及设计方案验证提供了专业的方法和手段，是目前全球最为流行的车辆动力学仿真环境。

ADAMS/Car 模块包括一系列的汽车仿真专用模块，用于快速建立功能化数字样车，并对其多种性能指标进行仿真评价。用 ADAMS/Car 模块建立的功能化数字样车可包括以下子系统：底盘（传动系、制动系、转向系、悬架）、轮胎和路面、动力总成、车身、控制系统等。用户可在虚拟的试验台架或试验场地中进行子系统或整车的功能仿真并对其设计参数进行优化。ADAMS/Car 汽车专业模块含有丰富的子系统标准模板及大量用于建立子系统模板的预定义部件和一些特殊工具。通过模板的共享和组合，用户能快速建立子系统到系统的仿真模型，进行各种预定义或自定义的虚拟试验。图 1-12 所示为 ADAMS/Car 模块的实际应用。

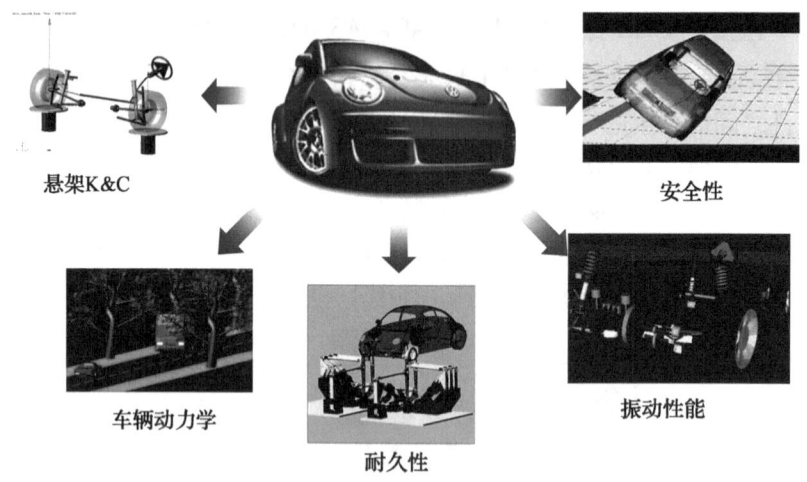

图 1-12　ADAMS/Car 模块的实际应用

1.2.16 机械专业模块 ADAMS/Machinery

ADAMS/Machinery 专业模块为设计人员和工程师提供了一套定制的工具套件，包括如下机械工具模块：齿轮模块、轴承模块、带传动模块、链传动模块、绳索模块和电动机模块。通过用户向导界面实现复杂机械部件的自动化建模，包括几何特征及部件之间的相互作用关系，无需专家知识和经验，即能为常见机械传动零部件进行高保真的仿真模拟（图1-13），极为快速地进行建模-求解-评估，大大提高了仿真效率和产品研发效率。

1. 齿轮模块 ADAMS/Machinery Gear

利用 ADAMS/Machinery Gear 模块能对多种类型的齿轮组性能进行建模及评估,研究齿轮传动系特性参数(如传动比、摩擦、间隙等)对系统性能的影响。

2. 轴承模块 ADAMS/Machinery Bearing

利用 ADAMS/Machinery Bearing 模块能对各种形式的轴承进行建模及评估,研究轴承参数对系统性能的影响,计算轴承所受的载荷并评估轴承寿命。

3. 带传动模块 ADAMS/Machinery Belt

利用 ADAMS/Machinery Belt 模块可对多种类型的传动带-轮系统进行建模及评估,研究带传动系统传动比、张紧器变化、带的动力学行为等对系统性能的影响。

4. 链传动模块 ADAMS/Machinery Chain

利用 ADAMS/Machinery Chain 模块能对滚子链条和静音链条传动系统等进行动态建模和评估,能够量化连锁效应对系统行为的影响。

5. 绳索模块 ADAMS/Machinery Cable

利用 ADAMS/Machinery Cable 模块能对绳索滑轮系统进行快速建模及仿真评估,计算绳索振动和张紧力,分析绳索滑移对系统承载能力的影响等。

6. 电动机模块 ADAMS/Machinery Motor

利用 ADAMS/Machinery Motor 模块可以较为真实地模拟电动机驱动效果。

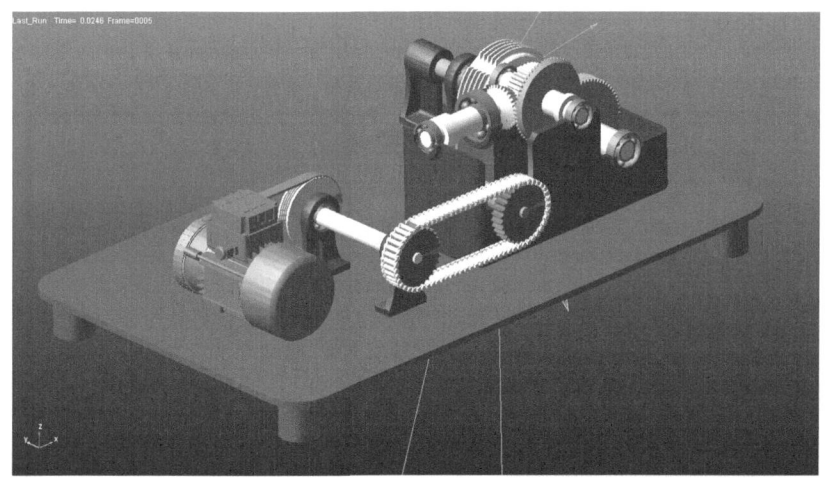

图 1-13 使用 ADAMS/Machinery 模块快速建立机械系统仿真模型   【图 1-13 仿真】

1.3 ADAMS 模型创建与仿真的基本操作

1.3.1 ADAMS2013 的应用界面

当启动 ADAMS/view 模块后,ADAMS 软件显示出图 1-14 所示的 "Welcome to

Adams…"对话框。

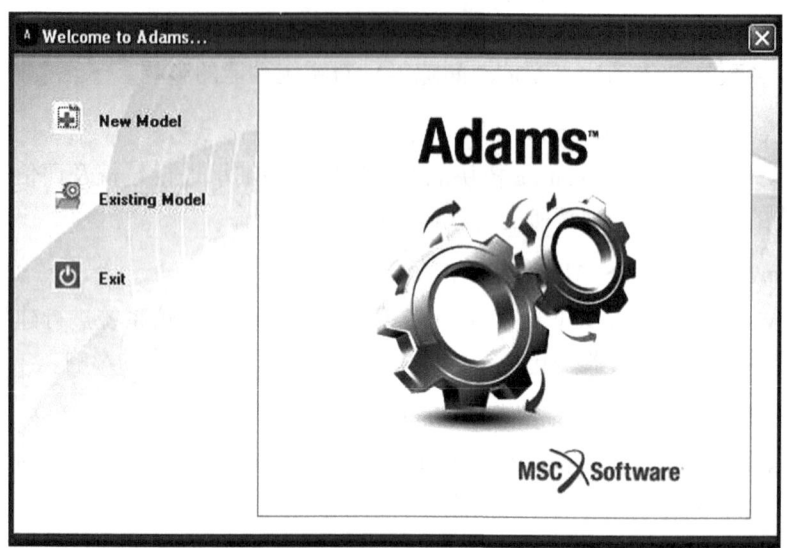

图 1-14 "Welcome to Adams…"对话框

若要创建一个新的模型,单击"**New Model**"图标,出现图 1-15 所示的"Create New Model"对话框。

通过输入模型名称(Model Name),设定重力加速度(Gravity)方向(默认为 Earth Normal 方向)和单位(Units)(默认为国际单位制),设定工作路径(Working Directory)来完成新模型的基本设置。

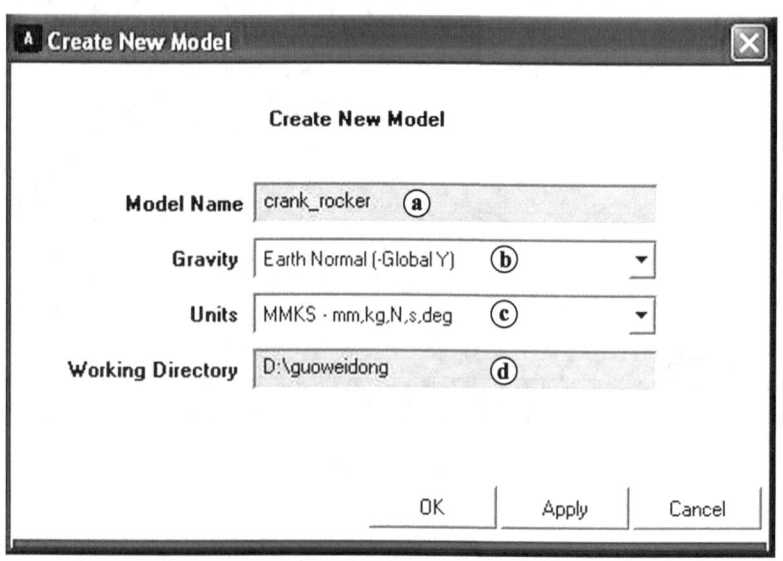

图 1-15 "Create New Model"对话框

若要打开一个已有的模型,单击图 1-14 中的"**Existing Model**"图标,出现图 1-16 所示的"Open Existing Model"对话框。

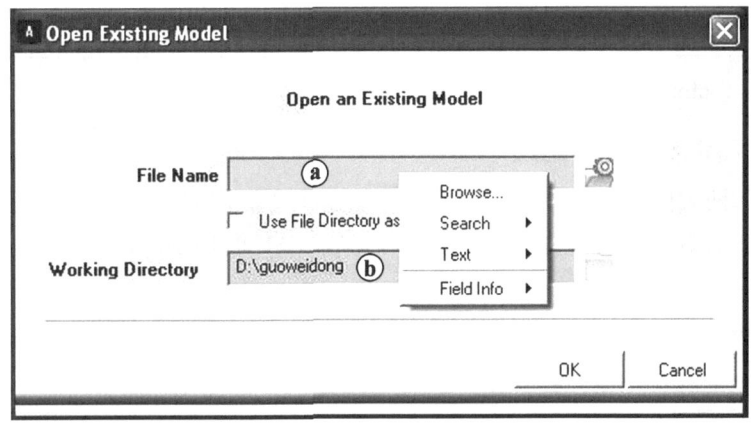

图 1-16 "Open Existing Model" 对话框

用鼠标右键单击（以后简称"右击"）"File Name"文本框，在弹出的菜单中选择"**Browse**…"命令，或者单击图标，找到要打开的模型文件。在此对话框中，也可以设定或更改工作路径。

无论是新建模型，还是打开已有的模型，单击"**OK**"按钮后系统都进入图 1-17 所示的 ADAMS/View 模块应用界面。

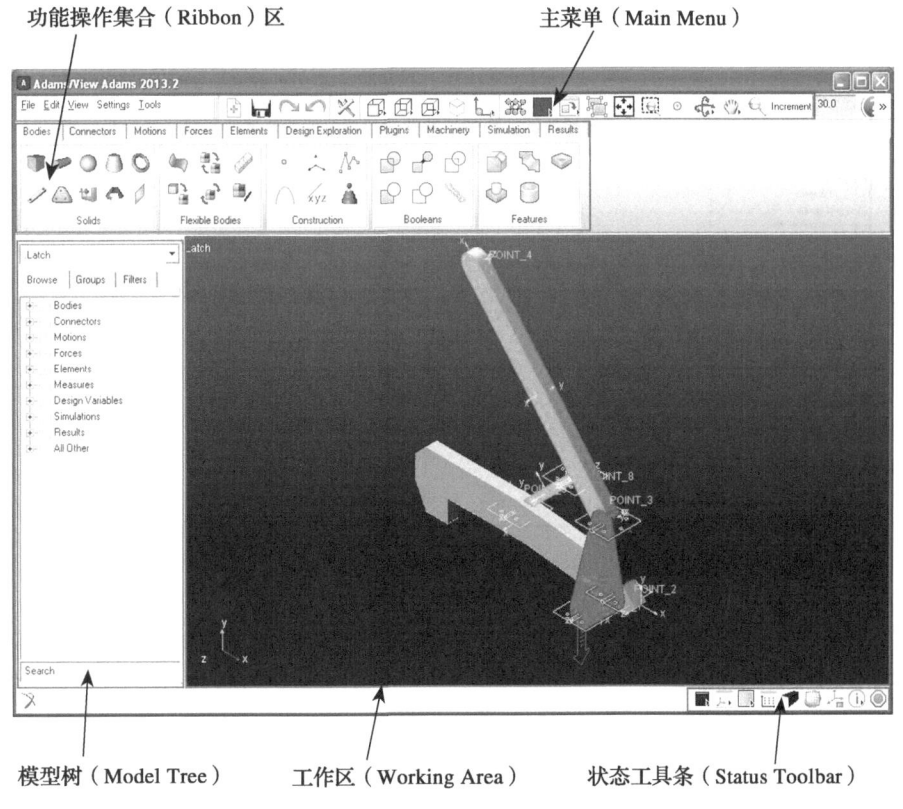

图 1-17 ADAMS/View 模块应用界面

从图 1-17 中可以看到，ADAMS/View 模块应用界面主要分成了如下 5 个区域：主菜单（Main Menu）区、功能操作集合（Ribbon）区（简称操作区）、模型树（Model Tree）、状态工具条（Status Toolbar）和工作区（Working Area）。

1.3.2 ADAMS 模型的创建

构成机构的两大要素是构件和运动副。为创建一个机构的 ADAMS 模型，首先要创建构件和运动副，然后给机构施加运动或力，即可完成 ADAMS 模型的创建。

1. 构件（Part）的创建

构件的创建是通过建立基本几何体（如连杆体、圆柱体、球体、长方体等）以及对基本几何体进行布尔运算（和、差、并、交等）实现的。如图 1-18 所示，以创建连杆构件为例，说明构件的创建过程。

a. 在操作区 "Bodies" 项的 "Solids" 中，单击 "**RigidBody：Link**" 图标。
b. 单击工作区中的任一点。
c. 单击工作区中的另一点。

连杆构件即创建完成，其名称由 ADAMS 软件自动定义为 "**PART_2**"。

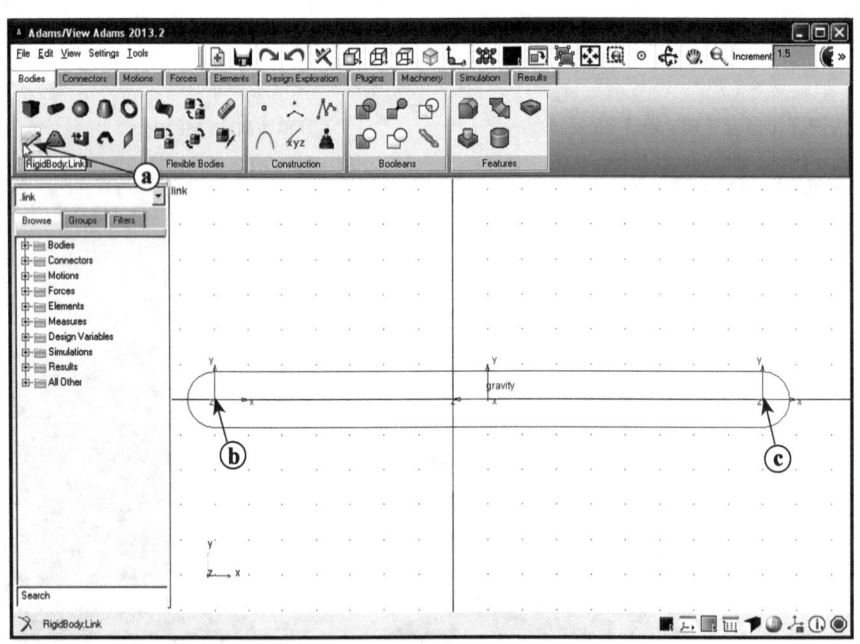

图 1-18 连杆构件的创建

选取轴测图图标，得到连杆的轴测图，如图 1-19 所示。可以看到，在连杆上固连有 3 个标记点，分别是端部标记点 MARKER_1、MARKER_2 和质心标记点 cm。

构件中包含有构成构件的几何形体元素，如图 1-20 所示的连杆中，"Part：PART_2" 包含有连杆几何形体 "LINK_1"。构件中的几何形体参数是可以编辑修改的，如可以更改连杆几何形体的宽度（Width）80mm 和厚度（Depth）40mm 的数值。

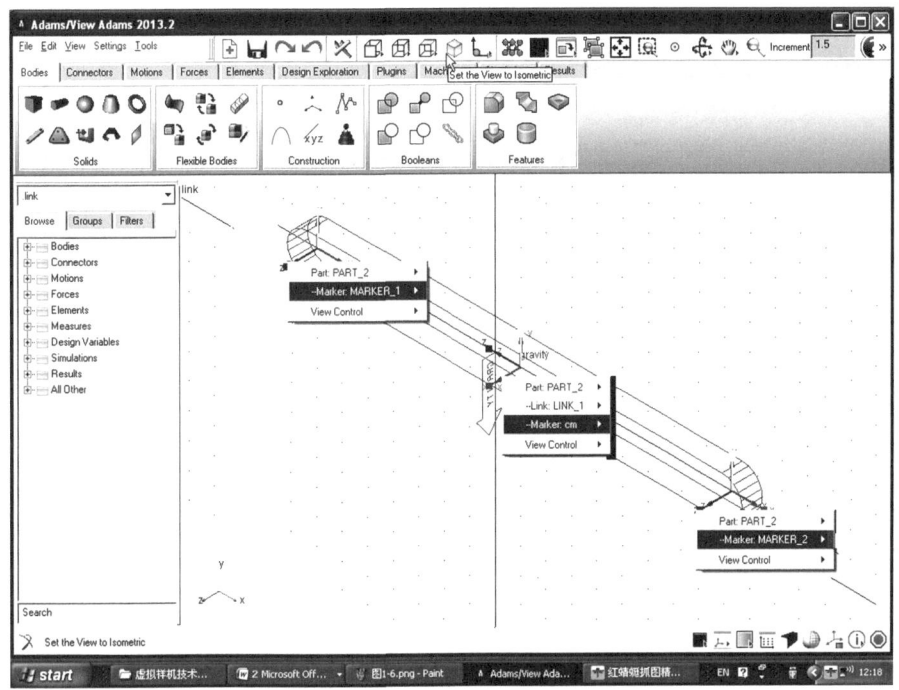

图 1-19 构件上的标记点

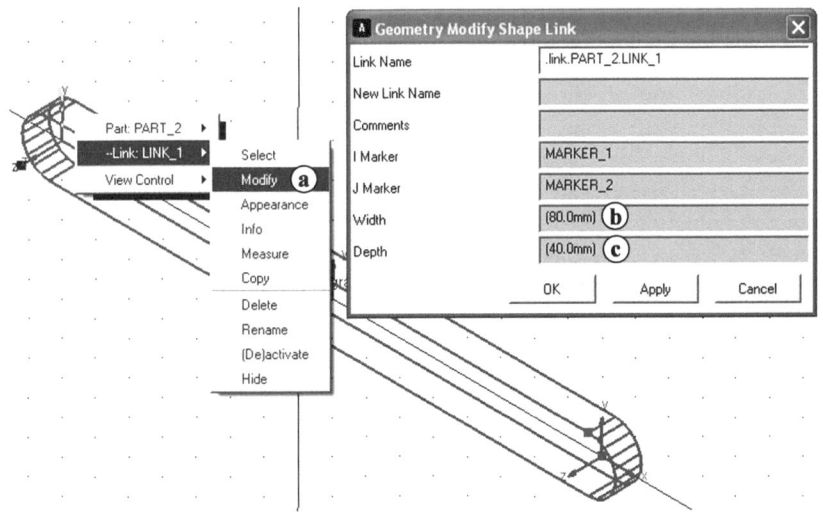

图 1-20 构件中的几何形体及其参数更改

构件的质量特征是由构件的几何形体体积和构件的材料（可选择材料类型）或密度（可设定密度值）所确定，如图 1-21 所示。

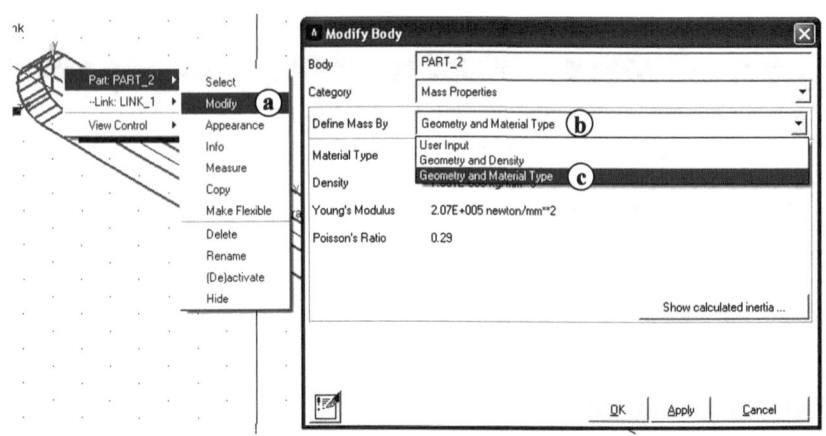

图1-21 构件的质量特征

构件的质量特征可以由用户直接输入来进行修改，如图1-22所示。由用户来直接修改质量特征的好处是可以在不修改构件几何形体的情况下，来更改质量和转动惯量等数值，在不影响仿真分析结果的情况下，使得模型较为简单。

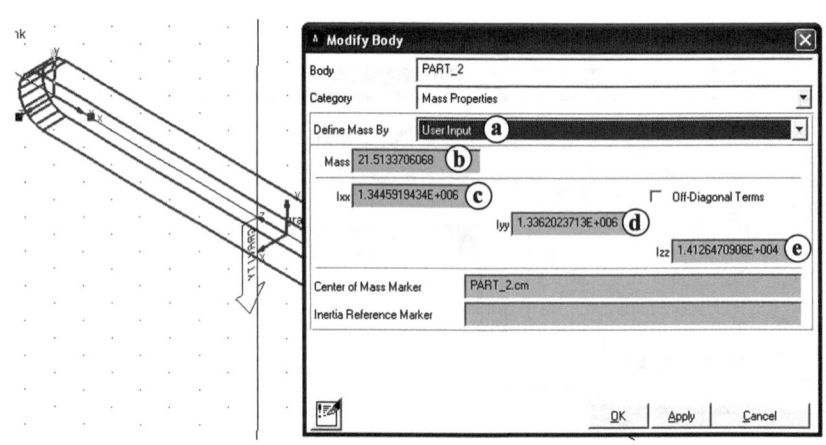

图1-22 直接输入来修改构件的质量特征

同理，可以创建其他几何形状的构件，如长方体（Box）、圆柱体（Cylinder）、球体（Sphere）、圆台（Frustum）、圆环体（Torus）等。

上述所创建的构件为刚性构件，还可以通过操作区"Bodies"项中的"Flexible Bodies"工具箱来创建柔性构件（图1-23）。有关柔性构件的创建，将在后面有关章节中介绍，这里不再赘述。

除了实体构件外，也可以应用操作区"Bodies"项中的"Construction"工具箱（图1-24）来创建非实体元素，如点（Point）、标记点（Marker）、折线（Polyline）、圆弧（Arc）、多义线（Spline）、点质量（Point Mass）。

当创建较为复杂的几何形体构件时，可以通过操作区"Bodies"项中的"Booleans"（图1-25）运算将简单的一些几何形体和、并、差、交成较为复杂的几何形体构件。

图1-26所示为将连杆两端的两个球体合并到连杆上而与连杆成为一个构件的布尔

运算实例。

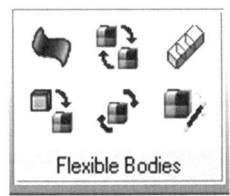
图1-23 柔性体创建工具箱

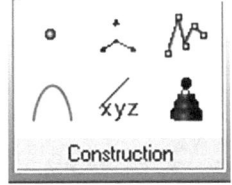
图1-24 非实体元件创建工具箱

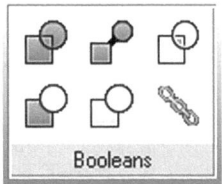
图1-25 布尔运算

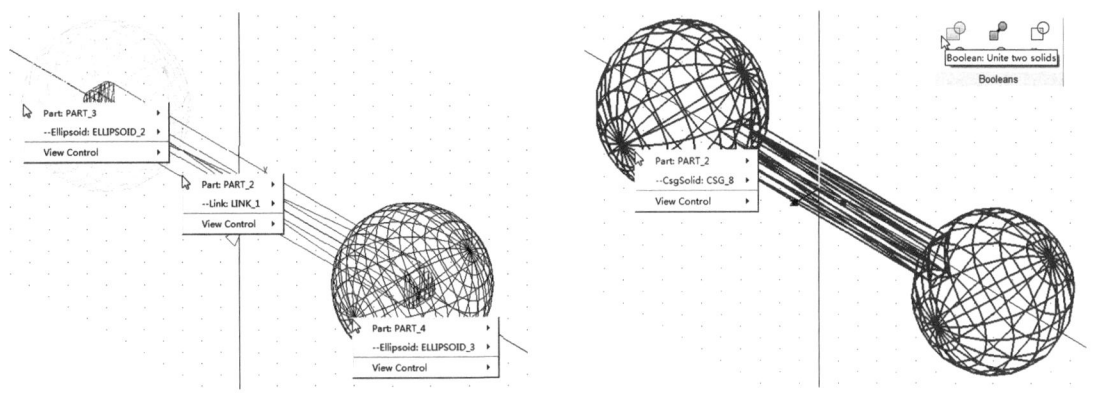

a) 合并前的三个构件　　　　　　b) 合并后的一个构件

图1-26 布尔运算实例

2. 运动副（Joint）的创建

运动副是两个构件之间的连接，也是构件之间的一种相互约束。运动副的创建工具在操作区的"Connectors"项中，如图1-27所示。

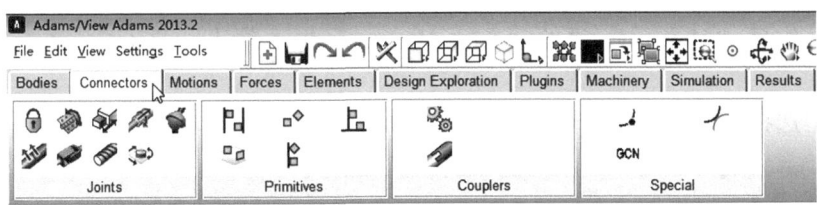

图1-27 运动副的创建工具集合

从图1-27所示可以看到，运动副可通过关节副（Joints）、基本副（Primitives）、耦合副（Couplers）和特殊副（Special）来创建。

图1-28所示为创建转动副的过程，这里采用的是默认选项"**2 Bodies – 1 Location**"。

a. 在操作区"Connectors"项的"Joints"中，单击"**Create a Revolute joint**"图标。

b. 单击选择第1个构件"**PART_2**"。

c. 单击选择第2个构件"**ground**"。

d. 单击（**0，0，0**）处，选择转动副的位置，转动副创建完成。

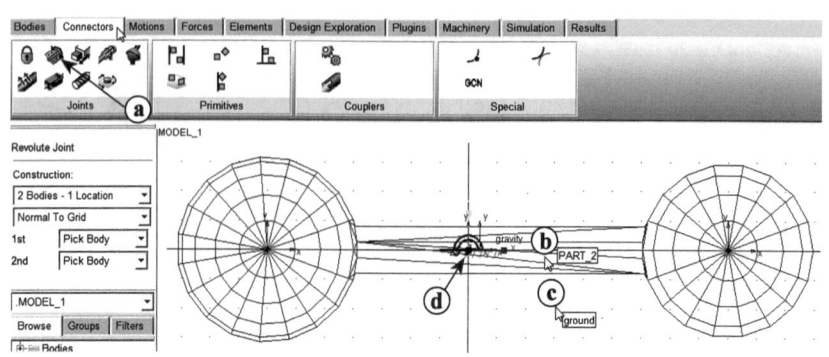

图 1-28 转动副的创建

3. 运动（Motion）的施加

给构件（原动件）施加运动的工具集合在操作区的"Motions"项中，如图 1-29 所示。可以看到，运动分为：关节运动（Joint Motions），有移动（Translational Joint Motion）和转动（Rotational Joint Motion）两种；一般运动（General Motions），有点运动（Point Motion）和普通运动（General Motion）两种。

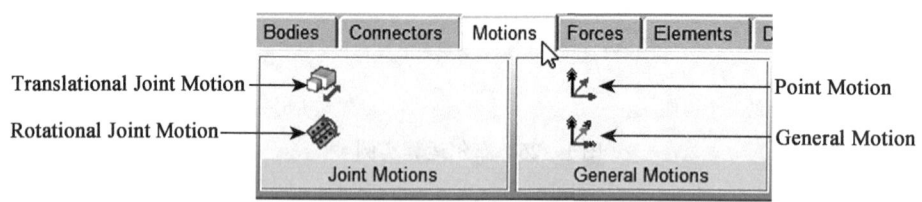

图 1-29 运动的创建

图 1-30 所示为给构件施加运动的过程，运动速度取为系统的默认值"Rot. Speed：**30. 0deg/s**"。

a. 在操作区"Motions"项的"Joint Motions"中，单击"**Rotational Joint Motion**"图标。

b. 单击选择施加运动的运动副"**JOINT_1**"。

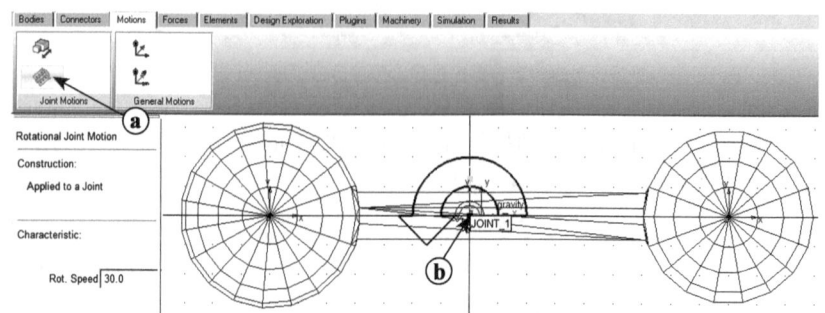

图 1-30 运动的施加

当对机构进行仿真时，构件"PART_2"以角速度 30.0°/s 逆时针方向匀速转动。

这里要说明的是，关节运动（Joint Motions）是依附于运动副的，它只能设定运动副约束之外允许的运动规律。例如图 1-30 所示的运动，它只能设定转动副"JOINT_1"绕 z 轴转动的角速度规律，除此之外，不可能创建其他的运动规律。

点运动（Point Motion）和一般运动（General Motion）则不依附于运动副，它们是施加到构件的某个位置上，通过设定来给定该位置的运动规律。例如图 1-31 所示的一般运动，通过设定 3 个移动运动和 3 个转动运动来设定运动施加点的运动规律。

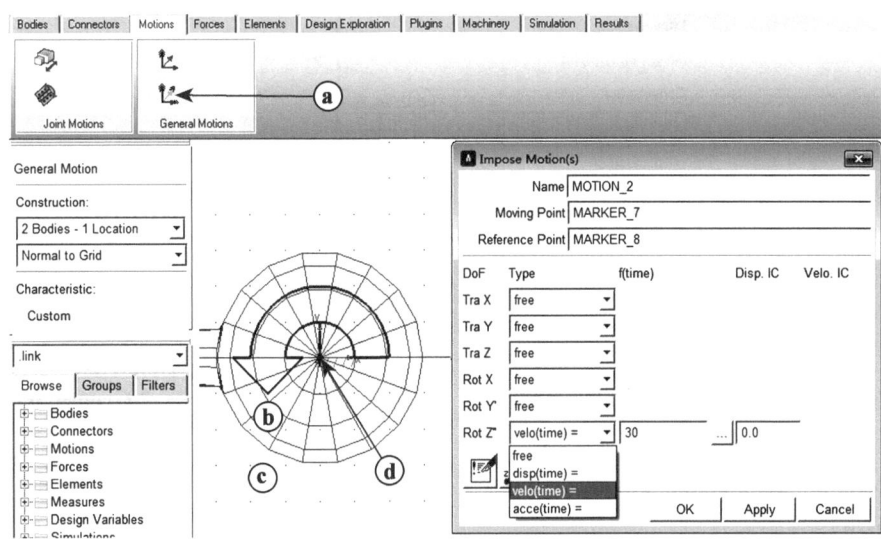

图 1-31　一般运动（General Motion）的施加

1.3.3　力（Forces）的施加

给构件施加力（Forces）的工具集合如图 1-32 所示。可以看到，力分为作用力（Applied Forces）、柔性连接力（Flexible Connections）和特殊力（Special Forces）。

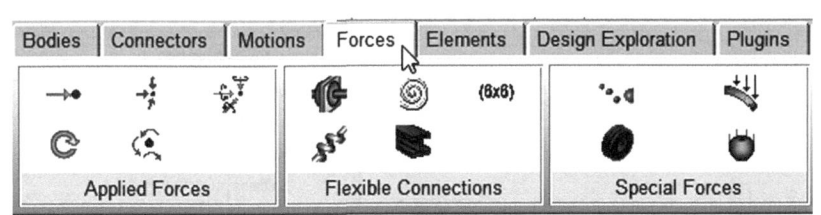

图 1-32　力的创建工具集合

图 1-33 所示为给构件施加一个力的操作过程。

a. 在操作区"Forces"项的"Applied Forces"中，单击"**Create a Force …Applied Force**"图标。

b. 设定力的值为 **1000N**。

c. 单击选择施力构件"**PART_2**"。

d. 单击选择施力点"**MARKER_1**"。

e. 上移光标到某点，确定力的方向，完成力的创建。

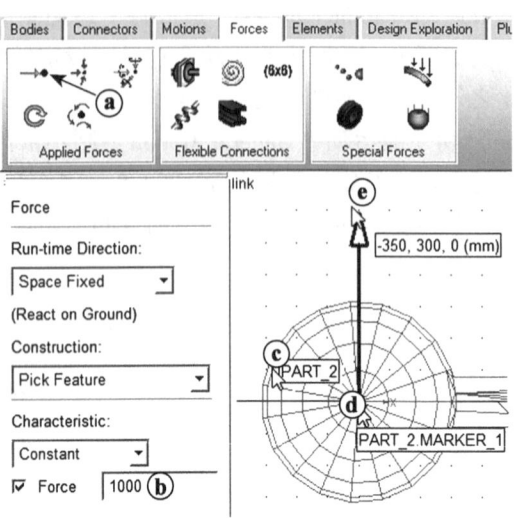

图 1-33 力的施加过程

图 1-34 所示是阻尼力的施加过程。

a. 在操作区"Forces"项的"Flexible Connections"中,单击"Create a Bushing"图标。

b. 设定 $K=10\text{N/mm}$,$C=20\text{N/(mm/s)}$,$K_T=30\text{N/mm}$,$C_T=40\text{N/(mm/s)}$。

c. 单击选择施力构件。

d. 单击选择被反作用的构件"ground",完成阻尼力的创建。

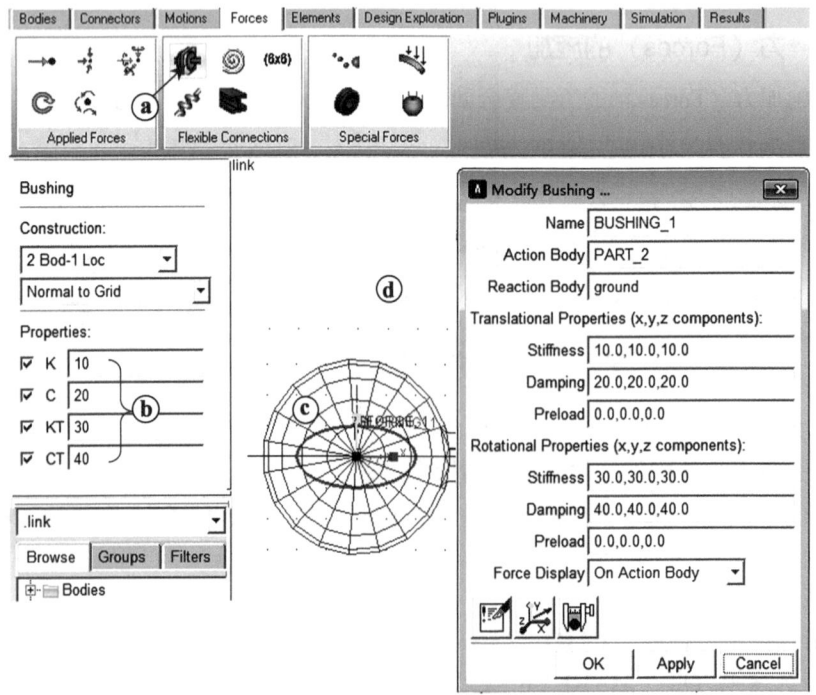

图 1-34 阻尼力的创建

从图 1-34 中给出的阻尼力的"Modify Busing…"对话框中可以看到，参数 K 为与施力点移动（x、y、z 分量）相关的刚度系数；C 为与施力点移动（x、y、z 分量）相关的阻尼系数；K_T 为与施力点转动（x、y、z 分量）相关的刚度系数；C_T 为与施力点转动（x、y、z 分量）相关的阻尼系数。该阻尼力可表达为

$$F = \begin{bmatrix} K_x & 0 & 0 & 0 & 0 & 0 \\ 0 & K_y & 0 & 0 & 0 & 0 \\ 0 & 0 & K_z & 0 & 0 & 0 \\ 0 & 0 & 0 & C_x & 0 & 0 \\ 0 & 0 & 0 & 0 & C_y & 0 \\ 0 & 0 & 0 & 0 & 0 & C_z \end{bmatrix} \begin{bmatrix} x \\ y \\ z \\ \dot{x} \\ \dot{y} \\ \dot{z} \end{bmatrix} + \begin{bmatrix} K_{Tx} & 0 & 0 & 0 & 0 & 0 \\ 0 & K_{Ty} & 0 & 0 & 0 & 0 \\ 0 & 0 & K_{Tz} & 0 & 0 & 0 \\ 0 & 0 & 0 & C_{Tx} & 0 & 0 \\ 0 & 0 & 0 & 0 & C_{Ty} & 0 \\ 0 & 0 & 0 & 0 & 0 & C_{Tz} \end{bmatrix} \begin{bmatrix} \alpha \\ \beta \\ \gamma \\ \dot{\alpha} \\ \dot{\beta} \\ \dot{\gamma} \end{bmatrix}$$

1.3.4 模型的仿真（Simulation）

在创建完成机构或机械系统的 ADAMS 模型后，可以通过仿真来得到其运动和动力特性。机构的仿真操作如图 1-35 所示。

a. 在操作区"Simulation"项的"Simulate"中，单击"**Run an Interactive Simulation**"图标。

b. 设定仿真时间（End Time）和仿真步数（Steps）。这里设定"End Time"为 **12**，设定"Steps"为 **200**。

c. 单击"**Start Simulation**"按钮，开始模型仿真。

因构件"PART_1"中的转动副"JOINT_1"处施加了一个以 30°/s 转动的运动"MOTION_1"，所以仿真过程中，构件就以匀角速度 30°/s 逆时针方向转动 12s，即转动一周。

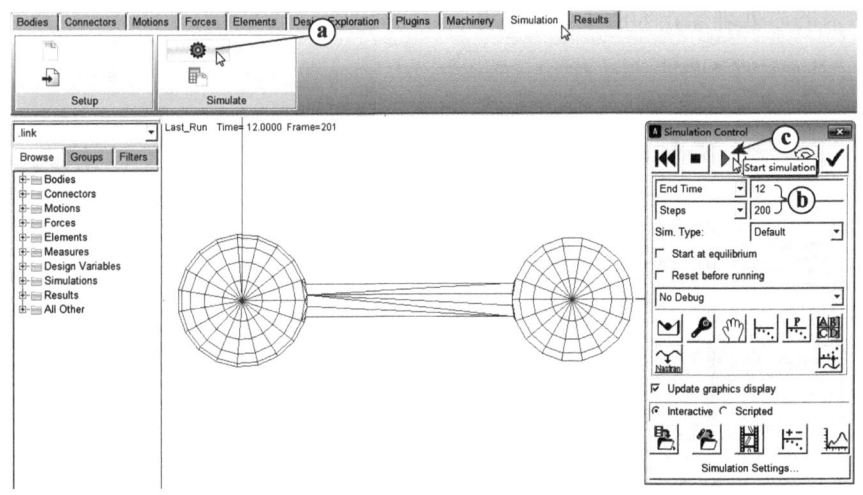

图 1-35 模型仿真

1.3.5 仿真结果测量（Measure）

模型仿真结束后，即可通过测量获取有关运动和力参数的值。例如，测量构件绕 z 轴转

动角速度的过程如图 1-36 所示。

  a. 右击构件，在弹出的菜单中选择"**Measure**"命令，弹出"Part Measure"对话框。
  b. 选择"Characteristic"为"**CM angular velocity**"。
  c. 选择"Component"为"**z**"。
  d. 单击"**OK**"按钮。

构件转动的角速度测量曲线"PART_2_MEA_1"被显示出来。

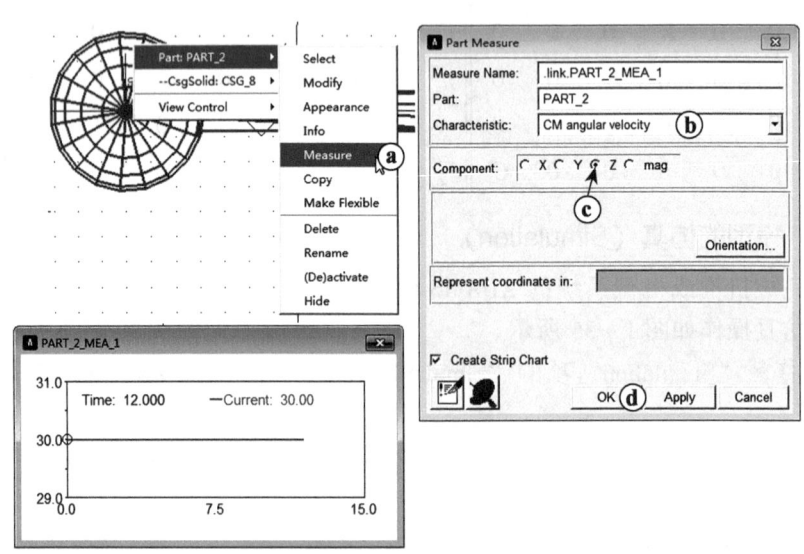

图 1-36 仿真结果的测量

1.3.6 仿真结果的后处理（Adams/PostProcessor）

仿真结果的后处理操作如图 1-37 所示。

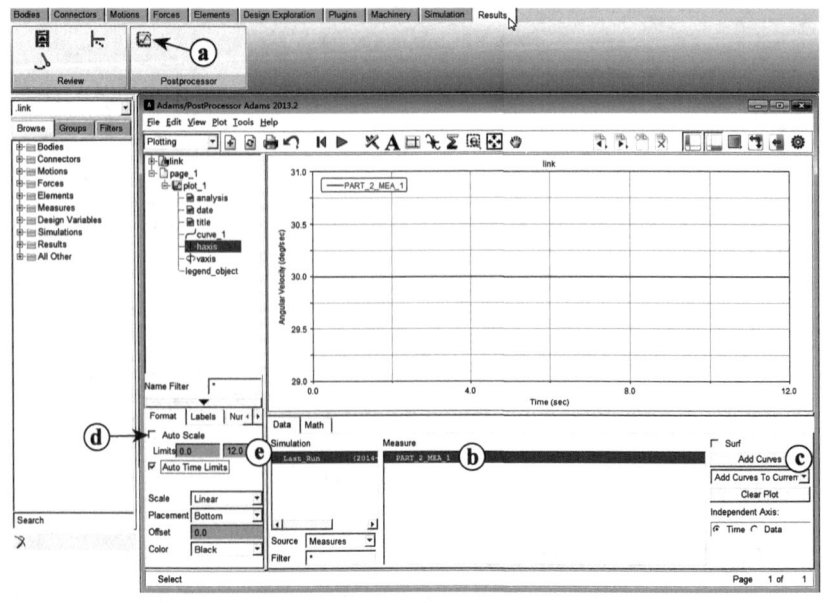

图 1-37 仿真结果的后处理

a. 在操作区"Results"项的"Postprocessor"中,单击"**Opens Adams/ Postprocessor**"图标。

b. 选择"Measure"列表中的"**PART_2_MEA_1**"。

c. 单击"**Add Curves**"按钮,模型的测量曲线"PART_2_MEA_1"被显示出来。

d. 不勾选"**Auto Scale**"复选框。

e. 将"Limits"的上限由"15"更改为"**12**",完成仿真结果的后处理。

按照上述最后的 2 步,可以对显示的曲线作更多的编辑处理。

最后将模型保存为"**chapter1_1.bin**"。

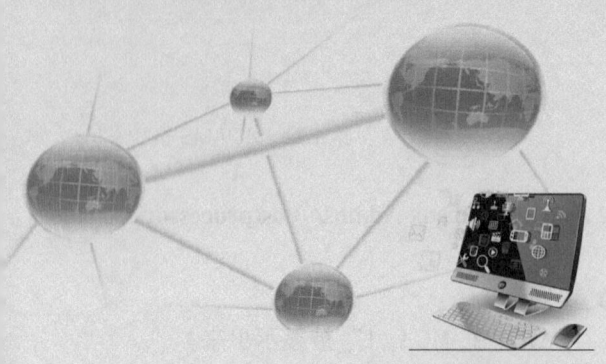

第 2 章　ADAMS 建模基础

本章以四个机构的运动和动力分析为例,介绍应用 ADAMS 软件创建机构的虚拟样机模型、对模型进行仿真分析及对结果进行后处理的基本方法。主要包括工作环境设置、构件的创建、运动副的创建、运动和力的施加、仿真分析、动画播放、仿真曲线的编辑、仿真结果的输出等。

2.1　连杆机构的建模与仿真

2.1.1　设计问题的描述

图 2-1 所示为曲柄摇杆机构。已知各杆的长度为 $l_1 = 120\text{mm}$,$l_2 = 250\text{mm}$,$l_3 = 260\text{mm}$,$l_4 = 300\text{mm}$,曲柄 1 匀速转动,角速度 $\omega_1 = 1\text{rad/s}$。试:① 创建该机构的虚拟样机模型。② 分析摇杆 3 的运动。

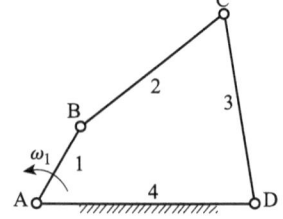

2.1.2　启动 ADAMS 软件并设置工作环境

1. 启动 ADAMS 软件

双击计算机桌面上的 "**ADAMS /View**" 图标。

图 2-1　曲柄摇杆机构运动简图

2. 创建模型名称

模型名称创建过程如图 2-2 和图 2-3 所示。

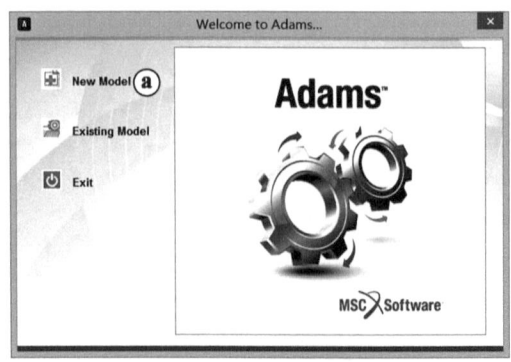

图 2-2　欢迎界面

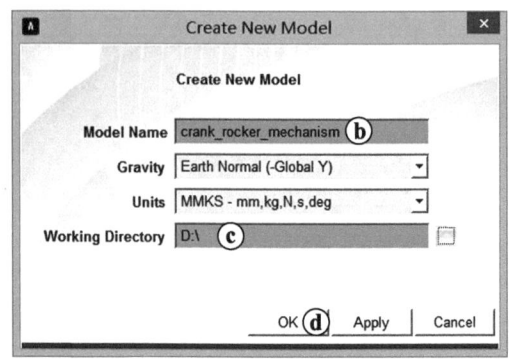

图 2-3　"Create New Model" 对话框

a. 在"Welcome to Adams…"对话框中单击"**New Model**"图标。

b. 在弹出的"Create New Model"对话框的"Model Name"文本框中输入"**crank_rocker_mechanism**"。

c. 将"Working Directory"后的路径修改为"**D:**"（也可以将路径设定为其他位置）。

d. 单击"**OK**"按钮。

3. 设置工作环境

(1) 设置单位　单位设置过程如图2-4所示。

a. 在主菜单中，选择"**Settings→Units**"命令。

b. 在弹出的"Units Settings"对话框中，设置"Length"为"**Millimeter**"，"Mass"为"**Kilogram**"，"Force"为"**Newton**"，"Time"为"**Second**"，"Angle"为"**Degree**"，"Frequency"为"**Hertz**"。

c. 单击"**OK**"按钮。

(2) 设置工作网格　工作网格的设置如图2-5所示。

a. 在主菜单中，选择"**Settings→Working Grid**"命令。

b. 在弹出的"Working Grid Settings"对话框中，将"Size"的"X"值设置为"**350mm**"，"Y"值设置为"**250mm**"；将"Spacing"的"X"值和"Y"值均设置为"**10mm**"。

c. 单击"**OK**"按钮。

提示：如果单击"**Apply**"按钮，系统同样执行与单击"**OK**"按钮相同的命令，但对话框不关闭。

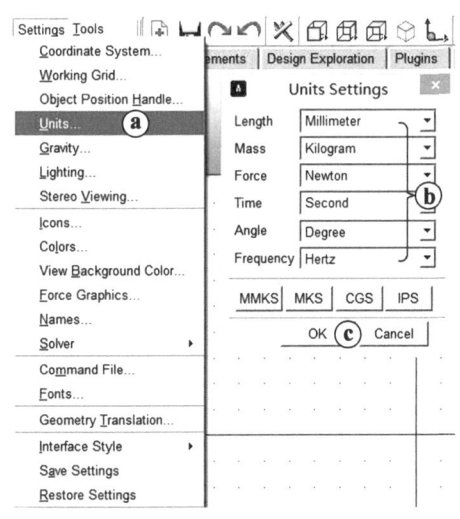

图2-4　单位的设置

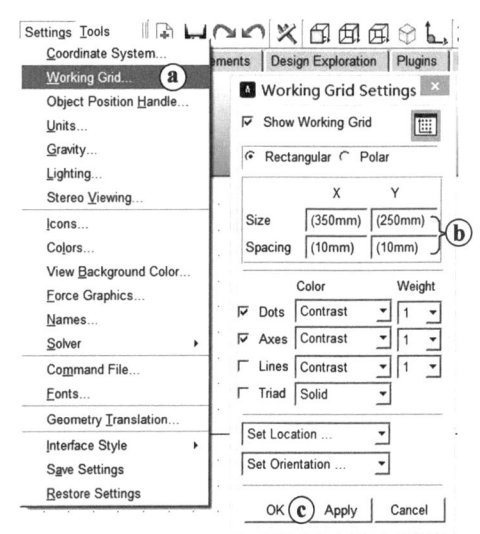

图2-5　工作网格的设置

(3) 设置图标　图标设置如图2-6所示。

a. 在主菜单中，选择"**Settings→Icons**"命令。

b. 在弹出的"Icons Settings"对话框中，将"New Size"文本框中的值设置为"**20**"。

c. 单击"**OK**"按钮。

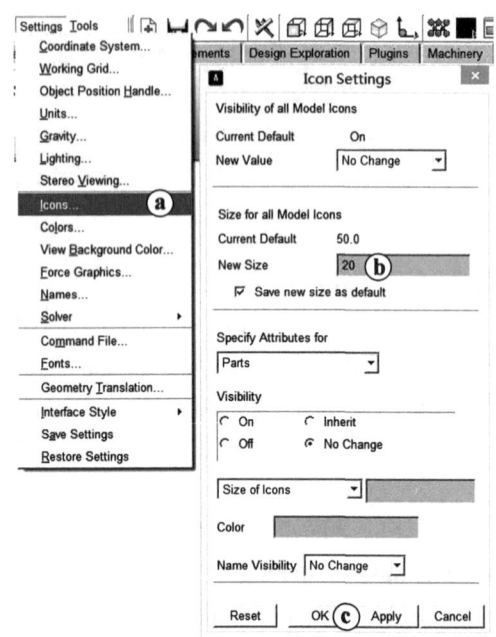

图 2-6　图标的设置

(4) 打开光标位置显示　光标位置显示的打开操作如图 2-7 所示。

a. 单击工作区。

b. 在主菜单中，选择 "View→Coordinate Window" 命令，或者单击工作区后按〈F4〉键。

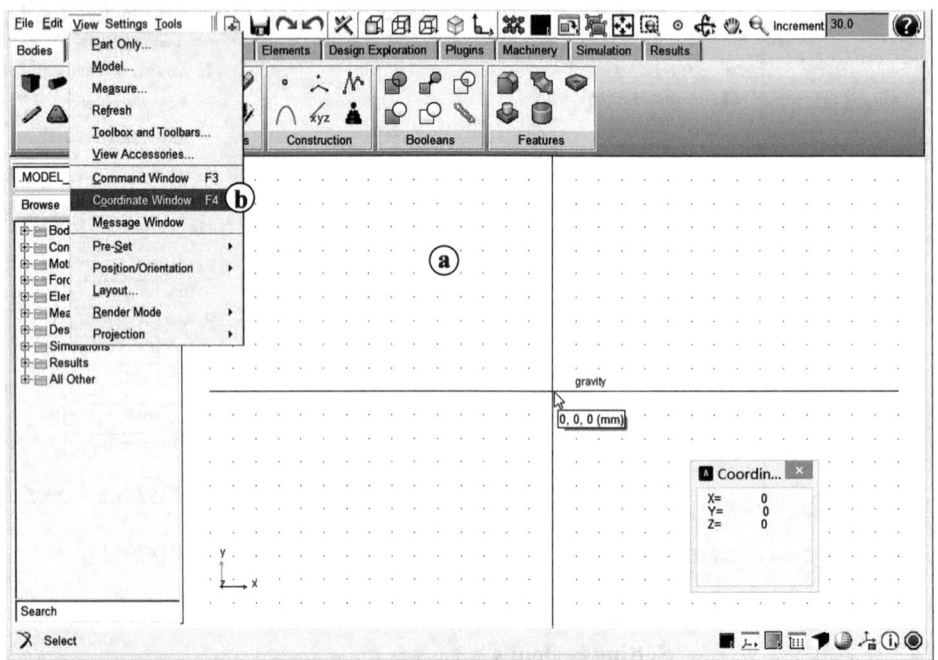

图 2-7　光标的坐标位置显示窗口

2.1.3 创建机构模型

1. 创建曲柄

(1) 创建曲柄模型　曲柄的模型创建如图 2-8 所示。

a. 在操作区 "Bodies" 项的 "Solids" 中，单击 "**RigidBody：Link**" 图标。

b. 勾选 "**Length**" 复选框，在文本框中输入 "**120mm**"，并按〈Enter〉键。

c. 单击 (**0，0，0**) 位置。

d. 水平右移光标，当出现连杆的几何形体后，单击工作区。

曲柄 "PART_2" 创建完成。

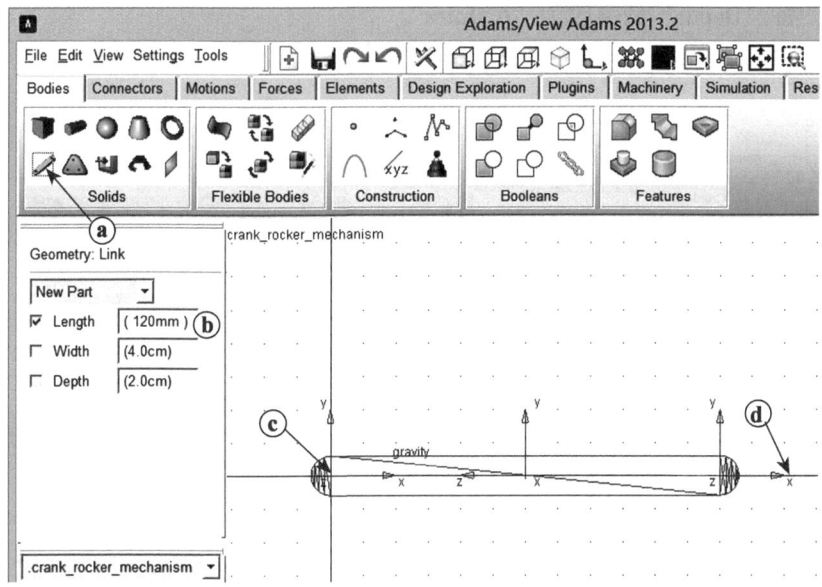

图 2-8　曲柄的创建

(2) 重命名　重命名操作如图 2-9 所示。

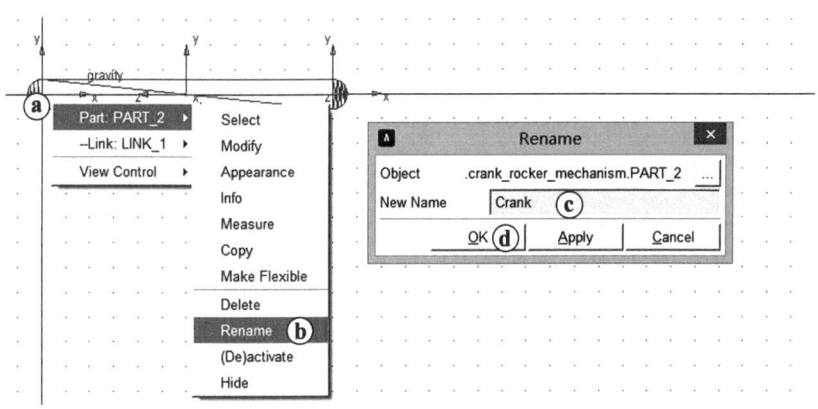

图 2-9　构件的重命名

a. 右击曲柄 "PART_2"。

b. 在弹出的下拉菜单中,选择"**Part:PART_2→Rename**"命令。

c. 在弹出的"Rename"对话框中,将"New Name"文本框中的内容更改为:"**Crank**"。

d. 单击"**OK**"按钮。

系统按照一定的关系设定连杆长、宽、厚之间的比例。用户可以变更系统默认的比例关系,从而更改曲柄的几何尺寸。

(3) 更改几何尺寸 几何尺寸的更改操作如图 2-10 所示。

a. 右击曲柄"**Crank**"。

b. 在弹出的下拉菜单中选择"**—Link:LINK_1→Modify**"命令。

c. 在弹出的"Geometry Modify Shape Link"对话框中,将"**Width**"的值改为"**12.0mm**",将"**Depth**"的值改为"**6.0mm**"。

d. 单击"**OK**"按钮,尺寸更改完成。

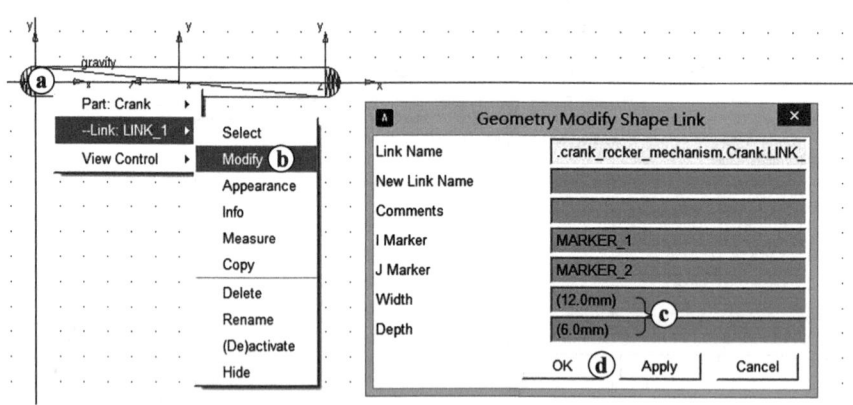

图 2-10 几何尺寸的更改

(4) 更改构件颜色 图 2-11 所示为主工具箱中的颜色库。通过该颜色库,可以对所创建的构件进行颜色的更改。

右击要改变颜色构件的几何体,在下拉菜单中选择"**Select**"命令,然后单击颜色库中的颜色即可完成颜色更改。

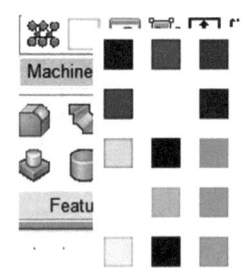

图 2-11 颜色库

2. 创建摇杆

(1) 创建摇杆模型 摇杆的创建过程如图 2-12 所示。

a. 在操作区"Bodies"项的"Solids"中,单击"**RigidBody:Link**"图标。

b. 勾选"**Length**"复选框,在文本框中输入"**260**";勾选"**Width**"复选框,在文本框中输入"**12**";勾选"**Depth**"复选框,在文本框中输入"**6**"。

c. 单击(**300, 0, 0**)位置(对应机架的长度 $l_4 = 300mm$)。

d. 水平右移光标,当出现连杆的几何形体后,单击工作区域。

再将其重命名为"**Rocker**"。

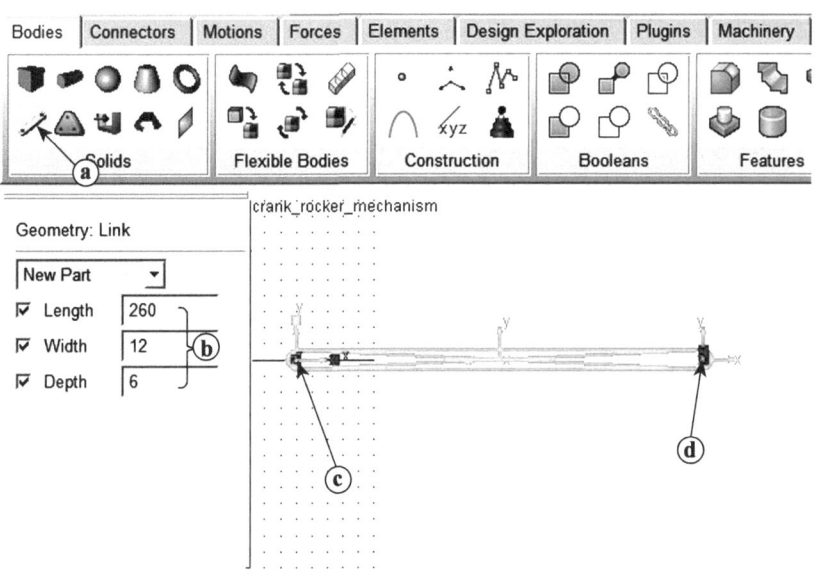

图 2-12 摇杆的创建

由机构的运动分析可知,对应所给定的曲柄摇杆机构的杆长 $l_1 = 120\mathrm{mm}$,$l_2 = 250\mathrm{mm}$,$l_3 = 260\mathrm{mm}$,$l_4 = 300\mathrm{mm}$,当曲柄处于水平位置(与 x 轴夹角为 0°)时,摇杆和 x 轴正向的夹角为 114°,如图 2-13 所示。为此,需要将图 2-12 所示的摇杆绕左端点逆时针方向转动 114°。

(2) 调整摇杆的位姿 摇杆的位姿调整过程如图 2-14 所示。

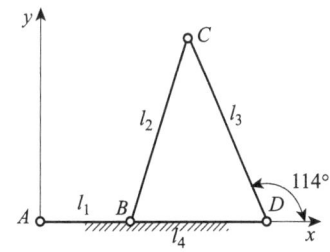

图 2-13 曲柄摇杆机构的初始位置

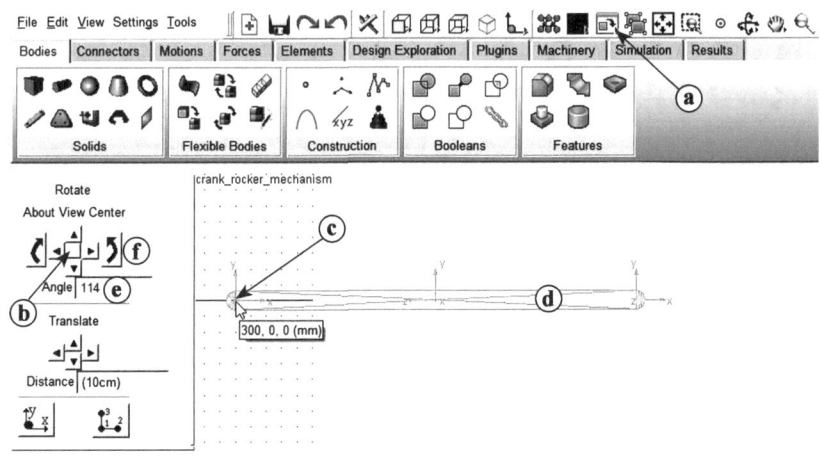

图 2-14 摇杆位姿的调整

a. 单击位姿变换工具。
b. 单击拾取旋转中心按钮。
c. 单击摇杆"Rocker"左端的标记点"**MARKER_3**"。

d. 单击选中摇杆"**Rocker**"。

e. 在"Angle"文本框中输入"**114**"。

f. 单击逆时针方向转动按钮,摇杆绕其左端点逆时针方向旋转114°,如图 2-15 所示。

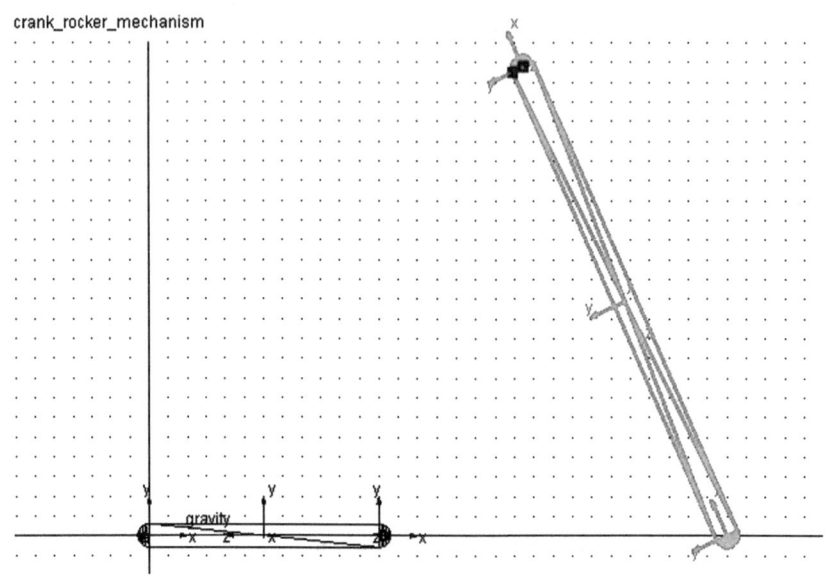

图 2-15　调整位姿后的摇杆

3. 创建连杆

连杆的创建过程如图 2-16 所示。

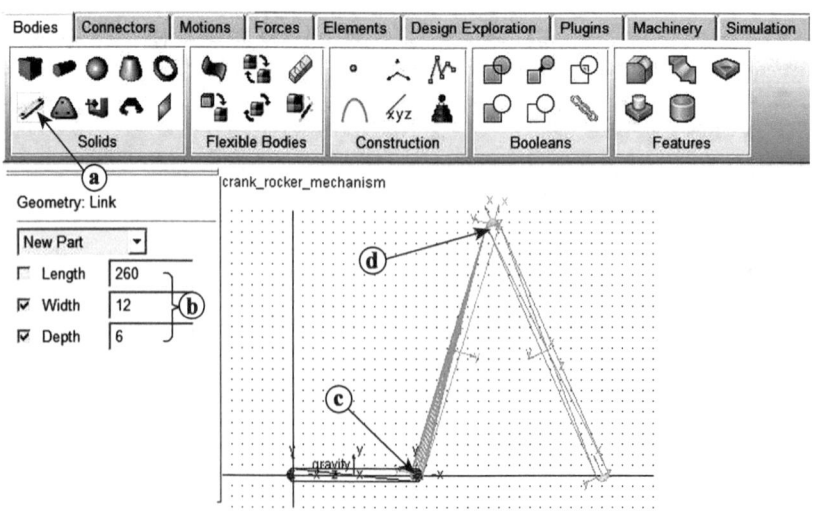

图 2-16　连杆的创建

a. 在操作区"Bodies"项的"Solids"中,单击"**RigidBody：Link**"图标。

b. 不勾选"Length"复选框；勾选"**Width**"复选框，在其文本框中输入"**12**"；勾选"**Depth**"复选框，在其文本框中输入"**6**"。

c. 单击曲柄的右端点"**MARKER_2**"。

d. 单击摇杆的上端点"**MARKER_4**"，连杆创建完成。

最后将其重命名为"**Link**"。

提示：在图2-1所示的机构运动简图中，机架4在图2-16中即为大地"ground"。

至此，曲柄摇杆机构的构件部分创建完毕。

4. 创建运动副

（1）创建运动副"**JOINT_A**"和"**JOINT_D**"　创建过程如图2-17所示。

a. 在操作区"Connectors"项的"Joints"中，单击"**Create a Revolute Joint**"图标。

b. 选择"**1 Location-Bodies impl.**"和"**Normal To Grid**"。

c. 单击曲柄的左端点"**MARKER_1**"，转动副"**JOINT_1**"创建完成。将其重命名为"**JOINT_A**"。

d. 再单击"**Create a Revolute Joint**"图标，单击摇杆的下端点"**MARKER_3**"，转动副"**JOINT_2**"创建完成。将其重命名为"**JOINT_D**"。

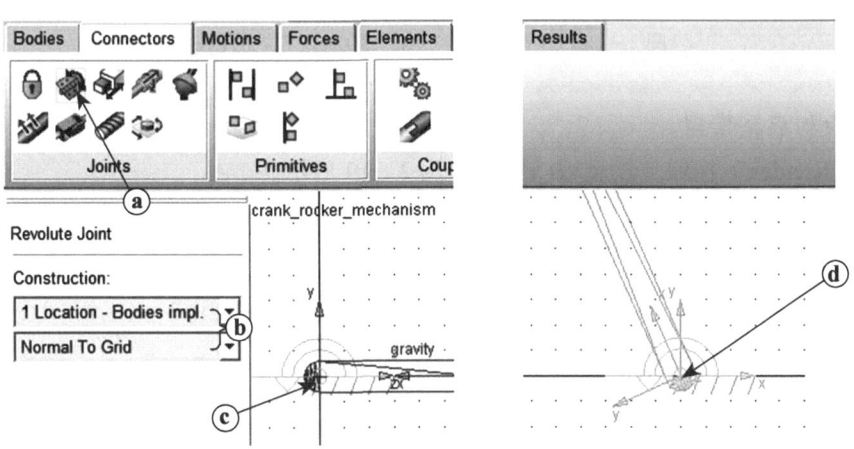

图2-17　运动副"JOINT_A"和"JOINT_D"的创建

（2）创建运动副"**JOINT_B**"和"**JOINT_C**"创建过程如图2-18所示。

a. 在操作区"Connectors"项的"Joints"中，单击"**Create a Revolute Joint**"图标。

b. 选择"**2 Bodies-1 Location**"和"**Normal To Grid**"。

c. 单击曲柄"**Crank**"。

d. 单击连杆"**Link**"。

e. 单击曲柄和连杆的连接点"**MARKER_2**"，转动副"**JOINT_3**"创建完成。将其重命名为"**JOINT_B**"。

f. 用类似的方法可以创建转动副"**JOINT_C**"。

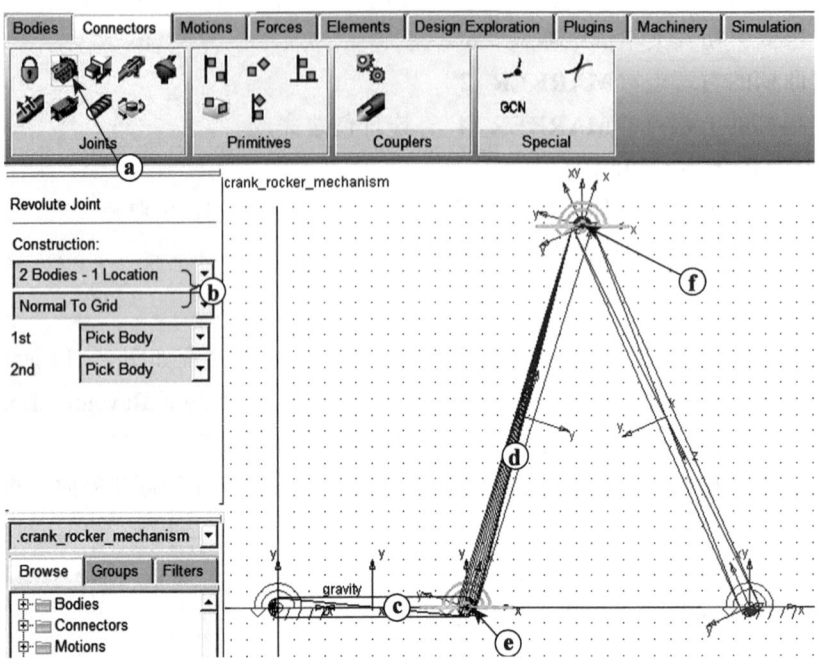

图 2-18 "JOINT_B"和"JOINT_C"的创建

5. 渲染和观察模型

单击"**Render**"按钮，模型被渲染，如图 2-19 所示。

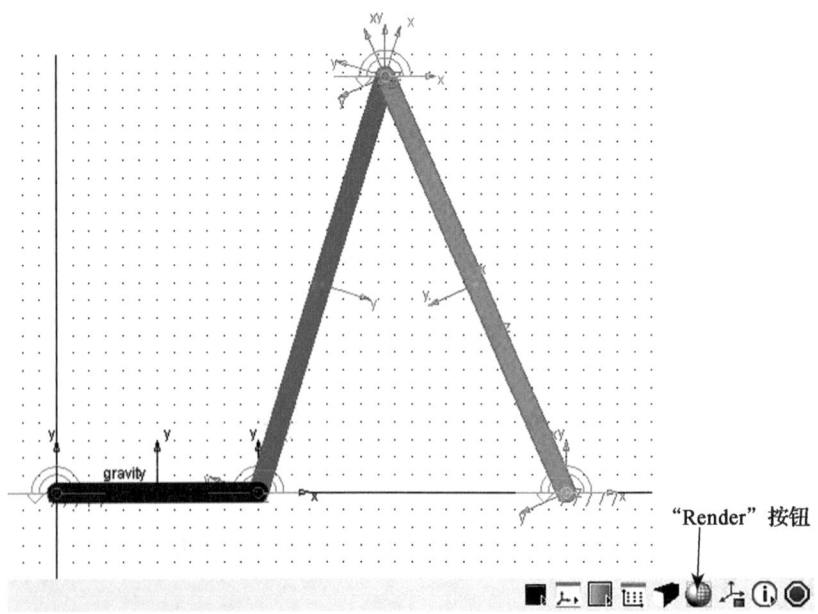

图 2-19 曲柄滑块机构的渲染模型

单击各种视图按钮,可以从不同的方向观察模型。例如单击"**Set the View Isometric**"按钮,可以看到图 2-20 所示的机构模型。

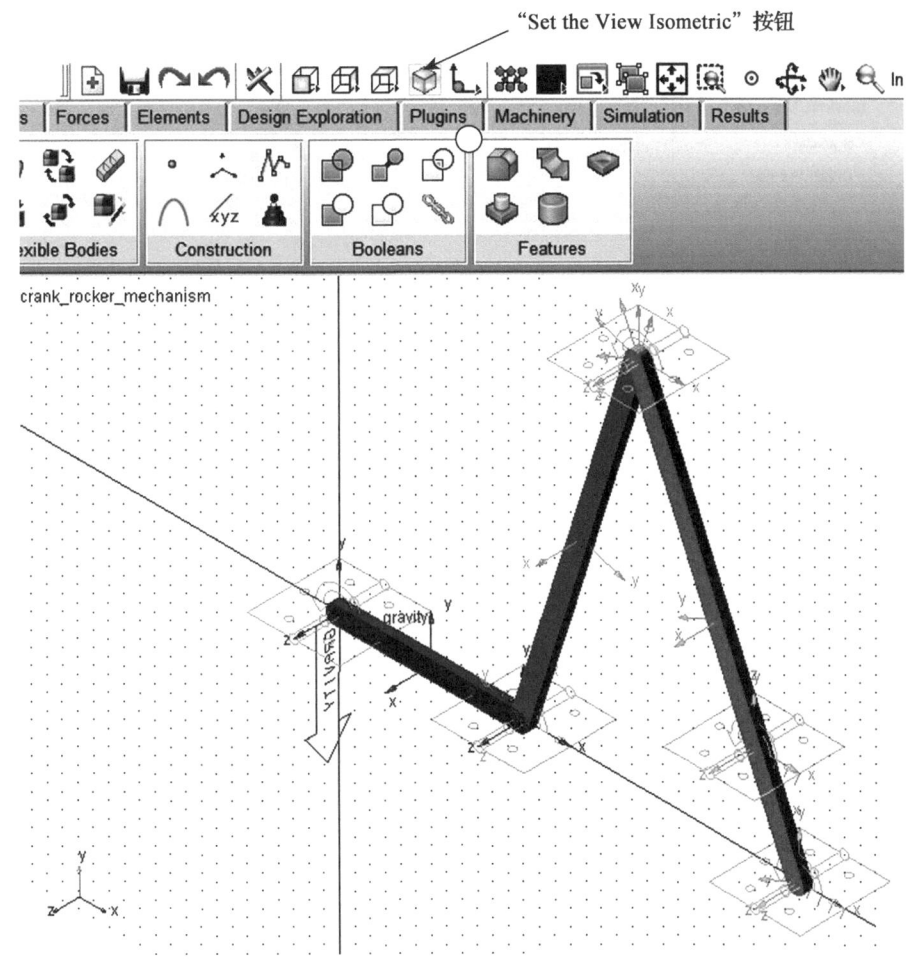

图 2-20 曲柄滑块机构的正等轴测视图

6. 施加运动

根据"曲柄 1 匀速转动的角速度为 $\omega_1 = 1\text{rad/s}$"的要求,给曲柄施加一个运动(Motion),如图 2-21 所示。

a. 单击"**Set the View orientation to Front**"图标。

b. 在操作区"Motions"项的"Joint Motions"中,单击"**Rotational Joint Motion**"图标。

c. 在"Rot. Speed"文本框中输入"**180/PI**"。

d. 单击运动副"**JOINT_A**",运动被施加到曲柄的"JOINT_A"上。

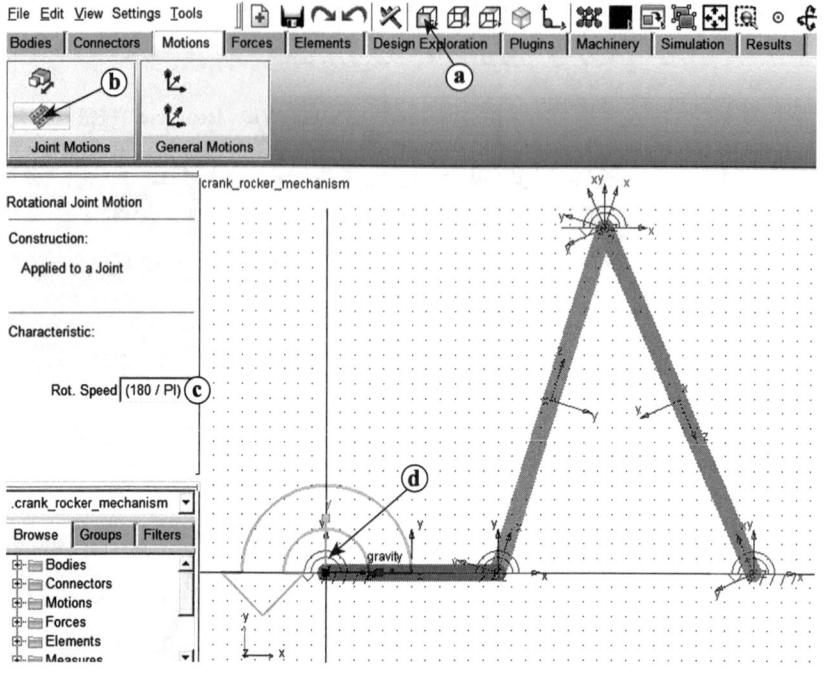

图 2 - 21　曲柄上施加运动

2.1.4　保存模型

模型保存过程如图 2 - 22 所示。

a. 在主菜单中，选择"**File→Save Database As…**"。

b. 在弹出的"**Save Database As…**"对话框中的"File Name"文本框中输入文件的名称"**chapter2_1**"。

c. 单击"**OK**"按钮。

提示：建议使用英文名称的路径和文件名称。

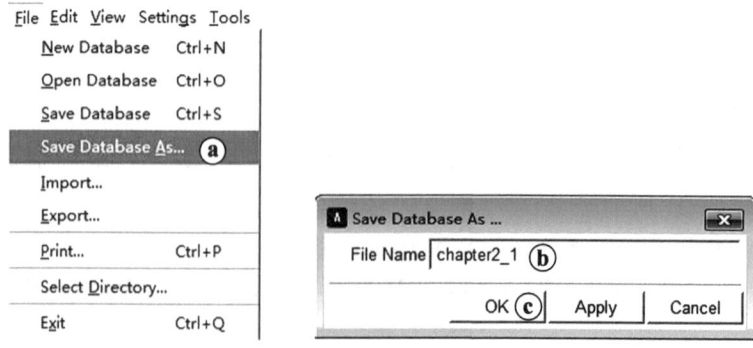

图 2 - 22　模型的保存

2.1.5　仿真与测试

1. 仿真模型

模型仿真过程如图 2 - 23 所示。

a. 在操作区"Simulation"项的"Simulate"中，单击"**Simulation Control**"图标。
b. 设置"End Time"为"**6.283**"，设置"Steps"为"**100**"。
c. 单击"**Start simulation**"按钮。

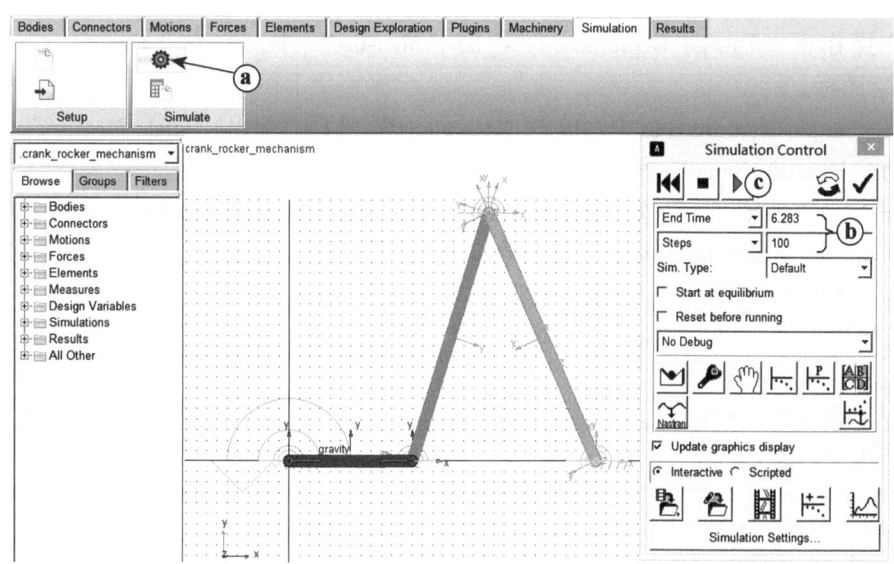

图 2-23　仿真模型

【图 2-23 仿真】

2. 测试模型

在机构的运动过程中，通过测量可以得到构件的实时运动特征。这里给出摇杆（Rocker）的角位移、角速度和角加速度的测量方法。

（1）设置摇杆角位移标记点　首先在大地"ground"的（350，0，0）位置处放置一个标记点，作为所测量摇杆角位移（摆角）的一个标记点，如图 2-24 所示。

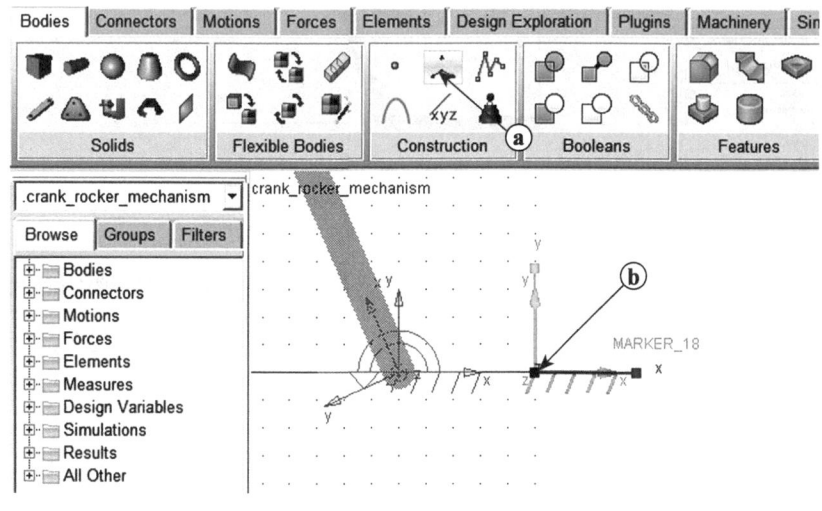

图 2-24　标记点的创建

a. 在操作区"Bodies"项的"Construction"中,单击"**Construction Geometry:Marker**"图标。

b. 单击(350,0,0)处,标记点"**MARKER_18**"创建完成。

(2) 角位移的测量　创建角位移的测量如图2-25所示。

a. 在操作区"Design Exploration"项的"Measure"中,单击"**Create a new Angle Measure**"图标。

b. 在"Angle Measure"区中,单击"**Advanced**"按钮,弹出"Angle Measure"对话框。

c. 将"Measure Name"后的名称更改为"**MEA_ANGLE_3**"。

d. 右击"First Marker"文本框,在弹出的下拉菜单中选择"**Marker→Pick**"。

e. 单击摇杆与连杆的连接处(即铰链 C 处),即可获取标记点"**MARKER_4**"。

提示:此处有多个标记点,可任选其一。

f. 同步骤 d 和 e,在"Middle Marker"文本框中,拾取标记点"**MARKER_3**"(摇杆和大地"ground"的连接点)。

g. 同步骤 d 和 e,在"Last Marker"文本框中,拾取标记点"**MARKER_18**"。

h. 单击"**OK**"按钮。

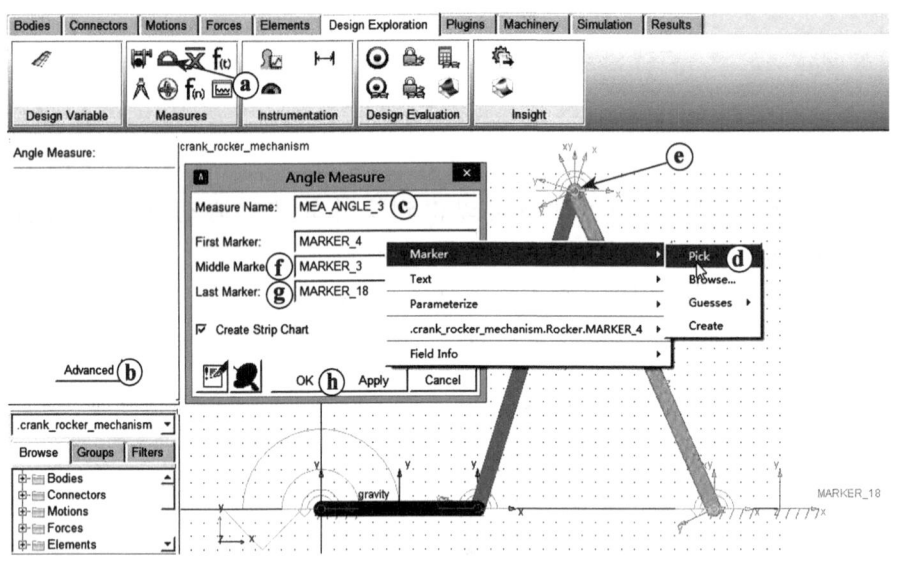

图2-25　摇杆角位移的测量

系统生成按三个点测量摇杆角位移的曲线,如图2-26所示。曲线的横坐标轴为时间轴,单位为秒(s),纵坐标轴为摇杆角位移轴,单位为度(°)。

用同样的方法可以获得曲柄角位移的测量结果,如图2-27所示。

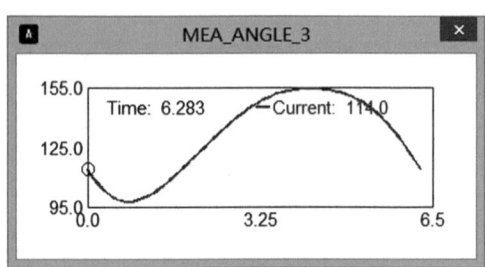

图2-26　摇杆的角位移测量结果

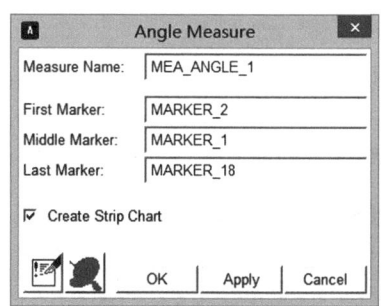 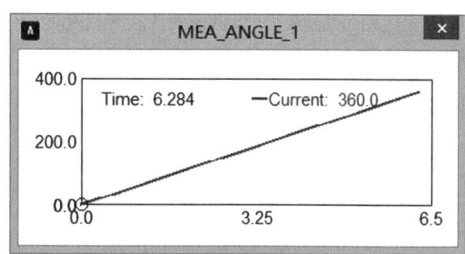

图 2-27 曲柄角位移的测量

(3) 角速度和角加速度测量 设置过程如图 2-28 所示。

a. 右击摇杆 "**Rocker**"。在弹出的快捷菜单中选择 "**Part：Rocker→Measure**"。

b. 在弹出的 "Part Measure" 对话框中，将 "Measure Name" 后的名称更改为 "**MEA_ANGULAR_ VELOCITY_ 3**"。

c. 在 "Characteristic" 下拉列表中选择 "**CM angular velocity**"。

d. 在 "Component" 中选择 "**Z**"。

e. 单击 "**OK**" 按钮。

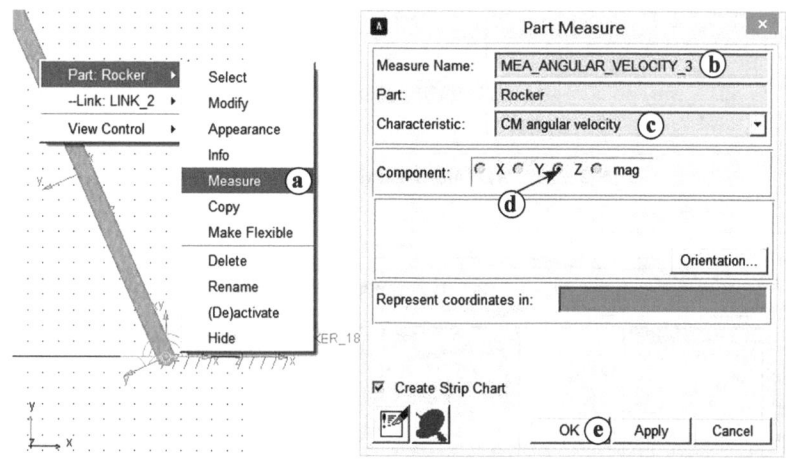

图 2-28 摇杆角速度测量

摇杆的角速度测量曲线如图 2-29 所示。

采用相同的方法，可以得到摇杆的角加速度的测量曲线，如图 2-30 所示。

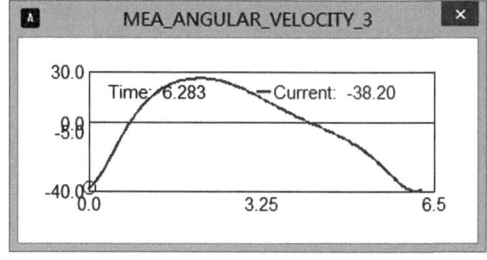 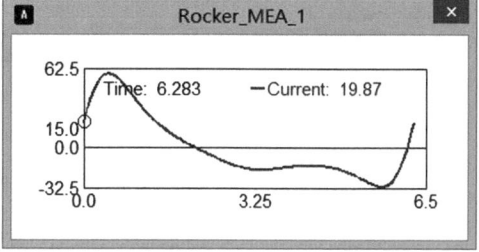

图 2-29 摇杆角速度的测量结果　　　图 2-30 摇杆角加速度的测量结果

3. 测量结果的后处理

(1) 测量曲线的编辑　下面给出以曲柄转角为横坐标轴的摇杆角位移、角速度和角加速度的测量曲线。

以曲柄转角为横坐标轴的摇杆角位移的测量曲线生成过程如图 2-31 和图 2-32 所示。

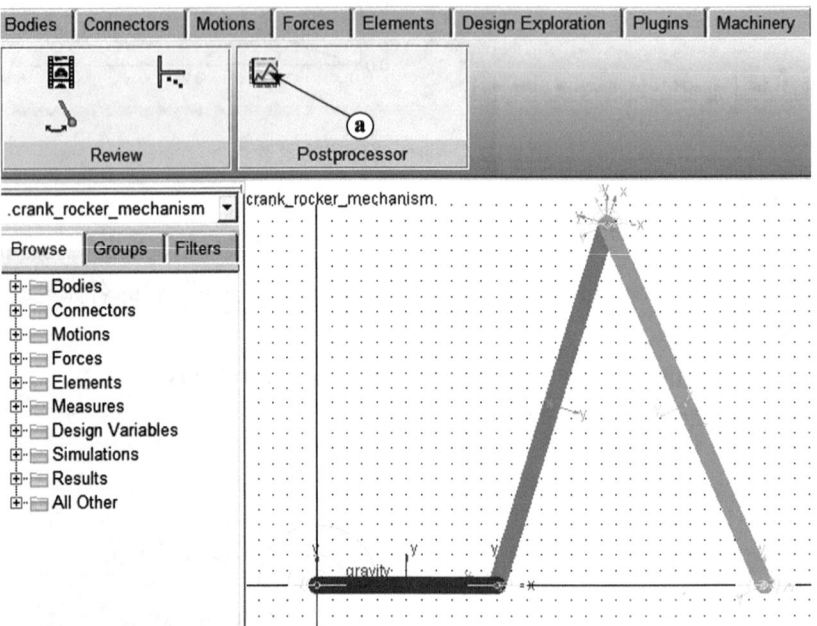

图 2-31　ADAMS/PostProcessor 模块的运行

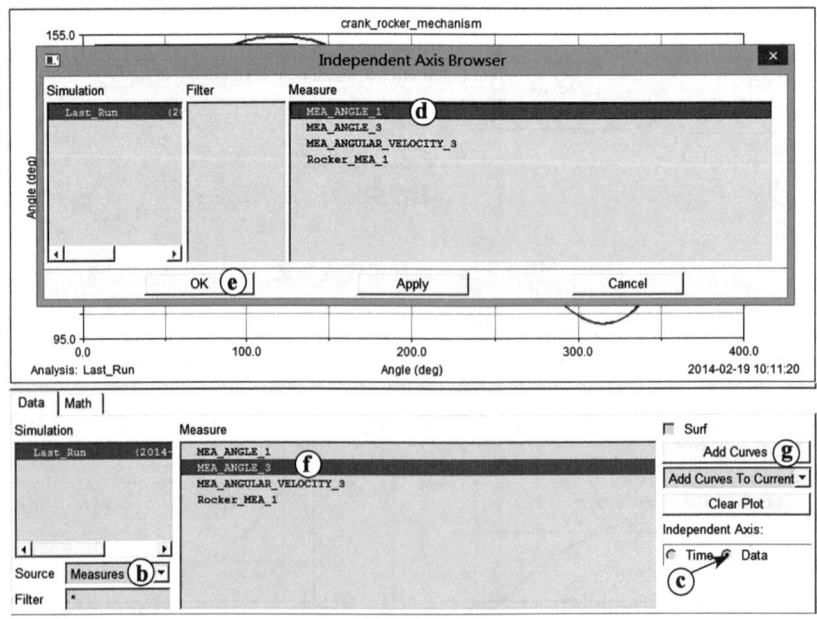

图 2-32　"ADAMS/PostProcessor" 对话框

a. 在操作区 "Results" 项的 "Postprocessor" 中，单击 "**Opens Adams/PostProcessor**" 图标。

b. 在 "ADAMS/PostProcessor" 对话框中，选择 "Source" 为 "**Measures**"。

c. 在 "Independent Axis" 栏中，选择 "**Data**" 单选框。

d. 在系统弹出的 "Independent Axis Browser" 对话框中，选择 "Measure" 列表中的 "**MEA_ANGLE_1**"。

e. 单击 "**OK**" 按钮。

f. 在 "ADAMS/PostProcessor" 对话框中，选择 "Measure" 列表中的 "**MEA_ANGLE_3**"。

g. 单击 "**Add Curves**" 按钮。

以曲柄转角为横坐标的摇杆角位移变化曲线如图 2-33 所示。

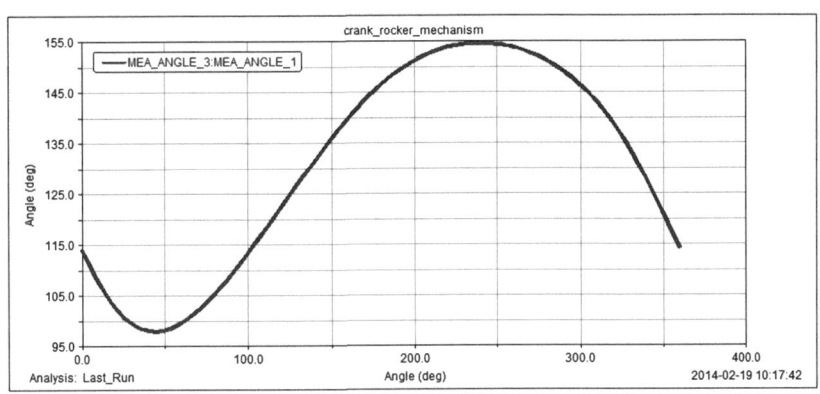

图 2-33　摇杆角位移—曲柄转角关系的测量结果

由图 2-33 可以看出，测量曲线的横坐标的变化范围是 0°~400°，而实际仿真中曲柄只转了 360°，因此将曲线的横坐标变化范围修改为 0°~360°，如图 2-34 所示。

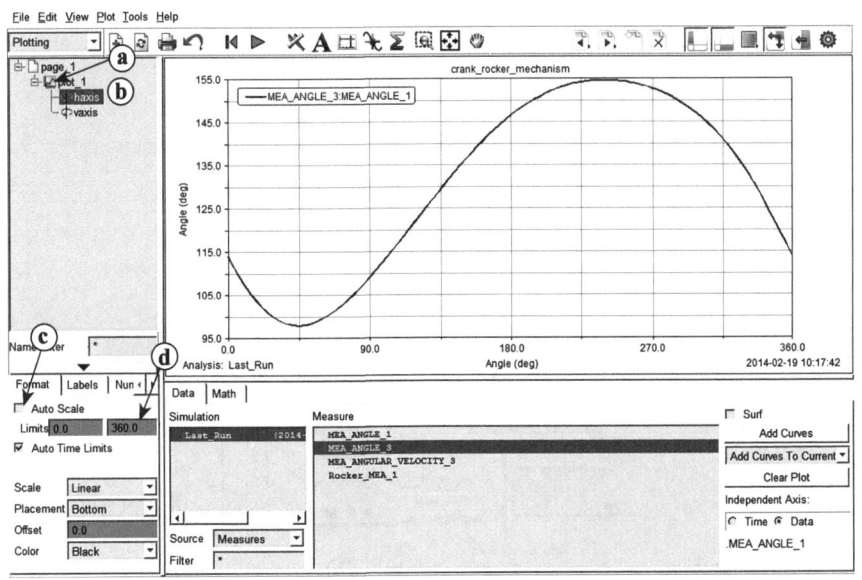

图 2-34　测量曲线横坐标范围的调整

a. 双击曲线图标"**plot_1**"或单击曲线图标前面的"+"按钮。
b. 单击"**haxis**"。
c. 不勾选"**Auto Scale**"。
d. 将"Limits"的范围更改为"0.0 ~ 360.0"。

系统输出调整横坐标变化范围后的测量曲线。

此外，还可以对生成的曲线进行分析，修改时间和标题，以及对曲线的线宽、线型、颜色等进行设定和编辑，这里不再赘述。

另外还可以对曲线进行其他的处理，如提取测量曲线上各点的坐标值，如图 2-35 所示。
a. 单击"**Plot tracking**"图标。
b. 在测量曲线图中横向移动光标。
c. 对应位置点的坐标值、斜率、曲线的最大和最小值、平均值等都可以实时地显示出来。

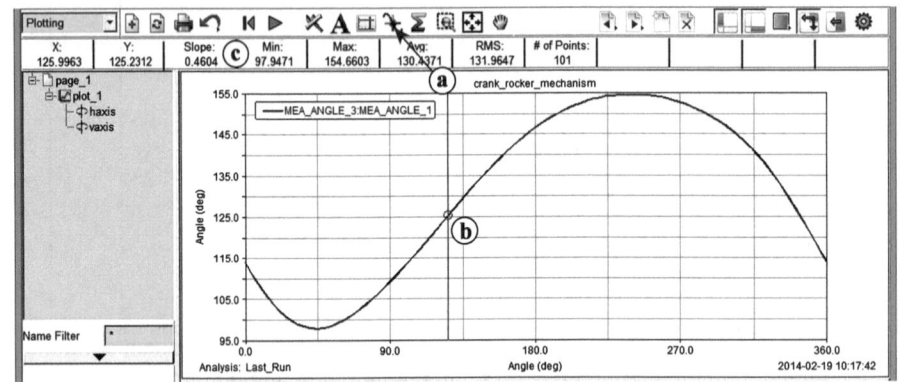

图 2-35　测量曲线上任意点坐标特性的显示

此外，还可以应用曲线编辑工具对曲线进行更进一步的编辑和处理。曲线编辑工具条调用如图 2-36 所示。

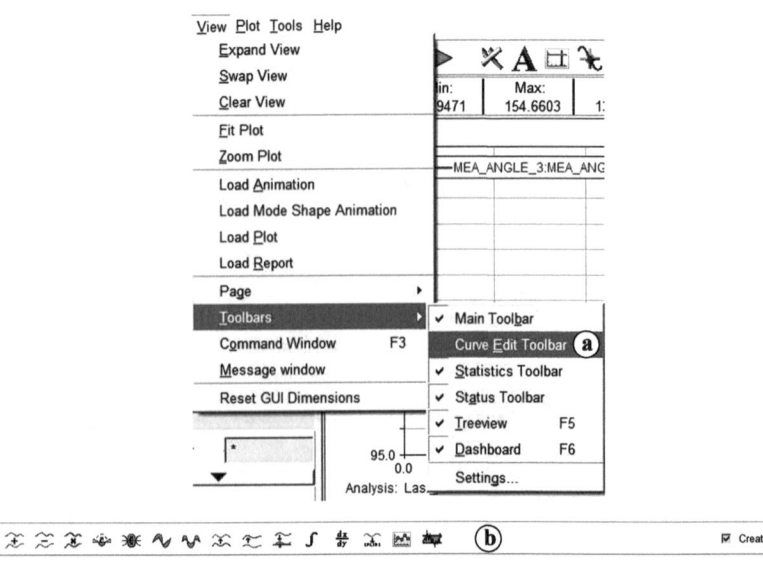

图 2-36　曲线编辑工具的调用

a. 在"ADAMS/PostProcessor"对话框的菜单栏中,选择"**View→Toolbars→Curve Edit Toolbar**"命令,或者直接单击工具栏中的 Σ。

b. 系统弹出曲线编辑工具条。使用该工具条可以对曲线进行编辑处理。

(2) 测量曲线的输出 将仿真测量曲线以数据文件的形式输出,如图 2-37 所示。

a. 在"ADAMS/PostProcessor"菜单栏中,选择"**File→Export→Numeric Data…**"命令。

b. 在弹出的"Export"对话框中的"File Name"文本框中输入"**angle3_angle1**"。

c. 右击"**Results Data**"文本框,在弹出的快捷菜单中,选择"**Result_Set_Component→Guesses→ ***"命令。这表示输出全部数据,包括:摇杆的角位移数据,即曲线的 y 坐标值;曲柄的角位移数据,即曲线的 x 坐标值;仿真时间。

d. 单击"**OK**"按钮,测量曲线转化为测量数据,并以"**angle3_angle1.dat**"的名称被保存起来。

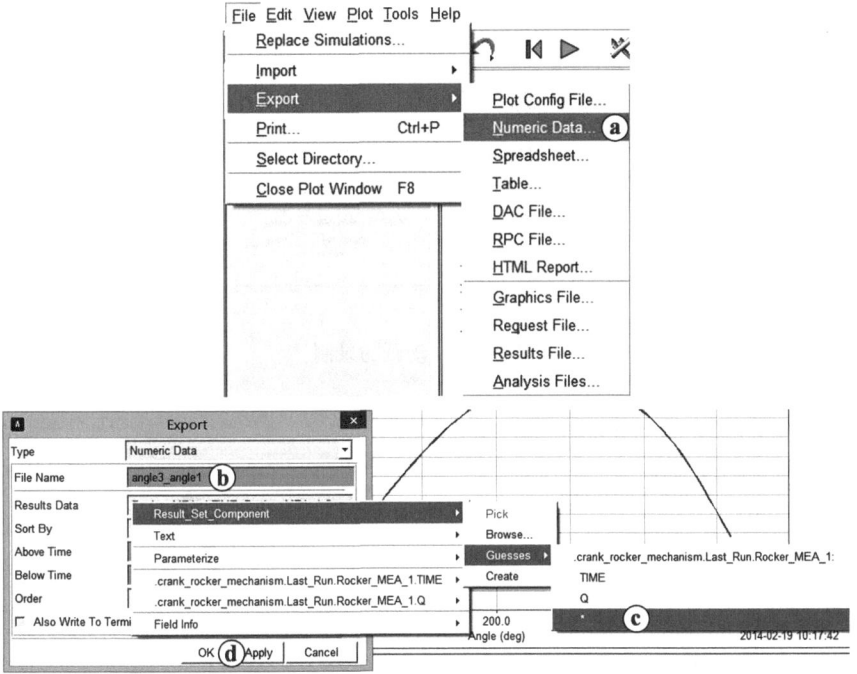

图 2-37 曲线的输出

下面将仿真过程中产生的动画以 AVI 的格式输出,这样该动画可以在脱离开 ADAMS/View 的环境下应用其他媒体播放软件进行播放,如图 2-38 所示。

a. 在"ADAMS/PostProcessor"对话框中,选择页面布置方式为"**Page Layout:2 Views, side by side**"。

b. 单击右边的视窗,即选中该视窗。

c. 选择"**View→Load Animation**"命令,调入仿真动画模型。

d. 单击"**ISO view**"视图图标。

e. 通过"Dynamic Zoom"图标来调整模型的大小。若看不到"Dynamic Zoom"图标,可在右击"View Zoom"图标后看到。

f. 通过"Dynamic Translate(XY)"图标来调整模型的位置。

g. 单击"**Record**"选项卡（位于下部选项卡集中）。

h. 在"File Name"文本框中输入所要保存动画的 AVI 文件的名称。这里取系统默认的与模型名相同的名称"**chapter2_1**"。

i. 单击 ⓡ "记录"按钮。

j. 单击 ▶ "播放"按钮。

动画录制开始。当滑动条滑动到末端时，即完成动画的录制。

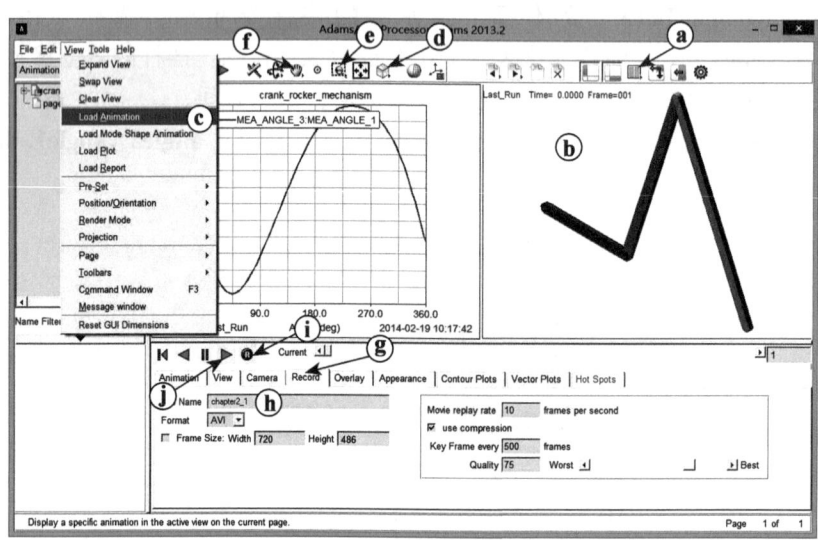

图 2-38 动画的录制

图 2-39 所示为播放"chapter2_1.avi"的过程。

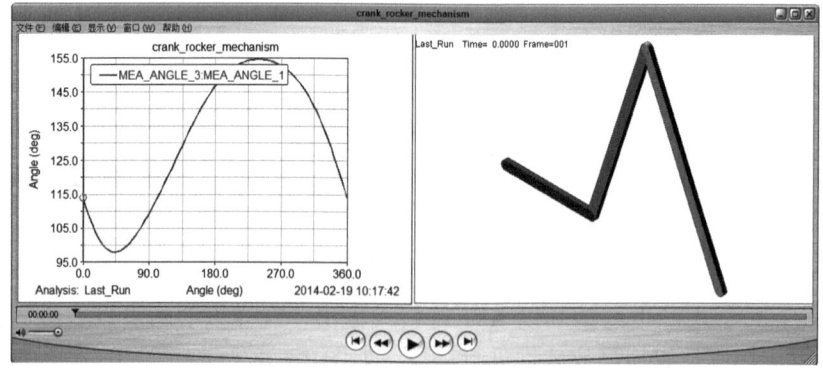

【图 2-39 仿真】

图 2-39 动画的播放

最后将模型保存为"**chapter2_1.bin**"。

2.2 压力机建模与仿真

2.2.1 设计问题的描述

图 2-40 所示为一小型压力机。已知各构件的长度为 $l_{AB}=100\text{mm}$，$l_{BC}=200\text{mm}$，

$l_{AD}=200\mathrm{mm}$。驱动力 F 作用在构件 DAB 的 D 点，大小为 $F=140\mathrm{N}$，且始终与 AD 保持垂直。滑块 C 向下运动压紧工件，其压紧力用弹簧来模拟。弹簧的刚度系数 $K=5\mathrm{N/mm}$，阻尼系数 $C=0$。问题如下：① 试建立该压力机的虚拟样机模型。② 进行动力学仿真分析，给出在压紧过程中工件所受压力的变化情况。

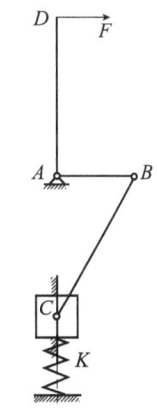

图 2-40 压力机机构运动简图

2.2.2 启动 ADAMS 软件并设置工作环境

启动 ADAMS/View 模块，定义"Model name"为"**press**"，其他选项为默认设置。

选择"Settings"菜单中的"**Working Grid**"命令，设置工作格栅 x 和 y 方向的"Size"为"**500mm**"，设置 X 和 Y 方向的"Spacing"为"**20mm**"，其他参数为系统默认设置。

2.2.3 创建虚拟样机模型

1. 创建曲柄

曲柄创建过程如图 2-41 和图 2-42 所示。

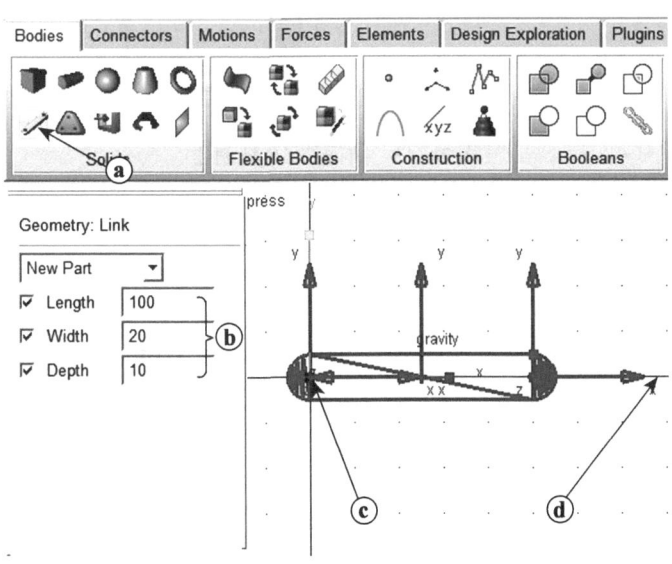

图 2-41 曲柄的 AB 杆创建

a. 在操作区"Bodies"项的"Solids"中，单击"**RigidBody：Link**"图标。

b. 勾选"**Length**"，在文本框中输入"**100**"；勾选"**Width**"，在文本框中输入"**20**"；勾选"**Depth**"，在文本框中输入"**10**"。

c. 单击（**0，0，0**）位置。

d. 水平右移光标，当出现连杆的几何形体后，单击工作区。

e. 在"Length"文本框中输入"**200**"。

f. 选择"**Add to Part**"。

g. 单击曲柄构件。
h. 单击 (**0**, **0**, **0**) 位置。
i. 竖直上移光标, 当出现连杆的几何形体后, 单击工作区。

完成曲柄的创建, 将该构件重命名为 "**Crank**"。

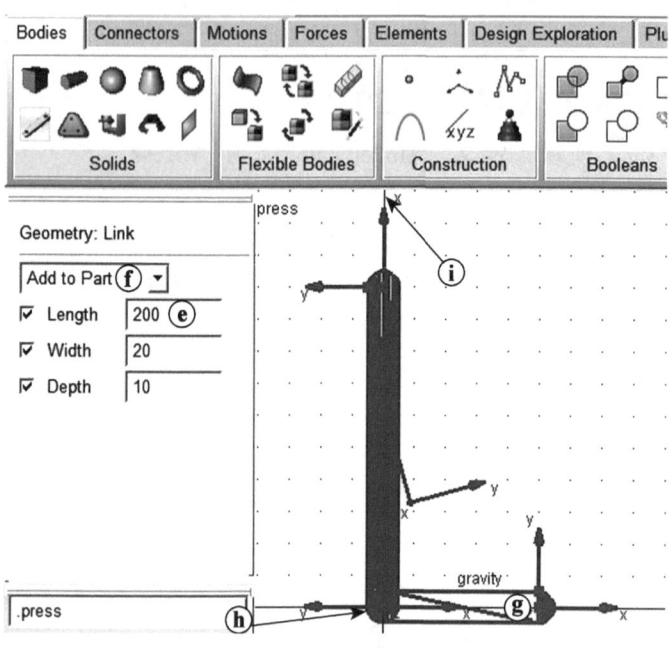

图 2-42 曲柄的 AD 杆创建

2. 创建连杆

(1) 创建连杆模型　连杆模型的创建过程如图 2-43 所示。

a. 在操作区 "**Bodies**" 项的 "**Solids**" 中, 单击 "**RigidBody：Link**" 图标。

b. 勾选 "**Length**", 在文本框中输入 "**200**"; 勾选 "**Width**", 在文本框中输入 "**20**"; 勾选 "**Depth**", 在文本框中输入 "**10**"。

c. 单击 (**100**, **0**, **0**) 位置。

d. 竖直下移光标, 当出现连杆的几何形体后, 单击工作区。

完成连杆的创建, 将该构件重命名为 "**Link**"。

(2) 调整连杆的位姿　连杆位姿调整过程如图 2-44 所示。

a. 单击 "**Position**" 图标。

b. 单击 "**View Center**" 按钮。

c. 单击 (**100**, **0**, **0**) 点。

d. 单击选中连杆 "**Link**"。

e. 在 "**Angle**" 文本框中输入 "**30**"。

f. 单击 "**Rotate**" 按钮, 连杆 "**Link**" 绕其上端点顺时针旋转30°, 得到其初始位置。

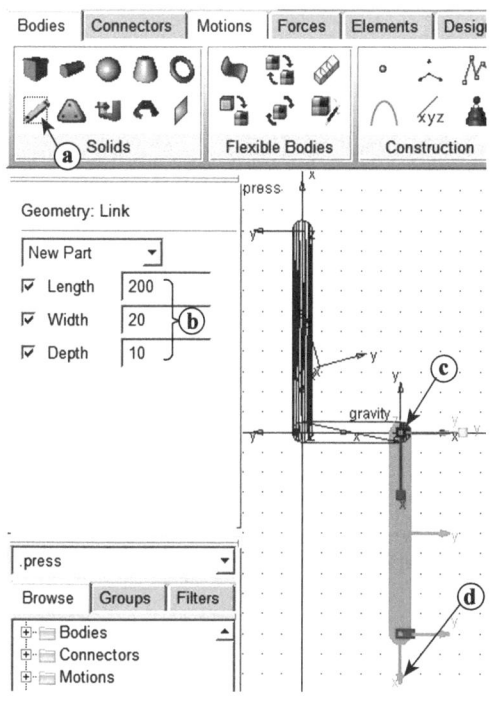
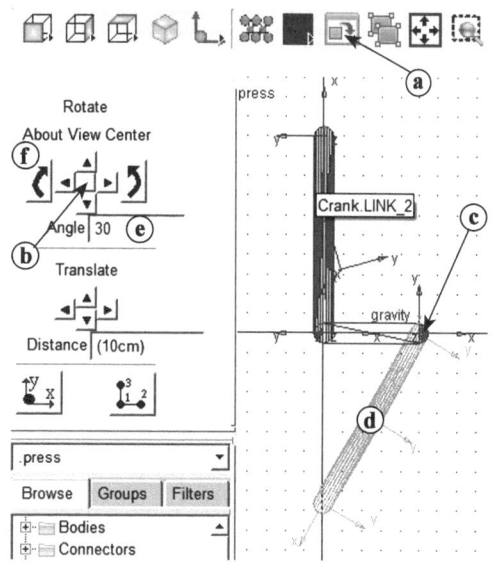

图 2-43　连杆的创建　　　　　　图 2-44　连杆位姿的调整

3. 创建滑块

(1) 创建滑块模型　滑块模型的创建过程如图 2-45 所示。

a. 在操作区"Bodies"项的"Solids"中，单击"**RigidBody：Box**"图标。

b. 勾选"**Length**"，在文本框中输入"**80**"；勾选"**Height**"，在文本框中输入"**40**"；勾选"**Depth**"，在文本框中输入"**40**"。

c. 单击连杆的下端点"**MARKER_6**"。

完成滑块的创建，将其重命名为"**Slider**"。

(2) 调整滑块的位置　滑块位置调整过程如图 2-46～图 2-48 所示。

a. 单击"**Position**"图标。

b. 单击选中滑块"**Slider**"。

c. 在"Distance"文本框中输入"**40**"。

d. 单击"**Move**"按钮。

e. 在"Distance"文本框中输入"**20**"。

f. 单击"**Move**"按钮。

g. 单击"**Set the view orientation to Right**"图标。

h. 单击"**Position**"图标。

i. 在"Distance"文本框中输入"**20**"。

j. 单击"**Move**"按钮，滑块的几何中心被调整到与连杆下端点重合的位置。

k. 单击"**Set the view orientation to Front**"图标。

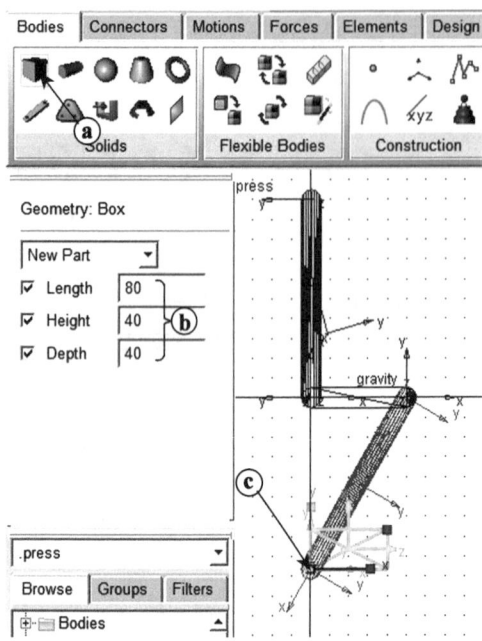

图 2-45 滑块的创建

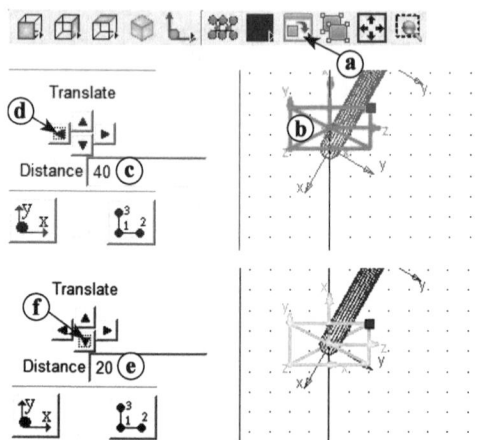

图 2-46 滑块位置的调整（一）

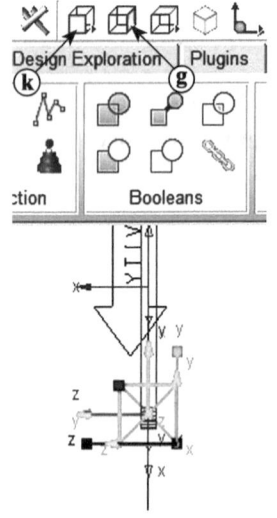

图 2-47 视图方向的调整

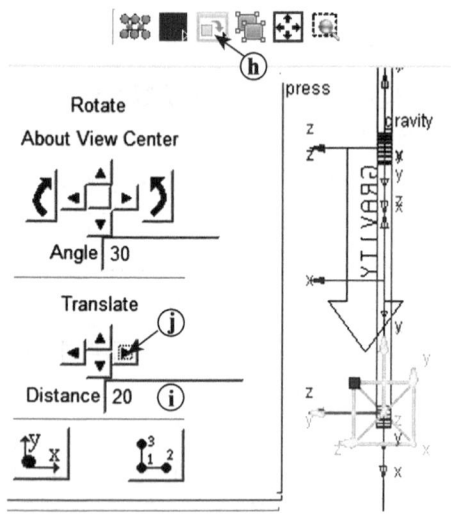

图 2-48 滑块位置的调整（二）

4. 创建运动副

（1）创建转动副　创建 3 个转动副"**JOINT_A**""**JOINT_B**"和"**JOINT_C1**"，如图 2-49 所示。

转动副"JOINT_A"：曲柄"Crank"和大地"ground"之间的转动副。

转动副"JOINT_B"：曲柄"Crank"和连杆"Link"之间的转动副。

转动副"JOINT_C1"：连杆"Link"与滑块"Slider"之间的转动副。

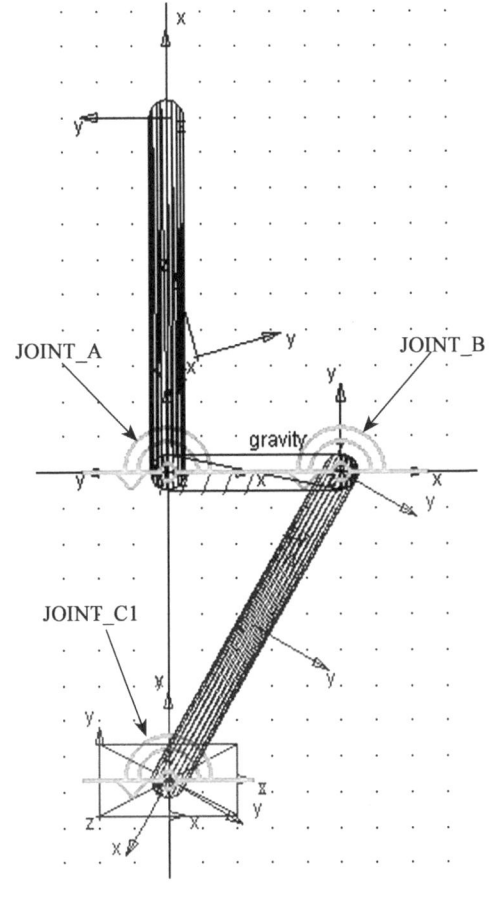
图 2-49 转动副的创建

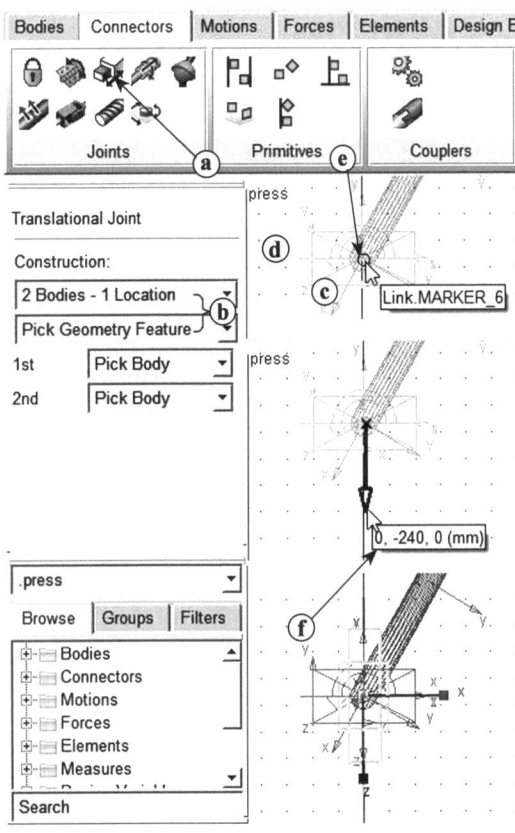
图 2-50 移动副的创建

(2) 创建移动副　移动副的创建过程如图 2-50 所示。

a. 在操作区"Connectors"项的"Joints"中，单击"**Create a Translational Joint**"图标。

b. 选择"**2 Bodies – 1 Location**"和"**Pick Geometry Feature**"。

c. 单击滑块"**Slider**"。

d. 单击大地"**ground**"（机架）。

e. 单击滑块的中心。

f. 竖直下移光标。当出现向下的箭头时，单击工作区。

完成移动副的创建，将其重命名为"**JOINT_ C2**"。

5. 创建弹簧

这里采用弹簧力来模拟滑块与物体之间的作用力，如图 2-51 所示。

a. 在操作区"Forces"项的"Flexible Connections"中，单击"**Create a Translational Spring-Damper**"图标。

b. 勾选"**K**"，在文本框中输入"**5**"；勾选"**C**"，在文本框中输入"**0**"。

c. 右击滑块"**Slider**"的中心。

d. 在弹出的"Select"对话框中，选择"**Slider. cm**"。

e. 单击"**OK**"按钮。
f. 单击（**0，-300，0**）位置。
完成弹簧的创建。

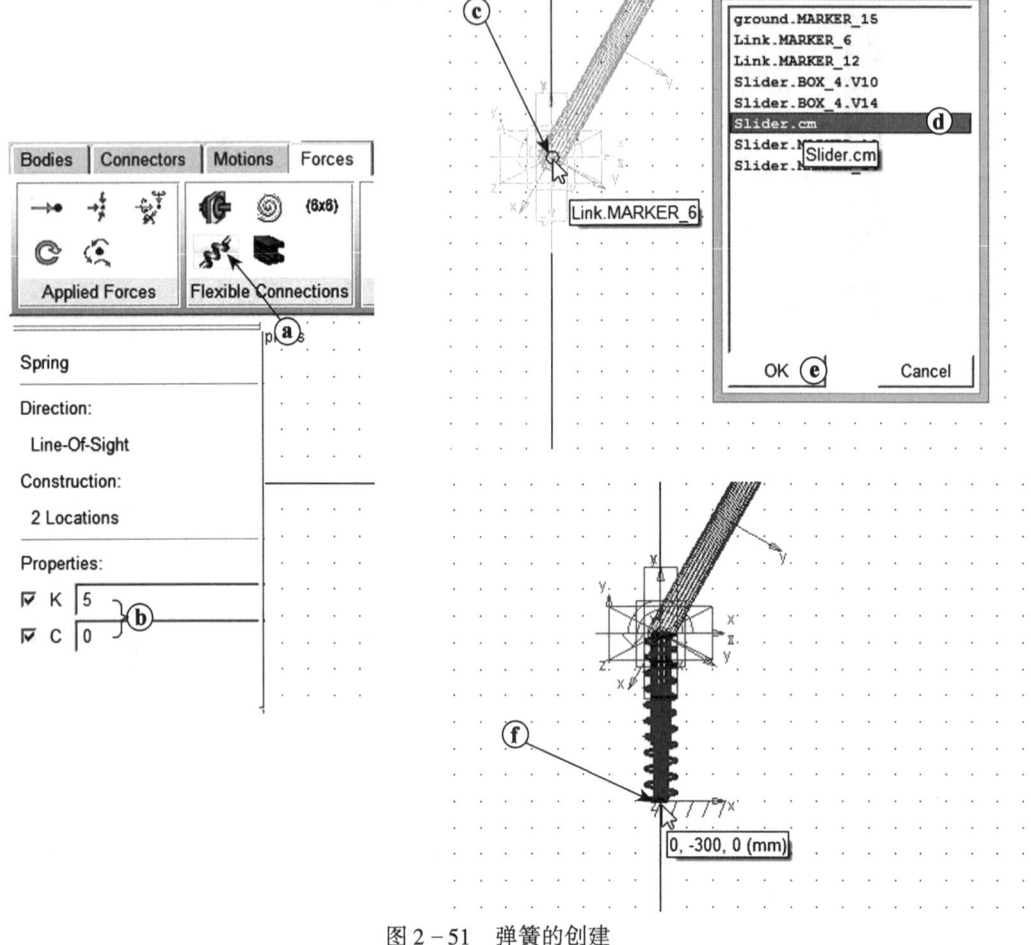

图 2-51 弹簧的创建

6. 创建驱动力

驱动力的创建如图 2-52 所示。

a. 在操作区"Forces"项的"Applied Forces"中，单击"**Create a Force（Single-Component）Applied Forces**"图标。

b. 在"Run-time Direction"下拉列表中选择"**Body Moving**"。

c. 勾选"**Force**"，在文本框中输入"**140**"。

d. 单击曲柄"**Crank**"。

e. 单击曲柄的上端点"**MARKER_4**"。

f. 水平右移光标到某一个位置（光标后面出现一个箭头），单击工作区。

驱动力被施加到原动件曲柄上。

压力机模型的经渲染的正等轴测图如图 2-53 所示。

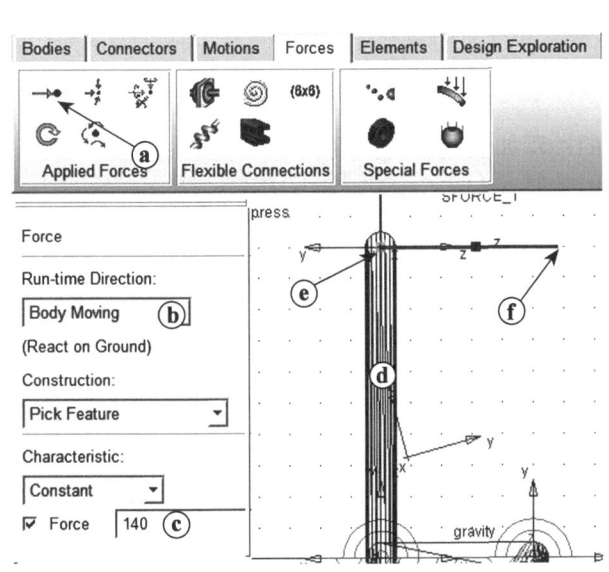

图 2-52 驱动力的创建

图 2-53 压力机的模型

2.2.4 仿真与测试

1. 仿真模型

压力机模型的仿真如图 2-54 所示。

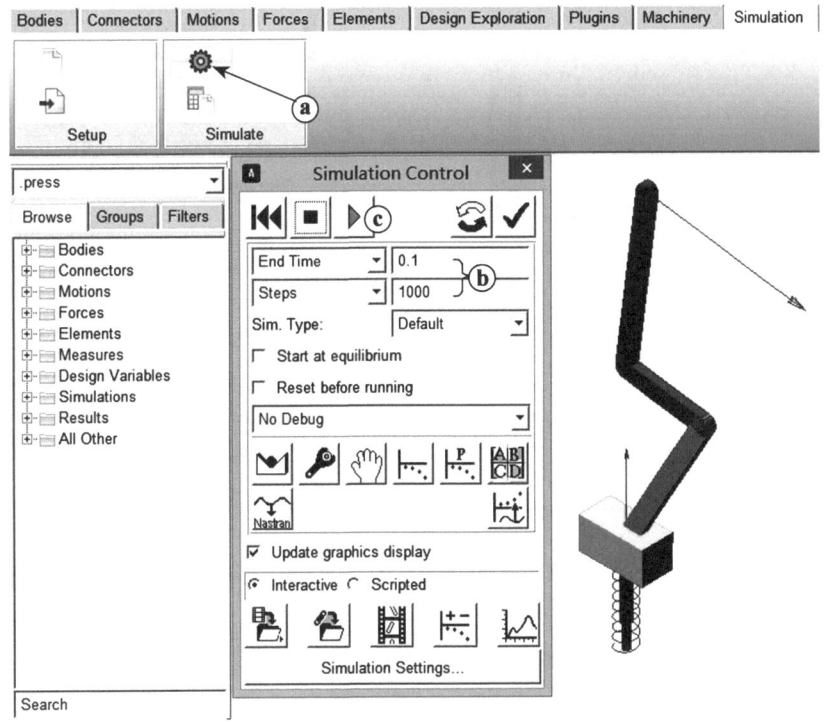

图 2-54 压力机的仿真

【图 2-54 仿真】

a. 在操作区"Simulation"项的"Simulate"中,单击"**Simulation Control**"图标。

b. 将"End Time"设置为"**0.1**",将"Steps"设置为"**1000**"。

c. 单击"**Start simulation**"按钮。

2. 测试模型

(1) 曲柄转角的测量　测量曲柄转角的过程如图2-55和图2-56所示。

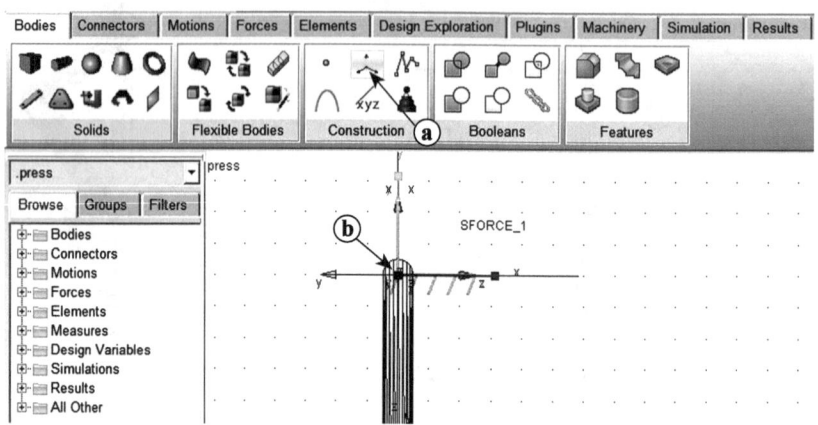

图2-55　标记点的创建

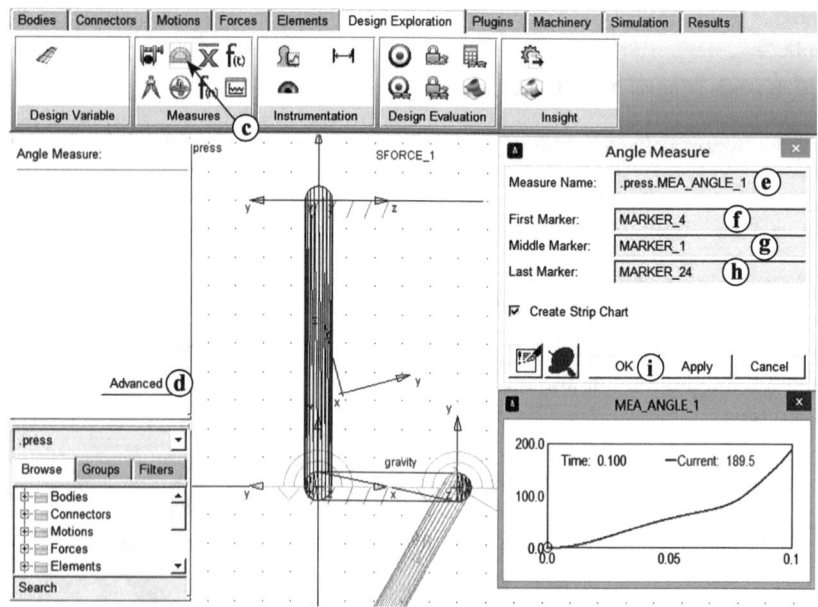

图2-56　曲柄转角的测量

a. 在操作区"Bodies"项的"Construction"中,单击"**Construction Geometry：Marker**"图标。

b. 在大地"ground"上的标记点"MARKER_4"所在位置处创建一个标记点"**MARKER_24**"。

提示：若刚才创建的标记点标号不是"MARKER_24",则下面出现"MARKER_24"

的地方用相应的标记点标号替换。

c. 在操作区"Design Exploration"项的"Measures"中,单击"**Create a new Angle Measure**"图标。

d. 在左侧的"Angle Measure"区中,单击"**Advanced**"按钮。

e. 在弹出的"Angle Measure"对话框中,将"Measure Name"后的名称更改为"**press. MEA_ ANGLE_ 1**"。

f. 在"First Marker"文本框中输入"**MARKER_ 4**"。

g. 在"Middle Marker"文本框中输入"**MARKER_ 1**"。

h. 在"Last Marker"文本框中输入"**MARKER_ 24**"。

i. 单击"**OK**"按钮,显示测量结果。

(2) 弹簧力的测量　测量弹簧力的过程如图 2 - 57 所示。

a. 右击弹簧,在弹出的快捷菜单中选择"**Spring:SPRING_ 1→Measure**"命令。

b. 在弹出的"Assembly Measure"对话框中,将"Measure Name"后的名称更改为"**SPRING_ 1_ MEA_ FORCE**"。

c. 在"Characteristic"下拉列表中选择"**force**"。

d. 单击"**OK**"按钮。

弹簧力的测量结果如图 2 - 58 所示。

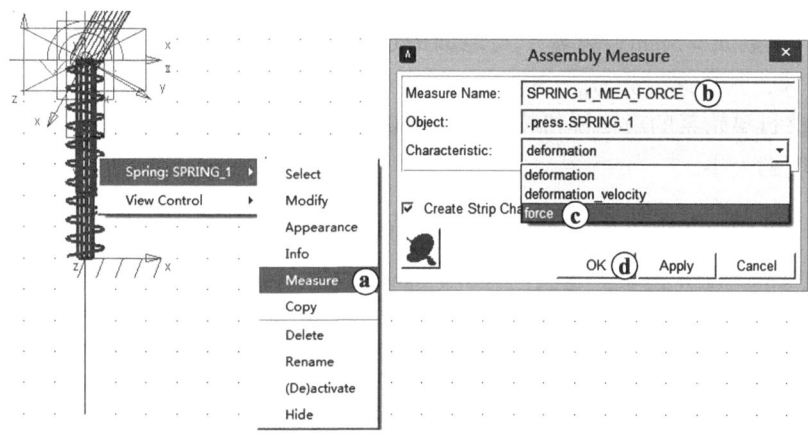

图 2 - 57　弹簧力的测量

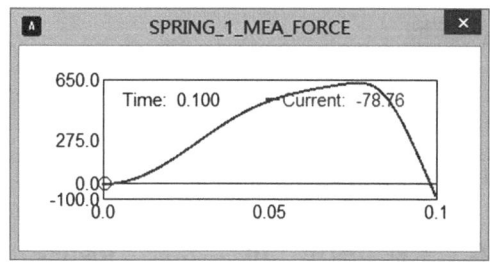

图 2 - 58　弹簧力的测量结果

进一步可以获得弹簧力相对于曲柄转角的测量曲线,如图 2 - 59 所示。

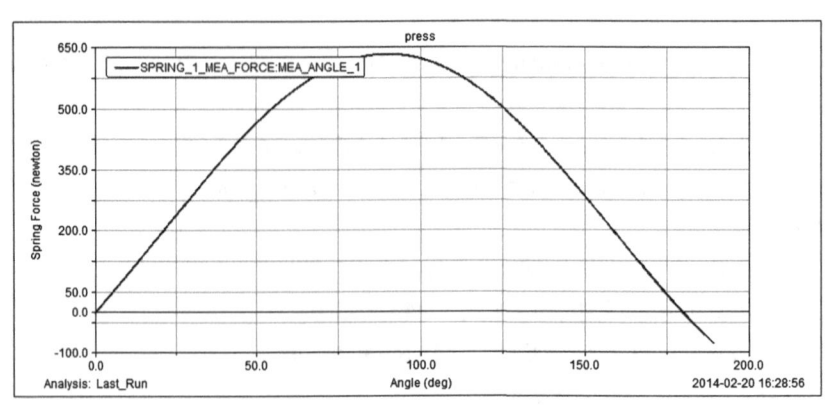

图 2-59 弹簧力相对于曲柄转角的测量结果

最后将模型保存为"chapter2_2.bin"。

2.3 行星轮系建模与仿真

2.3.1 设计问题的描述

图 2-60 所示为一行星轮系。已知两个齿轮的齿数分别为 $z_1 = 40$，$z_2 = 20$，模数 $m = 5$mm。齿轮 1 与地面固连（即为机架），系杆 H 为原动件，其角速度为 $\omega_H = 30°/s$。

试建立该行星轮系的虚拟样机模型，并分析行星轮 2 相对系杆运动的角速度的大小。

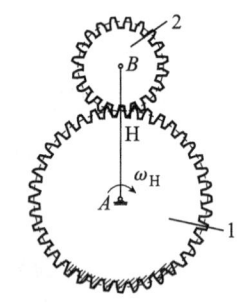

图 2-60 行星轮系机构

2.3.2 启动 ADAMS 软件并设置工作环境

启动 ADAMS/View 模块，定义"Model name"为"**gear_train**"，其他选项为系统默认设置。

选择"Settings"菜单中的"**Working Grid**"命令，设置工作格栅 x 和 y 方向的"Size"为"**300mm**"，设置 X 和 Y 方向的"Spacing"为"**10mm**"，设置"Icons"的"New Size"为"**20**"，其他参数为系统默认设置。

在主菜单中，选择"**View→Coordinate Window**"命令，或者单击工作区后按〈**F4**〉键。

2.3.3 创建虚拟样机模型

1. 创建齿轮 1

（1）创建齿轮 1

这里采用圆柱体来代替齿轮。齿轮的创建过程如图 2-61 所示。

a. 在操作区"Bodies"项的"Solids"中，单击"**Construction Geometry：Cylinder**"图标。

b. 勾选"**Length**"，在文本框中输入"**10**"；勾选"**Radius**"，在文本框中输入"**100**"。

c. 单击 (**0, 0, 0**) 位置。

d. 水平右移光标一段距离后，单击工作区。

齿轮 1 创建完成，将其重命名为 "**gear_1**"。

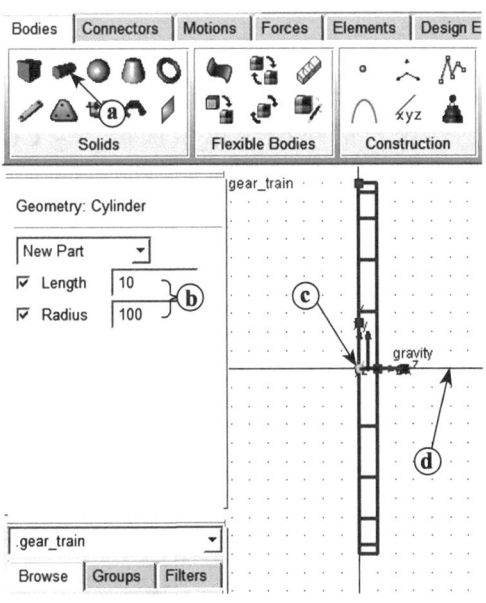

图 2-61　齿轮 1 的创建

（2）调整齿轮 1 的位姿　齿轮 1 的位姿调整如图 2-62 所示。

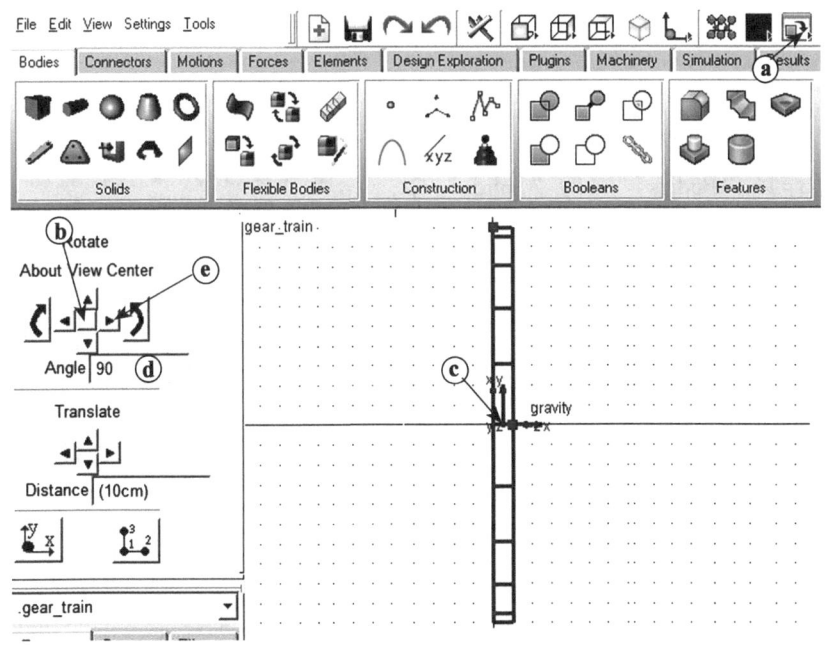

图 2-62　齿轮 1 的位姿调整

a. 单击 "**Position**" 图标。
b. 单击 "**View Center**" 按钮。
c. 单击（**0，0，0**）点。

d. 在"Angle"文本框中输入"**90**"。

e. 单击"**Rotate**"按钮。

齿轮"gear_1"绕 y 轴旋转90°。

(3) 齿轮1的几何特征修改　修改过程如图2-63所示。

a. 右击齿轮 gear_1，在弹出的快捷菜单中选择"**-Cylinder：CYLINDER_1→Modify**"命令。

b. 在弹出的"Geometry Modify Shape Cylinder"对话框中，将"Side Count For Body"和"Segment Count For Ends"都更改为"**50**"。

c. 单击"**OK**"按钮。

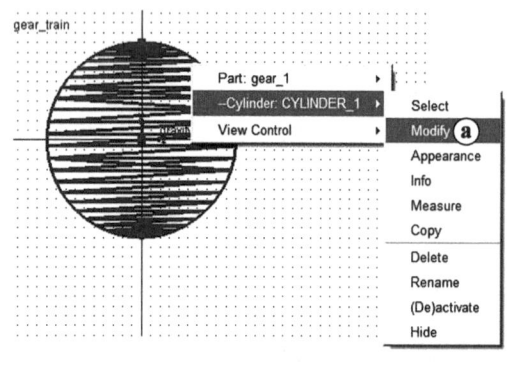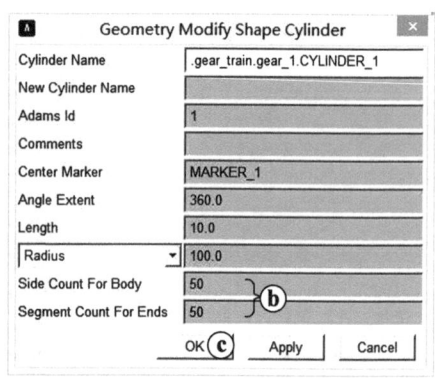

图2-63　齿轮1的几何特征修改

2. 创建齿轮2

(1) 创建齿轮2　创建过程如图2-64所示。

a. 在操作区"Bodies"项的"Solids"中，单击"**Construction Geometry：Cylinder**"图标。

b. 勾选"**Length**"，在文本框中输入"**10**"。勾选"**Radius**"，在文本框中输入"**50**"。

c. 单击（**0，150，0**）位置。

d. 水平右移光标一段距离后，单击工作区。齿轮2创建完成，将其重命名为"**gear_2**"。

(2) 调整齿轮2的位姿　齿轮2的位姿调整如图2-65所示。

a. 单击"**Position**"图标。

b. 单击"**View Center**"按钮。

c. 单击（**0，150，0**）点。

d. 在"Angle"文本框中输入"**90**"。

e. 单击"**Rotate**"按钮。

齿轮"gear_2"绕 y 轴旋转90°。

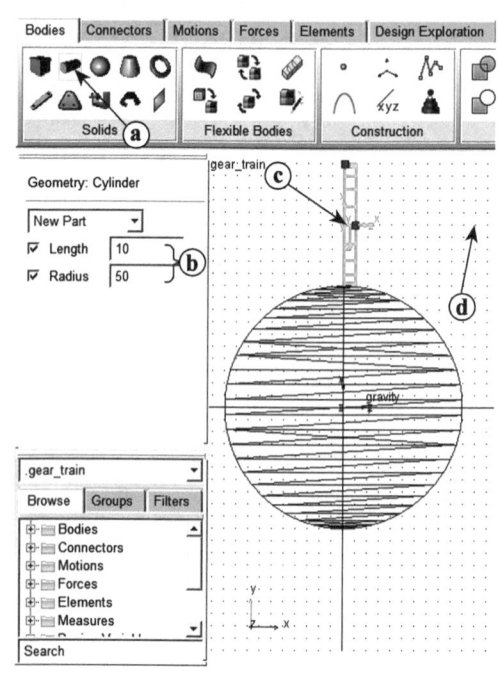

图2-64　齿轮2的创建

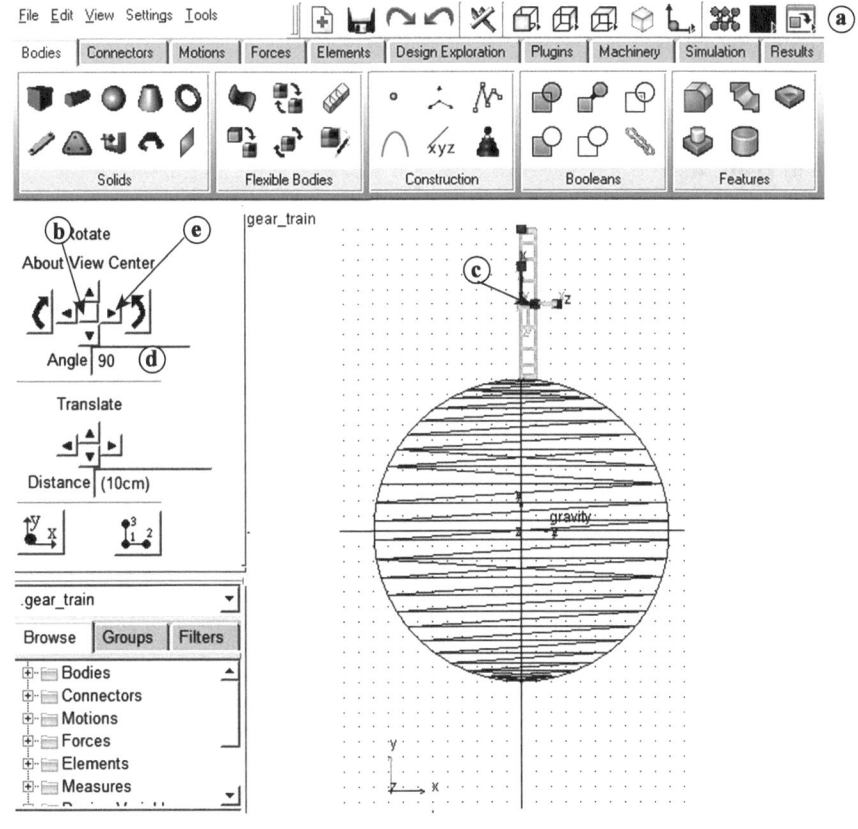

图 2-65　行星轮的位姿调整

(3) 齿轮 2 的几何特征修改　几何特征修改过程如图 2-66 所示。

a. 右击齿轮"**gear_2**",在弹出的快捷菜单中选择"**-Cylinder：CYLINDER_2→Modify**"。

b. 在弹出的"Geometry Modify Shape Cylinder"对话框中,将"Side Count For Body"和"Segment Count For Ends"都更改为"**50**"。

c. 单击"**OK**"按钮。

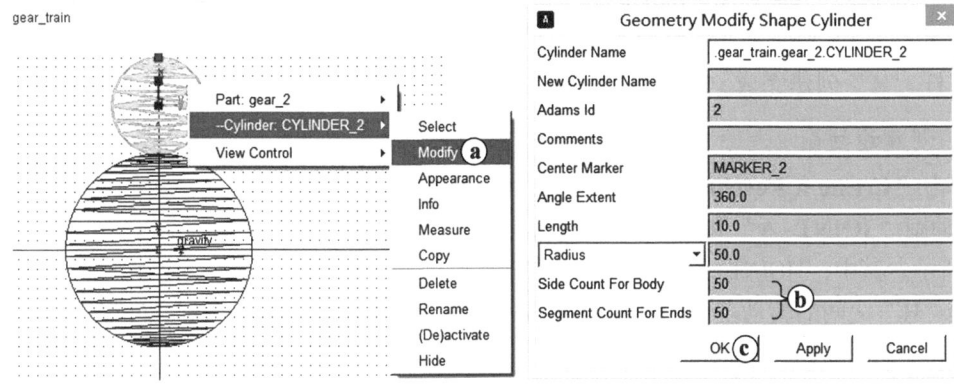

图 2-66　齿轮 2 的几何特征修改

(4) 创建标记孔　在仿真机构时，为了能够清楚地看见齿轮 2 的运动，特在其上创建一个通孔，如图 2-67 所示。

a. 在操作区"Bodies"项的"Features"中，单击"**Add a hole**"图标。

b. 勾选"**Depth**"。

c. 选择齿轮 **gear_2**。

d. 单击（**0, 180, 0**）位置，一个 φ10mm 的孔在 gear_2 上创建完成。

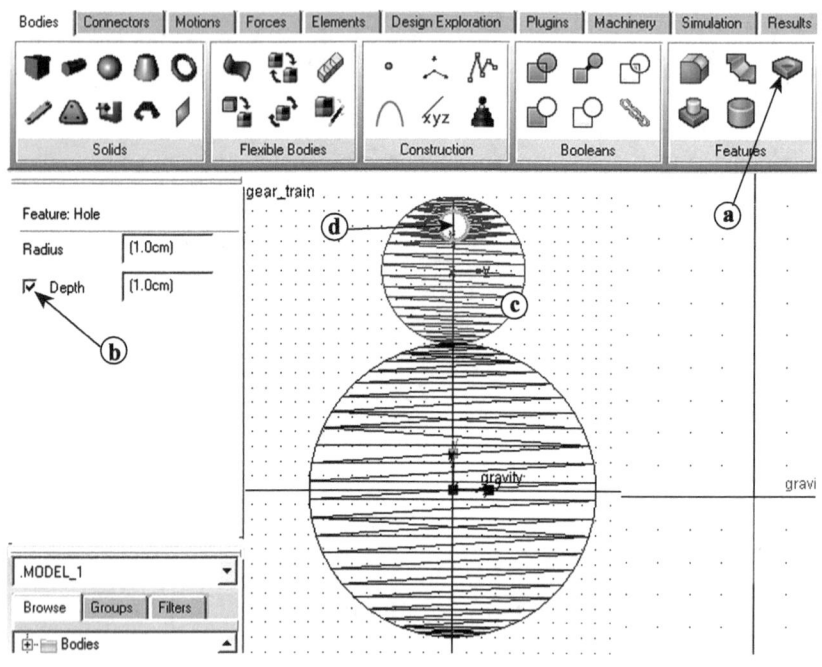

图 2-67　标记孔的创建

3. 创建系杆 H

系杆 H 的创建如图 2-68 所示。

a. 在操作区"Bodies"项的"Solids"中，单击"**RigidBody：Link**"图标。

b. 单击齿轮"**gear_1**"的中心。

c. 单击齿轮"**gear_2**"的中心。

系杆"H"创建完成，将其重命名为"H"。

4. 创建运动副

单击"**Create a Revolute Joint**"图标，创建 2 个转动副"**JOINT_A**"和"**JOINT_B**"，如图 2-69 所示。其中，"JOINT_A"是齿轮"gear_1"和系杆"H"之间的转动副，"JOINT_B"是齿轮"gear_2"和系杆"H"之间的转动副。

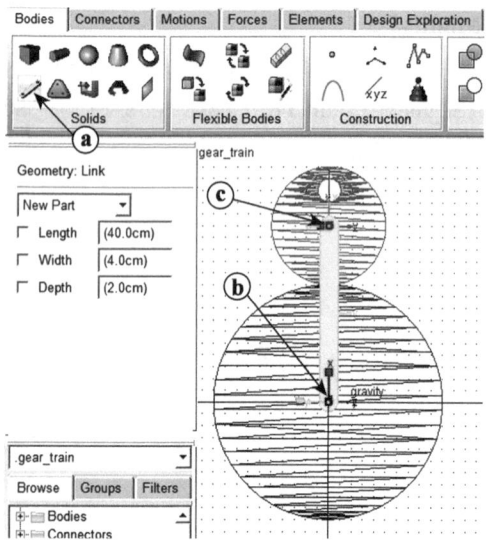

图 2-68　轮系的全部构件模型

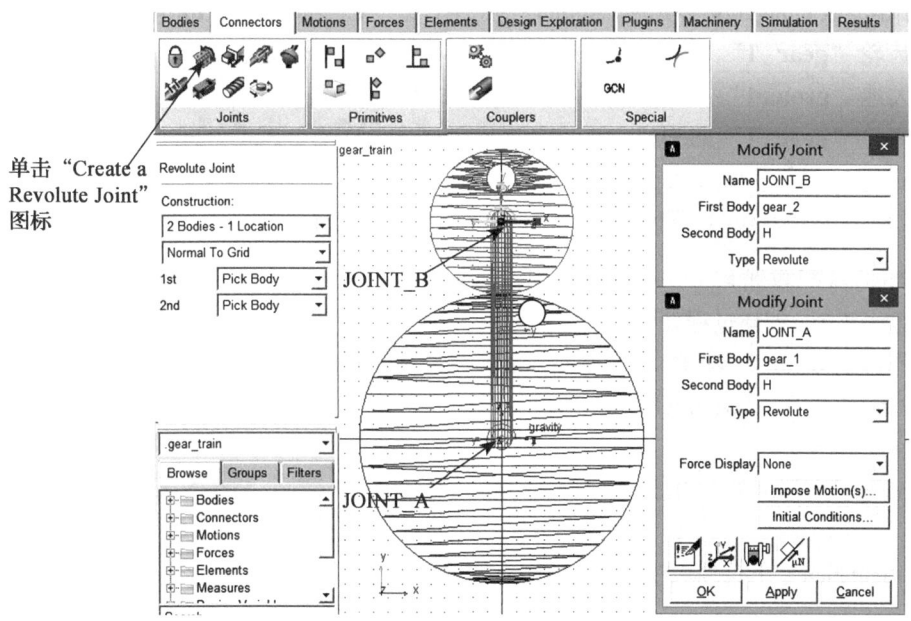

图 2-69 转动副的创建

提示：用"2 Bodies - 1 Location"方式来创建这两个转动副。并且在选择构件时，应首先选择齿轮"gear_1"（或齿轮"gear_2"），然后选择系杆"H"。即两个转动副的"Second Body"都是系杆"H"。

5. 创建固连副

固连副的创建如图 2-70 所示。

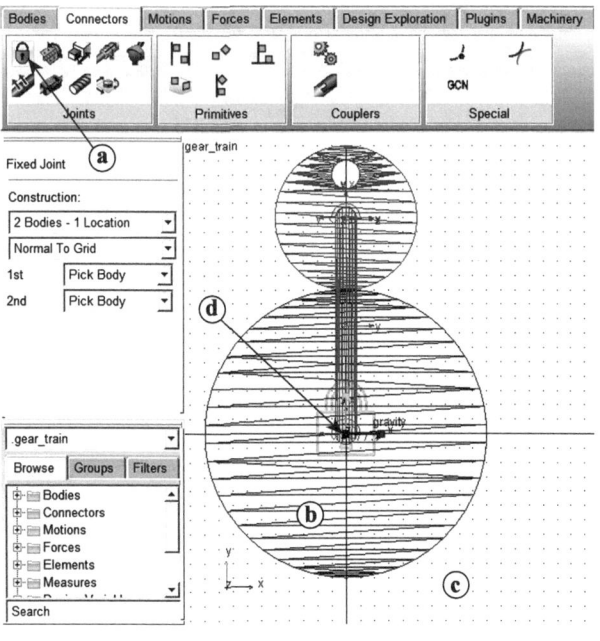

图 2-70 固连副的创建

a. 在操作区"Connectors"项的"Joints"中，单击"**Create a Fix Joint**"图标。
b. 选择齿轮"**gear_1**"。
c. 选择大地"**ground**"。
d. 单击齿轮"**gear_1**"的中心。

齿轮"gear_1"固连在大地"ground"上。将该固连副重命名为"**JOINT_Fix**"。

6. 创建标记点和齿轮副

(1) 创建标记点　创建过程如图 2-71 所示。

a. 在操作区"Bodies"项的"Construction"中，单击"**Construction Geometry：Marker**"图标。

b. 在"Maker"下拉列表中选择"**Add to Part**"。

c. 在"Orientation"下拉列表中选择"**Global YZ Plane**"。

d. 选择系杆"**H**"。

e. 单击齿轮"**gear_2**"的中心。

标记点"MARKER_11"创建完成。

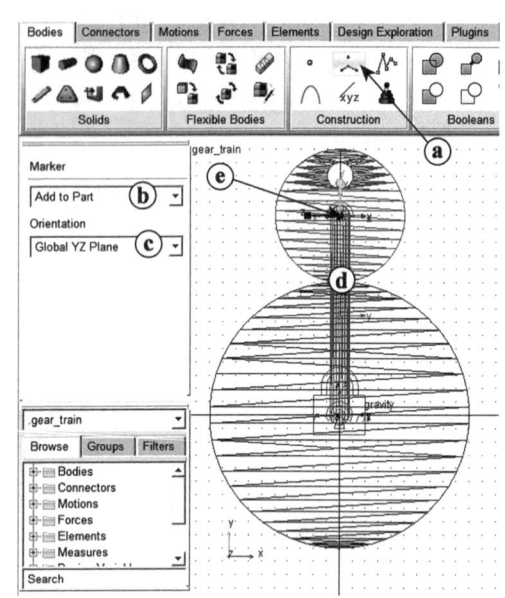

图 2-71　标记点的创建

(2) 调整标记点"MARKER_11"位置　调整过程如图 2-72 所示。

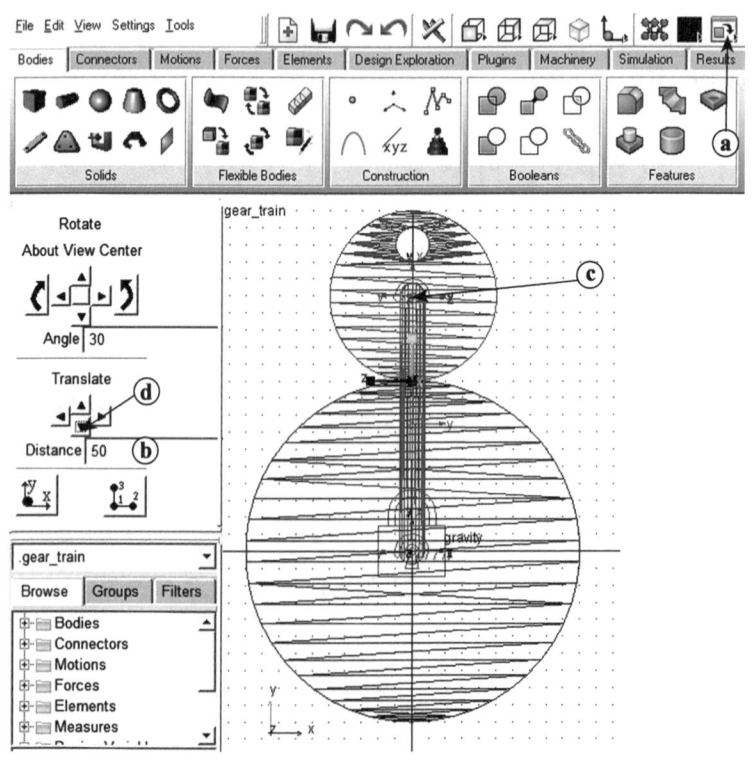

图 2-72　标记点位置的调整

a. 单击 "**Position**" 图标。
b. 将 "Distance" 文本框中的值更改为 "**50**"。
c. 选中标记点 "**MARKER_11**"。
d. 单击 "**Move**" 按钮。

标记点 "MARKER_11" 移到与节点重合处，将其重命名为 "**MARKER_CV**"。

（3）创建齿轮副　齿轮副创建过程如图 2-73 所示。

a. 在操作区 "Connectors" 项 "Couplers" 中，单击 "**Joint（Add-on Constraint）：Gear**" 图标。

b. 在弹出的 "Constraint Create Complex Joint Gear" 对话框中的 "Joint Name" 文本框中输入 "**JOINT_A，JOINT_B**"，在 "Common Velocity Marker" 文本框中输入 "**MARKER_CV**"。

c. 单击 "**OK**" 按钮。

d. 单击渲染工具图标，效果如图 2-73 所示。

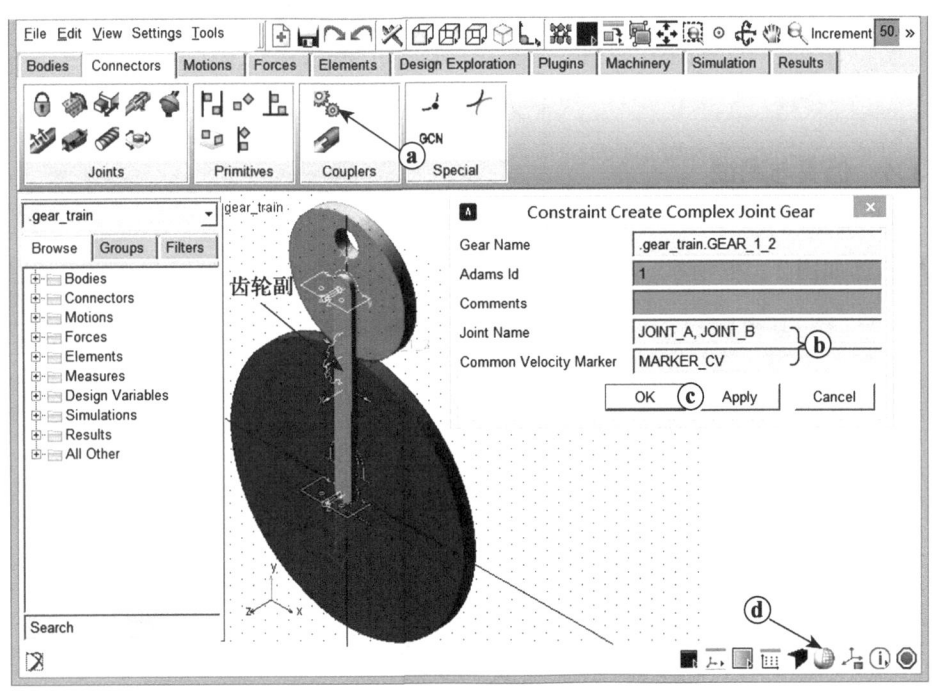

图 2-73　齿轮副的创建

提示：标记点 "MARKER_CV" 的 z 轴方向必须与齿轮在节点处的速度方向相同或相反。这就是在创建标记点 "MARKER_CV" 时选择 "Orientation" 项为 "Global YZ Plane" 的原因。

7. 添加运动

给 "JOINT_A" 施加一个角速度大小为 30°/s 的转动，如图 2-74 所示。

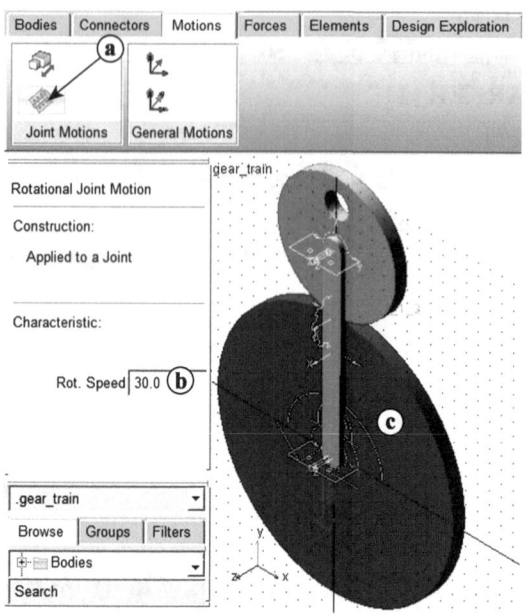

图 2-74 运动的创建

2.3.4 仿真与测试

1. 仿真模型

模型仿真如图 2-75 所示。

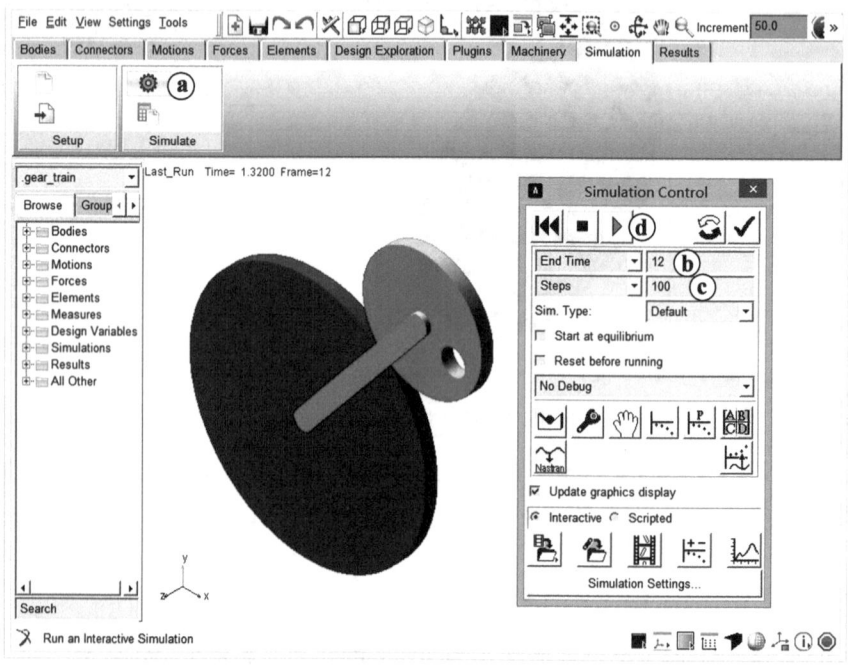

【图 2-75 仿真】　　图 2-75 模型的仿真

2. 测试模型

（1）创建标记点　根据要求，需要测出行星齿轮 gear_2 相对系杆 H 转动的角位移，为此先要在行星齿轮 gear_2 上添加一个用来测量角度的标记点，如图 2-76 所示。

a. 在操作区"Bodies"项的"Construction"中，单击"**Construction Geometry：Marker**"图标。

b. 在"Maker"下拉列表中选择"**Add to Part**"。

c. 选择行星齿轮"**gear_2**"。

d. 单击标记点"**MARKER_CV**"处。

标记点"MARKER_12"创建完成。

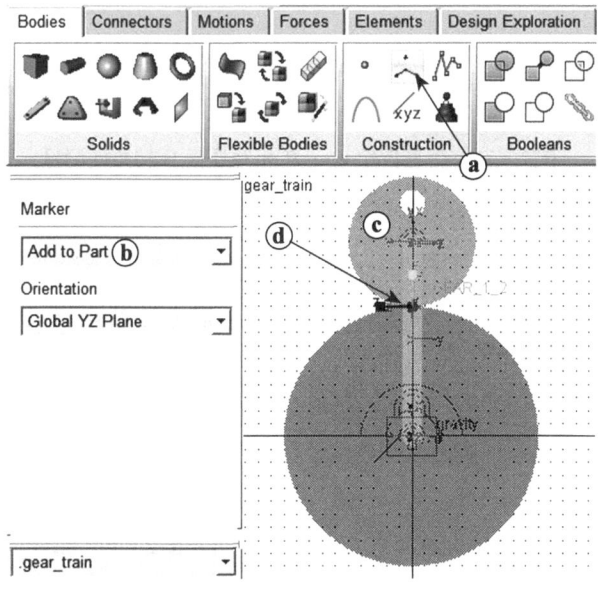

图 2-76　标记点的创建

（2）测量行星轮"gear_2"相对系杆"H"的转角　测量过程如图 2-77 所示。

a. 在操作区"Design Exploration"项的"Measures"中，单击"**Create a new Angle Measure**"图标。

b. 在左侧的"Angle Measure"区，单击"**Advanced**"按钮。

c. 在弹出的"Angle Measure"对话框中，将"Measure Name"后的名称更改为"**MEA_ANGLE_2H**"。

d. 在"First Marker"文本框中输入"**MARKER_12**"。

e. 在"Middle Marker"文本框中输入"**MARKER_2**"。

f. 在"Last Marker"文本框中输入"**MARKER_CV**"。

g. 单击"**OK**"按钮。

行星齿轮相对系杆转动的角度测量结果如图 2-78 所示。

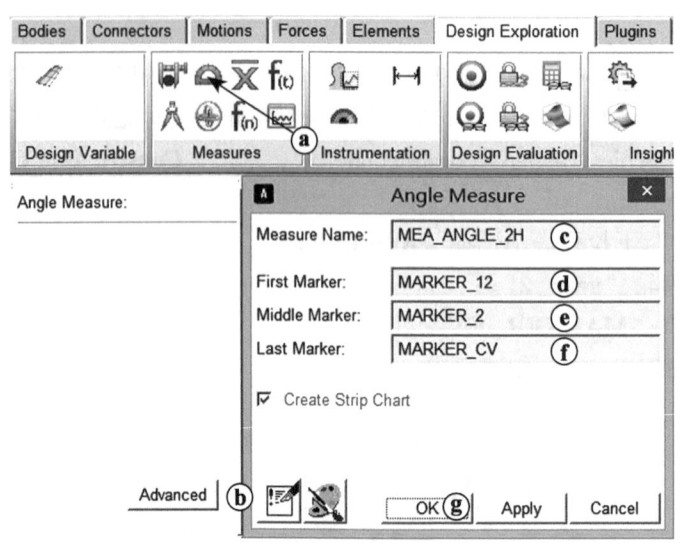

图 2-77　行星齿轮 gear_2 相对系杆 H 转角的测量

同理，还可以创建系杆转角的测量结果 "MEA_ANGLE_H"，如图 2-79 所示。

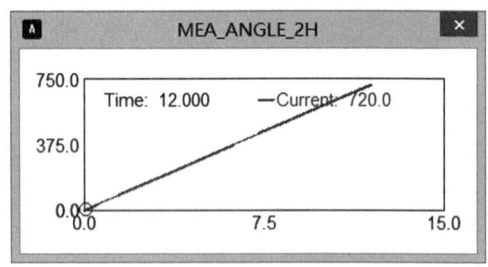 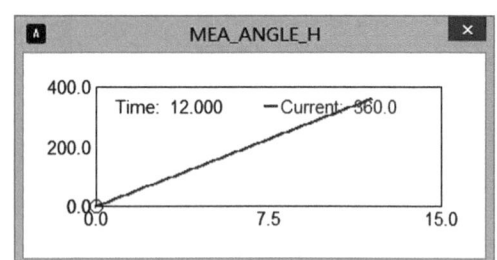

图 2-78　行星齿轮相对系杆转动角度的测量结果　　图 2-79　系杆转角的测量结果

将图 2-78 和图 2-79 两条测量结果曲线合成，得到图 2-80 所示的以系杆转角为横坐标的行星轮相对系杆的运动转角曲线。

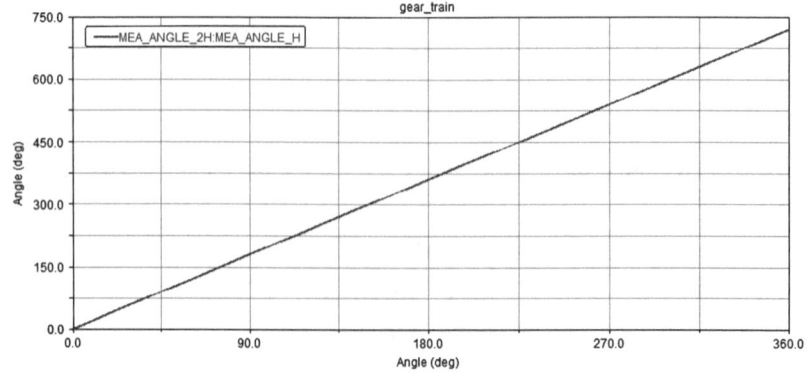

图 2-80　行星齿轮相对于系杆转动角度测量合成曲线

最后将模型保存为 "chapter2_3.bin"。

还可以先利用其他 CAD 软件建立齿轮的实体模型，然后导入到 ADAMS 软件中进行模型的完善和仿真。下面以应用 Solidworks 2010 软件建立齿轮的实体模型为例，说明其操作过程。

2.3.5 实体模型的导入

1. 应用 Solidworks 创建齿轮

应用 Solidworks 创建太阳轮"Sun Gear"和行星齿轮"Planet Gear"，如图 2-81 和图 2-82 所示。将这两个齿轮保存为"**Sun Gear.x_t**"和"**Planet Gear.x_t**"。

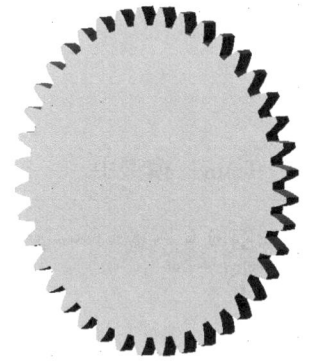

图 2-81　太阳轮"Sun Gear"的 3D 模型　　图 2-82　行星齿轮"Planet Gear"的 3D 模型

2. 模型的导入

（1）导入行星齿轮"Planet Gear"　启动 ADAMS 软件，创建一个新的模型"Gear_Train"。导入行星齿轮"Planet Gear"，如图 2-83 所示。

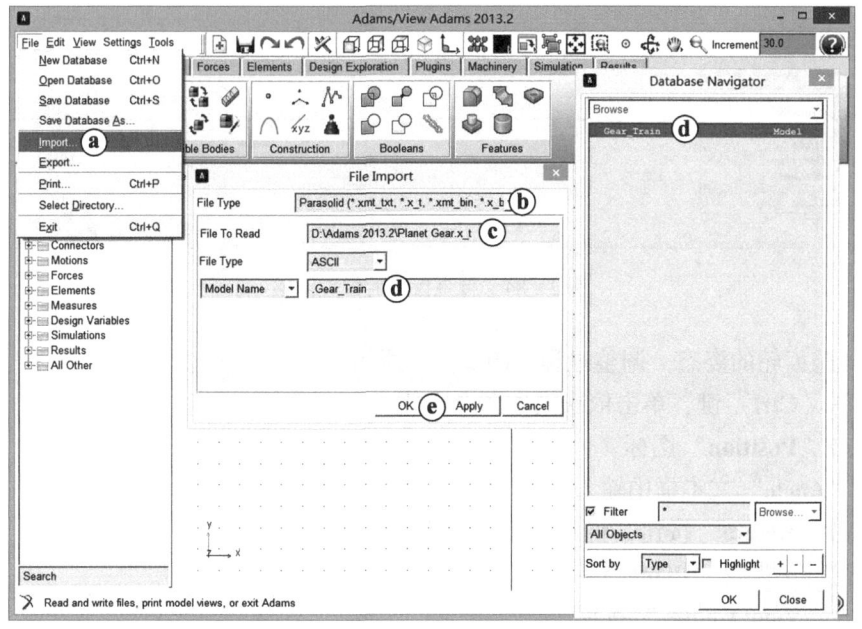

图 2-83　行星齿轮的导入

a. 在主菜单中,选择"**File→Import**"命令。
b. 在弹出的"File Import"对话框中,选择"File Type"为"**Parasolid**"。
c. 双击"**File To Read**"文本框,找到"**Planet Gear. x_ t**"文件。
d. 同样双击"**Model Name**"文本框,拾取或输入"**Gear_ Train**"。
e. 单击"**OK**"按钮。
(2) 行星齿轮的位置调整　调整过程如图 2 - 84 所示。
a. 单击"**Wireframe/shaded toggle for current view**"图标,得到行星齿轮的渲染 3D 图。
b. 单击"**Position**"图标。
c. 单击行星齿轮。
d. 在"Distance"文本框中输入"**150**"。
e. 单击"**Move**"按钮。
行星齿轮上移 150mm。
同理,可以将另一个齿轮(太阳轮)导入到"Gear_ Train"模型中。

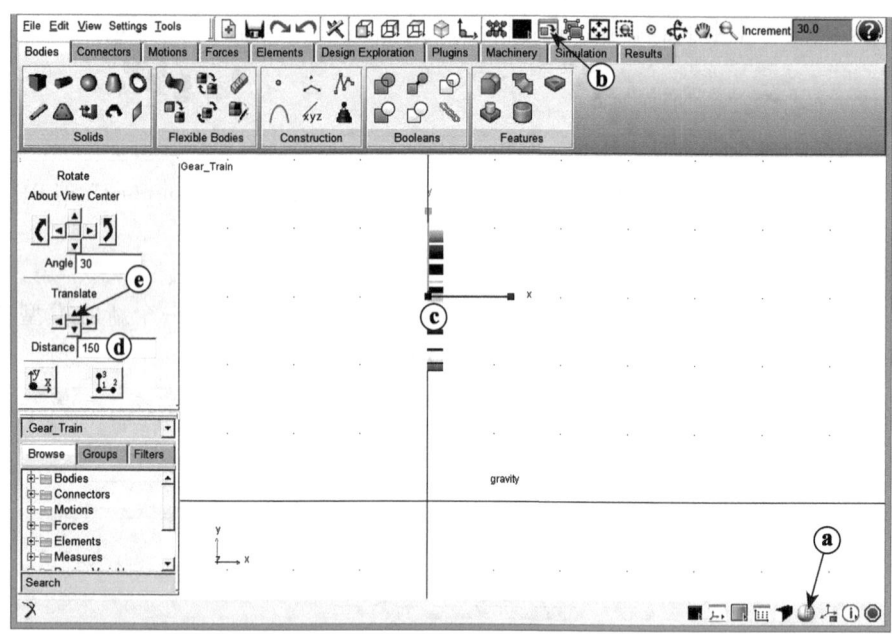

图 2 - 84　行星齿轮的位置调整

(3) 调整齿轮的姿态　调整过程如图 2 - 85 所示。
a. 按住〈**Ctrl**〉键,单击依次选中两个齿轮。
b. 单击"**Position**"图标。
c. 在"Angle"文本框中输入"**90**"。
d. 单击"**Rotate**"按钮,将两个齿轮旋转 90°。
e. 单击行星齿轮"**Planet Gear**"。
f. 单击"**View Center**"按钮。
g. 单击行星齿轮的中心。

h. 在"Angle"文本框中输入"**1**"

i. 连续单击"**Rotate**"按钮（一般为单击9次），同时观察齿轮2相对于齿轮1的位置，直到两齿轮处在啮合位置为止。

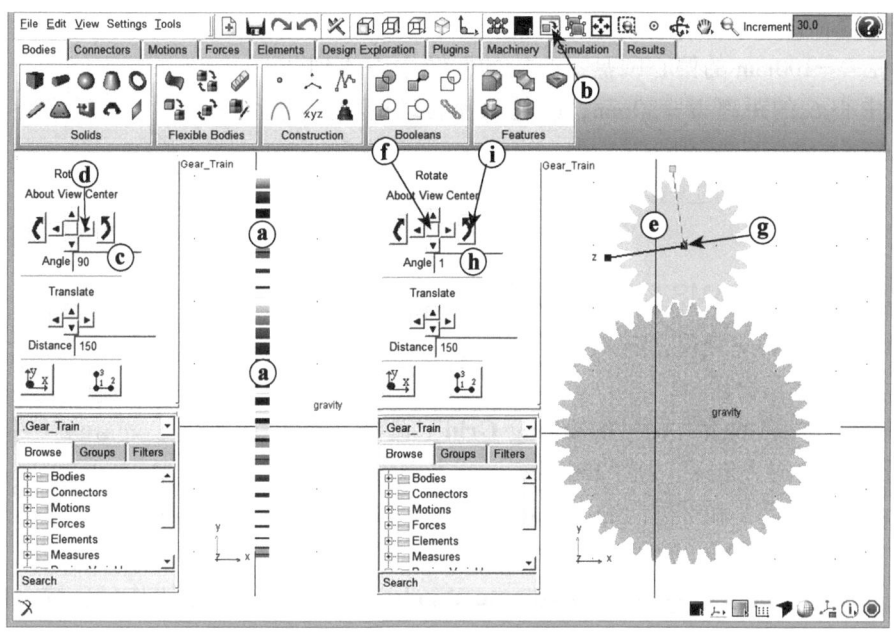

图2-85 齿轮姿态的调整

进一步在ADAMS中创建系杆"H"和运动副，给系杆施加运动，最后得到该轮系的虚拟样机模型，如图2-86所示。

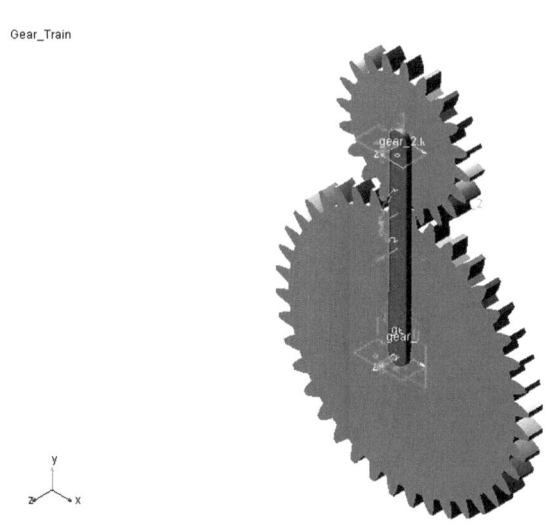

图2-86 轮系的虚拟样机模型

2.4 凸轮机构建模与仿真

2.4.1 设计问题的描述

图 2-87 所示为一尖端移动从动件盘形凸轮机构。凸轮 1 为一半径 $R=100\text{mm}$ 的偏心圆盘,凸轮的回转中心 A 到凸轮的几何中心 O 的距离 $H=30\text{mm}$,凸轮匀速转动的角速度为 $\omega_1=30°/\text{s}$。

试建立该凸轮机构的虚拟样机模型,并分析尖端直动从动件的运动规律。

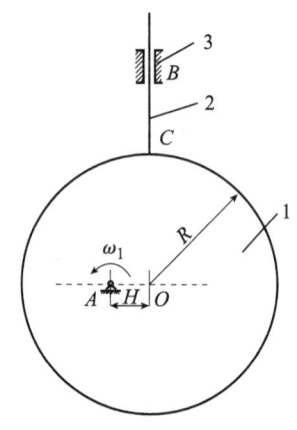

2.4.2 启动 ADAMS 软件并设置工作环境

启动 ADAMS/View 模块,定义"Model name"为"**cams**",其他选项为系统默认设置。

图 2-87 凸轮机构的运动简图
1—凸轮 2—尖端移动从动件 3—机架

选择"Settings"菜单中的"**Working Grid**"命令,设置工作格栅 X 方向的"Size"为"**250mm**",Y 方向的"Size"为"**200mm**",设置 X 和 Y 方向的"Spacing"为"**10mm**",设置"Icons"的"New Size"为"**20mm**",其他参数为默认设置。

在主菜单中,选择"**View→Coordinate Window F4**",或者单击工作区后按〈**F4**〉键。

2.4.3 创建虚拟样机模型

1. 通过创建圆曲线来创建凸轮

(1) 创建圆曲线 创建过程如图 2-88 所示。

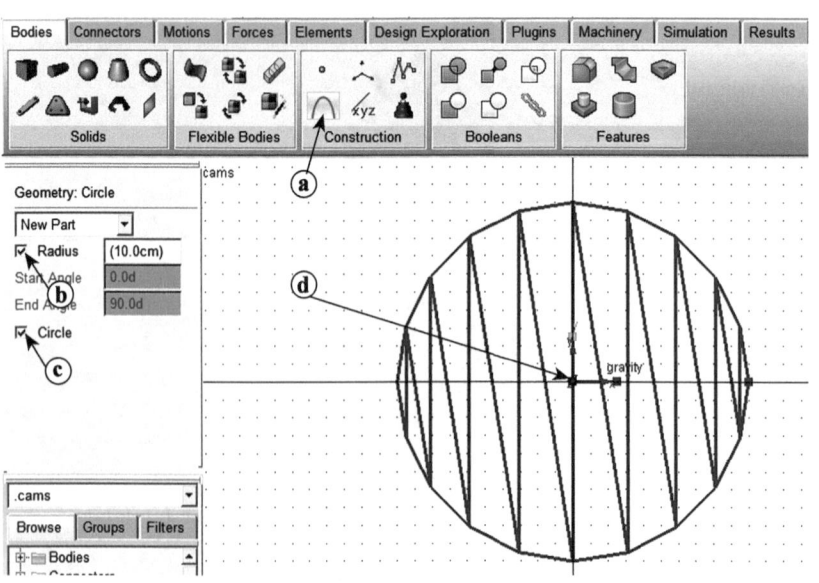

图 2-88 圆曲线的创建

a. 在操作区"Bodies"项的"Construction"中,单击"**Construction Geometry:Arc/**

Circle"图标。

b. 勾选"**Radius**"。

c. 勾选"**Circle**"。

d. 单击（**0**，**0**，**0**）位置。

创建一个半径为 100mm 的圆。

（2）圆曲线的几何特征修改　修改过程如图 2 – 89 所示。

a. 右击圆曲线，在弹出的快捷菜单中选择"**Circle：CIRCLE_1→Modify**"命令。

b. 在弹出的"Geometry Modify Curve Circle"对话框中，将"Segment Count"文本框中的值更改为"**50**"。

c. 单击"**OK**"按钮。

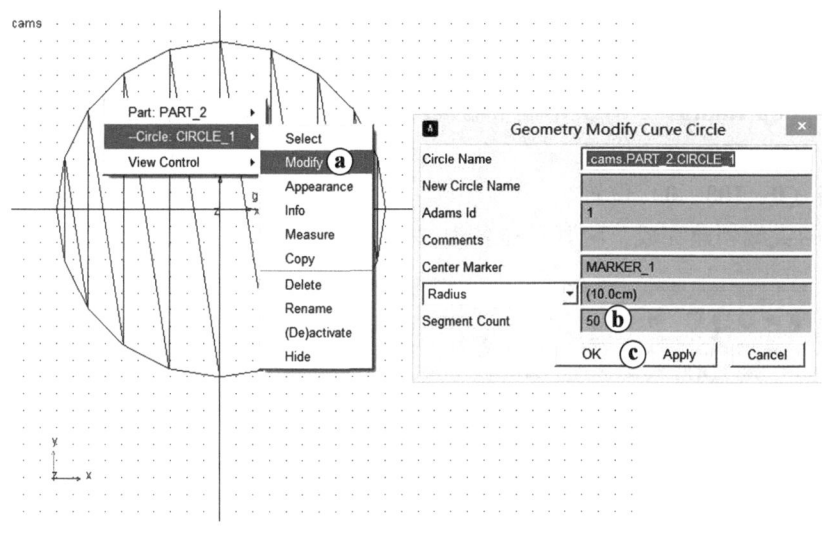

图 2 – 89　圆曲线几何特征的修改

（3）创建凸轮　凸轮创建操作如图 2 – 90 所示。

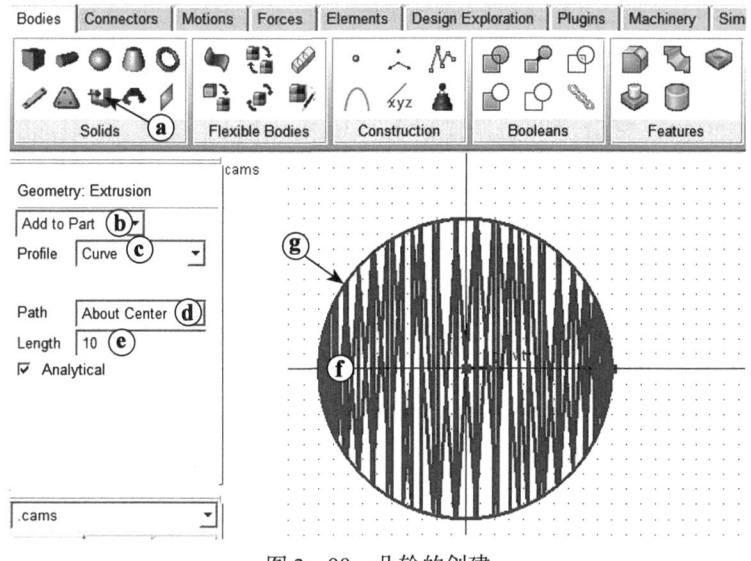

图 2 – 90　凸轮的创建

a. 在操作区"Bodies"项的"Solids"中，单击"**RigidBody：Extrusion**"图标。
b. 选择"**Add to Part**"。
c. 在"Profile"的下拉列表中选择"**Curve**"。
d. 在"Path"下拉列表中选择"**About Center**"。
e. 在"Length"文本框中输入"**10**"。
f. 单击"**PART_2**"。
g. 单击"**PART_2. CIRCLE_1**"。

凸轮创建完成，将其重命名为"**cam**"。

2. 创建直动从动件

（1）创建从动件尖端　创建过程如图 2-91 所示。
a. 在操作区"Bodies"项的"Solids"中，单击"**Construction Geometry：Frustum**"图标。
b. 勾选"**Length**"，在文本框中输入"**20**"；勾选"**Bottom Radius**"，在文本框中输入"**5**"；勾选"**Top Radius**"，在文本框中输入"**0.01**"。
c. 单击（**0，120，0**）位置。
d. 单击（**0，100，0**）位置。

从动件的尖端创建完成，将其重命名为"**follower**"。

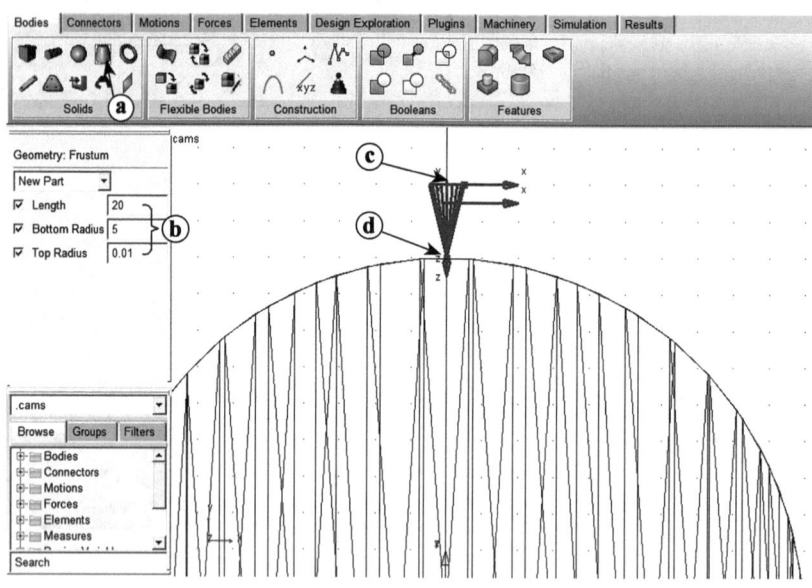

图 2-91　从动件尖端的创建

（2）创建从动件　创建过程如图 2-92 所示。
a. 在操作区"Bodies"项的"Solids"中，单击"**Construction Geometry：Cylinder**"图标。
b. 选择"**Add to Part**"。
c. 勾选"**Length**"，在文本框中输入"**80**"；勾选"**Radius**"，在文本框中输入"**5**"。
d. 单击从动件尖端"**follower**"。
e. 单击（**0，120，0**）位置。
f. 上移光标，当出现圆柱体时，单击工作区。

从动件创建完成。

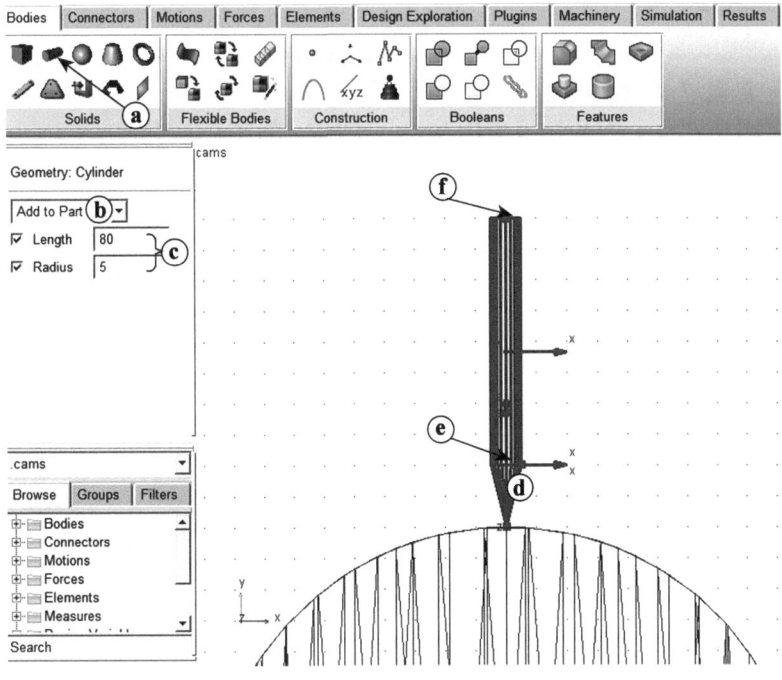

图 2-92 从动件的创建

3. 创建运动副

(1) 创建转动副　创建凸轮"cam"和大地"ground"之间的转动副"JOINT_A",其坐标为(-30,10,0),如图 2-93 所示。

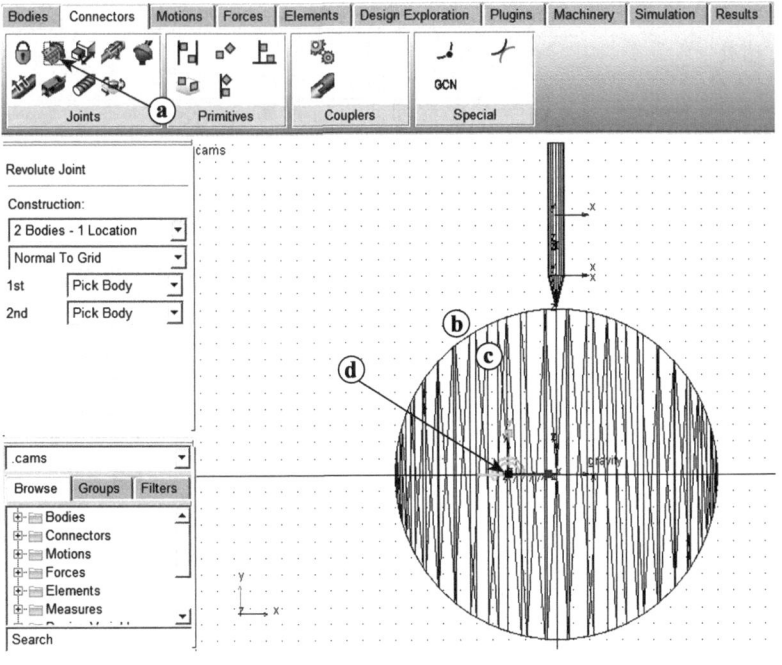

图 2-93 转动副的创建

（2）创建移动副 创建从动件尖端"follower"和大地"ground"之间的移动副"JOINT_B"，如图2-94所示。

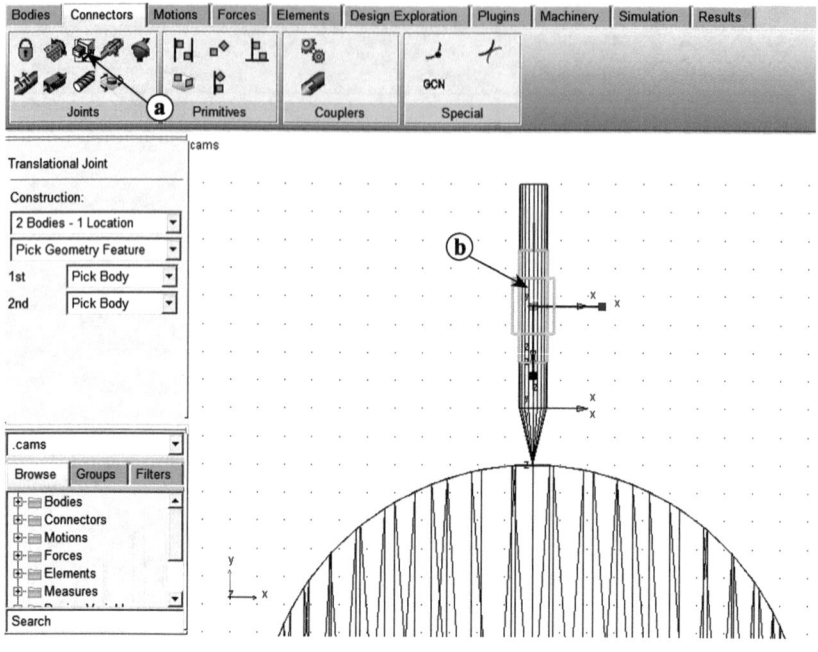

图2-94 移动副的创建

4. 创建标记点和凸轮副

（1）创建标记点 在从动件的尖端处，创建一个标记点，如"MARKER_9"，如图2-95所示。

提示：若无法直接在尖端添加标记点，可先将标记点添加到从动件的其他点处，然后再将其移动到尖端处。

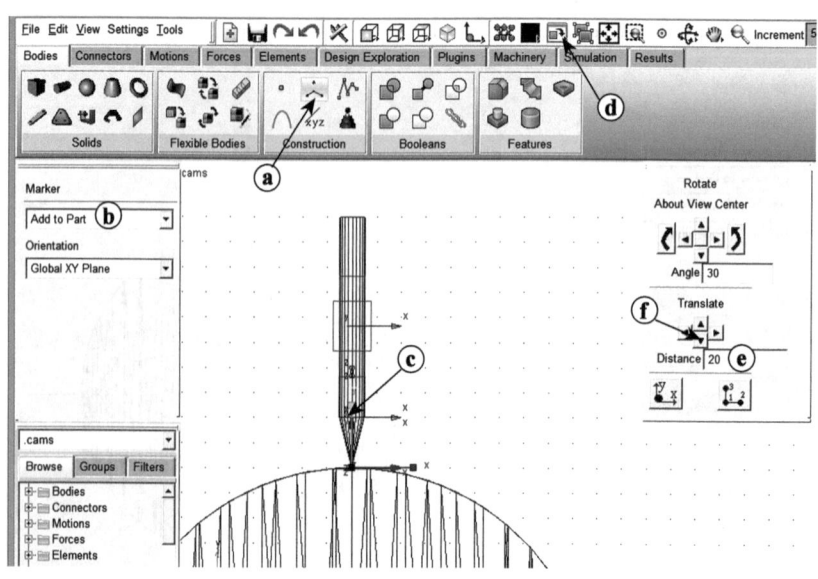

图2-95 标记点的创建

(2) 创建凸轮副　创建过程如图 2-96 所示。

a. 在操作区 "Connectors" 项的 "Special" 中，单击 "**Point-Curve Constraint**" 图标。

b. 单击从动件的尖端标记点 "**MARKER_9**" 处。

c. 单击凸轮上的圆曲线 "**cam. CIRCLE_1**"。

凸轮副创建完成，将其重命名为 "**PTCV_C**"。

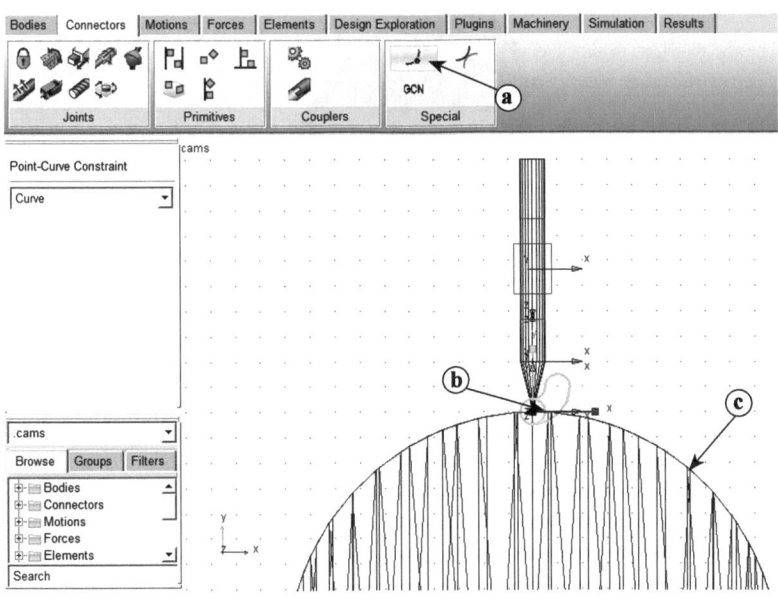

图 2-96　凸轮副的创建

5. 施加运动

根据题目要求，给凸轮施加一个角速度大小为 30°/s 的绕转动副 "JOINT_A" 的匀速转动，如图 2-97 所示。

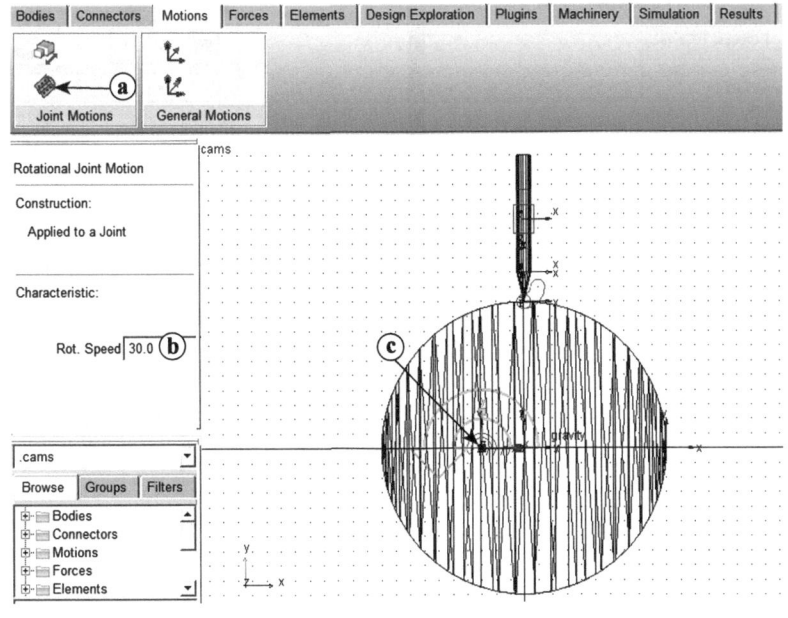

图 2-97　运动的创建

创建完成的凸轮机构模型如图 2-98 所示。

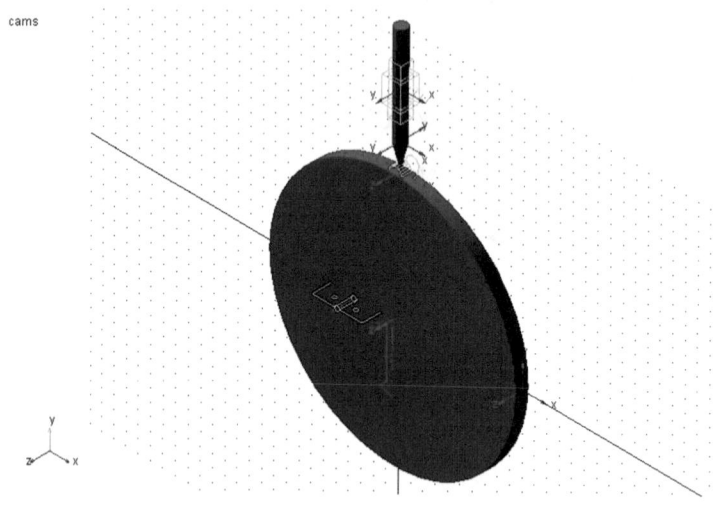

图 2-98　凸轮机构模型

2.4.4　仿真与测试

1. 仿真模型

模型仿真如图 2-99 所示。

设置仿真终止时间"End Time"为"**12**",仿真步数"Steps"为"**500**"。

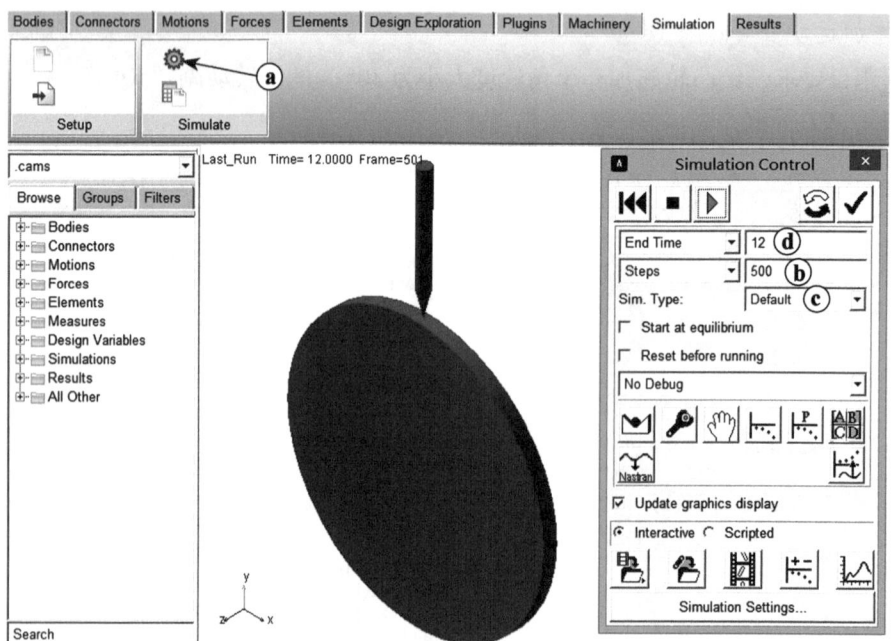

【图 2-99 仿真】

图 2-99　凸轮机构的仿真

2. 测试模型

(1) 凸轮转角的测量　首先在大地"ground"上，创建一个标记点，如图2-100所示。

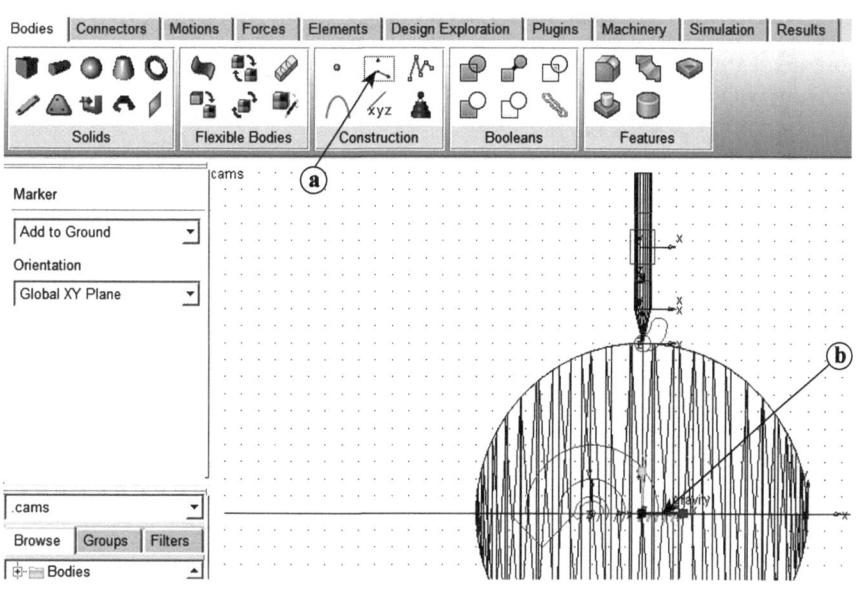

图2-100　标记点的创建

然后创建凸轮转角的测量，如图2-101所示。

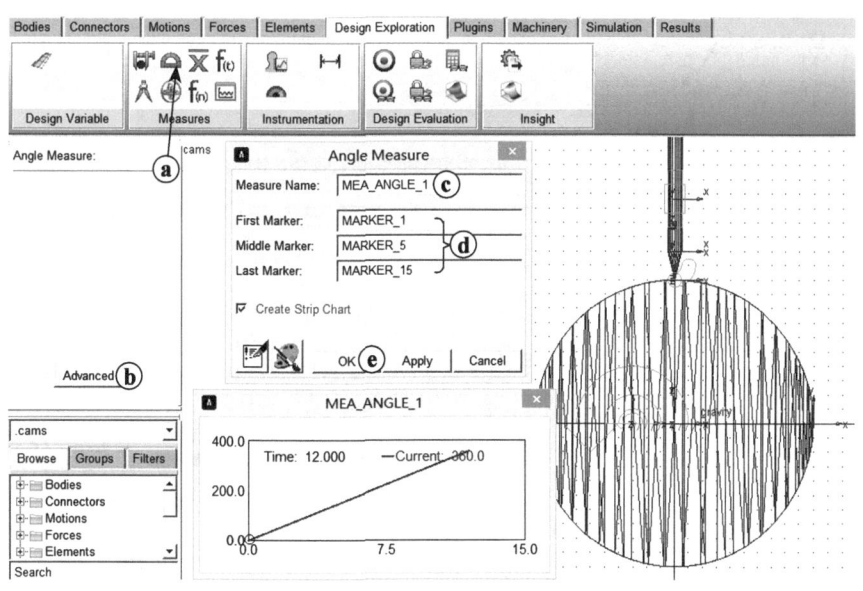

图2-101　凸轮转角的测量

(2) 从动件尖端位置的测量　以从动件尖端标记点"MARKER_9"为参考点，测量从动件的位置，如图 2 – 102 所示。

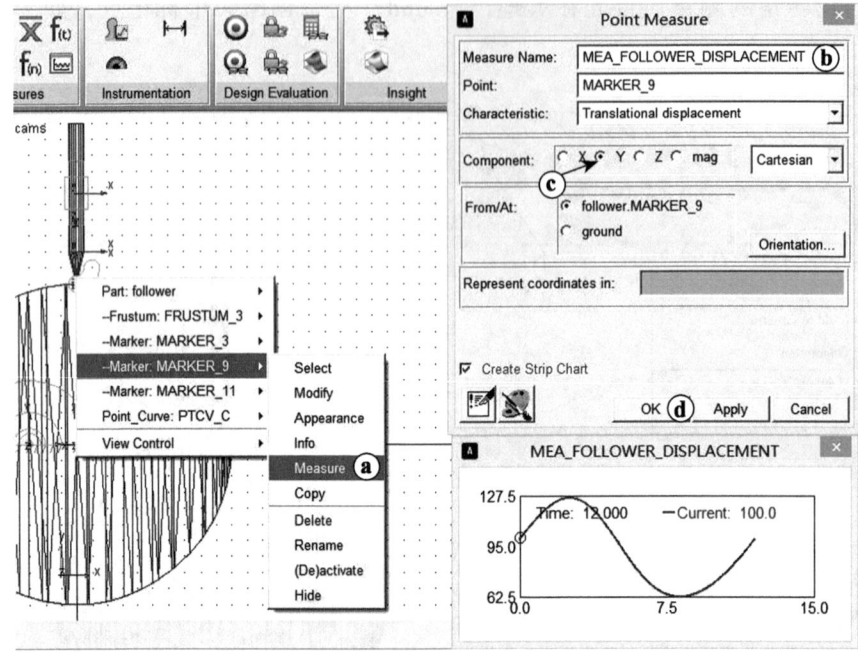

图 2 – 102　从动件尖端位置的测量

将从动件的运动位置测量与凸轮的转角测量合成，如图 2 – 103 所示。

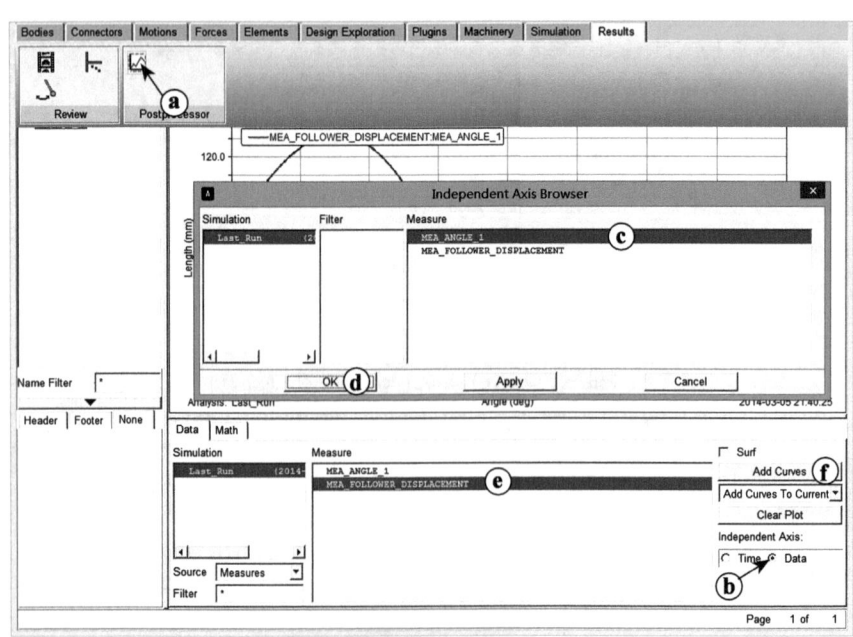

图 2 – 103　测量曲线的合成

再对合成的曲线作适当的编辑，最终结果如图 2 – 104 所示。

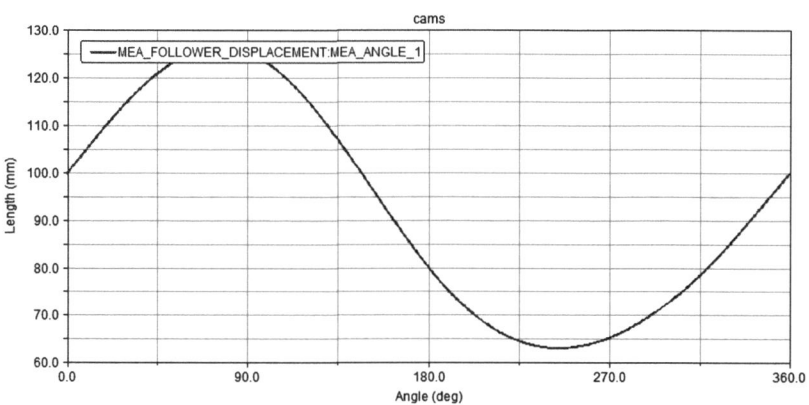

图 2-104 从动件位置的测量结果

(3) 从动件速度和加速度的测量　方法同上，可得到从动件速度和加速度的测量结果，如图 2-105 和图 2-106 所示。

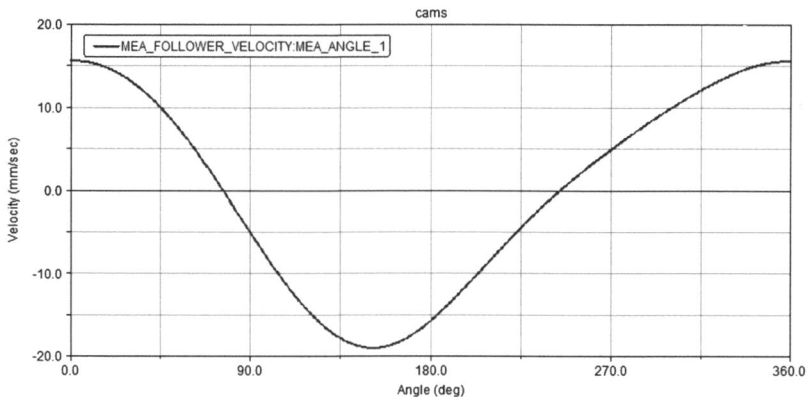

图 2-105 从动件速度的测量结果

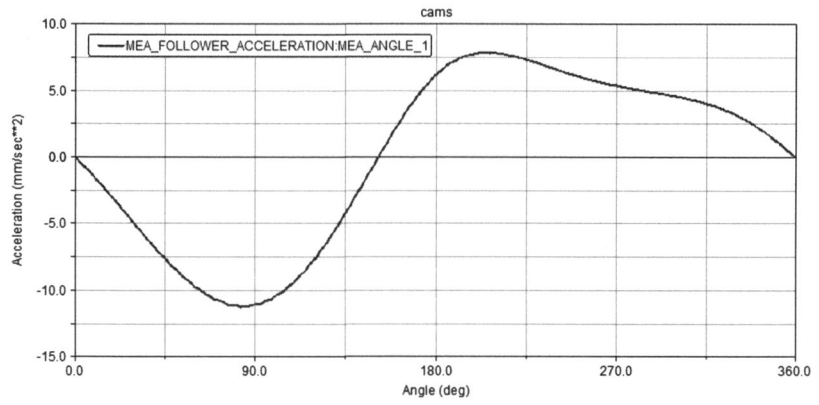

图 2-106 从动件加速度的测量结果

最后将模型保存为"**chapter2_4. bin**"。

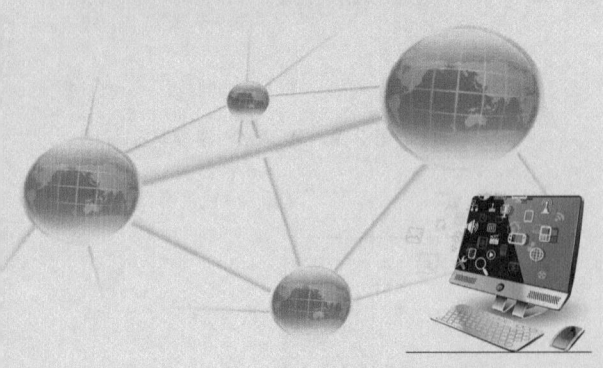

第3章 函数的定义及应用

本章介绍 ADAMS 中函数的定义及应用,主要包括 IF 函数、STEP 函数、SPLINE 函数、DIFF 函数和 CONTANT 函数的定义及应用。

3.1 IF 函数的定义及应用

3.1.1 设计问题的描述

凸轮机构的设计一般采用反转法,即在选定从动件的运动规律和确定凸轮机构的基本尺寸(基圆半径、偏距等)前提下,采用反转法原理,设计出凸轮的轮廓曲线。这里采用 ADAMS/View 模块所提供的应用相对轨迹曲线生成实体的方法来设计凸轮。

设计图 3-1a 所示的尖端偏置直动从动件盘形凸轮机构。已经凸轮的基圆半径 $r_0 = 100\text{mm}$,偏距 $e = 20\text{mm}$,从动件的位移运动规律如图 3-1b 所示,其方程为:

推程为匀速运动

$$s = \frac{h}{\Phi}\varphi \quad 0 \leq \varphi \leq 180°$$

回程为简谐运动

$$s = \frac{h}{2}\left\{1 + \cos\left[\frac{\pi}{\Phi}(\varphi - 180°)\right]\right\} \quad 180° \leq \varphi \leq 360°$$

其中,从动件的行程 $h = 100\text{mm}$,推程和回程的运动角 $\Phi = 180°$,凸轮的转角 $\varphi = 30°t$(t 为仿真时间)。

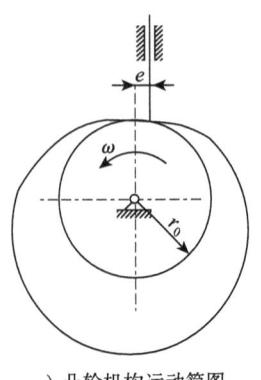
a) 凸轮机构运动简图

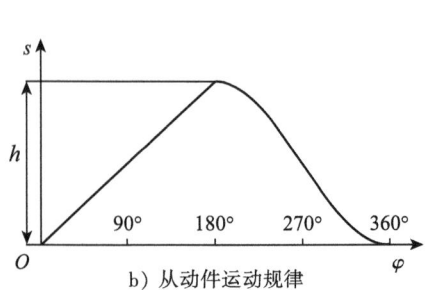
b) 从动件运动规律

图 3-1 凸轮机构运动简图及从动件运动规律

3.1.2 启动 ADAMS 软件并设置工作环境

启动 ADAMS/View 模块,定义"Model name"为"**cams_design**",其他选项为默认设置。

选择"Settings"菜单中的"**Working Grid**"命令,设置工作格栅 X 和 Y 方向的"Size"为"**400mm**",设置 X 和 Y 方向的"Spacing"为"**10mm**",设置图标"Icons"为"**20**",其他参数为默认设置。

3.1.3 创建虚拟样机模型

1. 创建尖端移动从动件

(1) 创建从动件 创建的尖端移动从动件如图 3-2 所示。并将其重命名为"**follower**"。

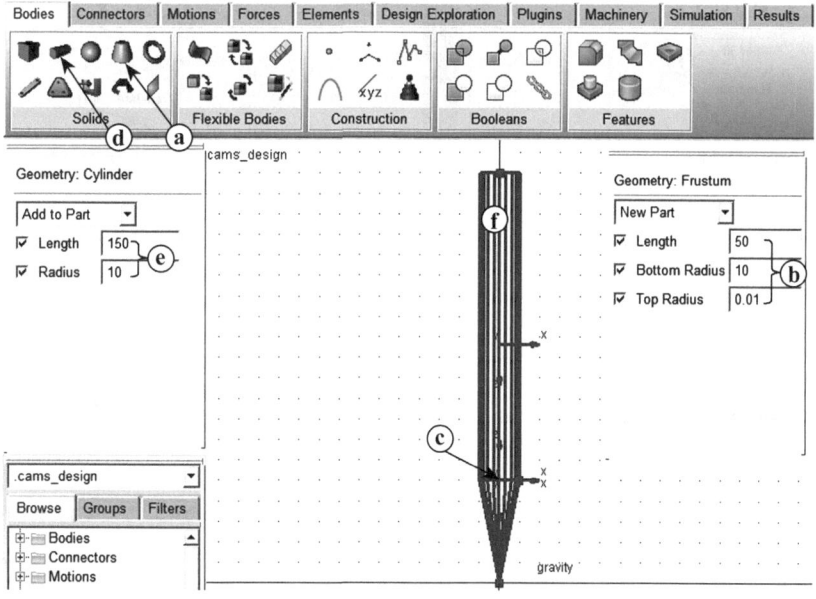

图 3-2 移动从动件的创建

(2) 添加标记点 在从动件的尖端处,添加标记点"**MARKER_3**",如图 3-3 所示。

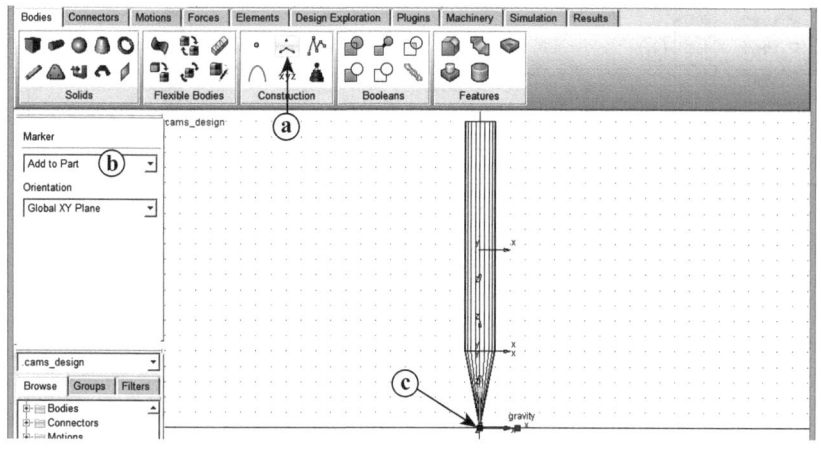

图 3-3 标记点"MARKER_3"的添加

(3) 调整从动件位置 移动从动件，使其尖端到达（20，98，0）位置，如图3-4所示。

提示：点（20，98，0）到点（0，0，0）的距离等于凸轮的基圆半径100mm。

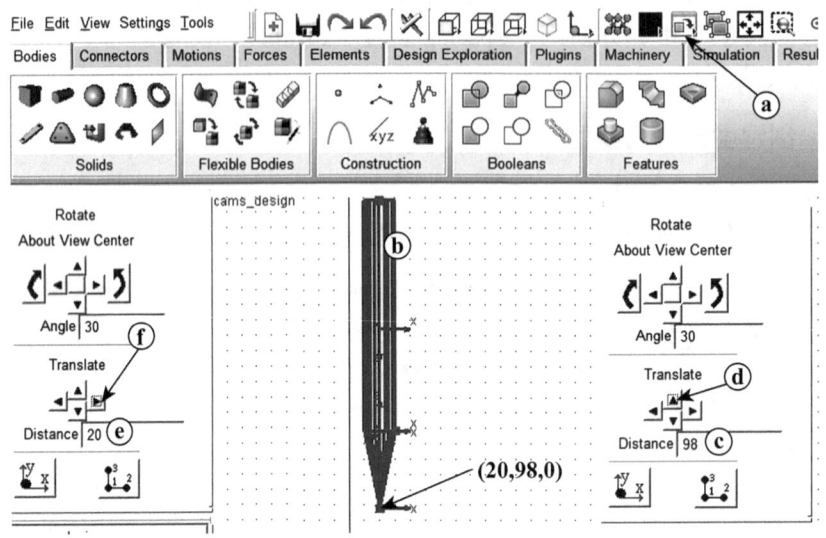

图3-4 从动件位置的调整

2. 创建凸轮板

创建一个400mm×400mm×10mm的长方体，作为在其上生成凸轮廓线的凸轮板，如图3-5所示。将其重命名为"**cam**"。

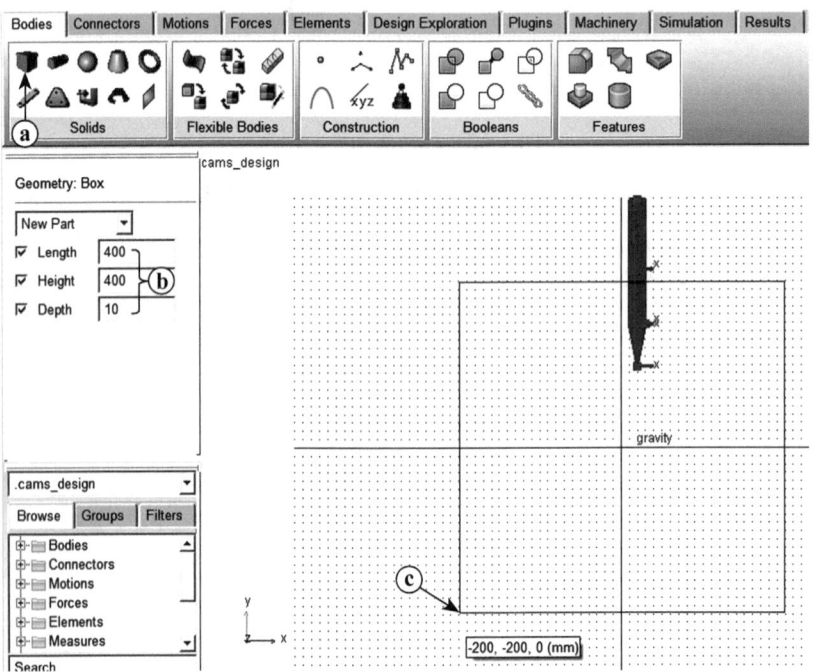

图3-5 凸轮板的创建

3. 创建运动副

创建两个运动副 "**JOINT_R**" 和 "**JOINT_T**"，如图 3-6 所示。

运动副 "JOINT_R"：凸轮 "cam" 和大地 "ground" 之间的转动副。

运动副 "JOINT_T"：从动件 "follower" 和大地 "ground" 之间的移动副。

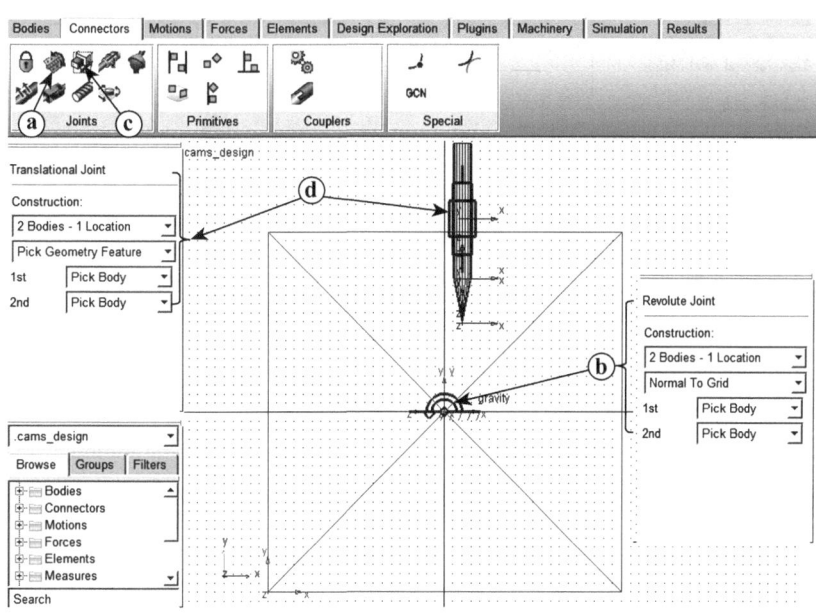

图 3-6 运动副的创建

4. 施加运动

如图 3-7 所示，在转动副 "JOINT_R" 上施加一个转动 "**MOTION_R**"，其运动转角为 $\varphi = 30°t$。

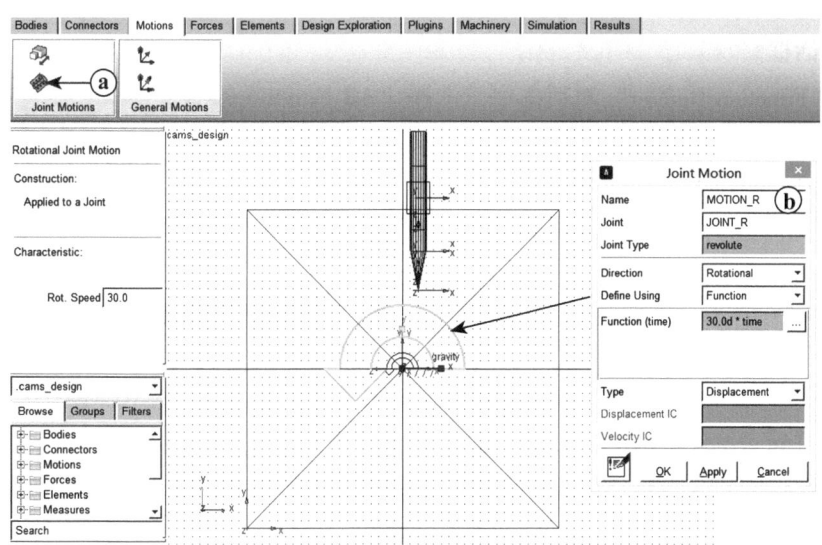

图 3-7 转动的施加

如图 3-8 所示，在移动副"JOINT_T"上施加一个移动"**MOTION_T**"。

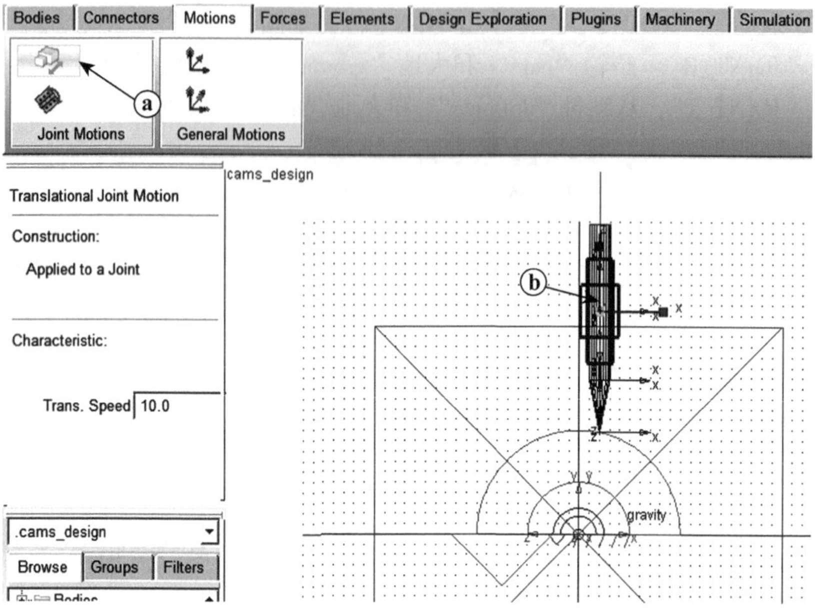

图 3-8　移动的施加

5. 修改函数

将"MOTION_T"的速度函数更改为"**IF(time −6:50/3, 50/3, −25/3 * PI * sin(PI/180 * (30 * time −180)))**"，过程如图 3-9 和图 3-10 所示。

a. 右击"MOTION_T"，在弹出的菜单中选择"**Motion：MOTION_T→Modify**"。

b. 在"Joint Motion"对话框中的下拉列表"Type"中选择"**Velocity**"。

c. 在"Joint Motion"对话框中，单击"**Function Builder**"按钮，弹出"Function Builder"对话框。

d. 在"Function Builder"对话框中，选择"**All Functions**"。

e. 双击"**IF**"，在"Define a runtime function"文本框中出现"IF（*expr1*：*expr2*，*expr3*，*expr4*）"。其中，"*expr1*"为控制变量，"*expr2*""*expr3*""*expr4*"均为表达式。

函数 $F = \mathrm{IF}(expr1: expr2, expr3, expr4)$ 的含义为

$$F = \begin{cases} expr2 & (expr1 < 0) \\ expr3 & (expr1 = 0) \\ expr4 & (expr1 > 0) \end{cases}$$

由要求可知，机构运动 12s 为一个运动周期。前 6s 凸轮转动 180°，从动件以匀速运动规律上升 100mm，后 6s 凸轮又转动 180°，从动件以简谐运动规律回到初始位置。即速度 v 的运动规律可表示为

$$v = \begin{cases} \dfrac{50}{3} & (t-6<0) \\ \dfrac{50}{3} & (t-6=0) \\ -\dfrac{25}{3}\pi \sin\left[\dfrac{\pi}{180°}(30°t-180°)\right] & (t-6>0) \end{cases}$$

f. 将文本框中的内容替换为"**IF(time – 6 : 50/3, 50/3, – 25/3 * PI * sin(PI/180 * (30 * time – 180)))**"。

g. 单击"**Verify**"按钮,弹出"Information"对话框。

h. 在"Information"对话框中单击"**OK**"按钮。

i. 在"Function Builder"对话框中单击"**OK**"按钮。

j. 在"Joint Motion"对话框中单击"**OK**"按钮。

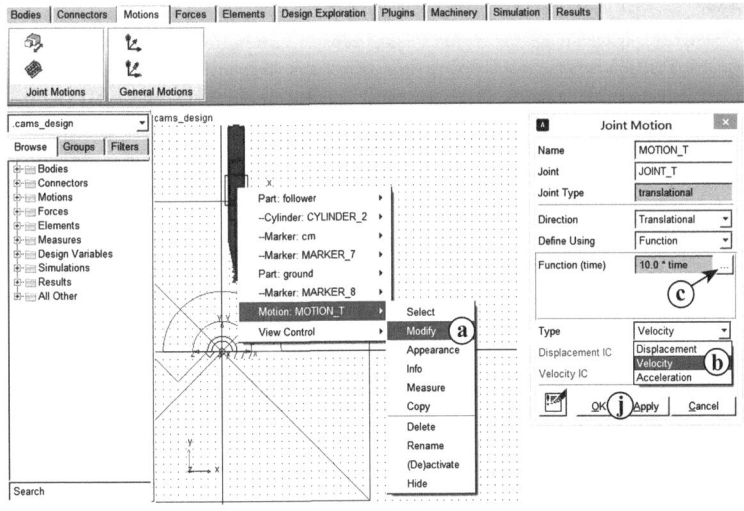

图 3-9 运动函数修改

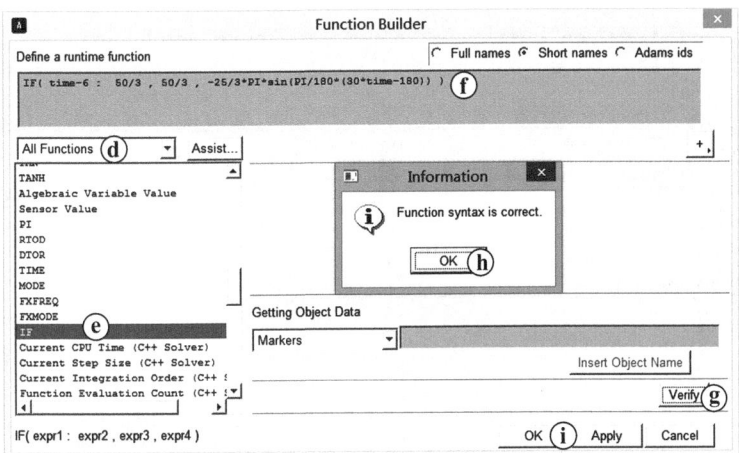

图 3-10 函数的输入

注意:"MOTION_T"的"Type"为"**Velocity**"。

3.1.4 设计凸轮

1. 仿真模型

模型的仿真如图 3-11 所示。

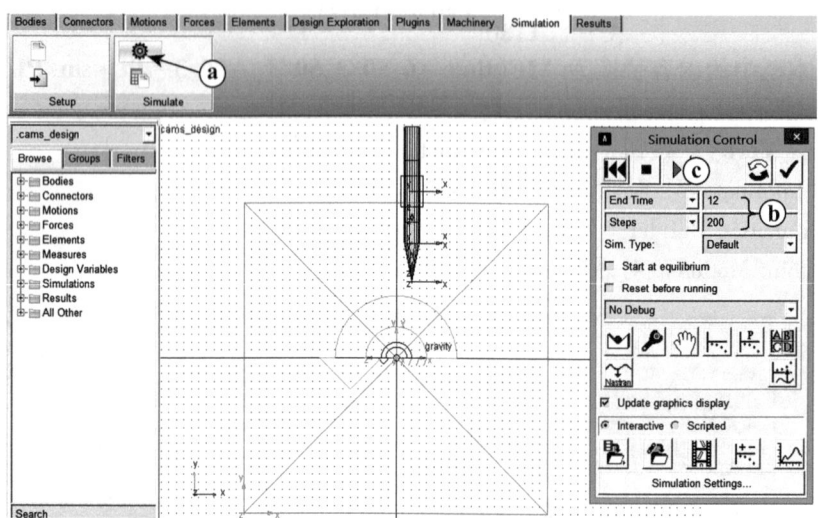

图 3-11 模型的仿真

2. 获取凸轮的轮廓曲线

如图 3-12 所示,操作步骤如下:

a. 在操作区"Results"项的"Review"中,单击"**Trace a point's relative position from last simulation**"图标。

b. 单击标记点"**MARKER_3**"。

c. 单击凸轮"**cam**",得到从动件尖端相对凸轮板的运动轨迹,即凸轮的轮廓曲线"**GCURVE_4**"。

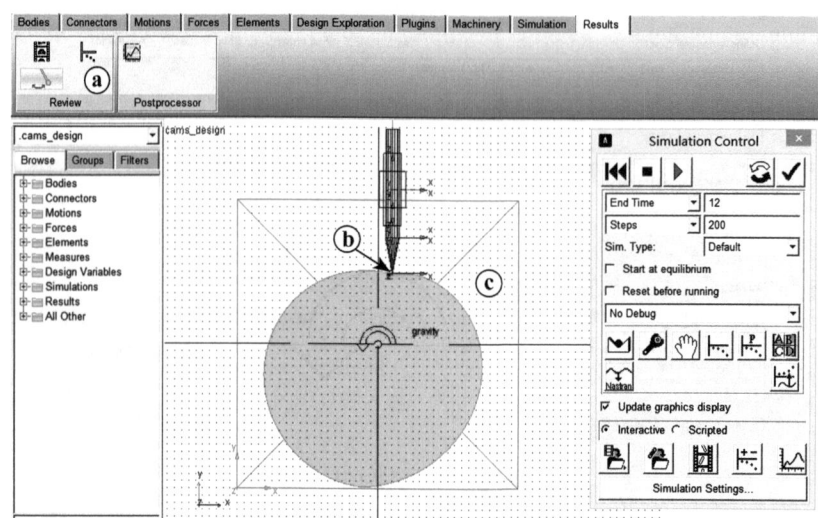

图 3-12 凸轮轮廓曲线的获取

3. 创建凸轮几何体

如图 3-13 所示，操作步骤如下：

a. 在操作区 "Bodies" 项的 "Solids" 中，单击 "**RigidBody：Extrusion**" 图标。

b. 选择 "**Add to Part**"。

c. 在 "Profile" 后的列表中选择 "**Curve**"。

d. 在 "Path" 后的列表中选择 "**About Center**"。

e. 在 "Length" 文本框中输入 "**10**"。

f. 单击凸轮 "**cam**"。

g. 单击曲线 "**GCURVE_4**"，得到厚度为 10mm，以凸轮轮廓曲线所在面为中面的凸轮几何体。

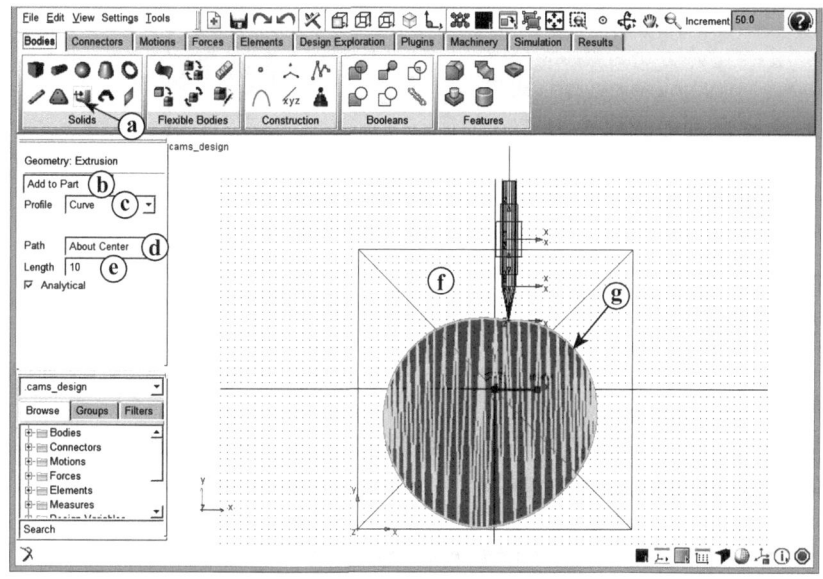

图 3-13 凸轮几何体的创建

4. 删除凸轮板

凸轮板的删除操作如图 3-14 所示。

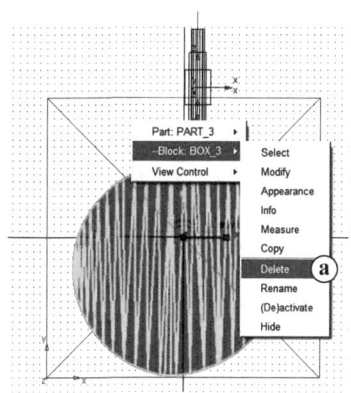

图 3-14 凸轮板的删除

5. 删除运动"MOTION_T"

运动"MOTION_T"的删除操作如图 3-15 所示。

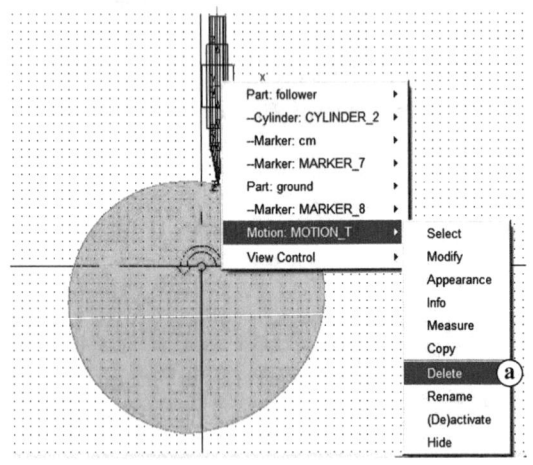

图 3-15　MOTION_T 的删除

6. 创建凸轮副

凸轮副的创建操作如图 3-16 所示，操作步骤如下：

a. 在操作区"Connectors"项的"Special"中，单击"**Point–Curve Constraint**"图标。
b. 选择"**Curve**"。
c. 选择从动件尖端上的标记点"**MARKER_3**"。
d. 选择凸轮上的曲线"**GCURVE_4**"。

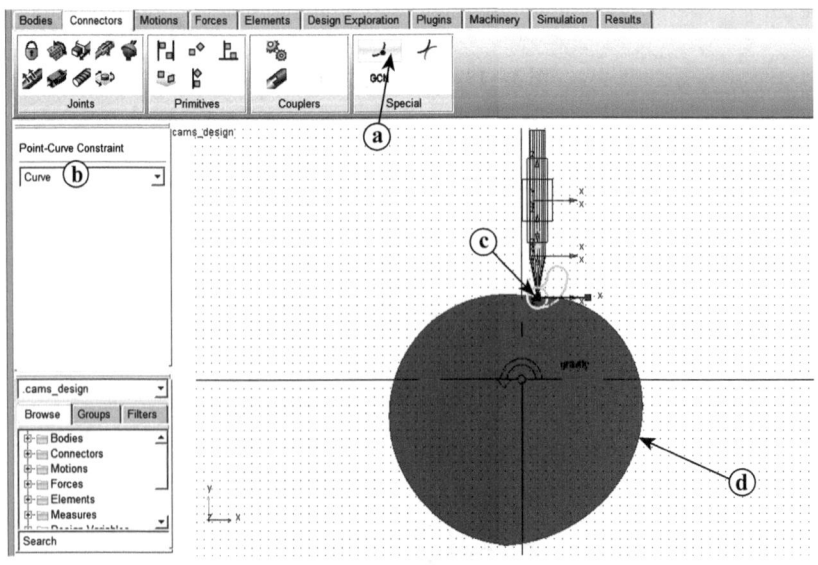

图 3-16　凸轮副的创建

3.1.5 仿真与测量模型

1. 仿真模型

模型的仿真如图 3-17 所示。

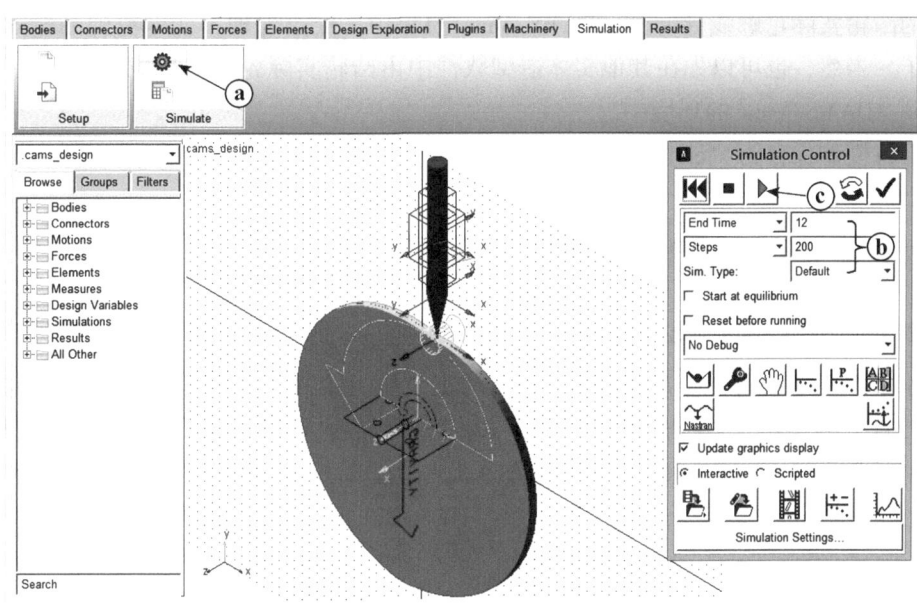

图 3-17　模型的仿真

【图 3-17 仿真】

2. 测量模型

测量移动从动件的质心位置的变化，结果如图 3-18 所示。

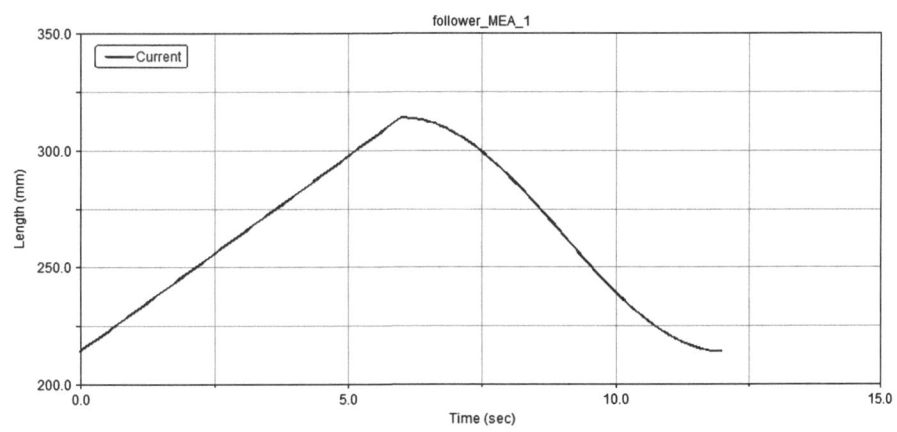

图 3-18　从动件质心位置测量结果

从图 3-18 的测量结果可以看出，从动件在凸轮的带动下，完全按照设计要求的运动规律在运动，说明所设计的凸轮是正确的。

需要进一步说明的是，对于从动件带有小滚子的凸轮机构的凸轮设计，单独在 ADAMS/View 环境下还很难完成。如果需要，可以按上述方法先得到凸轮的理论轮廓曲线，然后将凸轮轮廓线以数据文件的形式输出，借助于其他三维实体造型软件（如 Unigraph 软件和 Solidworks 软件），对该凸轮理论轮廓线进行等距偏移（Offset），得到凸轮的实际轮廓线。再将得到的凸轮实际轮廓线导回到 ADAMS/View 模块中，经过处理，就可得到凸轮的实际几何形体了。当然，也可以先在其他实体造型软件中由凸轮实际轮廓线生成凸轮的几何形体，再导入到 ADAMS/View 的环境中。

最后将模型保存为"**chapter3_1. bin**"。

3.2　STEP 函数的定义及应用

3.2.1　设计问题的描述

在水平桌面上放置一个质量为 $m=1\text{kg}$ 的正方体，如图 3-19a 所示。正方体与桌面的静摩擦因数为 $\mu_s=0.5$，动摩擦因数为 $\mu_m=0.3$。现给正方体施加一个水平方向的推力 F，推力的初始值为 2N，然后每过 1s 就增加 1N，如图 3-19b 所示。试分析正方体的运动状况。

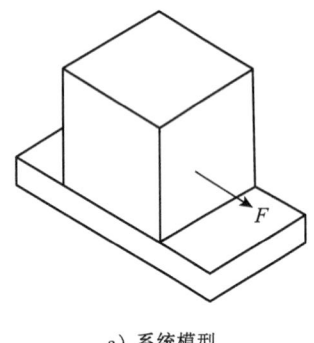

a）系统模型　　　　　　　　　　b）作用力变化规律

图 3-19　系统模型及作用力变化规律

3.2.2　启动 ADAMS 软件并设置工作环境

启动 ADAMS/View 模块，定义"Model name"为"**slider**"，其他选项为默认设置。

单击工作区，按〈**F4**〉键，动态显示出光标的位置坐标。

3.2.3　创建虚拟样机模型

1. 创建桌面

（1）创建长方体　在大地上创建一个规格为 400mm×50mm×200mm 的长方体，长方体的标志顶点位于（-200，-50，0）处，如图 3-20 所示。

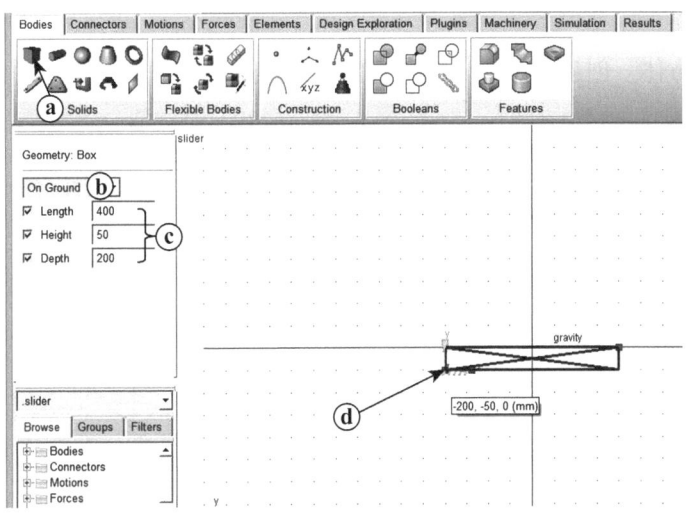

图 3-20 桌面的创建

(2) 调整长方体的位置　如图 3-21 所示，操作步骤如下：

a. 单击"**Set the view orientation to Right**"图标。

b. 单击"**Position**"图标。

c. 右击长方体，在弹出的菜单中选择"**Block：BOX_1→Select**"命令。

d. 在"Distance"文本框中输入"**10cm**"。

e. 单击"**Move**"按钮。

f. 单击"**Set the view orientation to Front**"图标。

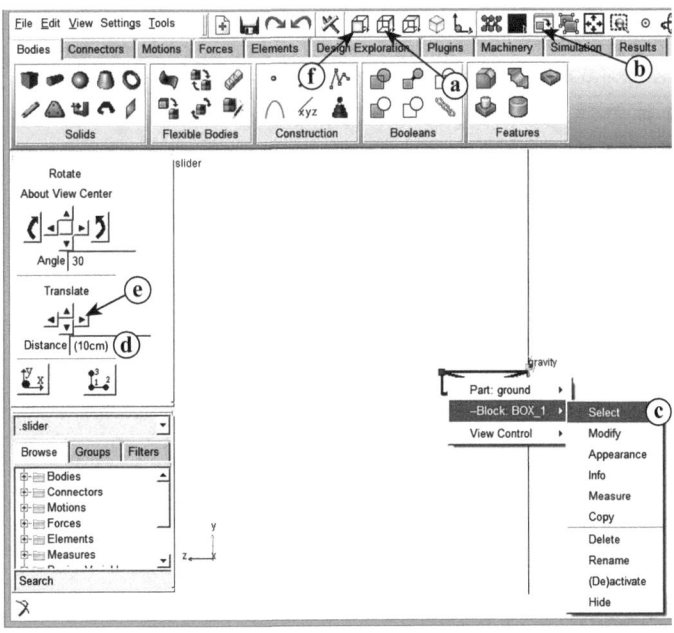

图 3-21 长方体位置的调整

2. 创建滑块

(1) 创建长方体　创建一个长、高和深都为 200mm 的正方体，其位置如图 3-22 所示。

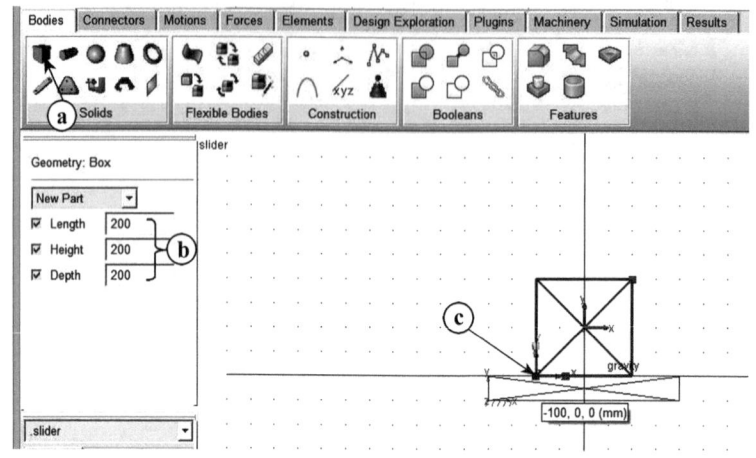

图 3-22　滑块的创建

(2) 调整长方体的位置　如图 3-23 所示，操作步骤如下：
a. 单击长方体。
b. 单击"**Set the view orientation to Right**"图标。
c. 单击"**Position**"图标。
d. 在"Distance"文本框中输入"**100**"。
e. 单击"**Move**"按钮。
f. 单击"**Set the view orientation to Front**"图标。

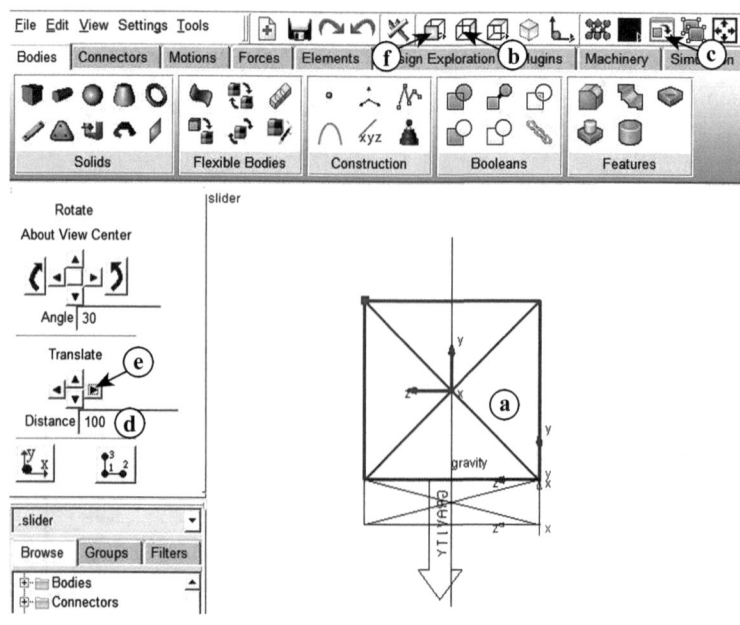

图 3-23　滑块位置的调整

(3) 更改滑块的质量 将滑块的质量更改为"**1kg**",如图 3-24 所示。

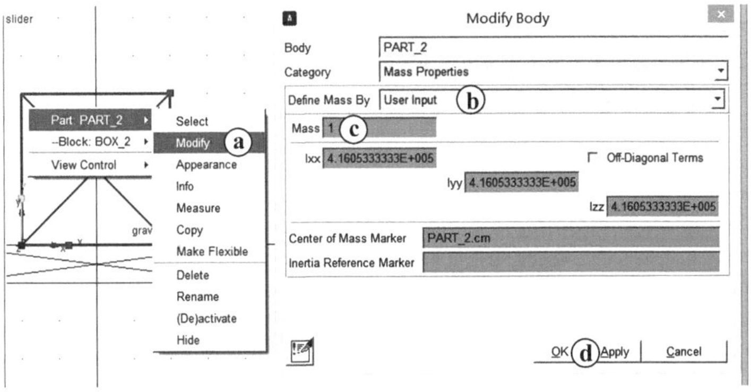

图 3-24 滑块的质量修改

3. 创建移动副

在大地和滑块之间创建一个沿着 x 方向运动的移动副,如图 3-25 所示。

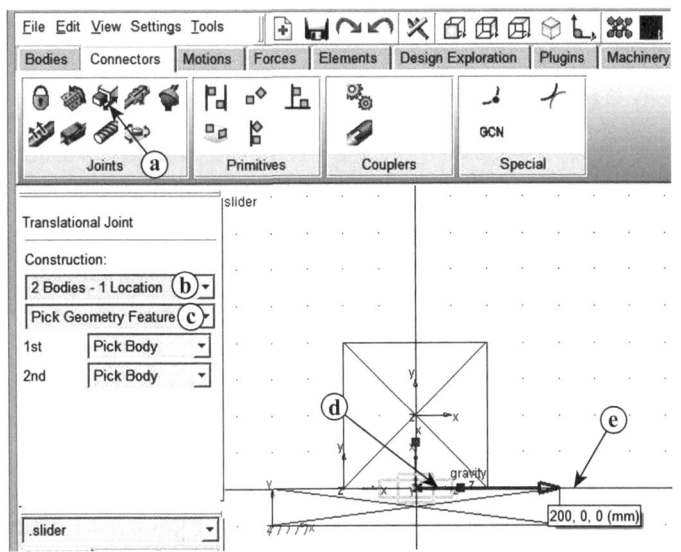

图 3-25 移动副的创建

然后设定滑块和桌面之间的摩擦特性,如图 3-26 所示,操作步骤如下:

a. 右击"JOINT_1",在弹出的菜单中选择"**Joint:JOINT_1→Modify**"命令,弹出"Modify Joint"对话框。

b. 在"Modify Joint"对话框中,单击"**Joint friction**"按钮,弹出"Create Friction"对话框。

c. 在"Create Friction"对话框中,更改"**Mu Static**"为"**0.5**",更改"**Mu Dynamic**"为"**0.3**"。

d. 单击"Create Friction"对话框的"**OK**"按钮。

e. 单击"Modify Joint"对话框的"**OK**"按钮。

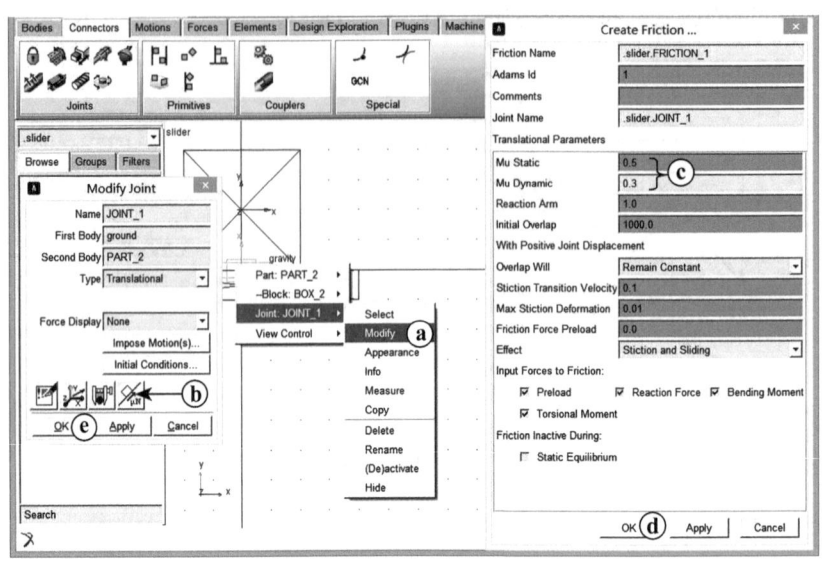

图 3-26 摩擦特性的设定

4. 施加作用力

（1）创建作用力　给滑块施加一个沿着 x 轴正向，作用在滑块质心位置处的作用力，如图 3-27 所示。

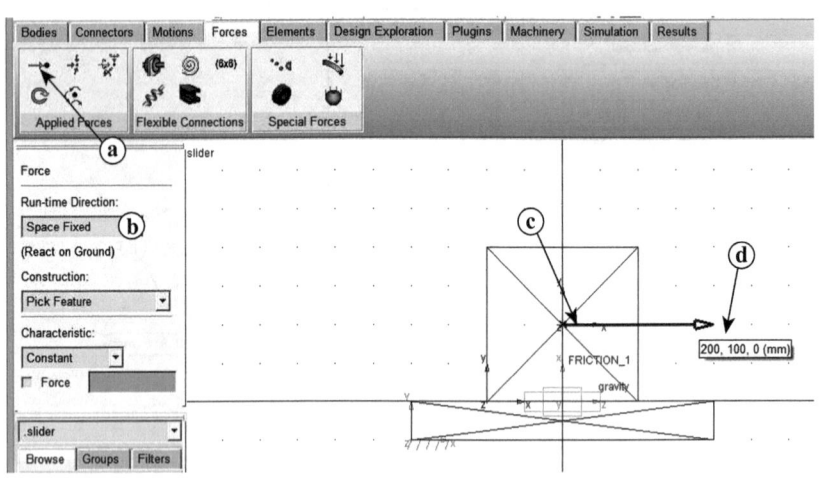

图 3-27 作用力的创建

这里用 STEP 函数来定义滑块上的作用力，以满足题目对作用力的要求。

STEP 函数的格式为

$$\text{STEP}(x, x_0, h_0, x_1, h_1)$$

式中　　x——变量；

x_0、x_1——变量 x 的初始值和终止值；

h_0、h_1——对应于 x_0 和 x_1 的函数值。

对于函数 $F = \text{STEP}(x, x_0, h_0, x_1, h_1)$，其含义为

$$F = \begin{cases} h_0 & (x \leqslant x_0) \\ h & (x_0 < x < x_1) \\ h_1 & (x \geqslant x_1) \end{cases}$$

式中　h——由 STEP 函数自动拟合给出的值。

对应上述函数表达式的曲线如图 3-28 所示。

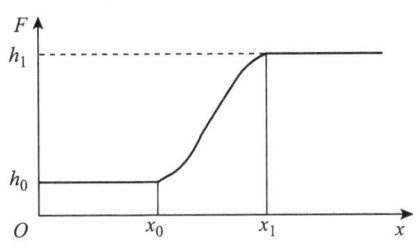

图 3-28　$F = \text{STEP}(x, x_0, h_0, x_1, h_1)$ 函数曲线

（2）更改作用力函数　如图 3-29 所示，操作步骤如下：

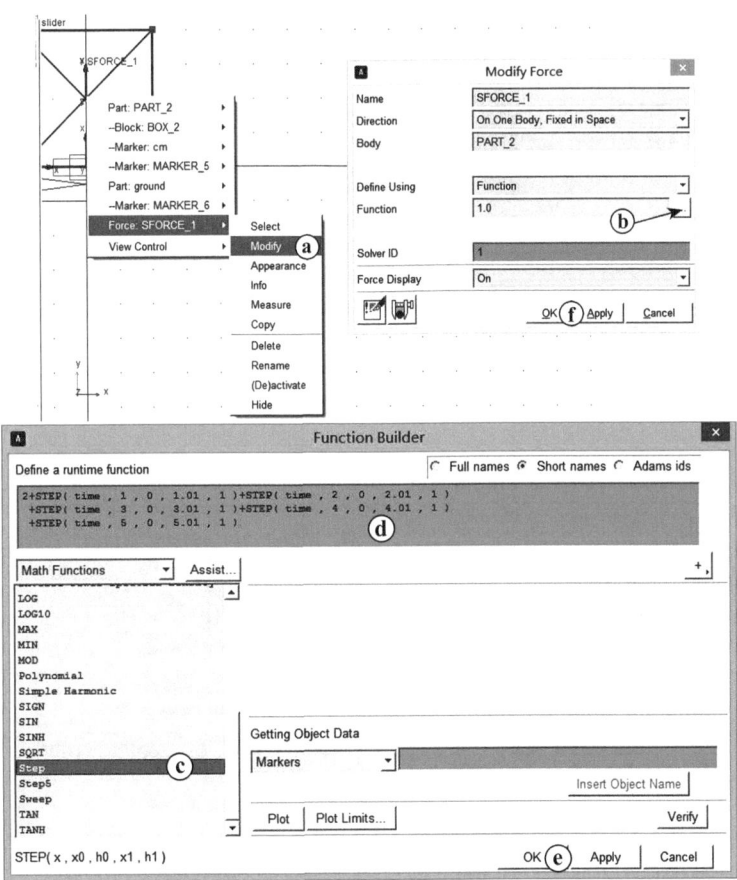

图 3-29　作用力函数的更改

a. 右击"SFORCE_1"，在弹出的菜单中选择"**Force：SFORCE_1→Modify**"命令。

b. 在"Modify Force"对话框中，单击"**Function Builder**"按钮，弹出"Function

Builder"对话框。

c. 在"Function Builder"对话框中双击"**Step**",查看 STEP 函数的书写格式。

d. 在"Define a runtime function"对话框中,输入"**2 + STEP(time,1,0,1.01,1) + STEP(time,2,0,2.01,1) + STEP(time,3,0,3.01,1) + STEP(time,4,0,4.01,1) + STEP(time,5,0,5.01,1)**"。

e. 单击"Frinction Builder"对话框的"**OK**"按钮。

f. 单击"Modify Force"对话框的"**OK**"按钮。

3.2.4 仿真与测量模型

1. 仿真模型

模型的仿真如图 3-30 所示。

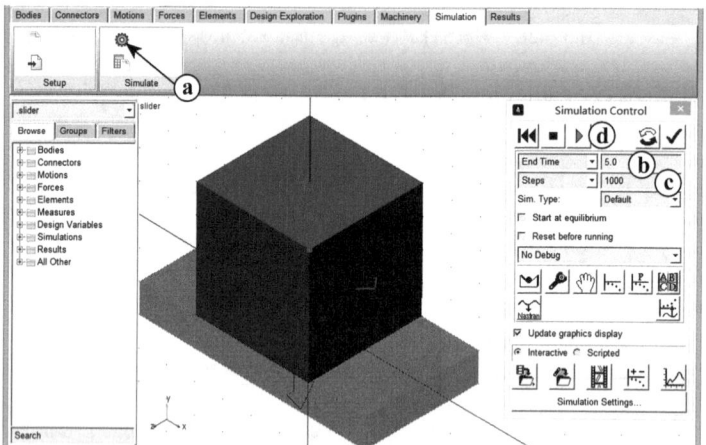

【图 3-30 仿真】

图 3-30 模型的仿真

2. 测量模型

(1) 作用力的测量 作用力的测量过程如图 3-31 所示,测量结果如图 3-32 所示。

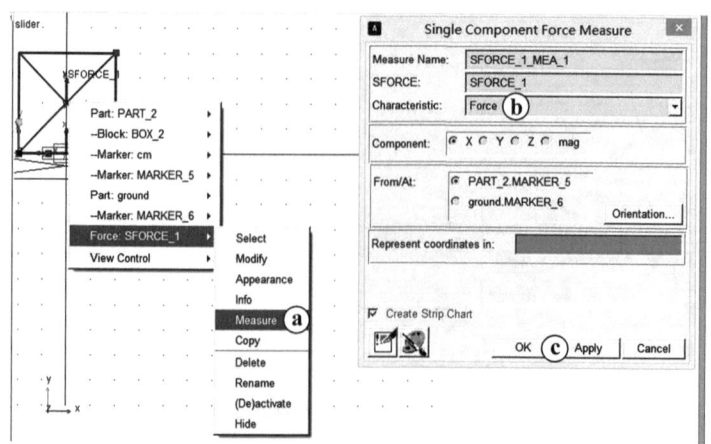

图 3-31 作用力的测量过程

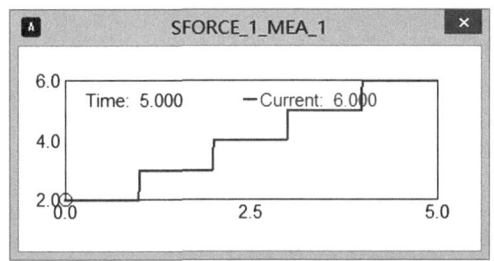

图 3-32　作用力的测量结果

（2）滑块的位移测量　滑块质心位置变化的测量过程如图 3-33 所示，测量结果如图 3-34 所示。

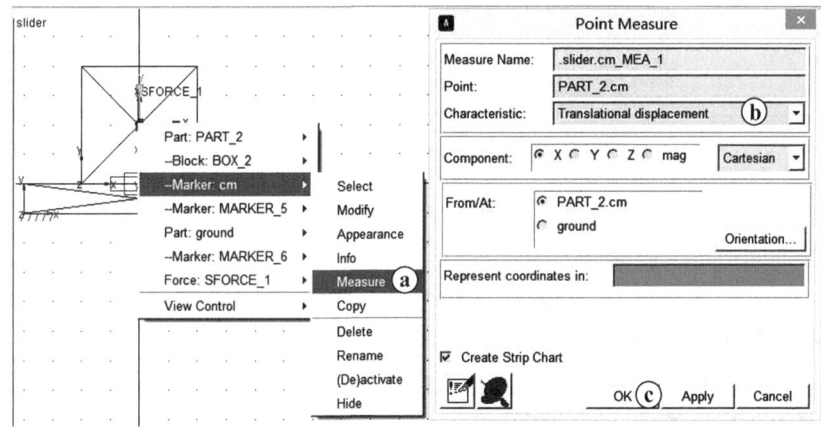

图 3-33　滑块位移的测量过程

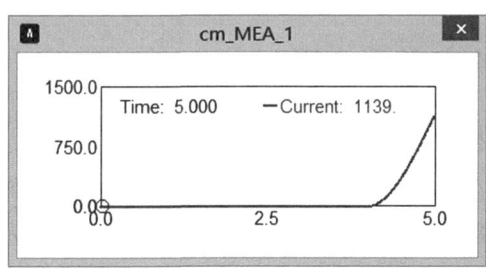

图 3-34　滑块位移的测量结果

（3）测量结果分析　将测量得到的两条曲线叠加在一起，操作过程和叠加结果分别如图 3-35 和图 3-36 所示。

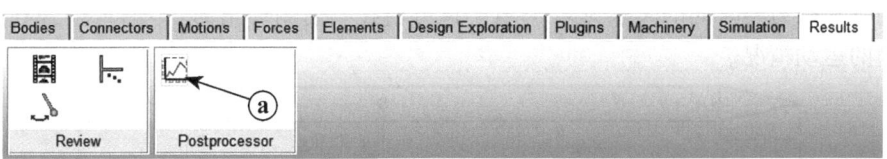

图 3-35　操作区叠加操作

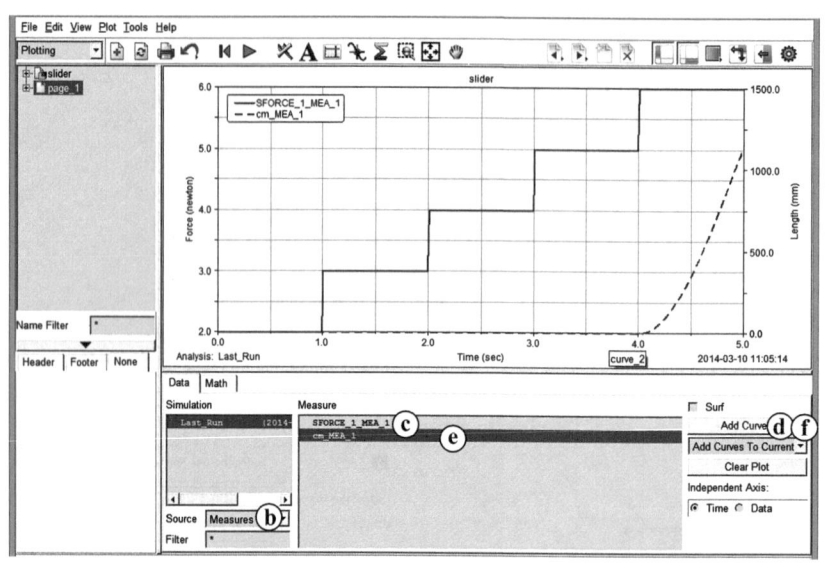

图 3-36 测量曲线的叠加

从图 3-36 可以看出，当作用力等于 5N 时，滑块才开始运动。

滑块与桌面间的最大静摩擦力为

$$F_s = mg\mu_s = 1 \times 9.8 \times 0.5 \text{N} = 4.9 \text{N}$$

所以只有当作用力大于 4.9N 时，滑块才会运动起来，这与仿真分析结果是基本吻合的。之所以有一些差异，是由于作用力按照 1N 的大小在阶跃增加，如果将阶跃值设定得更小一些，就可以得到比较精确的分析结果。

最后将模型保存为"**chapter3_2. bin**"。

3.3 SPLINE 函数的定义及应用

3.3.1 设计问题的描述

在有些情况下，施加在机械系统上的运动或作用力无法表达为一个已知的函数，而是一组数值，这时就要将这些数值进行拟合，得到一条拟合曲线，作为机械系统的运动或作用力的变化规律曲线。

某火箭弹的几何尺寸如图 3-37 所示，质量为 $m = 820$ kg。火箭弹在发射开始阶段，相对于弹筒的运动是螺旋运动（既有向外发射的移动，还有相对转动），火箭弹旋转的方向从其尾部看为逆时针方向，螺旋运动的导程为 $h = 7600$ mm。推力发动机安装在火箭弹尾部，通过实测得到推力与时间的关系见表 3-1。试分析在发射俯仰角为 45°时火箭弹在发射之初相对弹筒的运动情况。

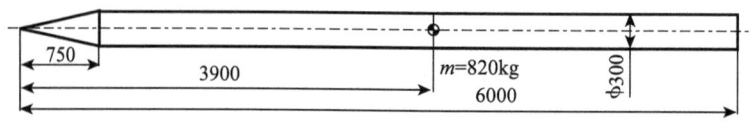

图 3-37 火箭弹几何尺寸

表 3-1 推力发动机的推力测量值

时间/s	推力/N
0	1302.4
0.010	2675.3
0.020	73131.5
0.030	99001.3
0.040	104570.1
0.050	122351.6
0.061	142736.8
0.072	157693.1
0.082	164321.4
0.093	163424.9
0.102	160423.2
0.155	161152.6
0.206	161286.8
0.258	164943.2
0.282	165002.6
0.390	164880.8
0.500	164476.6
0.605	164846.8
0.712	164943.2
0.821	164102.5
0.929	162870.7
1.038	162102.4
2.000	162103.6

3.3.2 启动 ADAMS 软件并设置工作环境

启动 ADAMS/View 模块，定义 "Model name" 为 "**missile**"，其他选项为默认设置。

选择 "Settings" 菜单中的 "**Working Grid**" 命令，设置工作格栅 X 方向的 "Size" 为 "**10000mm**"，Y 方向的 "Size" 为 "**5000mm**"，设置 X 和 Y 方向的 "Spacing" 为 "**500mm**"，设置图标 "Icons" 为 "**500**"，其他参数为默认设置。

3.3.3 创建虚拟样机模型

1. 创建火箭弹

（1）创建火箭弹模型　按照图 3-37 所示的几何尺寸创建火箭弹模型，如图 3-38 所示。火箭弹的尾部位于大地坐标（6000，0，0）位置处。

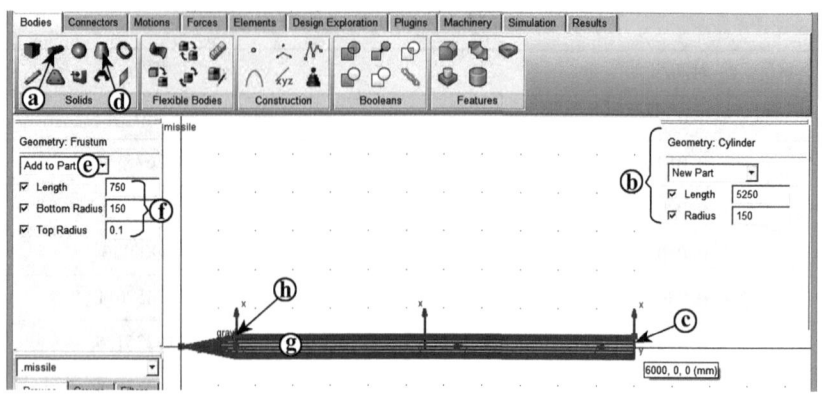

图 3-38 火箭弹模型的创建

（2）更改火箭弹的参数　将火箭弹的质量更改为 **820kg**，如图 3-39 所示。

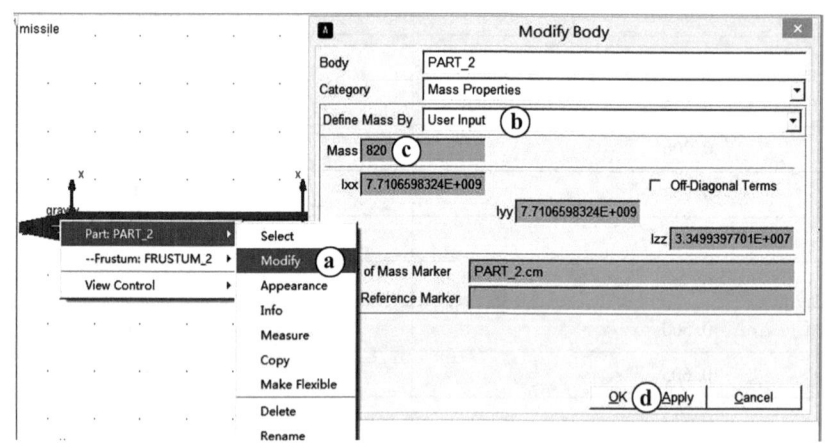

图 3-39 火箭弹质量的更改

将火箭弹的质心坐标位置更改为（**3900，0，0**），如图 3-40 所示。

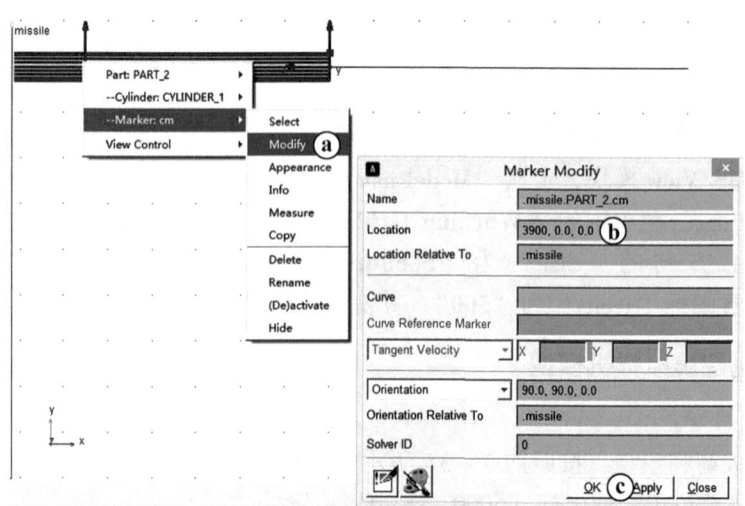

图 3-40 火箭弹质心位置的更改

将火箭弹绕其底部端面中心点顺时针方向旋转45°，如图3-41所示。

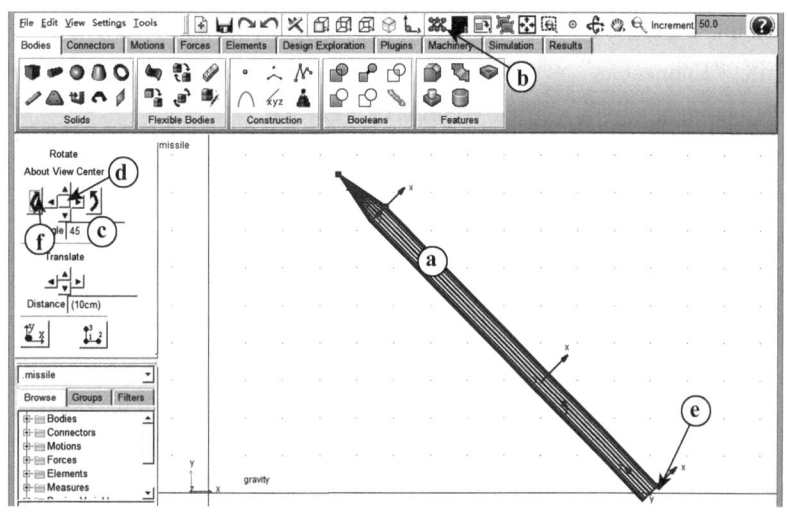

图3-41　火箭弹姿态的调整

2. 创建圆柱副

在火箭弹的质心处创建一个大地和火箭弹之间的圆柱副，如图3-42所示，操作步骤如下：

a. 在操作区"Connectors"项的"Joints"中，单击"**Create a Cylindrical Joint**"图标。

b. 选择"Construction"为"**Pick Geometry Feature**"。

c. 单击大地"**ground**"。

d. 单击火箭弹"**PART_2**"。

e. 单击火箭弹"**PART_2**"的质心位置处。

f. 单击标记点"**MARKER_2**"。

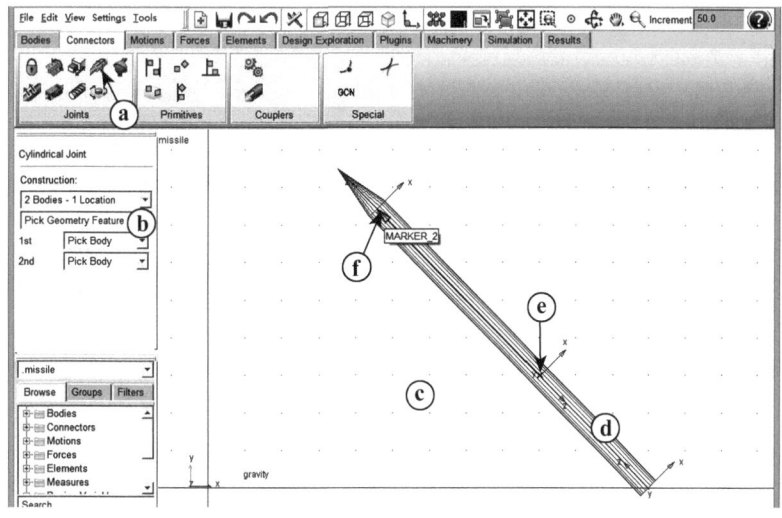

图3-42　圆柱副的创建

3. 创建螺旋副

在火箭弹的质心处创建一个大地和火箭弹之间的螺旋副，如图 3-43 所示，操作步骤如下：

a. 在操作区"Connectors"项的"Joints"中，单击"**Create a Screw Joint**"图标。
b. 选择"Construction"为"**Pick Geometry Feature**"。
c. 单击大地"**ground**"。
d. 单击火箭弹"**PART_2**"。
e. 单击火箭弹"**PART_2**"的质心位置处。
f. 单击标记点"**MARKER_2**"，指定螺旋副的旋转轴线的方向。
g. 再一次单击标记点"**MARKER_2**"，指定螺旋副的移动方向。

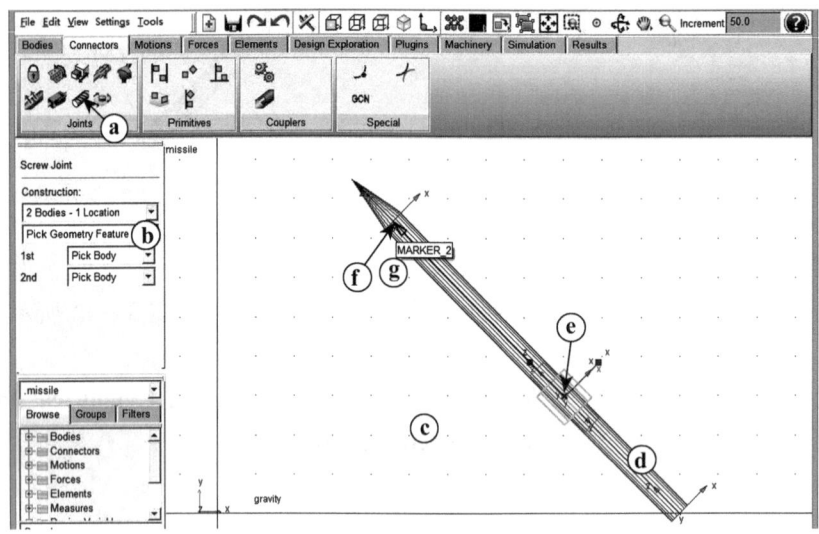

图 3-43 螺旋副的创建

将螺旋副的导程更改为"**7600**"，如图 3-44 所示。

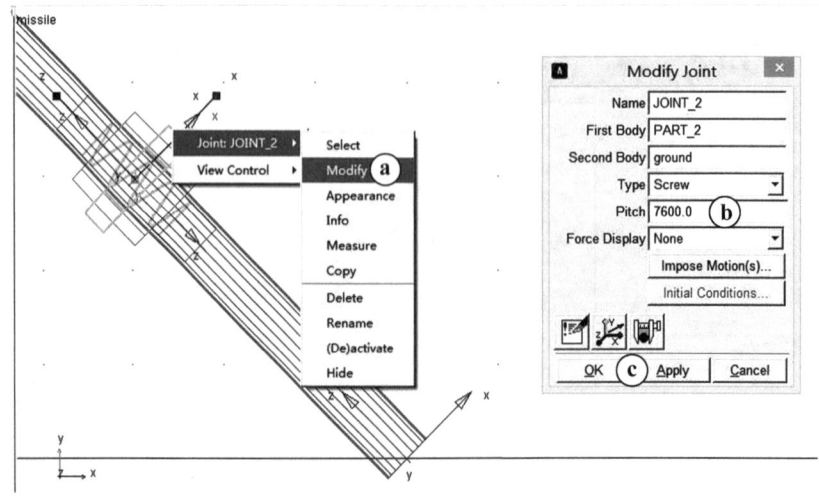

图 3-44 螺旋副导程的更改

4. 创建 SPLINE 函数

（1）手动录入数据创建 SPLINE 函数 如图 3-45 所示，操作步骤如下：

a. 在操作区"Elements"项的"Data Elements"中，单击"**Build a 2D or 3D data Spline**"图标。

b. 在"Modify spline"对话框中，将"Name"后的名称更改为"**SPLINE_Force**"。

c. 在"Insert Row After"文本框中输入"**5**"。

d. 单击"**Insert Row After**"按钮 18 次。

e. 输入表 3-1 所给的数据。

f. 单击"**OK**"按钮，完成 SPLINE 函数的创建。

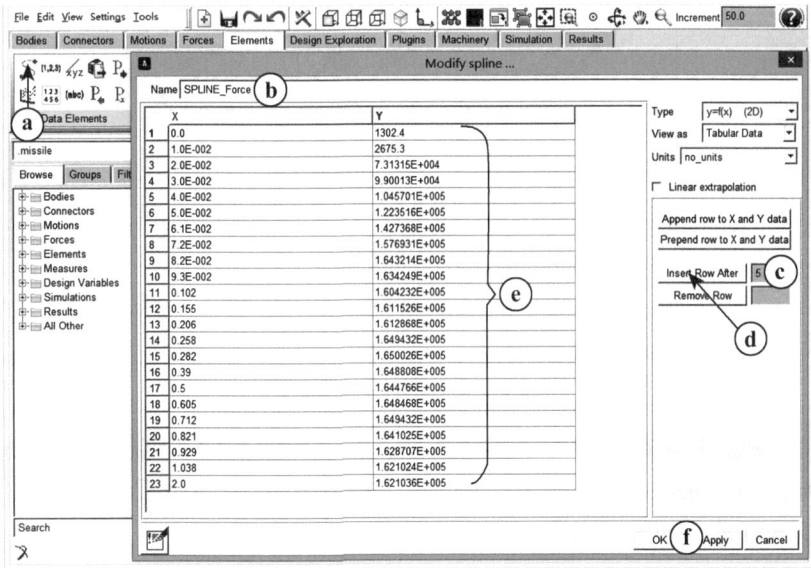

图 3-45 SPLINE 函数的创建

（2）数据文件导入创建 SPLINE 函数 若表 3-1 所列的数据以一个数据文件的形式给出，特别是当数据较多时，采用上述的手动输入方式既慢又易出错。

下面介绍用数据文件直接导入 ADAMS/View 中创建 SPLINE 函数的方法。

图 3-46 所示是以数据文件（Force.txt，位于 D 盘的根目录下）形式表达的作用力与时间的关系测量数据。

导入数据文件，如图 3-47 所示，操作步骤如下：

a. 在主菜单中，选择"File→Import"命令，弹出"File Imoport"对话框。

b. 在"File Import"对话框中，选择"File Type"为"**Test Data**"。

c. 选中"**Create Splines**"。

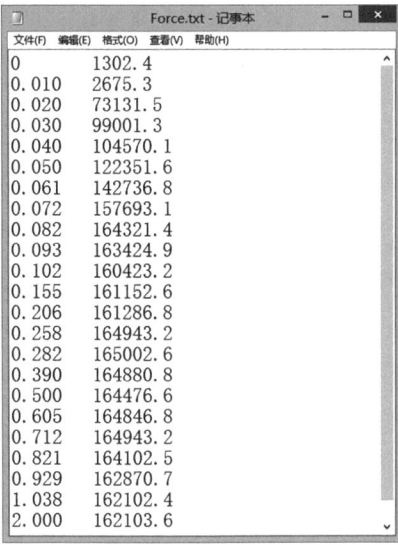

图 3-46 数据文件

d. 在"File To Read"文本框中输入"D: \ Force. txt",或者用鼠标左键双击输入框找到相应的数据文件。

e. 在"Independent Column Index"文本框中输入"1"。

f. 单击"OK"按钮,完成数据文件的导入。

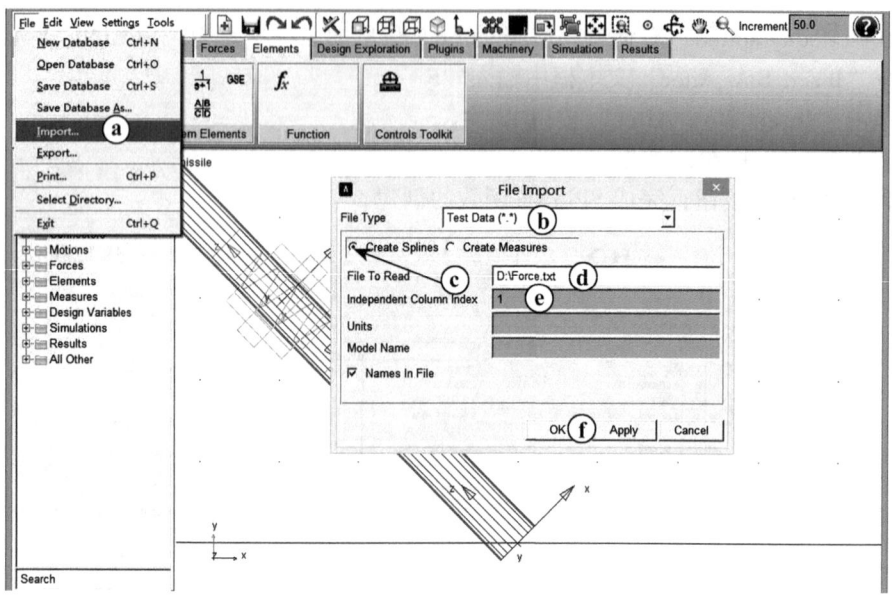

图 3-47　数据文件的导入

(3) 查看 SPLINE 函数　如图 3-48 所示,在左侧的数据对话框中,找到"Browse→Elements→Data Elements→SPLINE_1",双击"SPLINE_1",可以看到,除了名称不同外,其数值与图 3-45 所示的完全相同。

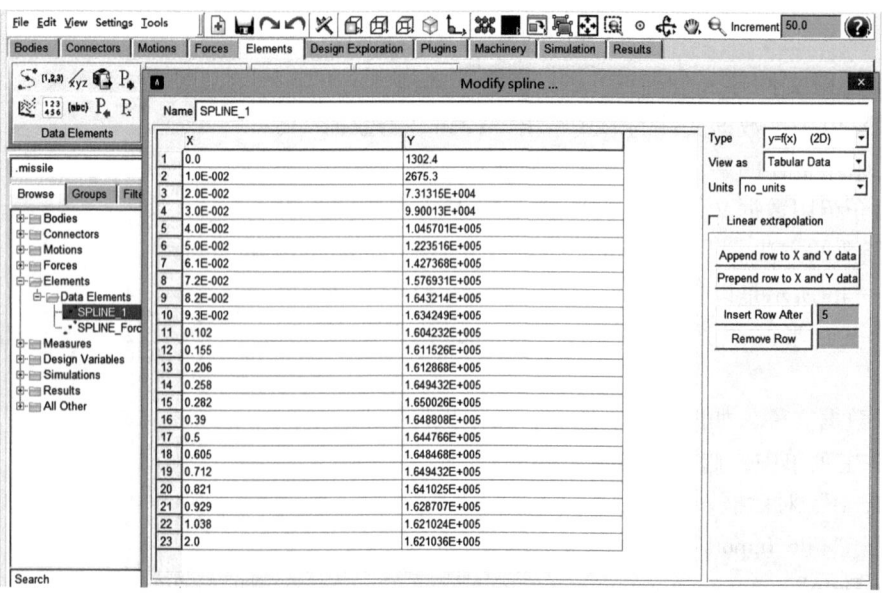

图 3-48　SPLINE 函数的查看

5. 施加作用力

（1）创建作用力　在火箭弹的尾部沿着火箭弹轴线向上的方向施加一个作用于火箭弹的作用力，如图3-49所示。

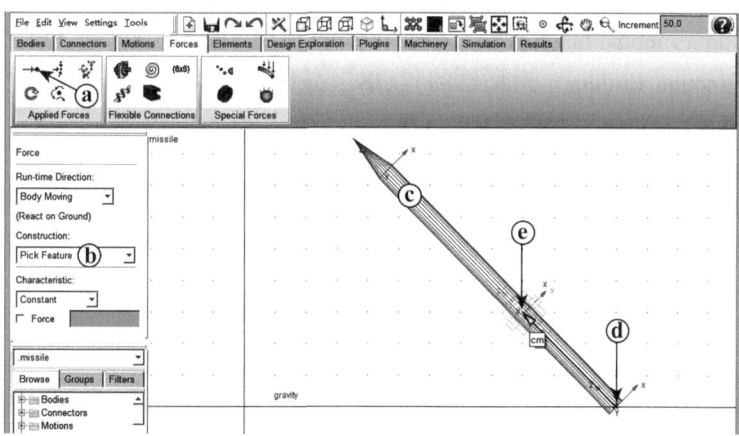

图3-49　作用力的创建

（2）更改作用力　如图3-50和图3-51所示，操作步骤如下：

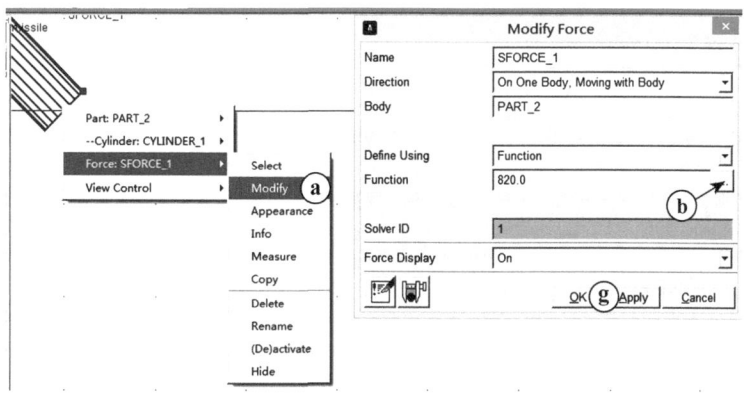

图3-50　作用力的更改

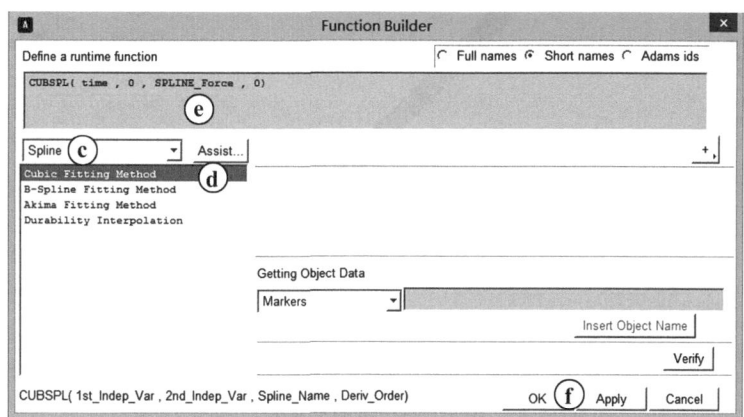

图3-51　SPLINE拟合方法的选择

a. 右击"SFORCE_1",在弹出的菜单选择"**Force:SFORCE_1→Modify**"命令。
b. 在弹出的"Modify Force"对话框中,单击"**Function Builder**"按钮。
c. 在弹出的"Function Builder"对话框中,选择"**Spline**"。
d. 双击"**Cubic Fitting Method**"。
e. 在"Define a runtime function"文本框中输入"**CUBSPL(time,0,SPLINE_Force,0)**"。
f. 单击"Function Builder"对话框的"**OK**"按钮。
g. 单击"Modify Force"对话框的"**OK**"按钮。

说明:"Cubic Fitting Method"拟合方法的格式为

CUBSPL(1*st_Indep_Var*,2*nd_Indep_Var*,*Spline_Name*,*Deriv_Order*)

式中 1*st_Indep_Var*——第1独立变量;
　　　2*nd_Indep_Var*——第2独立变量;
　　　Spline_Name——多义线的名称;
　　　Deriv_Order——拟合曲线导数的阶数。

由于要求中给出的是推力随时间的变化测量数值,所以第1独立变量取为时间。没有第2独立变量,将其取为0。多义线的名称(*Spline_Name*)为"Spline_Force"。由于力函数就取多义线本身的值,所以取"*Deriv_Order*"为0(若函数取为多义线的1阶导数,则 *Deriv_Order* 取1;若函数取为多义线的2阶导数,则 *Deriv_Order* 取2)。

3.3.4 仿真与测量模型

1. 仿真模型

模型的仿真如图3-52所示。

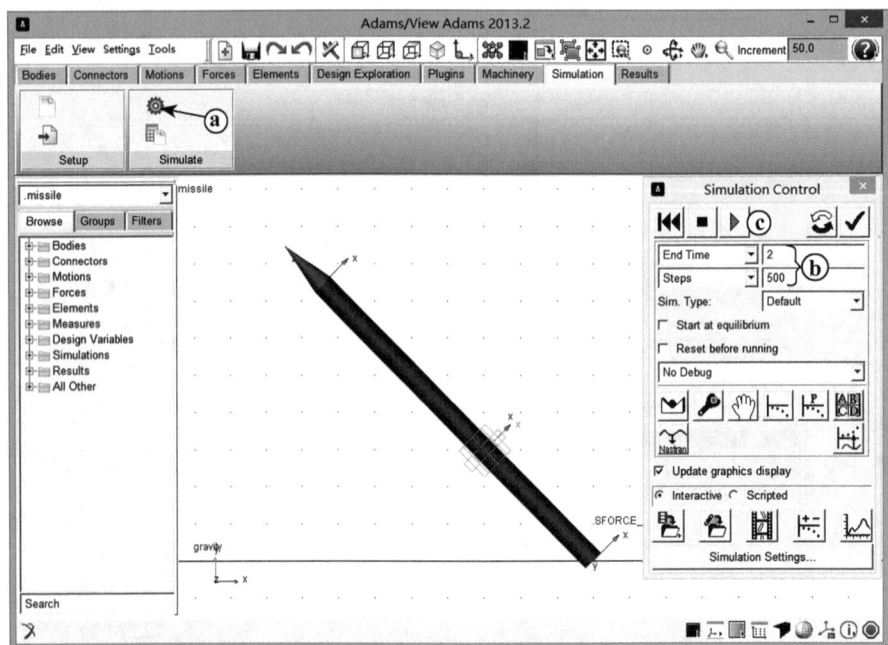

【图3-52 仿真】

图3-52 模型的仿真

2. 测量模型

（1）测量火箭弹的转动　如图 3-53 所示，火箭弹转动模型的测量步骤如下：

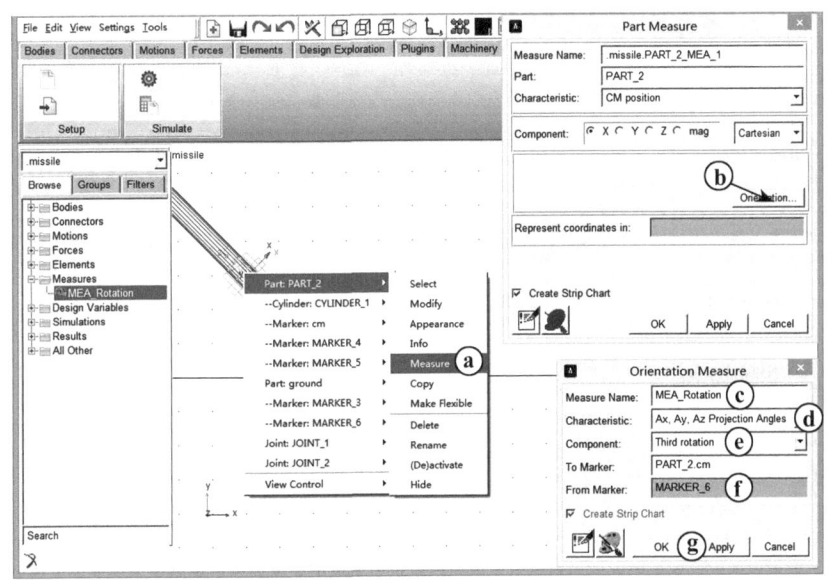

图 3-53　火箭弹转动的测量

a. 右击火箭弹"PART_2"，在弹出的快捷菜单中选择"**Part：PART_2→Measure**"命令。

b. 在弹出的"Part Measure"对话框中，单击"**Orientation**"按钮。

c. 在弹出的"Orientation Measure"对话框中，在"Measure Name"文本框中输入"**MEA_Rotation**"。

d. 在"Characteristic"下拉列表中选择"**Ax，Ay，Az Projection Angles**"。

e. 在"Component"下拉列表中选择"**Third rotation**"。

f. 在"From Marker"文本框中输入"**MARKER_6**"（此点为与火箭弹质心重合的大地上的一点）。

g. 单击"Orientation Measure"对话框的"**OK**"按钮，得到火箭弹质心（cm）相对大地上的点"MARKER_6"绕 z 轴转动的角度变化，结果如图 3-54 所示。

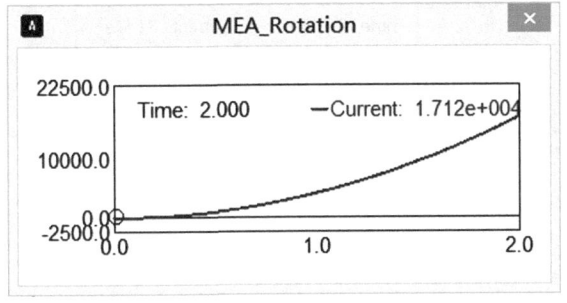

图 3-54　火箭弹质心绕 z 轴转动的角度测量结果

(2) 测量火箭弹的移动 如图 3-55 所示，火箭弹移动的测量步骤如下：

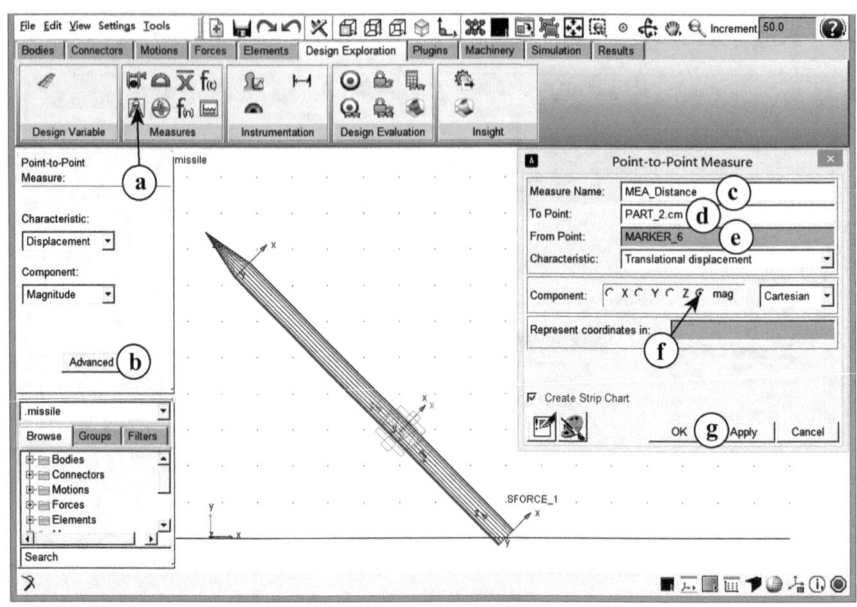

图 3-55 火箭弹位移的测量

a. 在操作区"Design Exploration"项的"Measure"中，单击"**Create a new Point - To - Point Measure**"图标。

b. 单击"Advanced"按钮，弹出"**Point - to - Point Measure**"对话框。

c. 在"Point - to - Point Measure"对话框中，将"Measure Name"后的名称更改为"**MEA_Distance**"。

d. 选择"To Point"为"**Part_2. cm**"。

e. 选择"From Point"为"**MARKER_6**"。

f. 选择"Component"为"**mag**"。

g. 单击"**OK**"按钮，得到质心相对大地上标记点"MARKER_6"的位移测量结果，如图 3-56 所示。

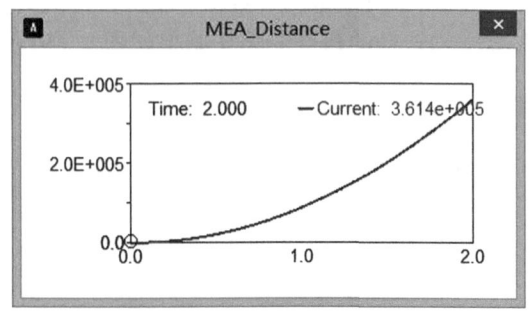

图 3-56 火箭弹位移测量结果

(3) 测量火箭弹上的作用力 如图 3-57 所示，火箭弹上作用力的测量步骤如下：

a. 右击"SFORCE_1"，在弹出的菜单中选择"**Force：SFORCE_1→Measure**"命令。

b. 在弹出的"Single Component Force Measure"对话框中，将"Measure Name"后的名称更改为"**MEA_Force**"。

c. 选择"Component"为"**mag**"。

d. 单击"**OK**"按钮，得到火箭弹上作用力的测量结果，如图 3-58 所示。

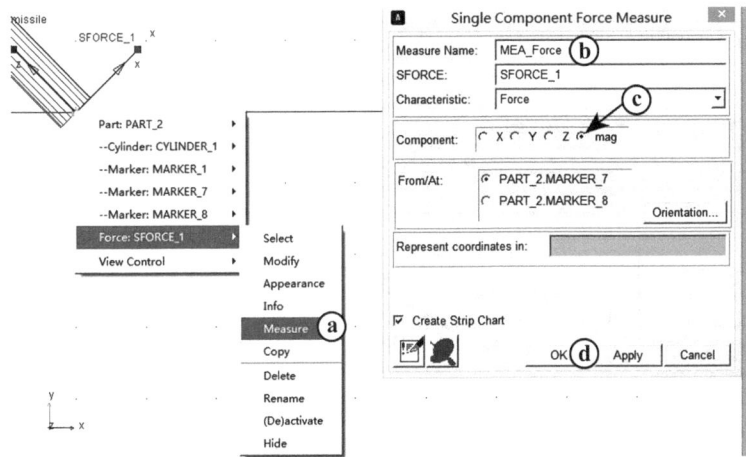

图 3-57 火箭弹上作用力的测量

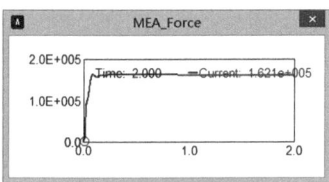

图 3-58 火箭弹上作用力的测量结果

（4）位移与转角的关系　在 ADAMS/PostProcessor 环境下，还可以获得火箭弹的位移与转角的关系曲线，如图 3-59 所示。

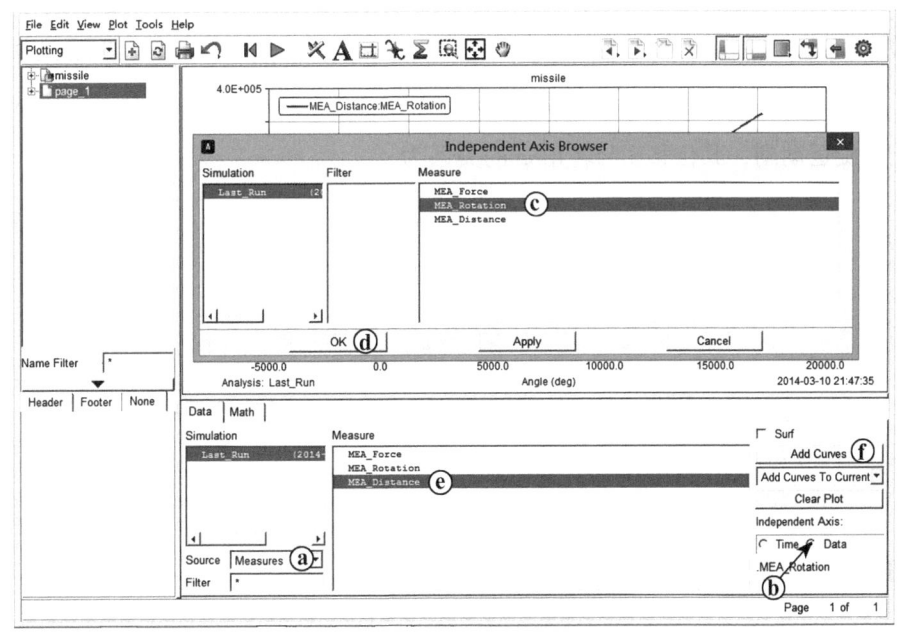

图 3-59 火箭弹位移与转角关系曲线的获得

此外，还可以查看火箭弹位移与转角关系曲线的斜率，如图 3-60 所示，操作步骤如下：

a. 在"ADAMS/PostProcessor Adams 2013.2"窗口中，选择"**View→Toolbars→Curve**

Edit Toolbar"命令。

b. 单击"**Differentiate a curve**"按钮。

c. 单击火箭弹位移与转角关系曲线,显示火箭弹位移与转角关系曲线的斜率,如图 3-60 所示的水平虚线。

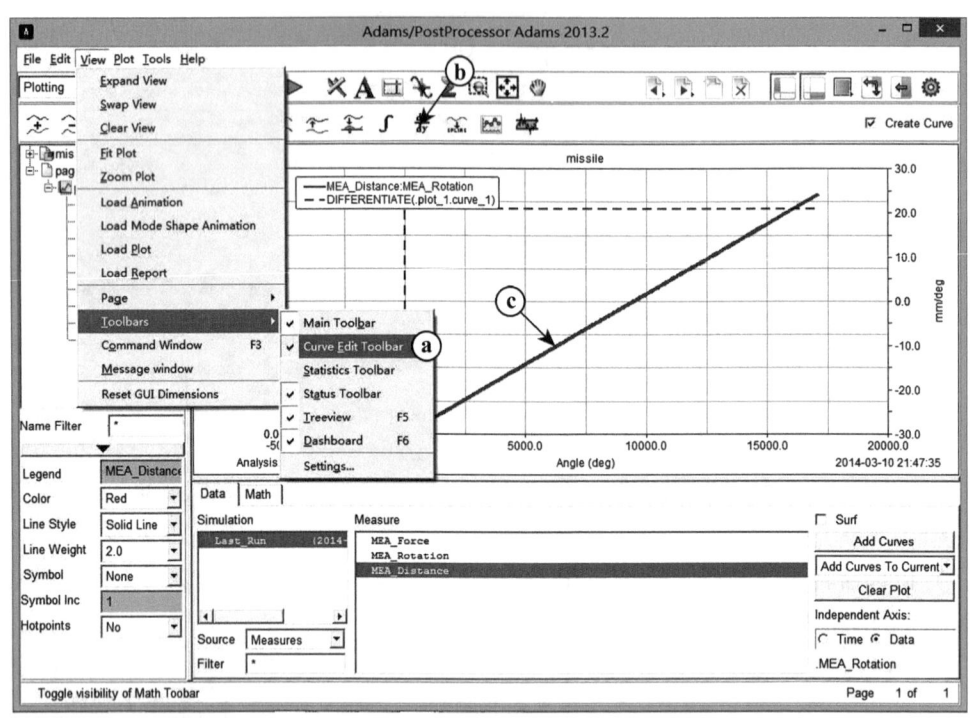

图 3-60 火箭弹位移与转角关系曲线的斜率

对于螺旋运动副,其位移 s 与转角 φ 的关系为

$$s = \frac{h}{360}\varphi$$

所以有

$$\frac{\mathrm{d}s}{\mathrm{d}\varphi} = \frac{h}{360}$$

当 $h = 7600$ 时,$\frac{\mathrm{d}s}{\mathrm{d}\varphi} = \frac{7600}{360} = 21.111$,即为图 3-60 所示的虚线曲线值。

最后将模型保存为"**chapter3_3. bin**"。

3.4 DIFF 函数的定义及应用

3.4.1 设计问题的描述

某战术导弹弹射机构由气压传动装置提供动力。由于气压传动装置的结构很复杂(结构图略),为便于说明问题,将其简化为如图 3-61 所示物理模型。该模型是由气瓶 A、气缸 B 和活塞及活塞杆 C 组成的一个差动式气缸。压力气体在三个腔体之间交换流动,在活塞的两侧形成压力差,推动活塞伸缩,为弹射机构提供动力。设等效负载为一不变质量(活塞质量),$m = 100\text{kg}$。

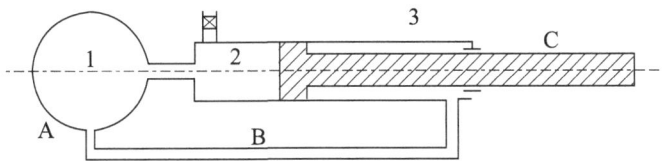

图 3-61 气压传动装置的物理模型

为简化问题,这里忽略温度变化对气压装置的影响,则气压传动装置的数学模型为

$$\begin{cases} \dot{V}_1 = 0 \\ \dot{V}_2 = S_2 \dot{x} \\ \dot{V}_3 = -S_3 \dot{x} \end{cases}$$

$$\begin{cases} \dot{P}_1 = \dfrac{RT_1}{V_1}(G_{31} + G_{21}) \\ \dot{P}_2 = -\dfrac{RT_2}{V_2}G_{21} - \dfrac{P_2}{V_2}\dot{V}_2 \\ \dot{P}_3 = -\dfrac{RT_3}{V_3}G_{31} - \dfrac{P_3}{V_3}\dot{V}_3 \end{cases}$$

式中 V_i,$\dot{V}_i$——i($=1, 2, 3$)室的体积和体积变化率,其初始值为

$V_{10} = 1.01872 \times 10^{-3} \text{m}^3$,$V_{20} = 5.02655 \times 10^{-5} \text{m}^3$,$V_{30} = 5.2443 \times 10^{-4} \text{m}^3$;

T_i——i($=1, 2, 3$)室的温度(K),设各室的温度等于大气温度,即

$T_1 = T_2 = T_3 = T_a = 293\text{K}$;

$\dot{x}$——活塞的移动速度(m/s);

S_i——活塞在 i($=1, 2, 3$)室的有效面积(m^2),$S_2 = 5.026 \times 10^{-3} \text{m}^2$,$S_3 = 1.176 \times 10^{-3} \text{m}^2$;

P_i——i($=1, 2, 3$)室内的气体压力(Pa),初始值为 $P_{10} = P_{20} = P_{30} = 2 \times 10^5 \text{Pa}$;

R——气体常数,$R = 231.97 \text{ J/(mol} \cdot \text{K)}$;

G_{ij}——气体从 i($=1, 2, 3$)室到 j($=1, 2, 3$)室的流量(m^3/s)。设室腔之间气体的流量与室腔的气体压力差成正比,即

$G_{21} = 2.375 \times 10^{-9}(P_2 - P_1)$,$G_{31} = 1.4125 \times 10^{-7}(P_3 - P_1)$;

作用在活塞上的动力为

$$F = S_2 P_2 - S_3 P_3$$

将有关参数的数值代入到各方程中,整理得到气动装置的数学模型为

$$\begin{cases} \dot{V}_1 = 0 \\ \dot{V}_2 = 5.026 \times 10^{-3} \dot{x} \\ \dot{V}_3 = -1.176 \times 10^{-3} \dot{x} \end{cases} \quad (3-1)$$

$$\begin{cases} \dot{P}_1 = \dfrac{67967.21}{V_1}[1.4125\times10^{-7}(P_3-P_1)+2.375\times10^{-9}(P_2-P_1)] \\ \dot{P}_2 = -\dfrac{67967.21}{V_2}2.375\times10^{-9}(P_2-P_1)\ -\dfrac{P_2}{V_2}\dot{V}_2 \\ \dot{P}_3 = -\dfrac{67967.21}{V_3}1.4125\times10^{-7}(P_3-P_1)\ -\dfrac{P_3}{V_3}\dot{V}_3 \end{cases} \quad (3-2)$$

$$F = 5.026\times10^{-3}P_2 - 1.176\times10^{-3}P_3 \quad (3-3)$$

试建立此气压传动装置的虚拟样机模型，并仿真分析该气动传动装置。

3.4.2 启动 ADAMS 软件并设置工作环境

启动 ADAMS/View 模块，定义 "Model name" 为 "**air_pressure_device**"，其他选项为默认设置。

选择 "Settings" 菜单中的 "**Units**" 命令，设置 "Length" 为 "**Meter**"，其他参数为默认设置。

选择 "Settings" 菜单中的 "**Gravity**" 命令，弹出 "Gravity Settings" 对话框，不勾选 "**Gravity**"，如图 3-62 所示。

3.4.3 创建虚拟样机模型

1. 创建活塞

活塞为两个圆柱体的组合，渲染后如图 3-63 所示。

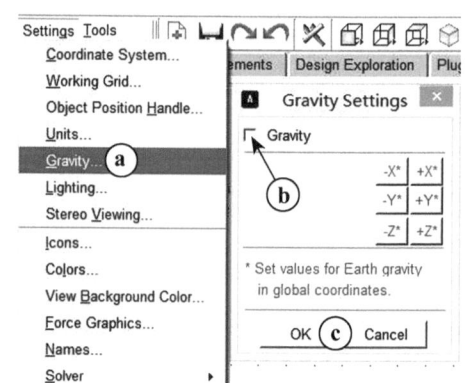

图 3-62 重力加速度的设置

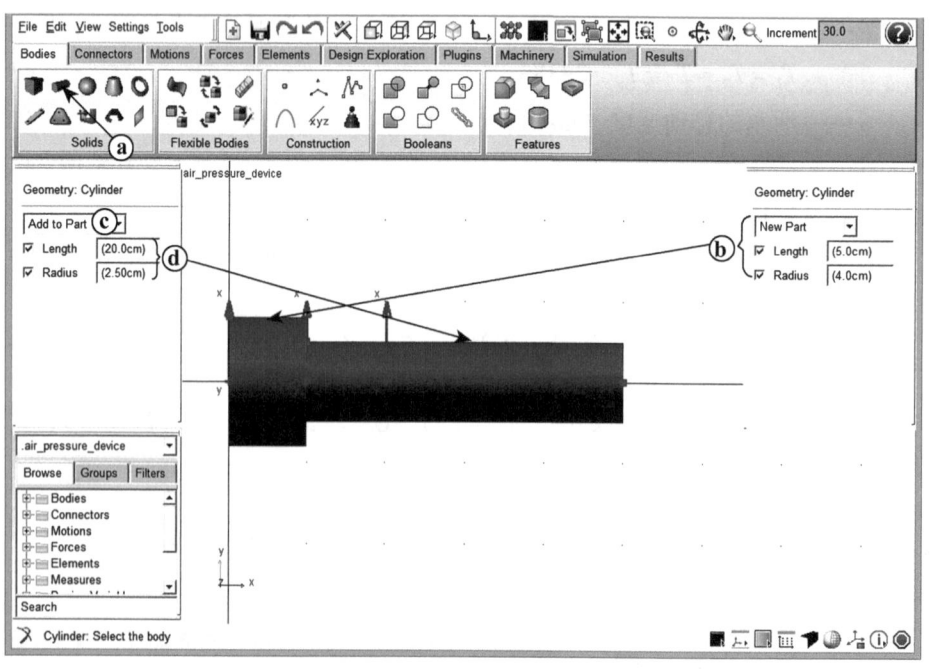

图 3-63 活塞的创建

第 3 章 函数的定义及应用

将活塞"PART_2"的质量更改为"**100kg**",如图 3-64 所示。

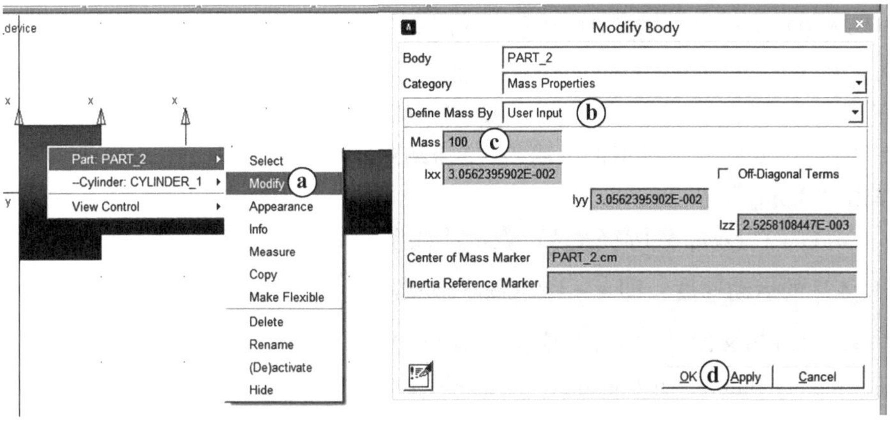

图 3-64 活塞质量的更改

2. 定义 DIFF 函数

定义 DIFF 函数的目的就是将式(3-1)和式(3-2)所表达的微分方程组用 DIFF 函数来表达。

(1) 定义 $\dot{V}_1 = 0$ 如图 3-65 所示,操作步骤如下:

a. 在操作区"Elements"项的"System Elements"中,单击"**Create a State Variable defined by Differential Equation**"图标。

b. 在弹出的"Create Differential Equation"对话框中,将"Name"后的名称更改为"**DIFF_V1**",即 DIFF_V1 = $\dot{V}_1$。

c. 在"y'="文本框中输入"**0**"。

d. 在"y [t=0]="文本框中输入"**1.01872E-3**"。

e. 单击"**Apply**"按钮。

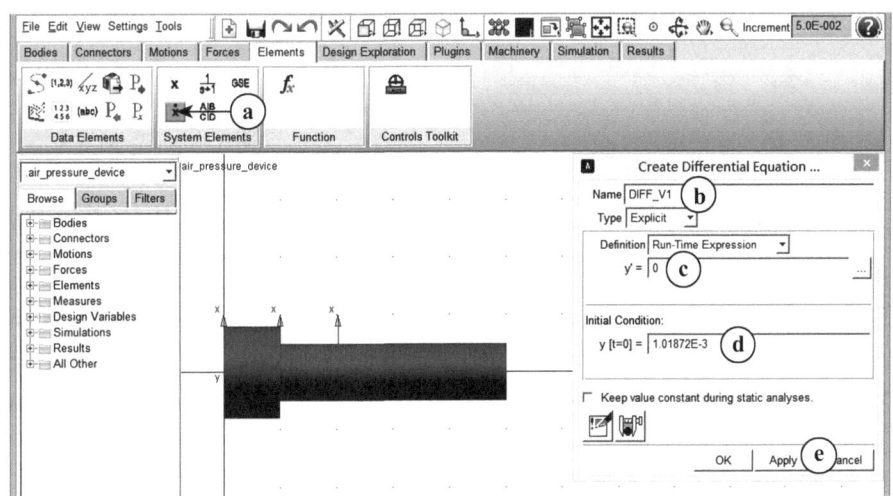

图 3-65 $\dot{V}_1$ 的定义

(2) 定义 $\dot{V}_2 = 5.026 \times 10^{-3} \dot{x}$ 和 $\dot{V}_3 = -1.176 \times 10^{-3} \dot{x}$

1) $\dot{V}_2 = 5.026 \times 10^{-3} \dot{x}$ 方程对应函数 DIFF_V2，如图 3-66 所示，操作步骤如下：

a. 在"Modify Differential Equation"对话框中，将"Name"后的名称更改为"**DIFF_V2**"。

b. 在"y'="文本框中输入"**5.026E-3 * VX（cm，MARKER_4）**"。

c. 在"y [t=0] ="文本框中输入"**5.02655E-005**"。

d. 单击"**Apply**"按钮。

其中，函数 VX（cm，MARKER_4）表示活塞质心"cm"相对大地"ground"上标记点"MARKER_4"的运动速度，即 $\dot{x}$ = VX（cm，MARKER_4）。

2) $\dot{V}_3 = -1.176 \times 10^{-3} \dot{x}$ 方程对应函数 DIFF_V3，如图 3-67 所示，操作步骤如下：

a. 在"Modify Differential Equation"对话框中，将"Name"后的名称更改为"**DIFF_V3**"。

b. 在"y'="文本框中输入"**-1.176E-3 * VX（cm，MARKER_4）**"。

c. 在"y [t=0] ="文本框中输入"**5.2443E-004**"。

d. 单击"**Apply**"按钮。

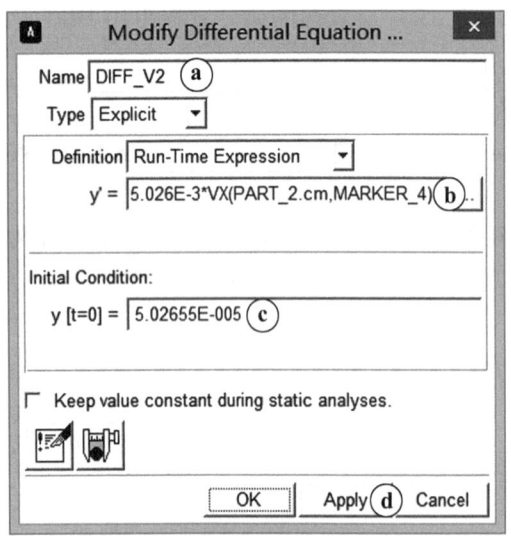 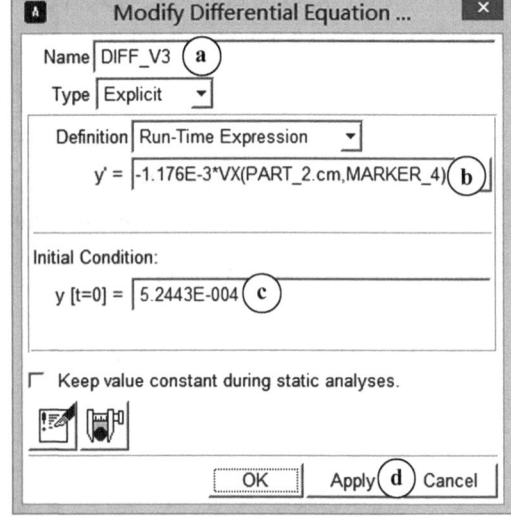

图 3-66　$\dot{V}_2$ 的定义　　　　　　　　　图 3-67　$\dot{V}_3$ 的定义

(3) 定义 $\dot{P}_1 = \dfrac{231.97 \times 293}{V_1} \times [1.4125 \times 10^{-7}(P_3 - P_1) + 2.375 \times 10^{-9}(P_2 - P_1)]$ 如图 3-68 所示，操作步骤如下：

a. 在"Modify Differential Equation"对话框中，将"Name"后的名称更改为"**DIFF_P1**"。

b. 在"y'="文本框中输入"**231.97 * 293/DIF（DIFF_V1）*（1.4125E-7 *（DIF（DIFF_P3）- DIF（DIFF_P1））+ 2.375E-9 *（DIF（DIFF_P2）- DIF（DIFF_P1）））**"。

c. 在"y [t=0] ="文本框中输入"**2.0E+005**"。

d. 单击"**Apply**"按钮。

说明：DIF（$\dot{y}$）为对 $\dot{y}$ 求取积分值，即 DIF（$\dot{y}$）= y。

(4) 定义 $\dot{P}_2 = -\dfrac{231.97 \times 293}{V_2} \times 2.375 \times 10^{-9}(P_2 - P_1) - \dfrac{P_2}{V_2}\dot{V}_2$ 如图 3-69 所示，操作步骤如下：

a. 在"Modify Differential Equation"对话框中，将"Name"后的名称更改为"**DIFF_P2**"。

b. 在"y′="文本框中输入"**-231.97*293/DIF（DIFF_V2）*2.375E-9*（DIF（DIFF_P2）-DIF（DIFF_P1））-DIF（DIFF_P2）/DIF（DIFF_V2）*DIF1（DIFF_V2）**"。

c. 在"y[t=0]="文本框中输入"**2.0E+005**"。

d. 单击"**Apply**"按钮。

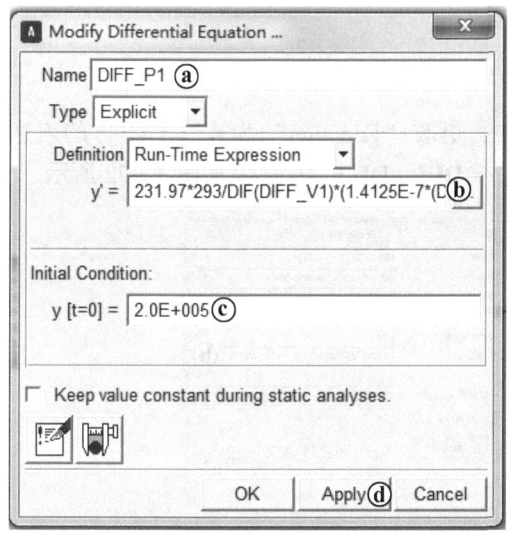

图 3-68 $\dot{P}_1$ 的定义

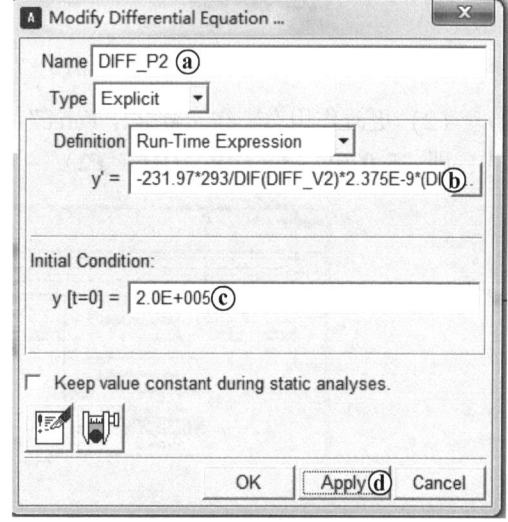

图 3-69 $\dot{P}_2$ 的定义

(5) 定义 $\dot{P}_3 = -\dfrac{231.97 \times 293}{V_3} 1.4125 \times 10^{-7}(P_3 - P_1) - \dfrac{P_3}{V_3}\dot{V}_3$ 如图 3-70 所示，操作步骤如下：

a. 在"Modify Differential Equation"对话框中，将"Name"后的名称更改为"**DIFF_P3**"。

b. 在"y′="文本框中输入"**-231.97*293/DIF（DIFF_V3）*1.4125E-7*（DIF（DIFF_P3）-DIF（DIFF_P1））-DIF（DIFF_P3）/DIF（DIFF_V3）*DIF1（DIFF_V3）**"。

c. 在"y[t=0]="文本框中输入"**2.0E+005**"。

d. 单击"**OK**"按钮。

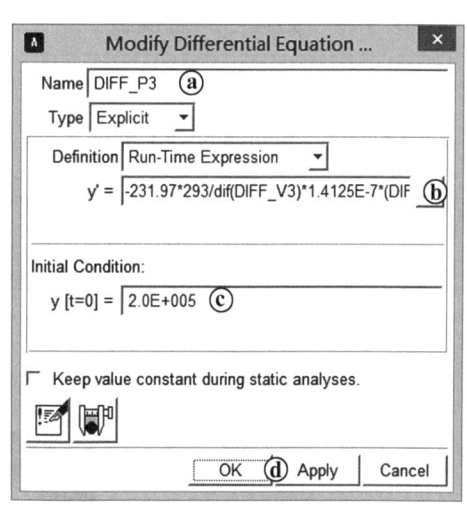

图 3-70 $\dot{P}_3$ 的定义

3. 施加作用力

(1) 创建作用力 在活塞的质心处，创建一个方向水平向右的作用力，如图 3-71 所示。

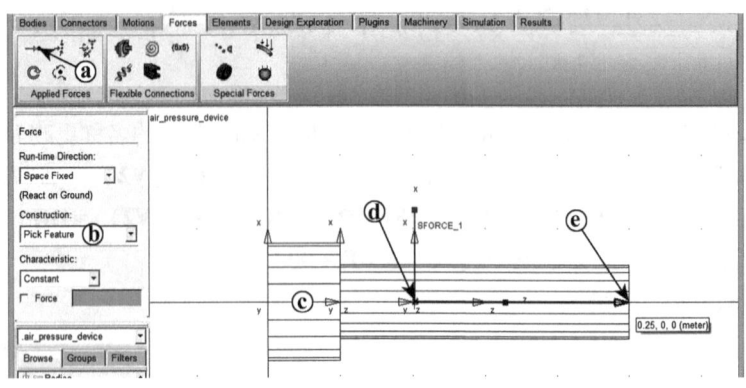

图 3-71　作用力的创建

（2）更改作用力　在"Modify Force"对话框中，更改"Function"为式（3-3）的表达式，即"**5.026E-3*DIF（DIFF_P2）-1.176E-3*DIF（DIFF_P3）**"，如图 3-72 所示。

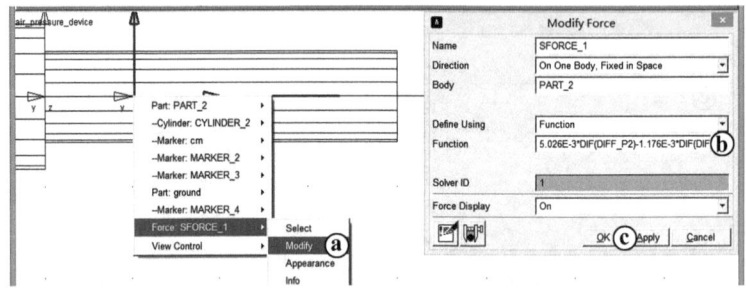

图 3-72　作用力的更改

3.4.4　仿真与测量模型

1. 仿真模型

模型的仿真如图 3-73 所示。

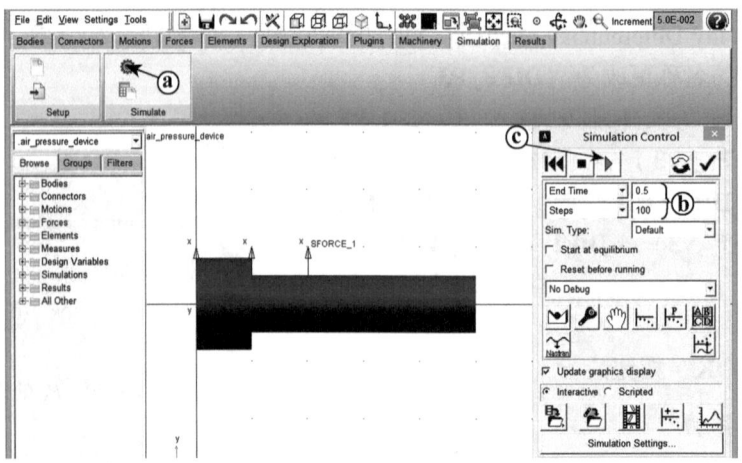

【图 3-73 仿真】

图 3-73　模型的仿真

2. 测量模型

测量活塞的位移、作用在活塞上作用力的大小和 3 个容腔内的压力（P_1、P_2 和 P_3）及体积（V_1、V_2 和 V_3）的变化规律。

（1）测量 P_1　如图 3-74 所示，操作步骤如下：

a. 在操作区"Design Exploration"项的"Measure"中，单击"**Create a new Function Measure**"图标。

b. 在弹出的"Function Builder"对话框中，将"Measure Name"后的名称更改为"**P1**"。

c. 在"Create or Modify a Function Measure"文本框中输入"**DIF（DIFF_P1）**"。

d. 单击"**OK**"按钮，测量结果如图 3-75 所示的 P1 曲线。

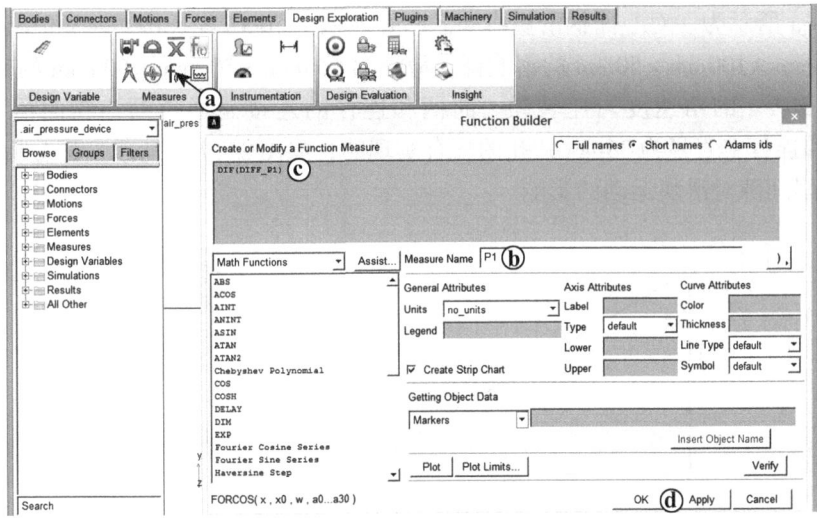

图 3-74　P_1 的测量

（2）测量其他参数　活塞的位移、作用在活塞上的作用力和容腔内压力（P_2 和 P_3）及体积（V_1、V_2 和 V_3）的测量结果如图 3-75 所示。

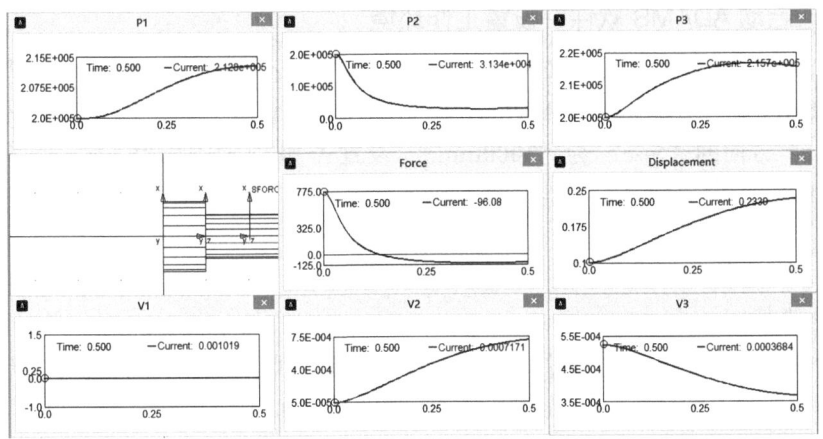

图 3-75　模型的测量结果

从仿真分析结果可以看出，初始时刻各容腔内的压力相同，活塞在容腔 2 和 3 内的有效作用端面积（$S_2 > S_3$）不同，使得活塞向右运动，从而使容腔 2 的体积 V_2 变大，容腔 3 的体积 V_3 变小。而从容腔 1 流入容腔 2 的气体流量 G_{21} 又小于从容腔 3 流入容腔 1 的气体流量 G_{31}，导致容腔 2 内的压力 P_2 下降，容腔 1 和 3 内的压力 P_1 和 P_3 上升，从而使作用在活塞上的作用力逐渐变小。

最后将模型保存为"**chapter3_4.bin**"。

3.5 CONTACT 函数的定义及应用

3.5.1 设计问题的描述

图 3-76a 所示为一对心曲柄滑块机构。已知曲柄为 1000mm×100mm×50mm 的钢质杆，连杆为 2000mm×100mm×50mm 的钢质杆，滑块为 500mm×500mm×500mm 的钢质正方体。曲柄以 $\omega_1 = 30°/s$ 的角速度匀速转动。曲柄和连杆的连接是通过固连在曲柄上的半径为 30mm 的轴和连杆上直径为 35mm 的孔的配合实现的，如图 3-76b 所示。试分析曲柄与连杆连接的转动副间隙对滑块运动的影响。

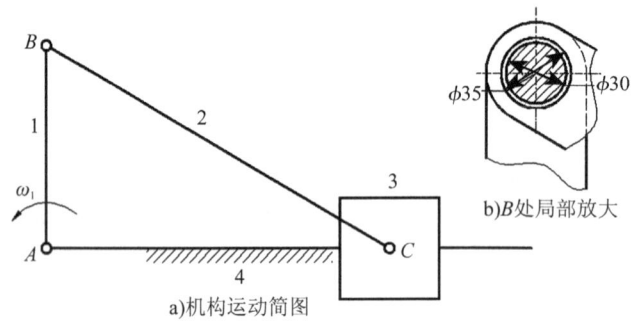

图 3-76 具有间隙的曲柄滑块机构运动简图
1—曲柄 2—连杆 3—滑块 4—机架

3.5.2 启动 ADAMS 软件并设置工作环境

启动 ADAMS/View 模块，定义"Model name"为"**contact**"，其他选项为默认设置。

选择"Settings"菜单中的"**Working Grid**"命令，设置工作格栅 X 方向的"Size"为"**2000mm**"，Y 方向的"Size"为"**1000mm**"，设置 X 和 Y 方向的"Spacing"为"**50mm**"，设置图标"Icons"为"**100**"，其他参数为默认设置。

3.5.3 创建虚拟样机模型

1. 创建曲柄

（1）创建曲柄　曲柄的创建过程如图 3-77 所示，创建完成后将其重命名为"**crank**"。

（2）创建曲柄上的销轴　销轴的创建过程如图 3-78 所示。

（3）调整销轴的姿态　销轴姿态的调整过程如图 3-79 所示。

第 3 章 函数的定义及应用

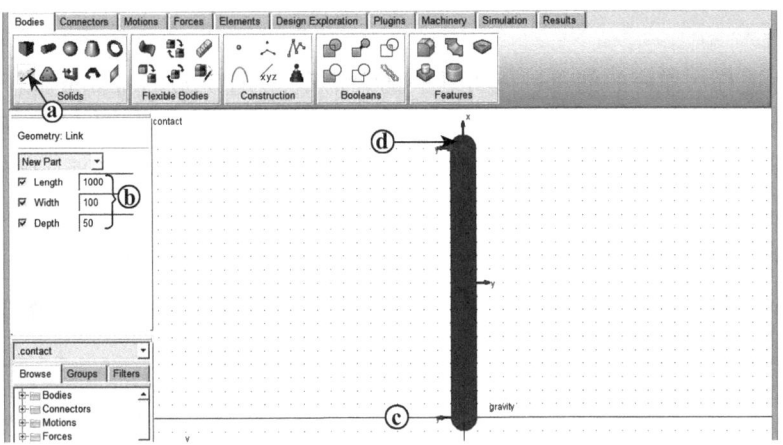

图 3-77 曲柄的创建

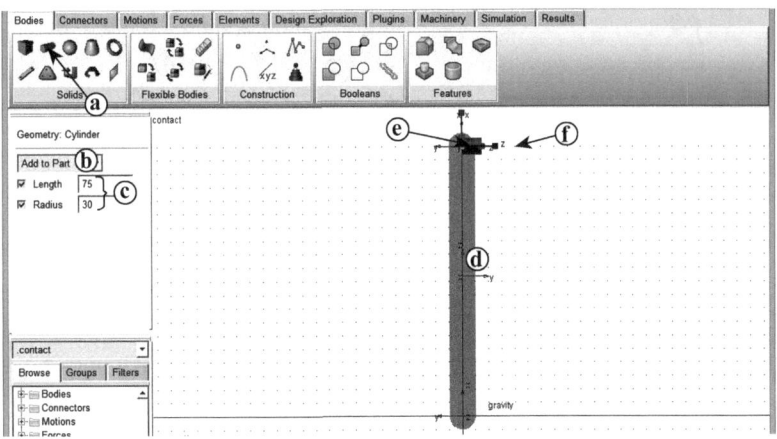

图 3-78 销轴的创建

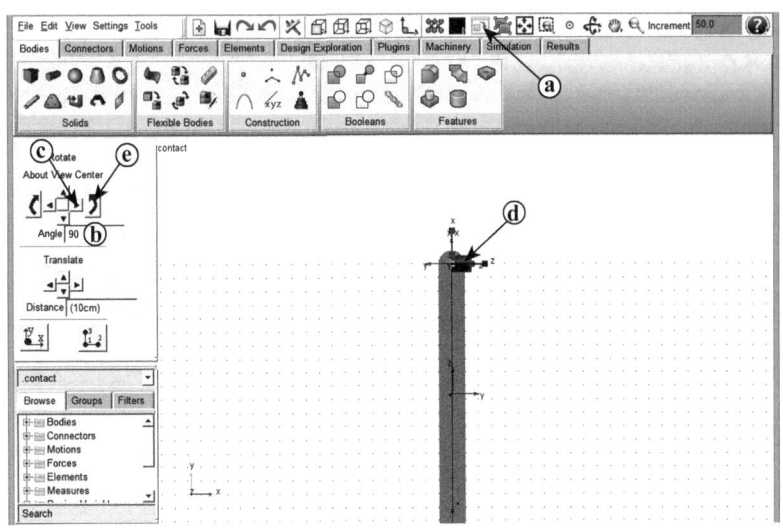

图 3-79 销轴姿态的调整

2. 创建连杆

(1) 创建连杆　连杆的创建过程如图3-80所示,创建完成后将其重命名为"**link**"。

(2) 调整连杆的位置　将连杆向着销轴方向移动50mm,操作如图3-81所示。

(3) 调整连杆的姿态　将连杆绕销轴的轴线顺时针方向转动30°,操作如图3-82所示。

(4) 创建连杆上的销孔　在连杆的左端部,创建一个φ35mm的销孔,如图3-83所示。

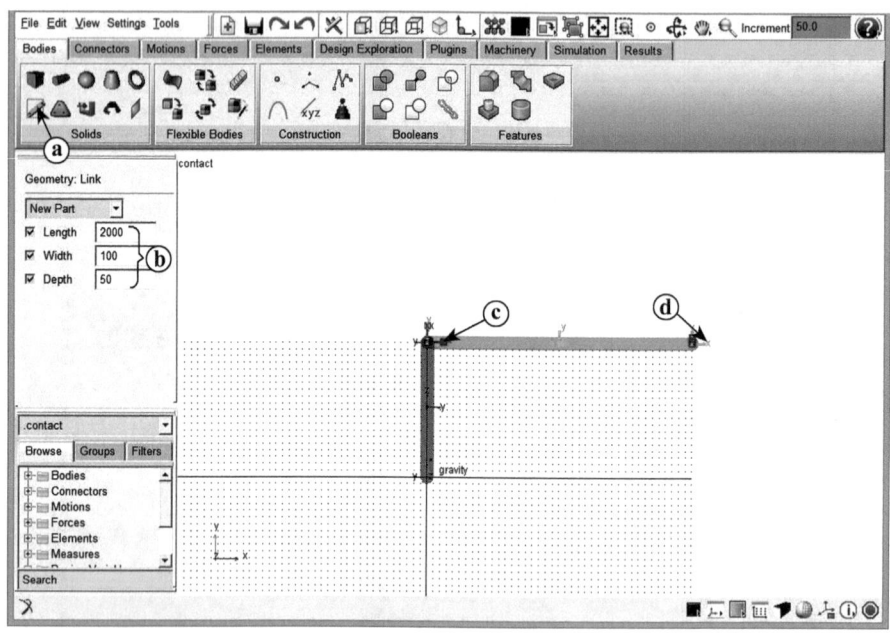

图3-80　连杆的创建

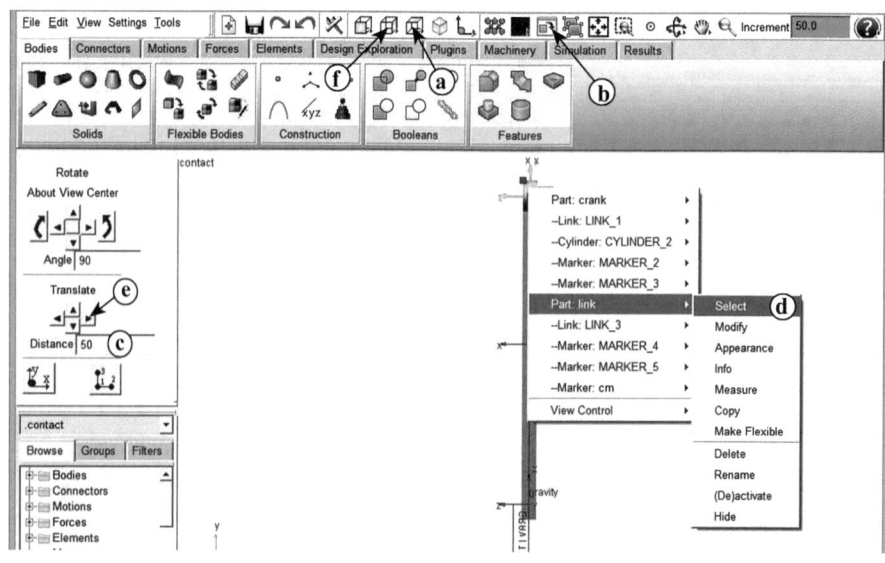

图3-81　连杆位置的调整

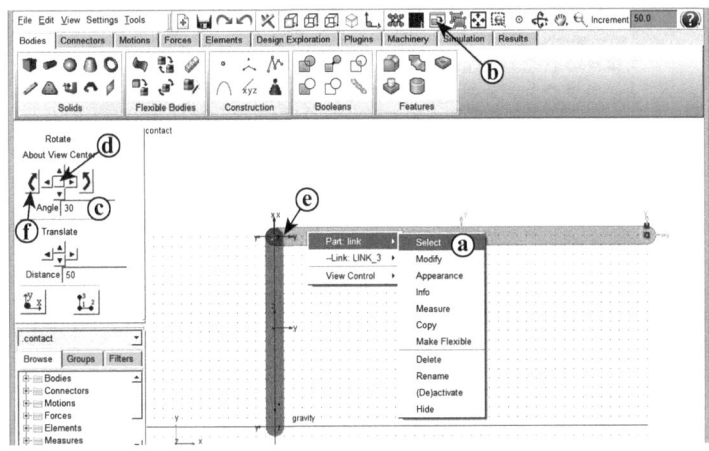

图 3-82　连杆姿态的调整

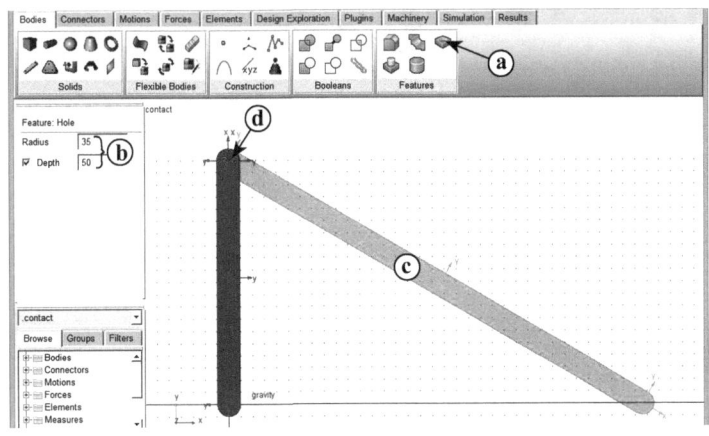

图 3-83　连杆上销孔的创建

3. 创建滑块

（1）创建滑块　创建一个 500mm × 500mm × 500mm 的正方体，如图 3-84 所示。创建完成后将其重命名为"**slider**"。

（2）调整滑块的位置　将滑块的质心调整到与连杆的下端点重合的位置处，如图 3-85 和图 3-86 所示。

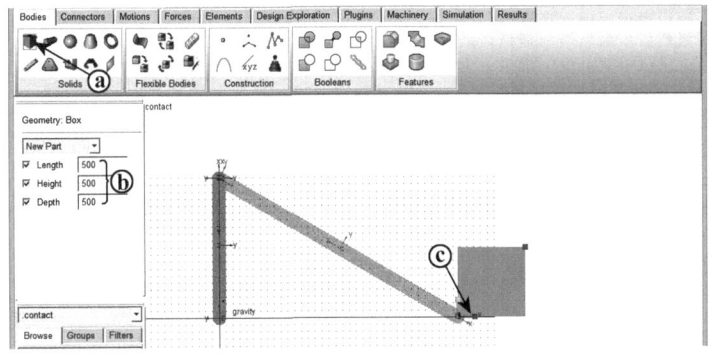

图 3-84　滑块的创建

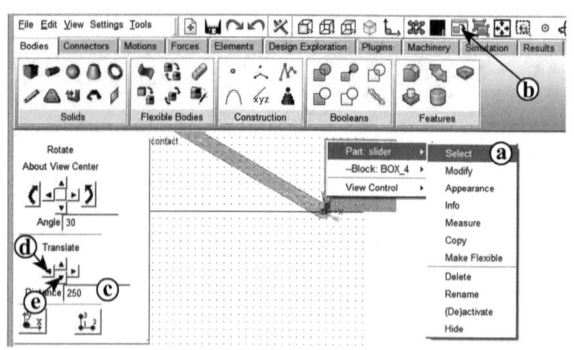

图 3-85　滑块在 x 和 y 方向位置的调整

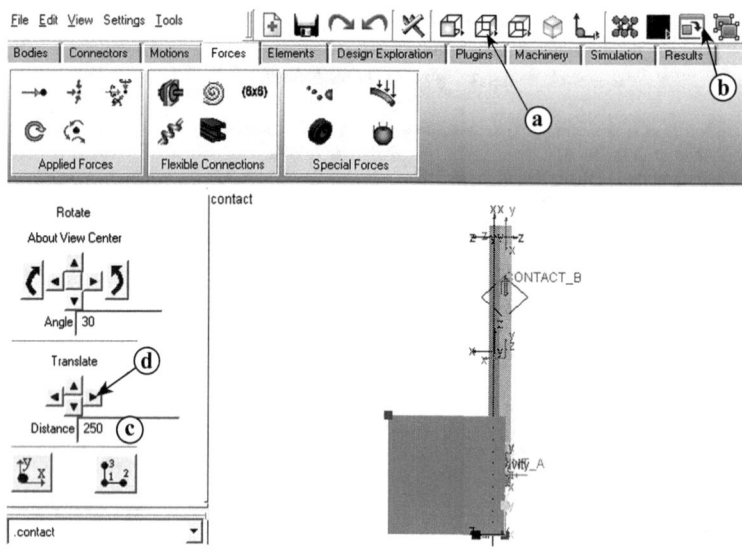

图 3-86　滑块在 z 方向位置的调整

4. 创建运动副

(1) 创建转动副　创建两个转动副 "**JOINT_A**" 和 "**JOINT_C1**"，如图 3-87 所示。

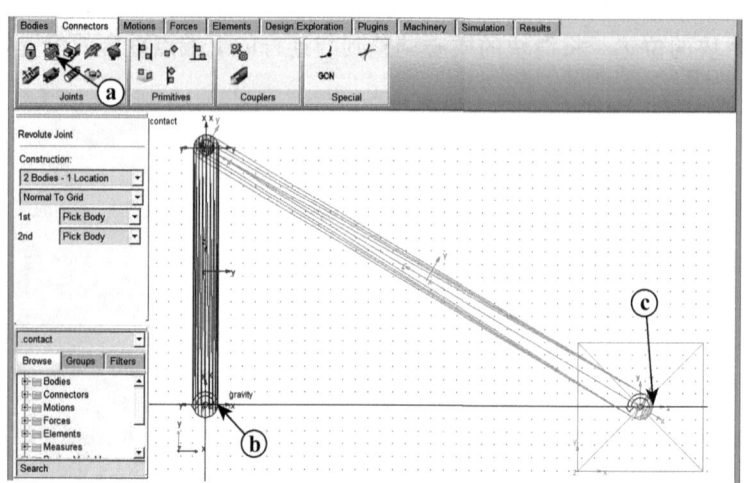

图 3-87　转动副的创建

转动副"JOINT_A":曲柄"crank"和大地"ground"之间的转动副。

转动副"JOINT_C1":连杆"link"和滑块"slider"之间的转动副。

（2）创建移动副　创建1个移动副"**JOINT_C2**",它是滑块"slider"和大地"ground"之间的移动副,移动方向为水平（x轴）方向,如图3-88所示。

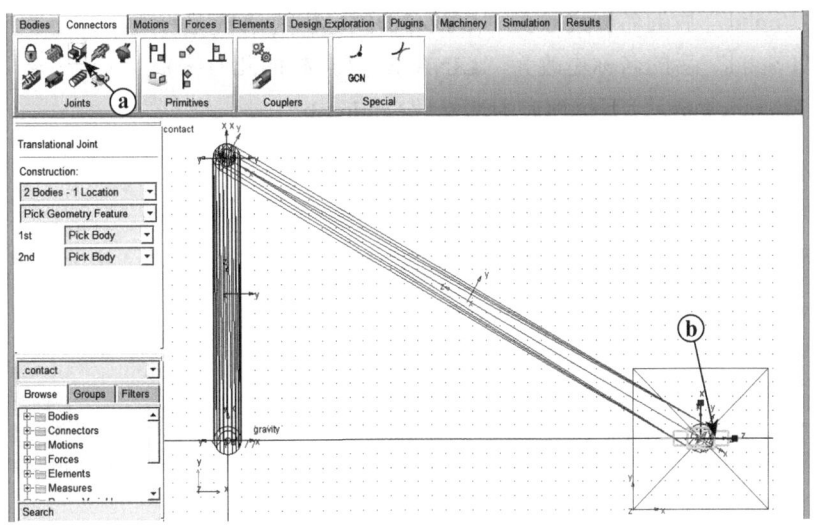

图3-88　移动副的创建

5. 创建接触力

用曲柄上的销轴和连杆上的销孔的配合关系来定义曲柄与连杆之间的连接关系,以分析此处的配合间隙对机构的影响。

创建曲柄销轴和连杆销孔之间的碰撞关系,即在它们之间创建一个接触力,如图3-89所示,操作步骤如下:

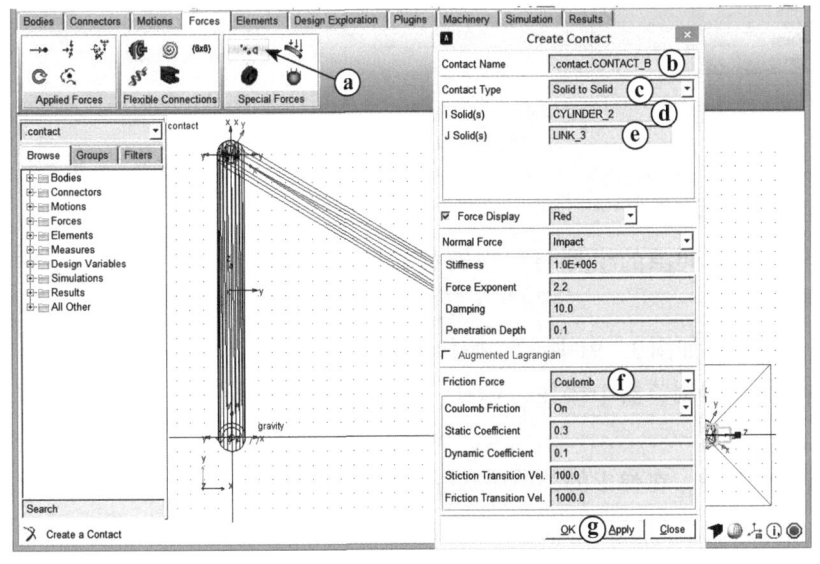

图3-89　接触力的创建

a. 在操作区"Forces"项的"Special Forces"中,单击"**Create a Contact**"图标。

b. 在弹出的"Create Contact"对话框中,将"Contact Name"后的名称更改为"**CONTACT_B**"。

c. 在"Contact Type"下拉列表中选择"**Solid to Solid**"。

d. 将"I Solid"后的名称更改为"**CYLINDER_2**"(曲柄上的销轴)。

e. 将"J Solid"后的名称更改为"**LINK_3**"(连杆的几何体)。

f. 在"Friction Force"下拉列表中选择"**Coulomb**"。

g. 单击"**OK**"按钮,完成接触力的创建。

6. 施加运动

在转动副"JOINT_A"上,给曲柄施加一个运动"MOTION_A",其运动规律为系统默认,即转动的角度为 $30°t$,如图 3-90 所示。

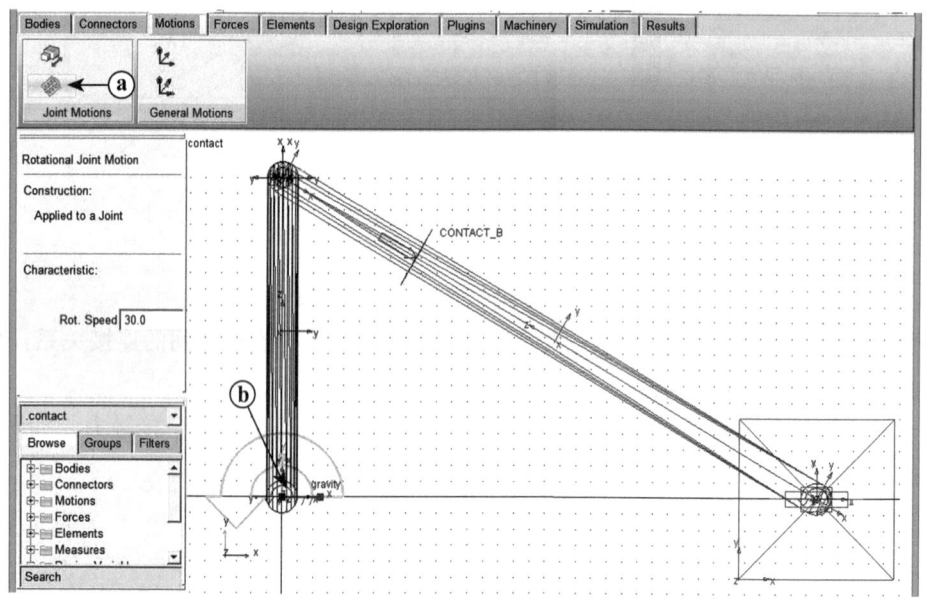

图 3-90 运动的创建

7. 创建理想模型

为了比较上述有间隙的模型与理想模型的差异,下面在同一环境下创建一个理想的模型。

(1) 复制模型 如图 3-91 所示,操作步骤如下:

a. 在左侧的模型浏览器中按住〈**Ctrl**〉键,左键依次选中相应的元素,如构件、运动副和运动等。

b. 单击鼠标右键,在弹出的菜单中选择"**Copy**"。

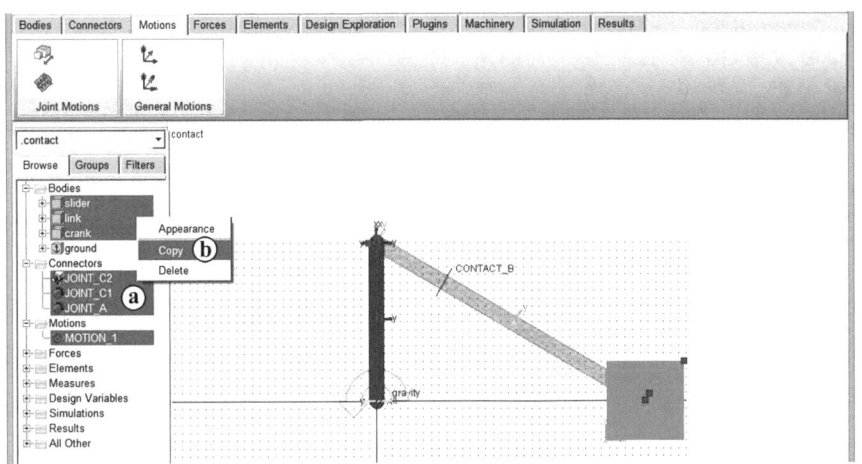

图 3-91 模型的复制

(2) 移动模型 如图 3-92 所示，操作步骤如下：

a. 在工具栏中，单击 "**Position**" 图标。

b. 在 "Distance" 文本框中输入 "**1500**"。

c. 单击 "**Move**" 按钮。

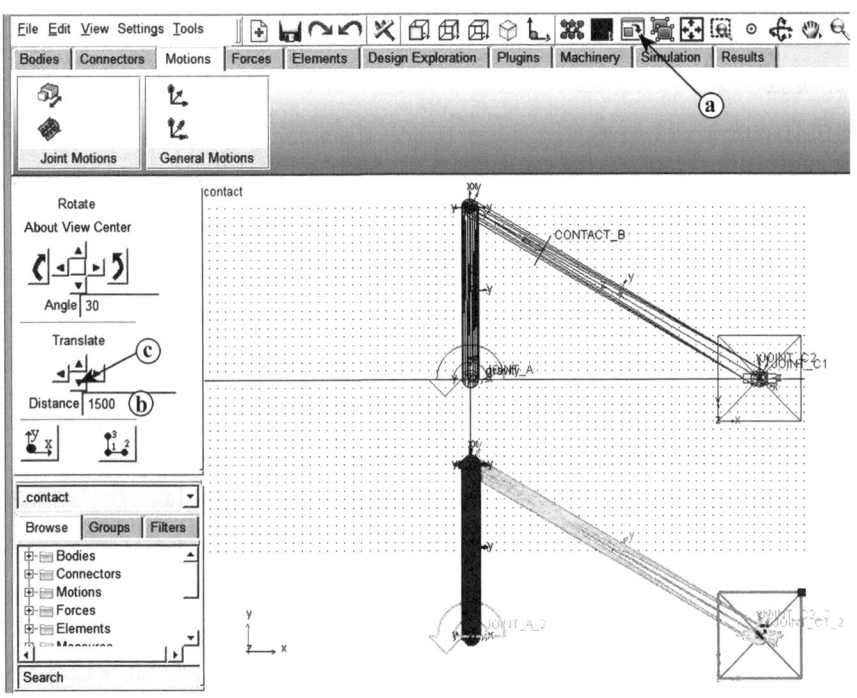

图 3-92 模型的移动

(3) 创建运动副 在复制的模型中，创建 1 个连接曲柄和连杆的转动副 "**JOINT_B**"，如图 3-93 所示。

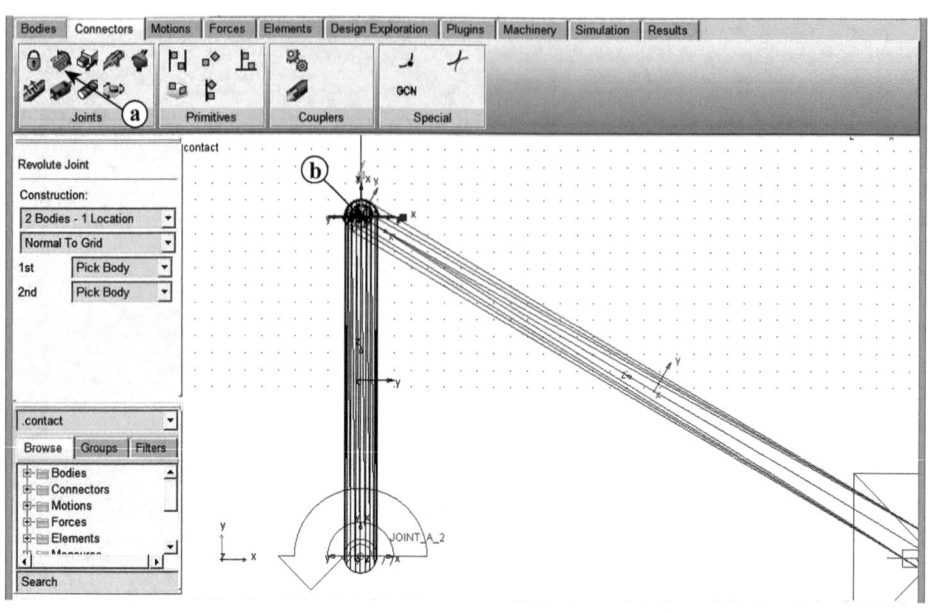

图 3-93 转动副"JOINT_B"的创建

理想模型与有间隙模型的不同点只是曲柄与连杆采用转动副进行连接。

3.5.4 仿真与测量模型

1. 仿真模型

模型的仿真如图 3-94 所示。

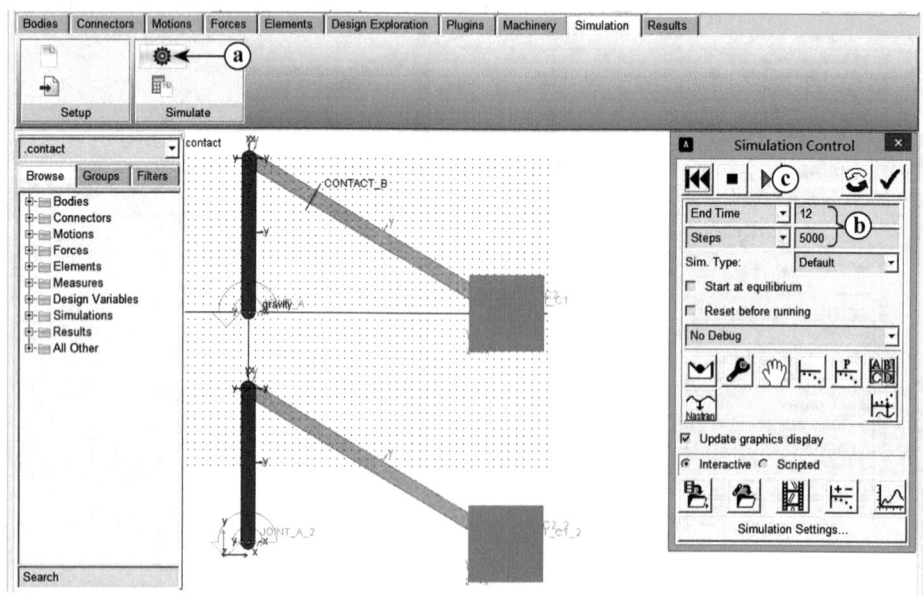

【图 3-94 仿真】　　　　图 3-94　模型的仿真

注意：若仿真步数设置得过少，由于计算精度原因导致误差过大，则可能会引起接触力的变化值过大，使仿真分析失败，出现曲柄与连杆脱离的现象。

2. 测量模型

测量两个机构中滑块的位置、速度和加速度变化情况。

为了比较有间隙模型和理想模型中滑块运动特性的差异，将测得的两个滑块位置、速度和加速度曲线分别叠放在一个坐标系下，分别如图3-95~图3-97所示。

从图3-96和图3-97中的结果可以看出，存在间隙的机构中滑块的运动速度和加速度与理想模型中滑块的相应特性还存在一定的误差，特别是运动的开始阶段。从图3-95来看，似乎有间隙的模型中滑块的位移与理想模型中滑块的位移比较吻合，但当局部放大来观察时，会明显看到两者的差异，如图3-98所示。因此，对于精度要求比较高的机械装置，可用此方法来评估间隙给机械装置带来的运动误差。

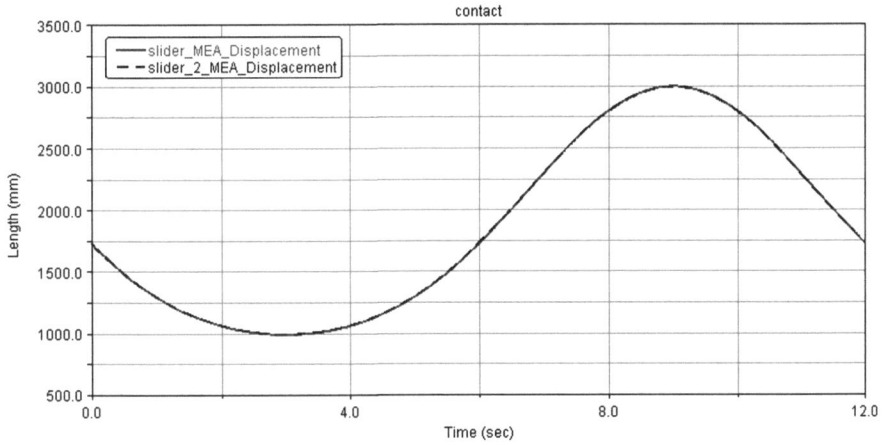

图3-95 滑块位置的比较

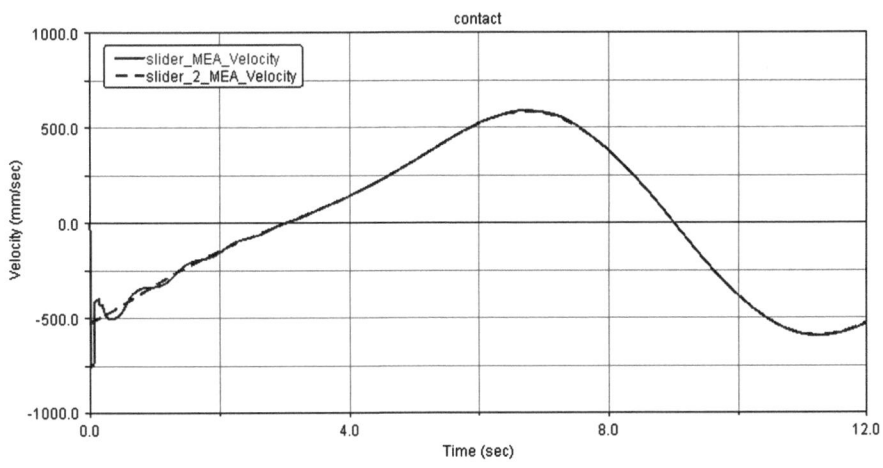

图3-96 滑块速度的比较

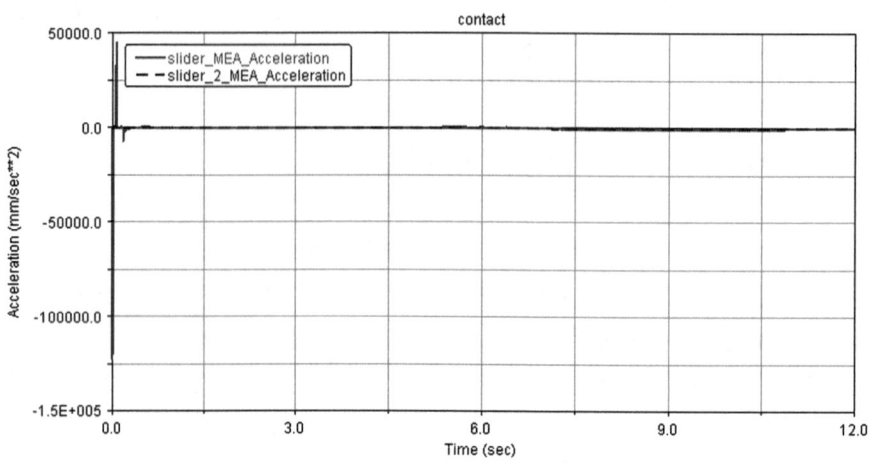

图 3-97　滑块加速度的比较

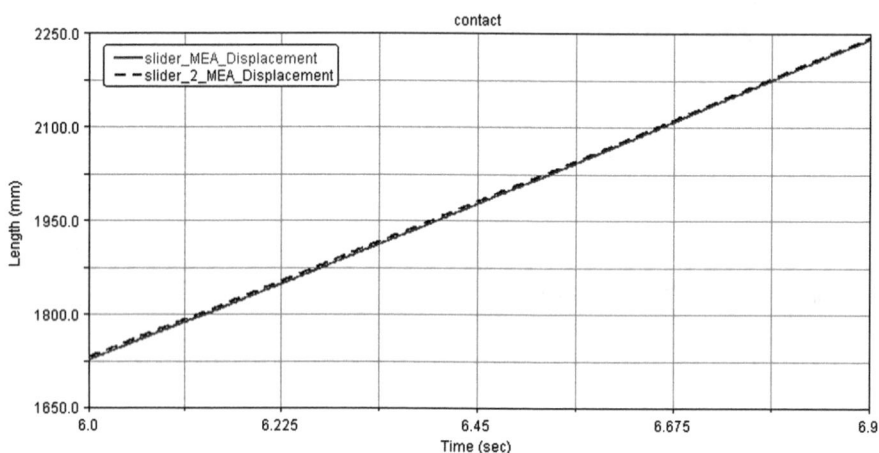

图 3-98　滑块位置比较的局部放大

最后将模型保存为"**chapter3_5. bin**"。

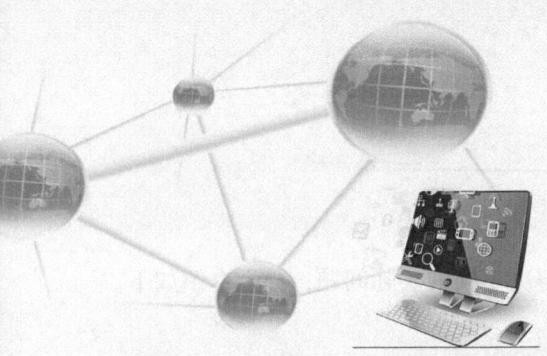

第 4 章 机械传动系统设计与仿真分析

机械传动系统是机械系统中常见的一种运动机构,快速、准确地对机械传动系统建模和仿真分析,是保证整个机械系统仿真求解效率和结果精确度的必要条件。本章使用 ADAMS/Machinery 机械仿真工具包,对常见的机械传动系统进行参数化建模,快速生成完整的仿真模型,仿真系统的运动性能,详细介绍 Machinery 模块的使用方法和操作步骤。

4.1 ADAMS/Machinery 模块简介

4.1.1 ADAMS/Machinery 模块的应用特点

ADAMS/Machinery 模块完全集成到 ADAMS/View 模块环境中,包含多个专业的建模功能模块。与只具备通用化建模功能的 ADAMS/View 模块相比,ADAMS/Machinery 模块能让用户更加快速地创建通用机械部件。ADAMS/Machinery 模块通过几何形状创建、子系统连接等自动化操作来引导用户进行预处理,使用户能够更加高效地创建一些通用机械部件,同时还为常用的仿真结果数据提供自动绘制和报告功能,从而帮助用户进行快速后处理。

ADAMS/Machinery 模块的核心优势之一是不需要导入三维 CAD 模型,能够在产品 CAD 设计之前,让用户精确地评估产品系统级的动态响应。使用 ADAMS/Machinery 模块,能针对具体的机械部件进行自动化建模,尽早验证其设计的性能。可在产品设计周期初期使用 ADAMS/Machinery 模块构建机械部件及系统的功能性虚拟样机,在实物样机制造之前进行一系列的虚拟试验,预测导致产品故障和高保修成本的机械故障。借助这一全新的解决方案,机械制造商能缩减物理样机数量,减少产品设计循环次数,以更短的时间满足产品功能要求。图 4-1 所示是利用 ADAMS/Machinery 模块建立自动扶梯系统。

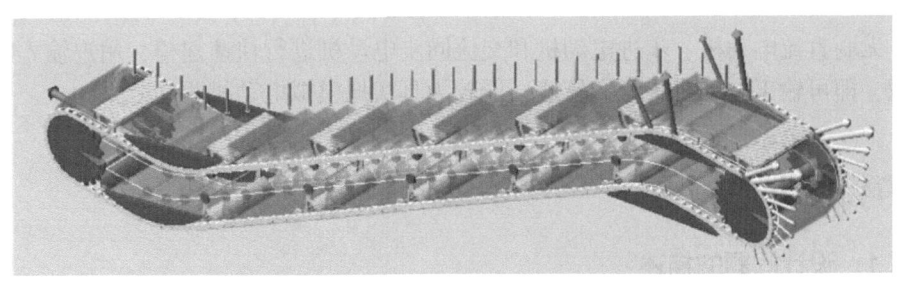

图 4-1 利用 ADAMS/Machinery 模块建立自动扶梯系统

4.1.2 ADAMS/Machinery 模块解决的问题

ADAMS/Machinery 模块包含的每个专业模块能解决不同的实际问题，分别介绍如下。

1. 齿轮模块 ADAMS/Machinery —— Gear

ADAMS/Machinery Gear 模块是一个高效的齿轮专用工具，用户利用该模块能对多种类型的齿轮组性能进行建模及评估，其中包括直齿轮、螺旋齿轮、锥齿轮、齿轮齿条、蜗轮蜗杆等，研究齿轮传动系特性参数（如传动比、摩擦、间隙等）对系统性能的影响。

2. 轴承模块 ADAMS/Machinery —— Bearing

ADAMS/Machinery Bearing 模块是一个高效的轴承专用工具，用户利用该模块可对各种形式的轴承进行建模及评估，包括滚珠轴承、滚针轴承、滚子轴承等。用户可以手动输入轴承参数，也可以通过 KISSsoft 数据库创建轴承模型，KISSsoft 数据库提供了 8 个世界主流生产厂家的 24 000 种型号的轴承。轴承模块能够研究轴承参数对系统性能的影响，可以基于精确的轴承刚度计算轴承所受的载荷，能基于给定的仿真条件评估轴承寿命。

3. 带传动模块 ADAMS/Machinery —— Belt

ADAMS/Machinery Belt 模块是一个高效的带传动专用工具，用户可利用该模块对多种类型的传动带-轮系统进行建模及评估，包括一般平带、V 带、楔形带等，研究带传动系统传动比、张紧器变化、带的动力学行为等对系统性能的影响。

4. 链传动模块 ADAMS/Machinery —— Chain

ADAMS/Machinery Chain 模块是一个高效的链传动专用工具，用户利用该模块能够为滚子链条和静音链条传动系统等进行动态建模和评估，能够量化连锁效应对系统行为的影响，如传动比、张紧器变化、摩擦、链条动力学行为等。

5. 绳索模块 ADAMS/Machinery —— Cable

ADAMS/Machinery Cable 模块是一个高效的绳索滑轮专用工具，用户利用该模块能对绳索滑轮系统进行快速建模及仿真评估，可以精确计算绳索振动和张紧力，分析绳索滑移对系统承载能力的影响，通过添加或去除绳索长度的方式研究绞盘效果。

6. 电动机模块 ADAMS/Machinery —— Motor

ADAMS/Machinery Motor 模块是一个高效的电动机专用工具，用户利用该模块可对直流电动机、无刷直流电动机、步进电动机和交流同步电动机进行快速建模，用户输入电动机的关键参数，即可输出电动机转矩和转速，能较为真实地模拟电动机驱动效果。

4.2 齿轮传动

4.2.1 设计问题的描述

差速器是一种能使旋转运动自一根轴（输入轴）传至两根轴（输出轴），并使后者相互之间能以不同转速旋转的差动机构，一般由齿轮组成，广泛应用在汽车、拖拉机上的差速器位于后桥，由差速器壳、行星齿轮及半轴齿轮组成。普通差速器由行星齿轮、行星齿轮架（差速器壳）、太阳齿轮（半轴齿轮）等零部件组成。图4-2所示为锥齿轮差速器示意图，发动机的动力经输入轴进入差速器，直接驱动行星齿轮架，再由行星齿轮带动左、右两个太阳轮转动，进而分别驱动左、右两车轮。

下面使用ADAMS/Machinery Gear模块建立图4-2所示差速器的仿真模型，并通过仿真分析，模拟其运动过程。

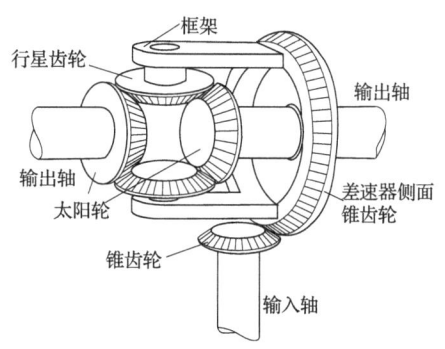

图 4-2　锥齿轮差速器示意图

4.2.2　齿轮传动模型的创建

1. 启动 ADAMS 软件并设置工作环境

启动 ADAMS/View 模块，定义"Model name"为"**Differential_ Gear**"，其他选项为默认设置。

选择"Settings"菜单中的"**Working Grid**"命令，设置工作格栅 X 和 Y 方向的"Size"为"**150mm**"，设置 X 和 Y 方向的"Spacing"为"**5mm**"，其他参数为默认设置。

2. 创建设计点

在大地"ground"上，创建一个设计点，坐标为（**-45, 0, 0**），并将其重命名为"**A**"，如图4-3所示。

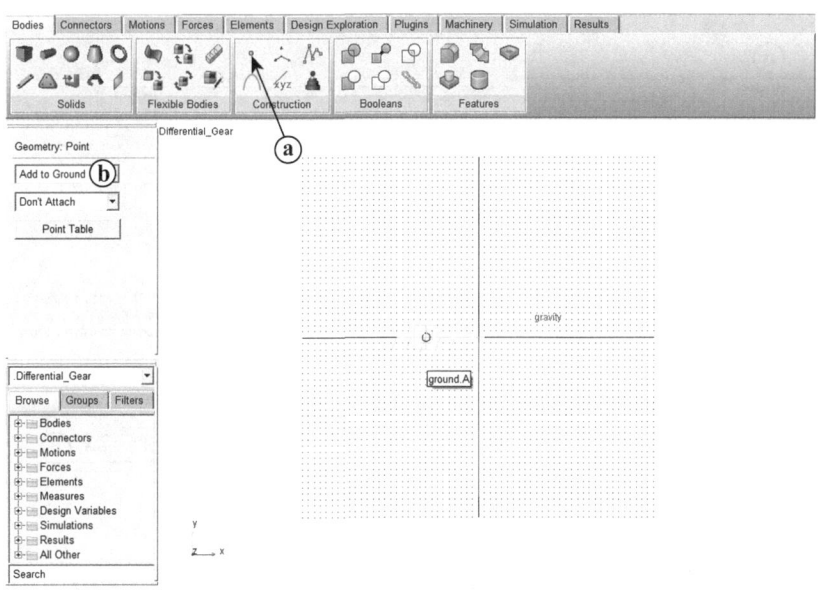

图 4-3　设计点的创建

重复上述过程，依次在大地"ground"上再建立 B、C、D、E、F、G、H 共 7 个设计点，各设计点的坐标值及完成后的状态如图 4-4 所示。

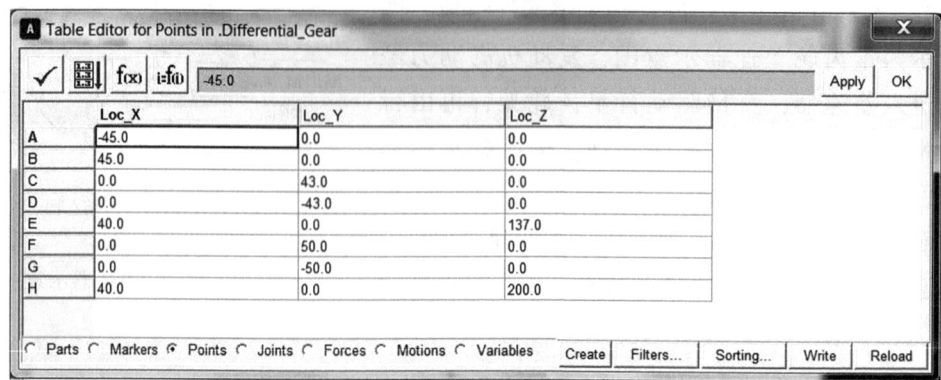

图 4-4　完成 8 个设计点的创建

3．创建第一对齿轮副

齿轮副的创建如图 4-5～图 4-10 所示。

a. 在操作区"Machinery"项的"Gear"中，单击"**Create gear pair**"图标。

b. 在弹出的"Create Gear Pair"对话框中的"Type"参数页，选择"Gear Type"下拉列表中的"**Bevel**"，表示创建的是锥齿轮副。

c. 单击"**Next**"按钮。

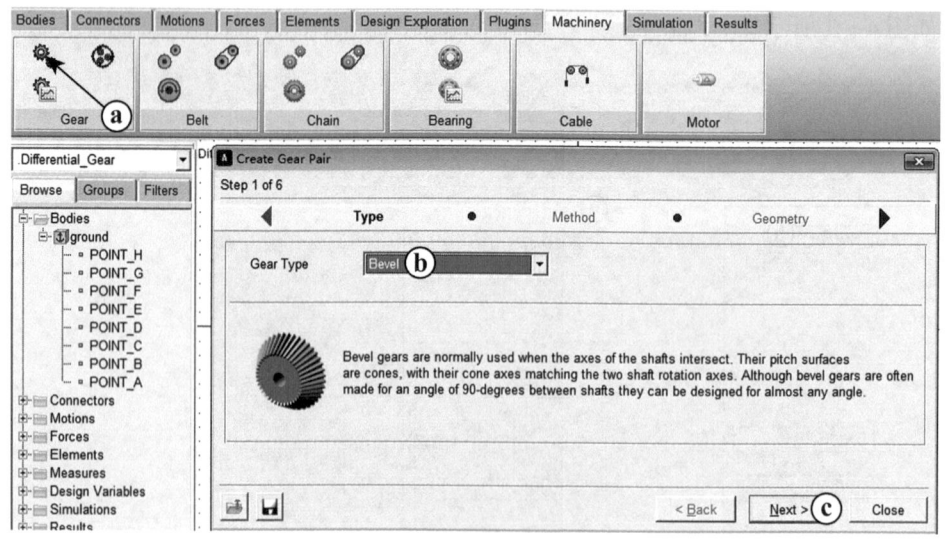

图 4-5　齿轮形式的选择

d. 在"Method"参数页，选择"Method"下拉列表中的"**3D Contact**"。

e. 单击"**Next**"按钮。

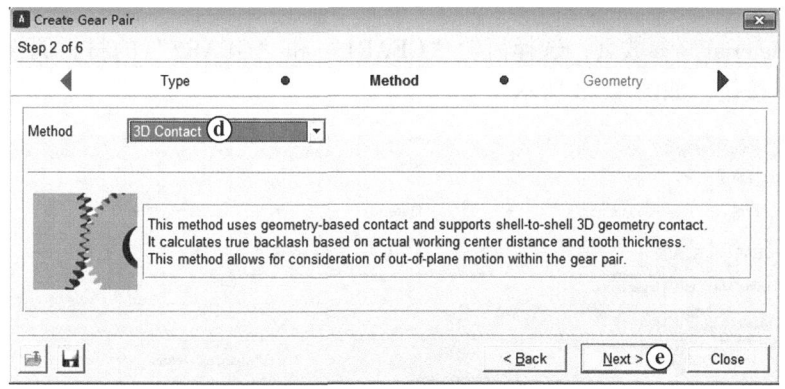

图4-6 齿轮之间接触形式的选择

f. 在"Geometry"参数页,将齿轮"GEAR1"的名称"Name"设为"**Lower_Pinion_Gear**",将齿轮"GEAR2"的名称"Name"更改为"**Left_Side_Gear**"。

g. 将齿轮"GEAR1"的"Axis of Rotation"参数"Orientation"值更改为"**0.0, 90.0, 0.0**",将齿轮"GEAR2"的"Axis of Rotation"参数"Orientation"值更改为"**270.0, 90.0, 0.0**"。

h. 将齿轮"GEAR1"和"GEAR2"的"No. of Teeth"值更改为"**18**"。

i. 将齿轮"GEAR1"和"GEAR2"的"Back cone distance"值更改为"**0**"。

j. 将齿轮"GEAR1"和"GEAR2"的"Pitch Angle"值更改为"**45**"。

k. 将齿轮"GEAR1"和"GEAR2"的"Bore Radius"值更改为"**0**"。

l. 将齿轮"GEAR1"和"GEAR2"的"Mean Spiral Angle"值更改为"**0**"。

m. "Geometry"页的其余参数为默认设置。参数设置完成后如图4-7所示,单击"**Next**"按钮。

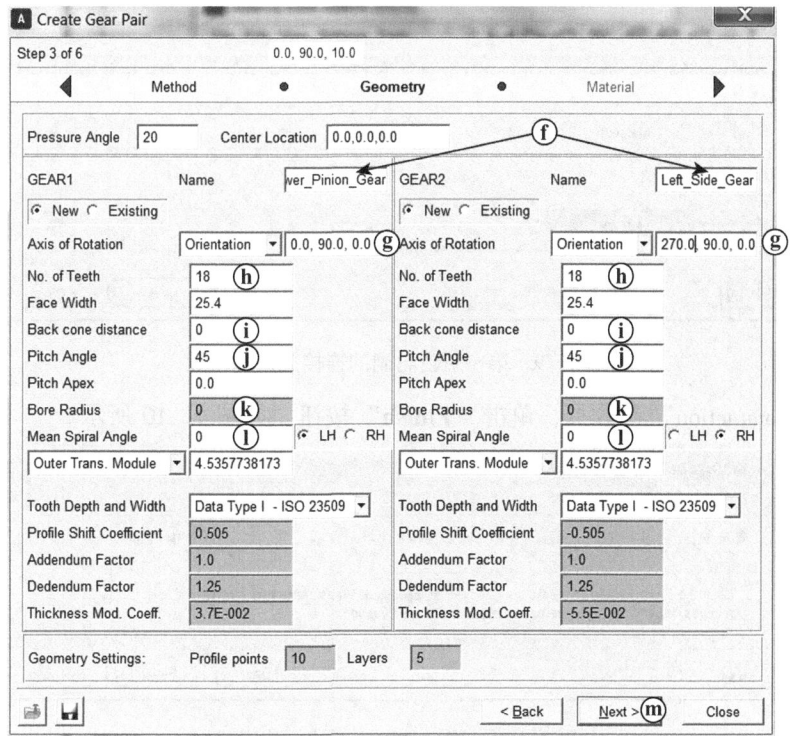

图4-7 设置第一对齿轮副的几何参数

n. 在"Material"参数页,选择齿轮"GEAR1"和"GEAR2"的材料属性为**默认**设置,单击"**Next**"按钮,如图 4-8 所示。

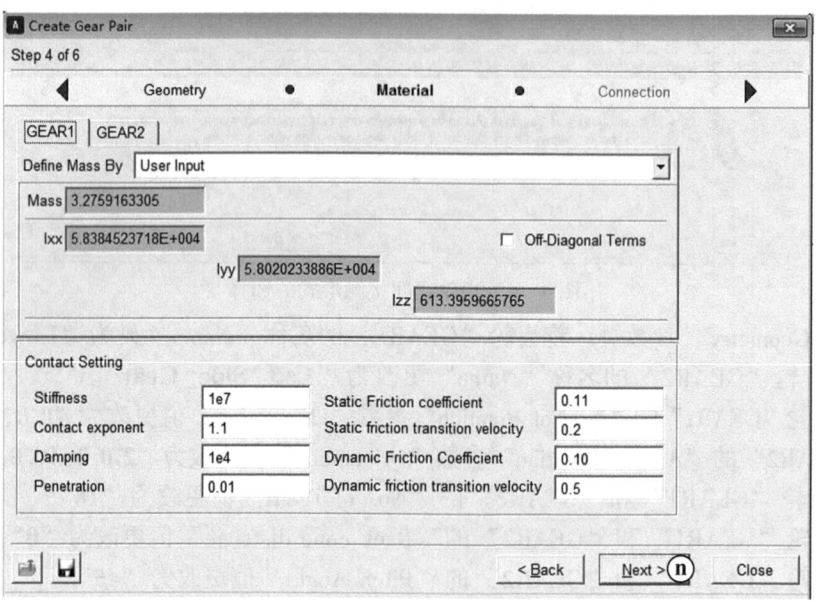

图 4-8 齿轮材料特性的设置

o. 在"Connection"参数页,选择齿轮"GEAR1"和"GEAR2"的"Type"为"**None**",表示齿轮与其他构件之间没有关联。

p. 单击"**Next**"按钮。

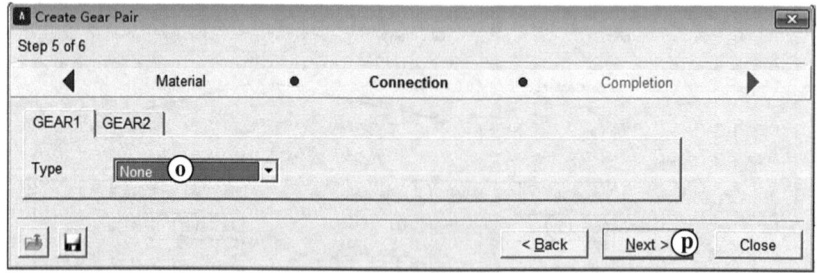

图 4-9 第一对齿轮副的连接关系的设置

q. 在"Completion"参数页,单击"**Finish**"按钮,如图 4-10 所示。

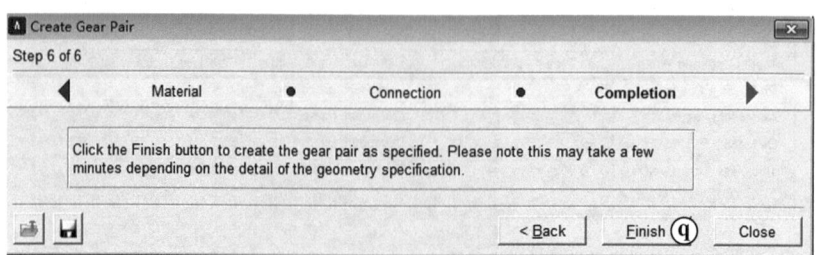

图 4-10 第一对齿轮副的创建完成

通过共 6 个步骤的设置完成一对齿轮副的创建，会看到所创建的锥齿轮副的模型，如图 4-11 所示。

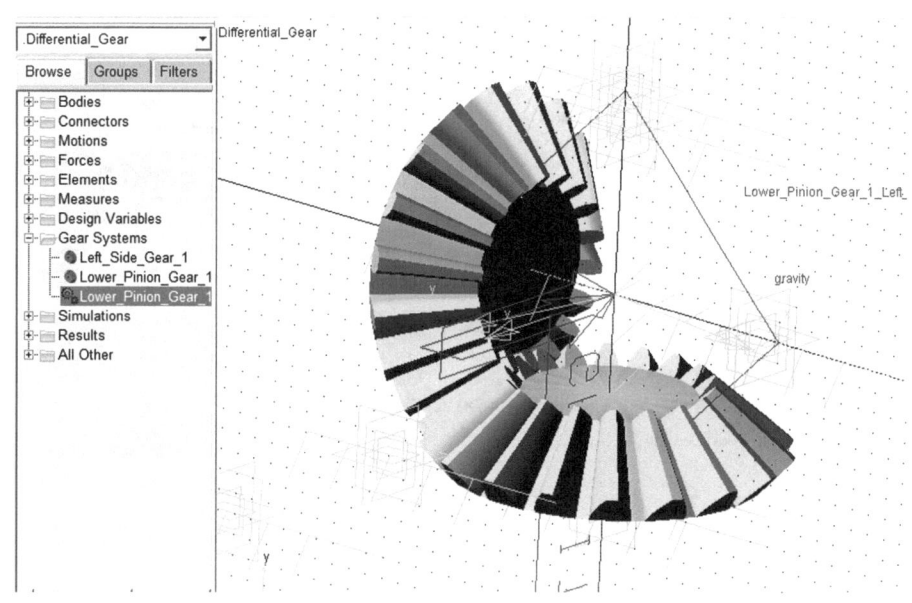

图 4-11　第一对齿轮副创建完成后的模型

4. 创建第二对齿轮副

按照前述的操作步骤，创建第二对齿轮副的模型。在创建此模型的 6 个步骤过程中，只有"Geometry"参数页的设置不同，其余 5 个参数页的参数设置与创建第一对齿轮副完全相同，可参照设置，在此不再重复描述。

第二对齿轮副的"Geometry"参数页中参数设置如图 4-12 所示

a. 将齿轮"GEAR1"的名称"Name"更改为"**Upper_ Pinion_ Gear**"。

b. 选择齿轮"GEAR2"创建类型为"**Existing**"，右击"Select Gear"文本框中，将鼠标移至弹出菜单中的"Guesses"，出现二级菜单，选择已创建的齿轮为"**Left_ Side_ Gear_ 1**"。

c. 将齿轮"GEAR1"的"Axis of Rotation"参数中"Orientation"值更改为"**180.0，90.0，190.0**"。

d. 将齿轮"GEAR1"的"No. of Teeth"值更改为"**18**"。

e. 将齿轮"GEAR1"的"Back cone distance"值更改为"**0**"。

f. 将齿轮"GEAR1"的"Pitch Angle"值更改为"**45**"。

g. 将齿轮"GEAR1"的"Bore Radius"值更改为"**0**"。

h. 将齿轮"GEAR1"的"Mean Spiral Angle"值更改为"**0**"。

其余参数为默认设置。

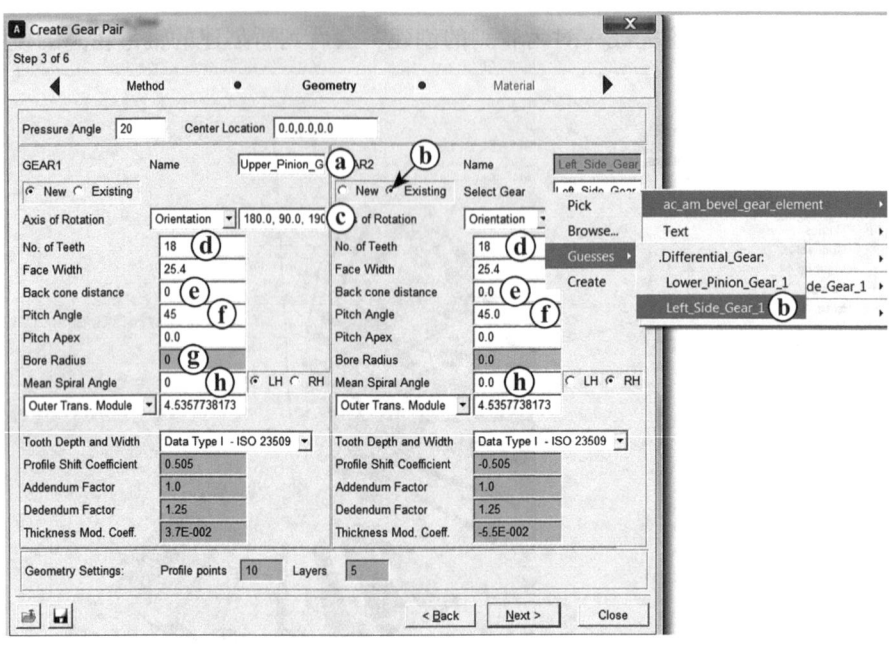

图4-12 设置第二对齿轮副的几何参数

第二对齿轮副创建完成后，ADAMS模型窗口中的模型如图4-13所示。

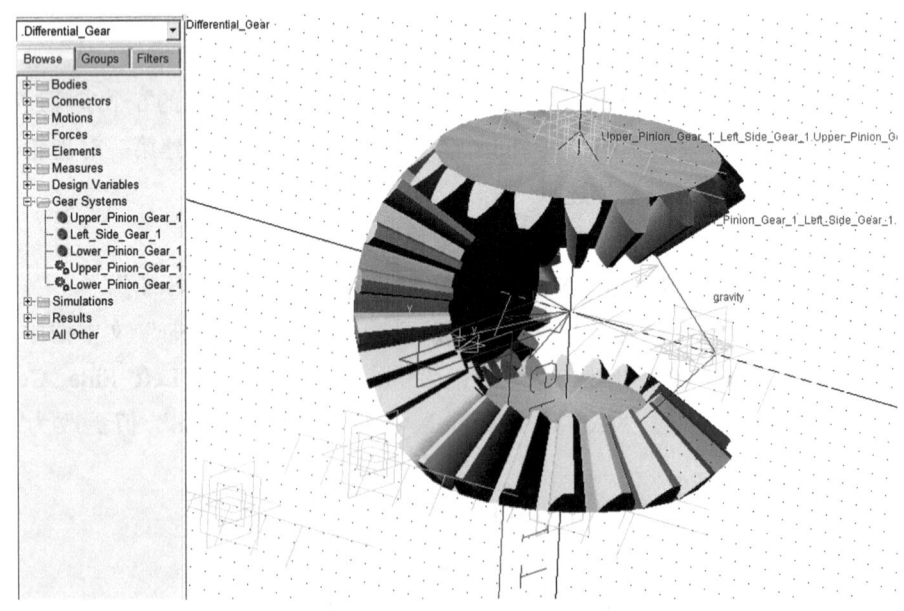

图4-13 第二对齿轮副创建完成后的模型

5. 创建第三对齿轮副

按照创建第一对齿轮副的操作步骤，创建第三对齿轮副的模型。在创建此模型的6个步骤过程中，只有"Geometry"参数页的参数设置不同，其余5个参数页的参数设置与第一对齿轮副完全相同，用户可参照设置相同部分，在此不再重复描述。

第三对齿轮副的"Geometry"参数页的参数设置如图4-14所示。

a. 选择齿轮"GEAR1"的创建类型为"**Existing**"，在"Select Gear"文本框中右击选择已创建的齿轮"**Upper_ Pinion_ Gear_ 1**"。

b. 将齿轮"GEAR2"的名称"Name"更改为"**Right_ Side_ Gear**"。

c. 将齿轮"GEAR2"的"Axis of Rotation"参数"Orientation"值更改为"**90.0, 90.0, 0.0**"。

d. 将齿轮"GEAR2"的"No. of Teeth"值更改为"**18**"。

e. 将齿轮"GEAR2"的"Back cone distance"值更改为"**0**"。

f. 将齿轮"GEAR2"的"Pitch Angle"值更改为"**45**"。

g. 将齿轮"GEAR2"的"Bore Radius"值更改为"**0**"。

h. 将齿轮"GEAR2"的"Mean Spiral Angle"值更改为："**0**"。

其余参数为默认设置。

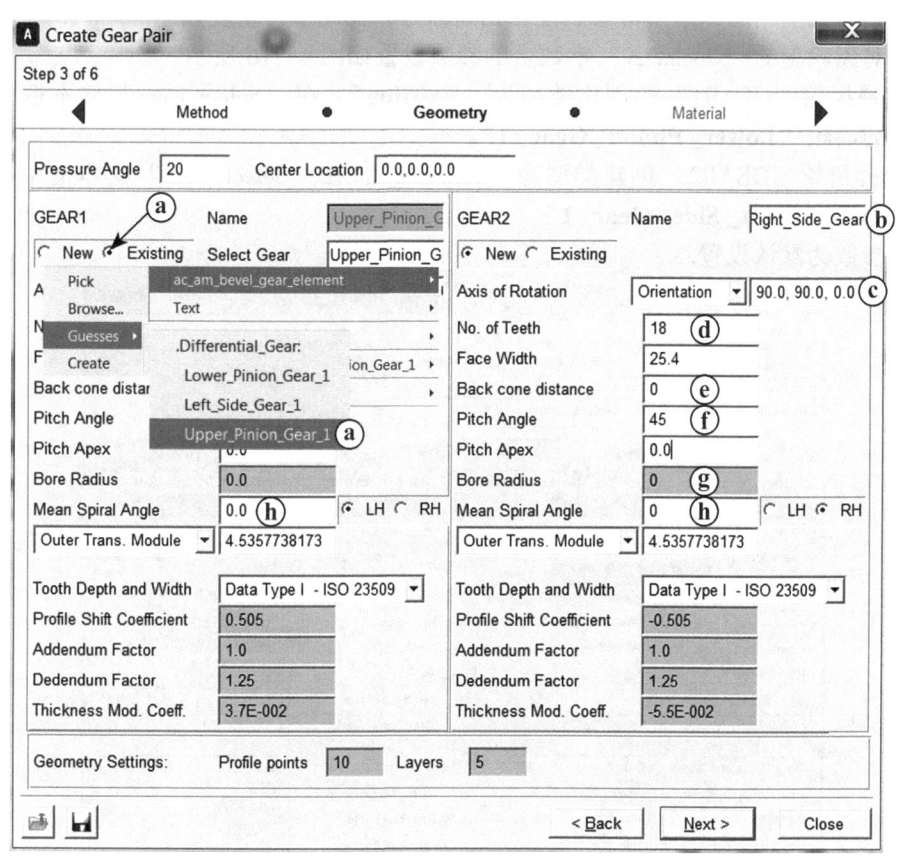

图4-14 设置第三对齿轮副的几何参数

第三对齿轮副创建完成后，ADAMS模型窗口中的模型如图4-15所示。

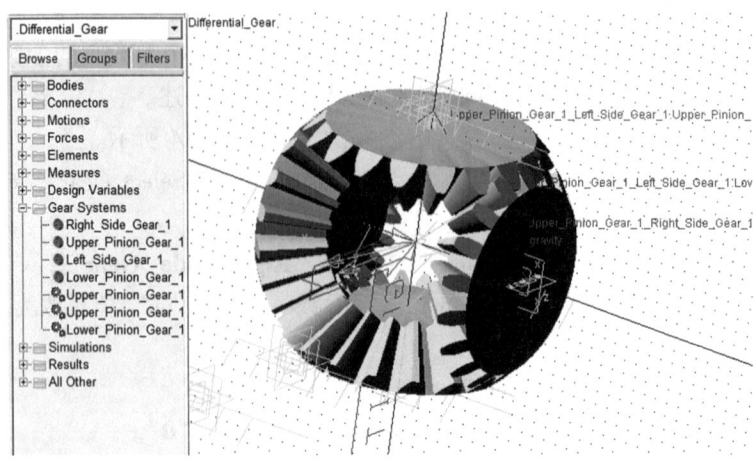

图 4-15 第三对齿轮副创建完成后的模型

6. 创建第四对齿轮副

按照创建第一对齿轮副的操作步骤来创建第四对齿轮副的模型。同样在创建此模型的 6 个步骤过程中，只有"Geometry"参数页的设置不同，其余 5 个参数页的参数设置与创建第一对齿轮副时完全相同，用户可参照设置相同部分，在此不再重复描述。

第四对齿轮副的"Geometry"参数页的参数设置如图 4-16 所示。

a. 选择齿轮"GEAR1"的创建类型为"**Existing**"，在"Select Gear"文本框中右击选择已创建的齿轮"**Lower_ Pinion_ Gear_ 1**"。

b. 选择齿轮"GEAR2"创建类型为"**Existing**"，在"Select Gear"文本框中右击选择已创建的齿轮"**Right_ Side_ Gear_ 1**"。

其余参数为默认设置。

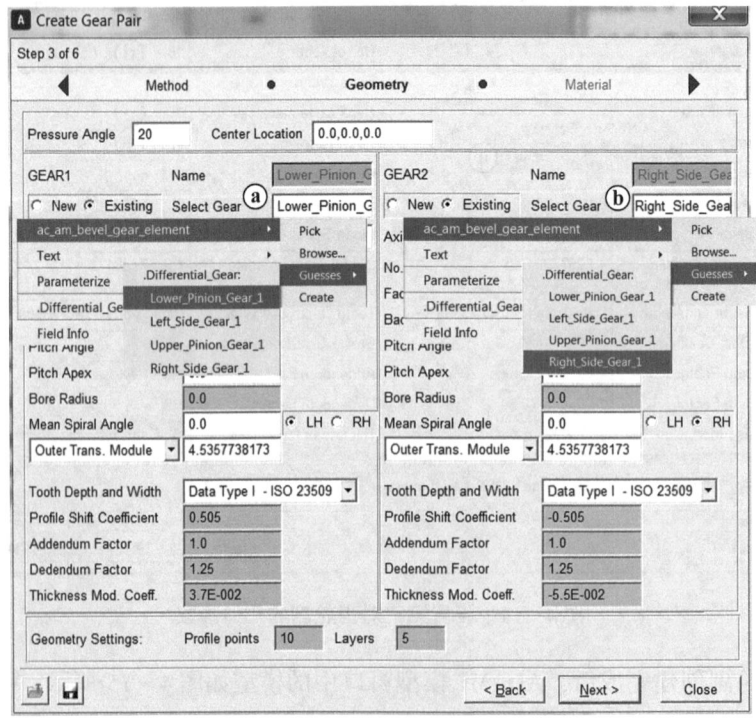

图 4-16 设置第四对齿轮副的几何参数

第四对齿轮副创建完成后,ADAMS 模型窗口中的模型如图 4-17 所示。

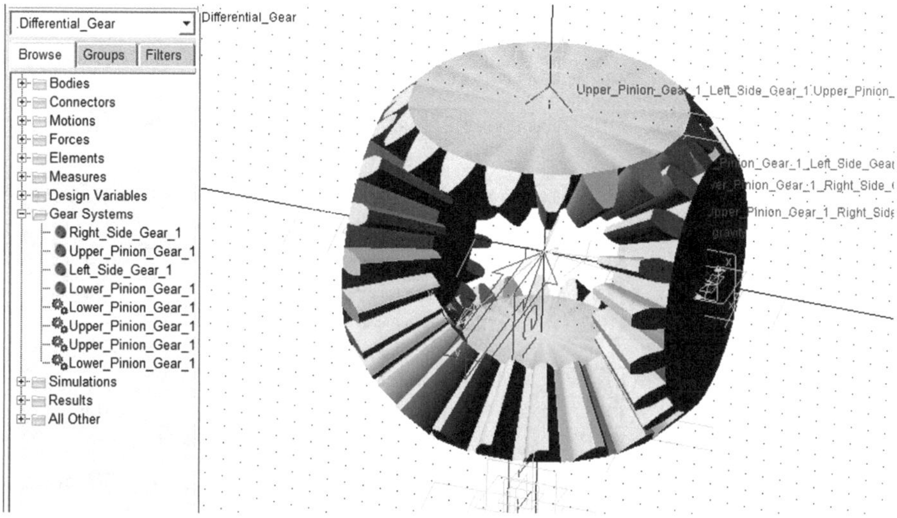

图 4-17 第四对齿轮副创建完成后的模型

7. 创建第五对齿轮副

按照创建第一对齿轮副的操作步骤来创建第五对齿轮副的模型。在创建此模型的 6 个步骤过程中,只有"Geometry"参数页和"Connection"参数页(2 个步骤)与创建第一对齿轮副的设置不同,其余 4 个参数页的参数设置则完全相同,用户可参照设置相同部分,在此不再重复描述。

第五对齿轮副的"Geometry"参数页参数设置如图 4-18 所示。

a. 将"Center Location"文本框中的数值更改为"**40.0,0.0,0.0**"。

b. 将齿轮"GEAR1"的名称"Name"更改为"**Input_ Pinion**",将齿轮"GEAR2"的名称"Name"更改为"**Ring_ Gear**"。

c. 将齿轮"GEAR1"的"Axis of Rotation"参数"Global Z"值更改为"**0.0,0.0,0.0**",将齿轮"GEAR2"的"Axis of Rotation"参数"Orientation"值更改为"**90.0,90.0,3.0**"。

d. 将齿轮"GEAR1"的"No. of Teeth"值更改为"**14**",将齿轮"GEAR2"的"No. of Teeth"值更改为"**60**"。

e. 将齿轮"GEAR1"和"GEAR2"的"Face Width"值更改为"**40**"。

f. 将齿轮"GEAR1"和"GEAR2"的"Back cone distance"值更改为"**0**"。

g. 将齿轮"GEAR1"的"Pitch Angle"的值更改为"(**ATAN(14/60)**)",将齿轮"GEAR2"的"Pitch Angle"值更改为"(**ATAN(60/14)**)"。

h. 将齿轮"GEAR1"的"Bore Radius"值更改为"**0**",将齿轮"GEAR2"的"Bore Radius"值更改为"**25**"。

i. 将齿轮"GEAR1"和"GEAR2"的"Mean Spiral Angle"值更改为"**0**"。

其余参数为默认。

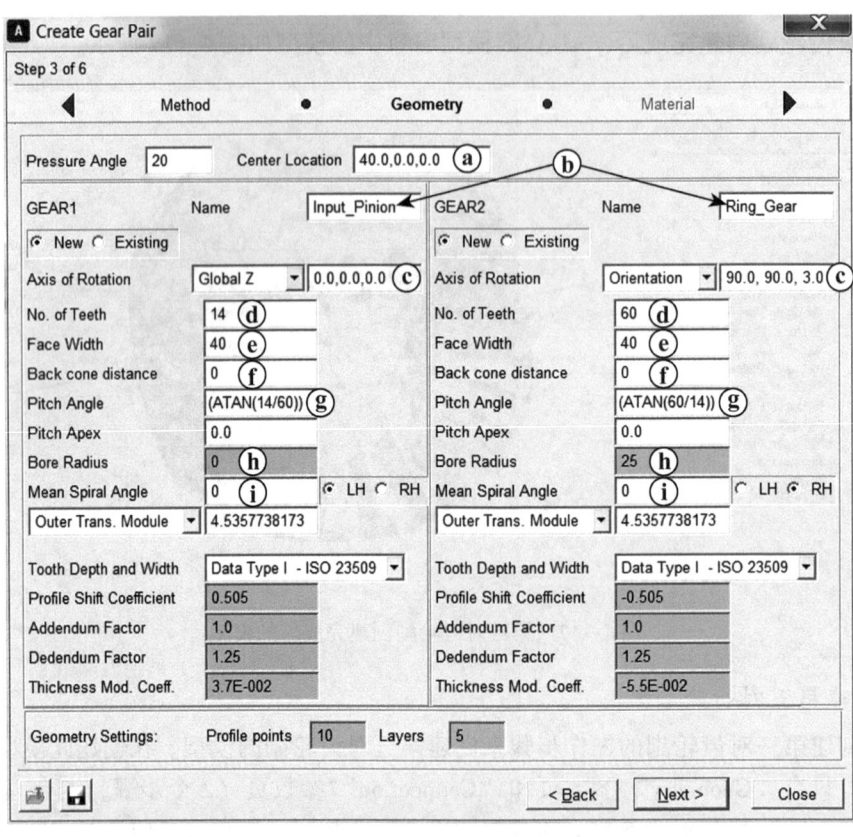

图 4-18　设置第五对齿轮副的几何参数

第五对齿轮副的"Connection"参数页的参数设置如图 4-19 所示。

选择齿轮"GEAR1"的"Type"为"**None**",选择齿轮"GEAR2"的"Type"为"**Rotational**",如图 4-16 所示。

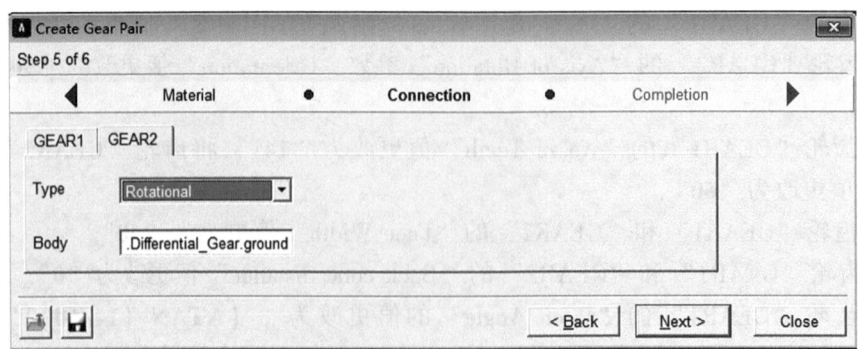

图 4-19　设置第五对齿轮副的连接关系

第五对齿轮副创建完成后,ADAMS 模型窗口中的模型如图 4-20 所示。

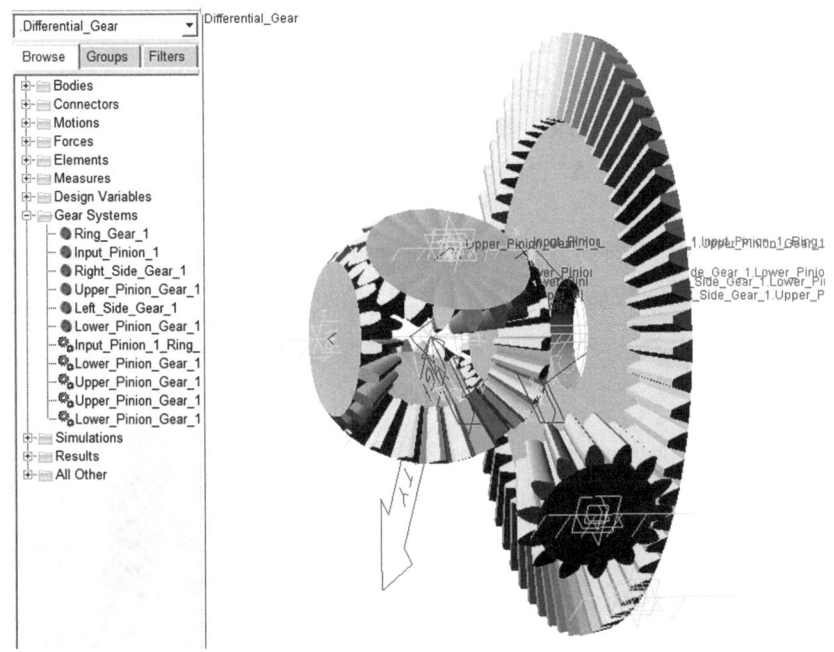

图 4-20　第五对齿轮副创建完成后的模型

8. 创建输出轴

为左、右两侧的齿轮"Left_Side_Gear_1"和"Right_Side_Gear_1"建立输出轴，操作过程如图 4-21 所示。

a. 在功能区"Bodies"项的"Solids"中，单击"**RigidBody：Cylinder**"图标。

b. 在左侧的参数输入面板中，选择构建方法为"**Add to Part**"。

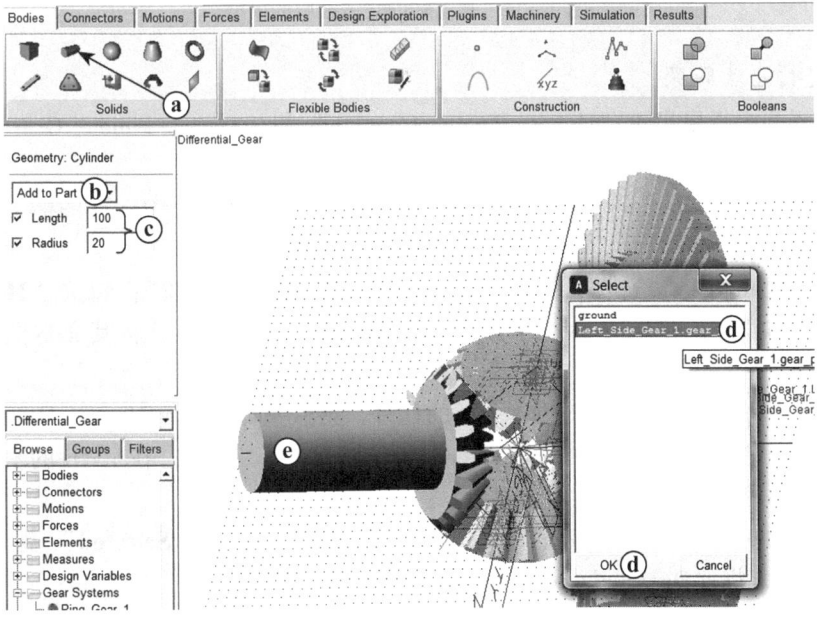

图 4-21　创建齿轮 Left_Side_Gear_1 的驱动轴

c. 勾选"**Length**"复选框，并将其文本框中的值更改为"**100**"，勾选"**Radius**"复选框，并将其文本框中的值更改为"**20**"。

d. 右击齿轮构件"Left_Side_Gear_1"，在弹出的"Select"对话框中选择"**Left_Side_Gear_1.gear_part**"，单击"**OK**"按钮确定。

e. 单击选择点"**ground._A**"，然后鼠标水平向左移动并单击，在"**Left_Side_Gear_1**"构件上创建圆柱体。

参照上述操作，使用相同的几何参数，通过点"ground._B"，在齿轮"Right_Side_Gear_1"上创建输出轴，完成后的模型如图4-22所示。

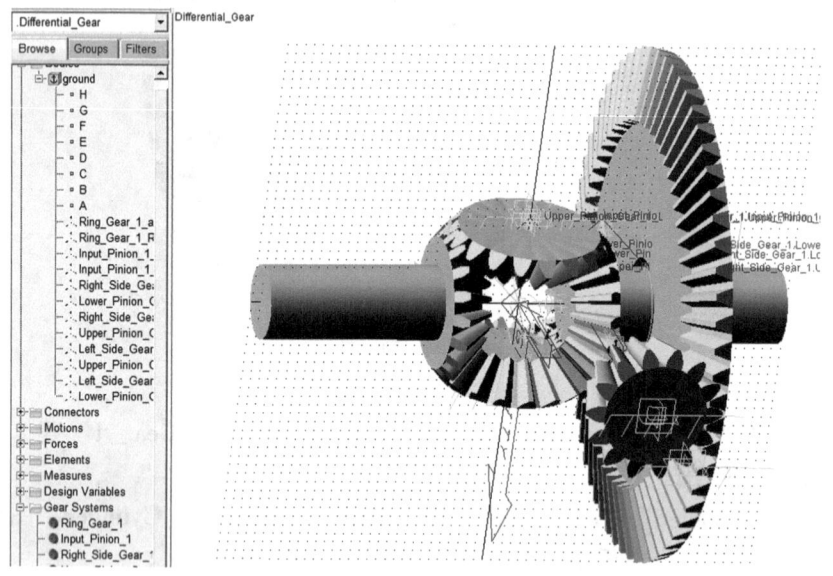

图4-22　驱动轴创建完成后的模型

9. 创建行星齿轮架

为上、下两个行星齿轮"Upper_Pinion_Gear_1"和"Lower_Pinion_Gear_1"建立支承架，操作过程如图4-23～图4-26所示。

a. 在操作区"Bodies"项的"Solids"中，单击"**RigidBody：Box**"图标。

b. 在左侧的参数输入面板中，选择构建方法为"**New Part**"。

c. 勾选"**Length**"复选框，并将其文本框中的值更改为"**70**"；勾选"**Height**"复选框，并将其文本框中的值更改为"**20**"；勾选"**Depth**"复选框，并将其文本框中的值更改为"**40**"。

d. 选择点"ground._F"，创建一个新的构件，将其重命名为"**Upper_Housing**"。

e. 在工具栏中右击"Position：Reposition objects"图标，在弹出的列表中选择"**Position：Move**"图标。

f. 在弹出的"Position：Move"参数输入面板中，勾选"**Selected**"复选框，选择"**Vector**"选项，将"Distance"文本框中的值更改为"**20**"。

g. 选择一个Global：-Z方向的矢量。

h. 在弹出的"Warning"对话框中，单击"**Unparameterize**"按钮，表示该构件与点

"**ground._F**"失去关联,构件"Upper_Housing"沿 Global:$-Z$ 方向平移 20mm 距离。

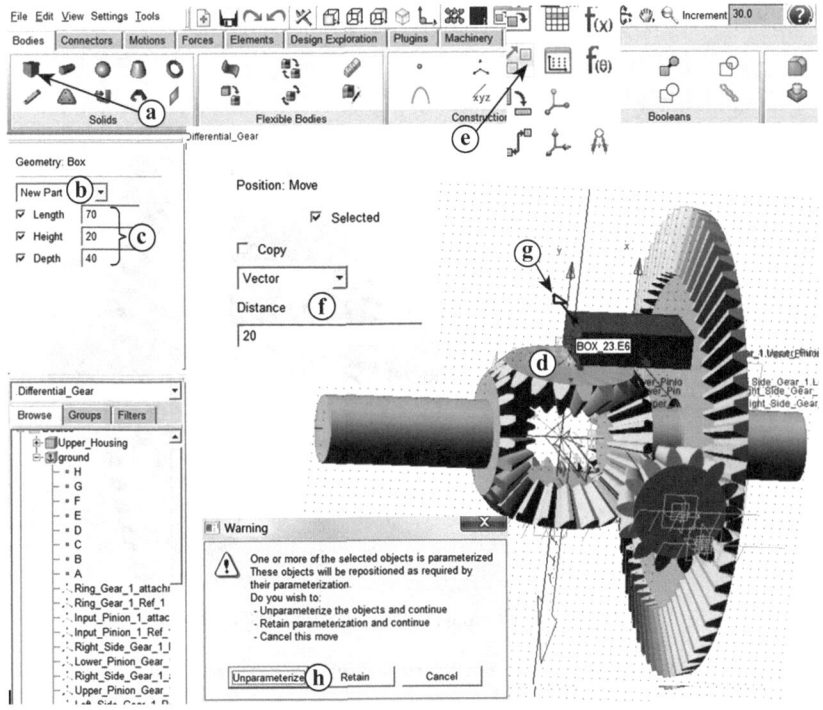

图 4-23 建立"Upper_Housing"构件

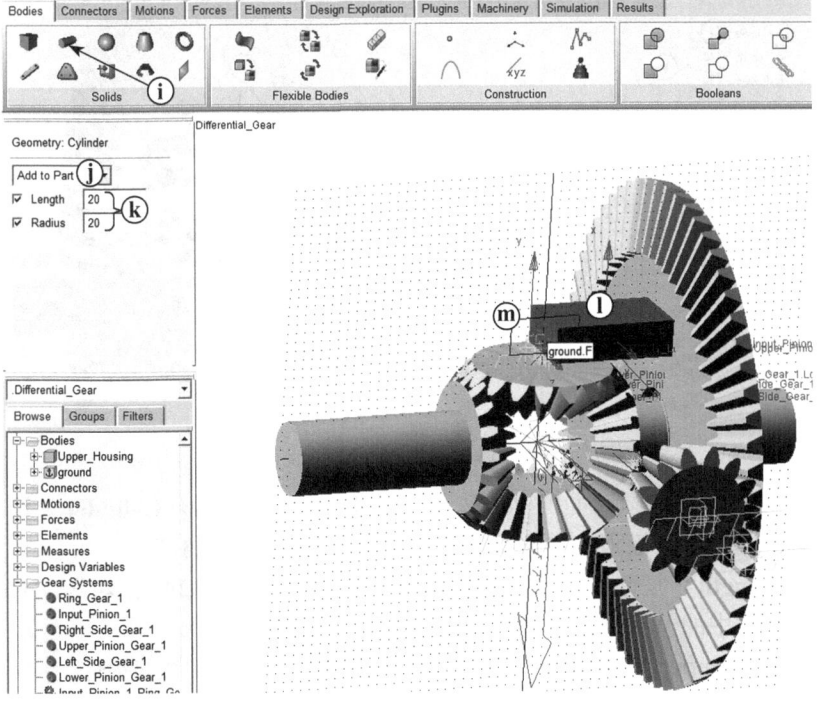

图 4-24 在 Upper_Housing 构件上创建圆柱体

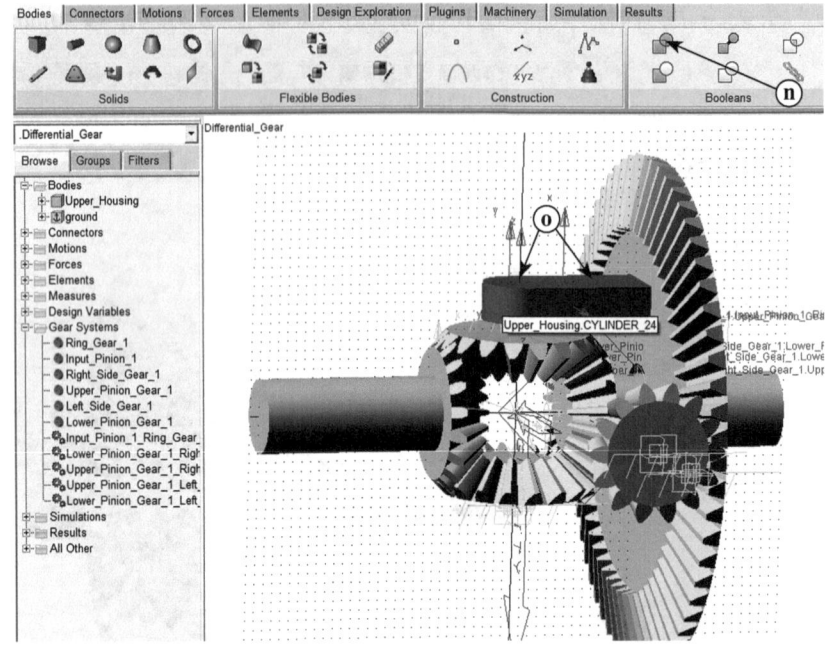

图 4-25 合并 Upper_Housing 构件中的几何体

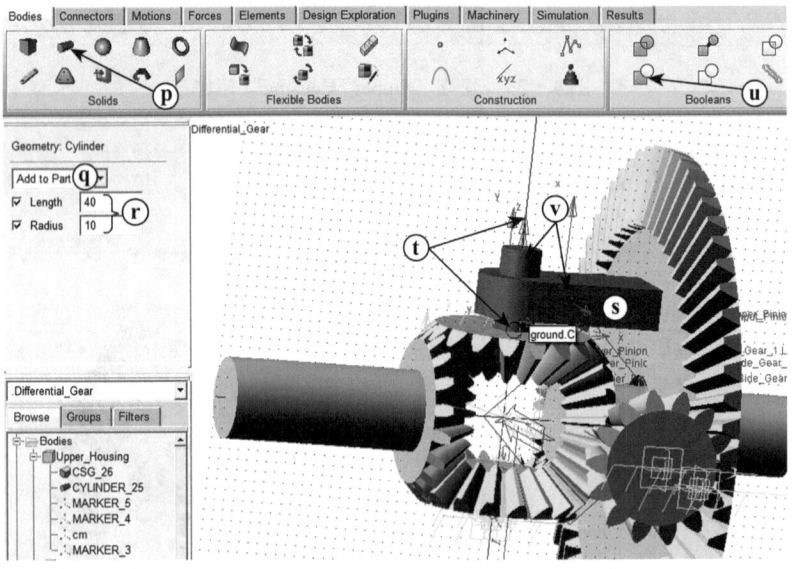

图 4-26 在 Upper_Housing 构件中创建孔

i. 在操作区 "Bodies" 项的 "Solids" 中，单击 "**RigidBody：Cylinder**" 图标。

j. 在左侧的参数输入面板中，选择构建方法为 "**Add to Part**。"

k. 勾选 "**Length**" 复选框，并将其文本框中的值更改为 "**20**"，勾选 "**Radius**" 复选框，并将其文本框中的值更改为 "**20**"。

l. 单击选取 "**Upper_Housing**" 构件，作为所建圆柱体添加到的构件。

m. 单击选择点 "**ground. F**"，然后竖直向上（Global：+Y 方向）移动鼠标并单击，确保所建圆柱体方向是竖直向上的。

n. 在操作区"Bodies"项的"Booleans"中,单击"**Boolean:Unite two solids**"图标。

o. 依次选择上述所创建的"Upper_ Housing"构件中的长方体 Box 和圆柱体 Cylinder,使这两个几何体合并为一个。

p. 在操作区"Bodies"项的"Solids"中,单击"**RigidBody:Cylinder**"图标。

q. 在左侧的参数输入面板中,选择构建方法为"**Add to Part**"。

r. 勾选"**Length**"复选框,并将其文本框中的值更改为"**40**",勾选"**Radius**"复选框,并将其文本框中的值更改为"**10**"。

s. 选择"**Upper_ Housing**"构件,作为所建圆柱体添加到的构件。

t. 单击选择点"**ground. C**",然后竖直向上(Global:+Y 方向)移动鼠标并单击,确保所建圆柱体方向是竖直向上的。

u. 在操作区"Bodies"项的"Booleans"中,单击"**Boolean:Cut out a solid with another**"图标。

v. 先选择"Upper_ Housing. CSG"几何体,再选择新建立的"Upper_ Housing. Cylinder"几何体,这样用"Cylinder"几何体切除"CSG"几何体,在"Upper_ Housing"构件中创建一个孔。

w. 在 ADAMS/View 标准工具栏中,选择"**Position:Move**"图标。

x. 在"Position:Move"参数输入面板中,勾选"**Selected**"复选框和"**Copy**"复选框,选择"**Vector**"选项,将"Distance"文本框中的值更改为"**120**"。

y. 选择一个 Global:-Y 方向的矢量。

z. 在弹出的"Warning"对话框中,单击"**Unparameterize**"按钮,将新创建的构件重命名为"**Lower_ Housing**"。

操作完成后,模型如图 4-27 所示。

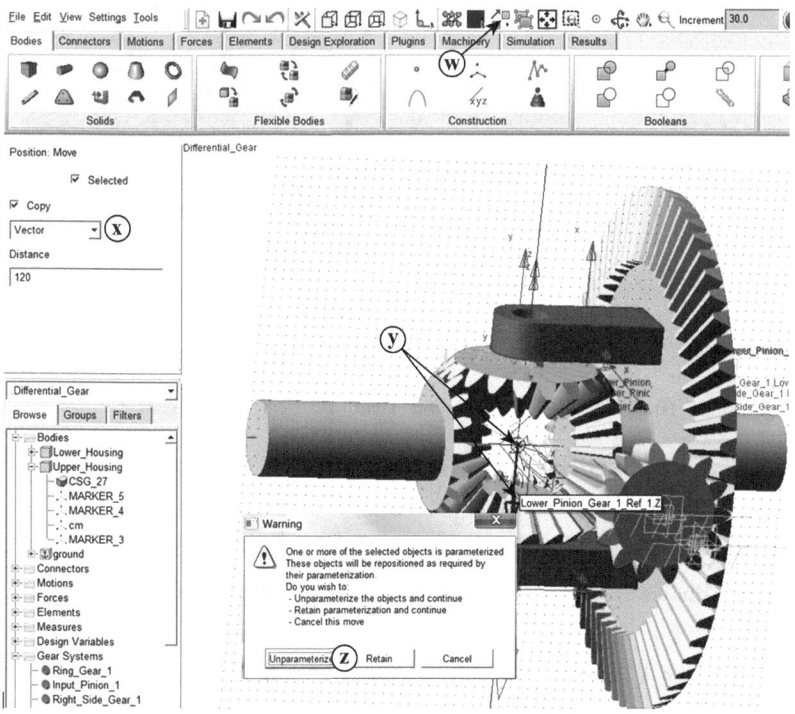

图 4-27　Upper_ Housing 和 Lower_ Housing 构件创建完成后的模型

10. 创建齿轮轴

对"Upper_Pinion_Gear_1"、"Lower_Pinion_Gear_1"和"Input_Pinion_1"三个齿轮分别创建连接轴。

对"Upper_Pinion_Gear_1"齿轮创建连接轴的过程如图 4-28 所示：

a. 在操作区"Bodies"项的"Solids"中，单击"**RigidBody：Cylinder**"图标。

b. 在左侧的参数输入面板中，选择构建方法为"**Add to Part**"。

c. 勾选"**Length**"复选框，并将其文本框的值更改为"**50**"；勾选"**Radius**"复选框，并将其文本框的值更改为"**10**"。

d. 选择"**Upper_Pinion_Gear_1. gear_part**"构件。

e. 选择点"**ground. C**"，然后竖直向上（Global：+Y 方向）移动鼠标并单击，确保所建圆柱体方向是竖直向上，这样完成"Upper_Pinion_Gear_1"齿轮连接轴的创建。

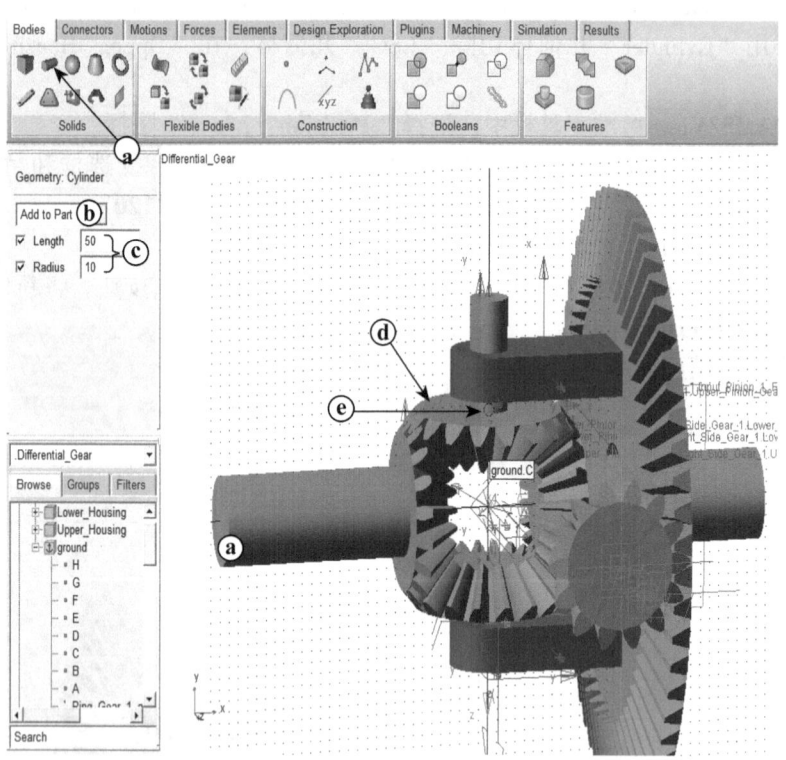

图 4-28 "Upper_Pinion_Gear_1"齿轮连接轴的创建

参照上述操作，使用相同的几何参数，通过选择点"**ground. D**"并竖直向下移动鼠标并单击，在齿轮"Lower_Pinion_Gear_1"上创建驱动轴。

对"Input_Pinion_1"齿轮创建连接轴，过程如图 4-29 所示：

f. 在操作区"Bodies"项的"Solids"中，单击"**RigidBody：Cylinder**"图标，如图 4-29 所示。

g. 在左侧的参数输入面板中，选择构建方法为"**Add to Part**"。

h. 不勾选"Length"复选框；勾选"**Radius**"复选框，并将其文本框的值更改为"**10**"。

i. 选择"**Input_Pinion_1.gear_part**"构件。

j. 选择点"**ground.E**",并拉伸至点"ground.H",这样完成"Input_Pinion_1"齿轮连接轴的创建。

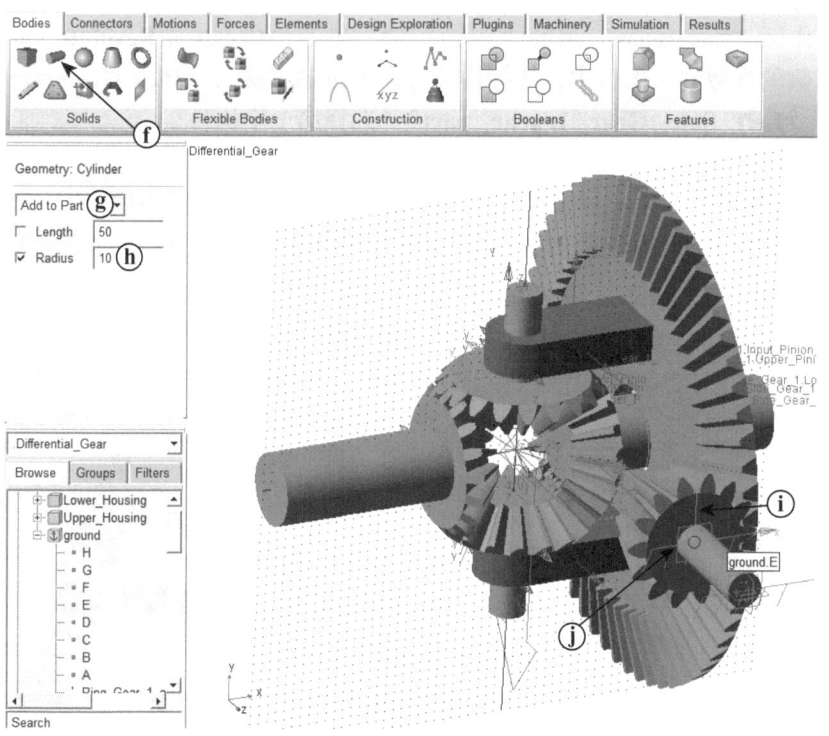

图 4-29 "Input_Pinion_1"齿轮连接轴的创建

为方便观察模型,建议修改模型中构件的颜色,使每个构件更容易识别。齿轮轴创建完成后的模型如图 4-30 所示。

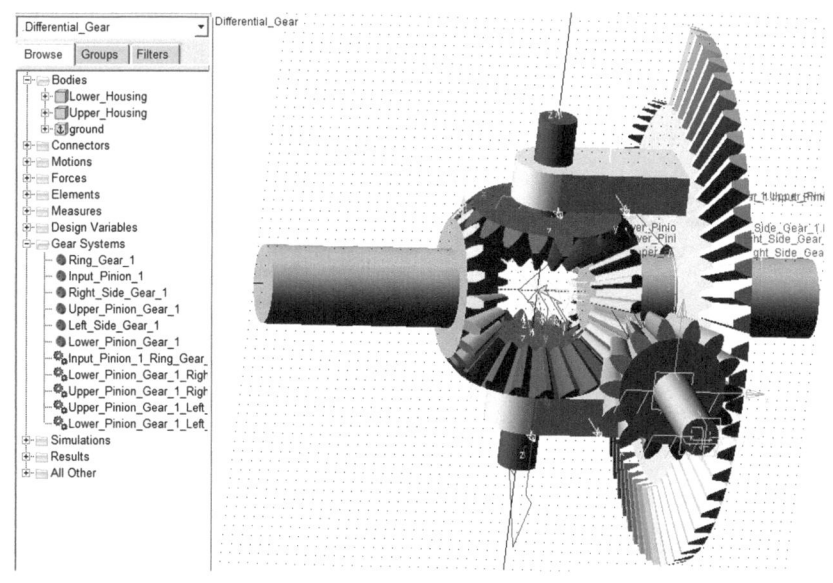

图 4-30 齿轮轴创建完成后的模型

11. 施加约束和驱动

根据模型中齿轮的相互啮合关系，建立合适的约束，并施加驱动（这里将输入轴和输出轴调换，即图 4-2 中的输入轴变为输出轴，输出轴变为输入轴），如图 4-31~图 4-33 所示。

a. 在操作区"Connectors"项的"Joints"中，单击"**Create a Revolute joint**"图标。
b. 在左侧的参数输入面板中，选择构建方向矢量的方法为"**Pick Geometry Feature**"。
c. 单击"**Left_ Side_ Gear_ 1. gear_ part**"，选择第 1 个构件。
d. 单击大地"**ground**"，选择第 2 个构件。
e. 选择定位位置在"Left_ Side_ Gear"齿轮驱动轴左端面的圆心位置。
f. 选择旋转轴方向为左端面的法线方向（即 Global：$-X$ 方向），完成旋转副的创建。

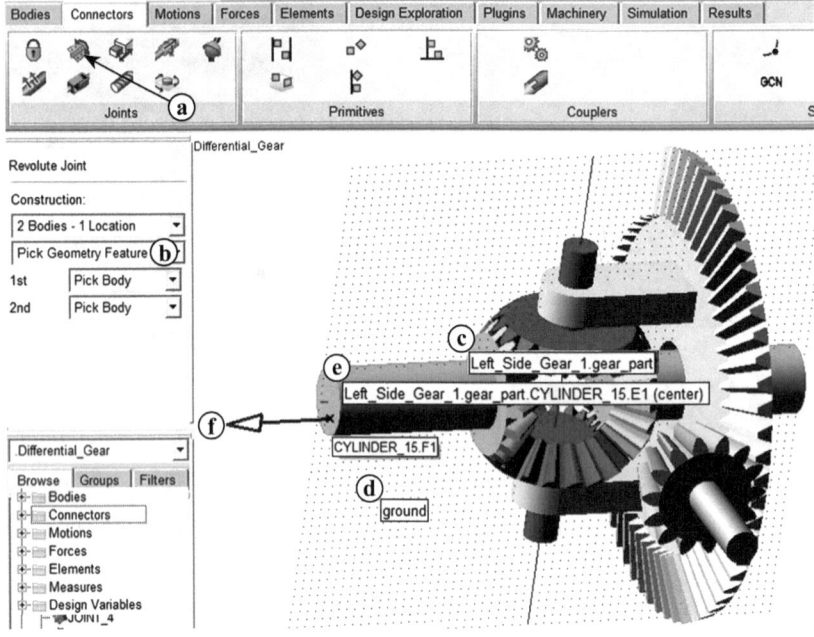

图 4-31　Left_ Side_ Gear_1 构件施加旋转副

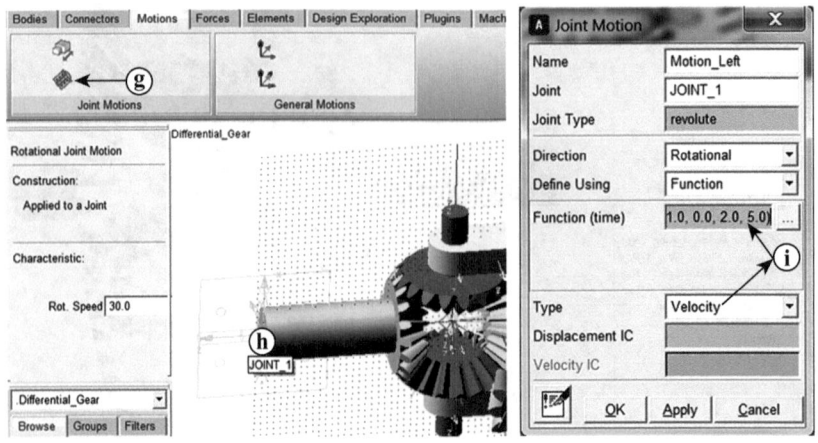

图 4-32　施加 Motion_ Left 旋转驱动并设置参数

g. 在操作区"Motions"项的"Joint Motions"中，单击"**Rotational Joint Motion**"图标。

h. 选择 a~f 步骤所创建的"Joint_1"旋转副，完成旋转驱动的施加。

i. 在"Joint Motion"对话框中，将驱动名称"Name"修改为"**Motion_Left**"，将驱动函数"Function"修改为"**10 - STEP（time，1.0，0.0，2.0，5.0）**"，将驱动类型"Type"修改为"**Velocity**"。

通过以上步骤完成了对"Left_Side_Gear_1"构件施加约束。用户可参照上述过程，完成以下约束和驱动的施加。

（1）齿轮"Right_Side_Gear_1"和大地"ground"之间施加旋转副 作用位置在齿轮驱动轴的右端点，选取旋转方向为绕 Global：- X 方向，对该旋转副施加旋转驱动（Rotational Joint Motion），驱动名称"Name"为"Motion_Right"，驱动函数"Function"为"10 + STEP（time，1.0，0.0，2.0，5.0）"，驱动类型"Type"为"Velocity"。

（2）构件"Lower_Housing"和齿轮"Lower_Pinion_Gear_1"之间施加旋转副 作用位置在点"ground.G"，旋转方向为绕 Global：Y 方向。

（3）构件"Upper_Housing"和齿轮"Upper_Pinion_Gear_1"之间施加旋转副 作用位置在点"ground.F"，旋转方向为绕 Global：Y 方向。

（4）齿轮"Input_Pinion_1"和大地"ground"之间施加旋转副 作用位置在点"ground.H"，旋转方向为绕 Global：Z 方向。

（5）构件"Upper_Housing"和齿轮"Ring_Gear_1"之间施加固定副 作用位置在"Upper_Housing.cm"。

（6）构件"Lower_Housing"和齿轮"Ring_Gear_1"之间施加固定副 作用位置在"Lower_Housing.cm"。

通过上述操作完成整个模型约束和驱动的施加，如图 4-33 所示。

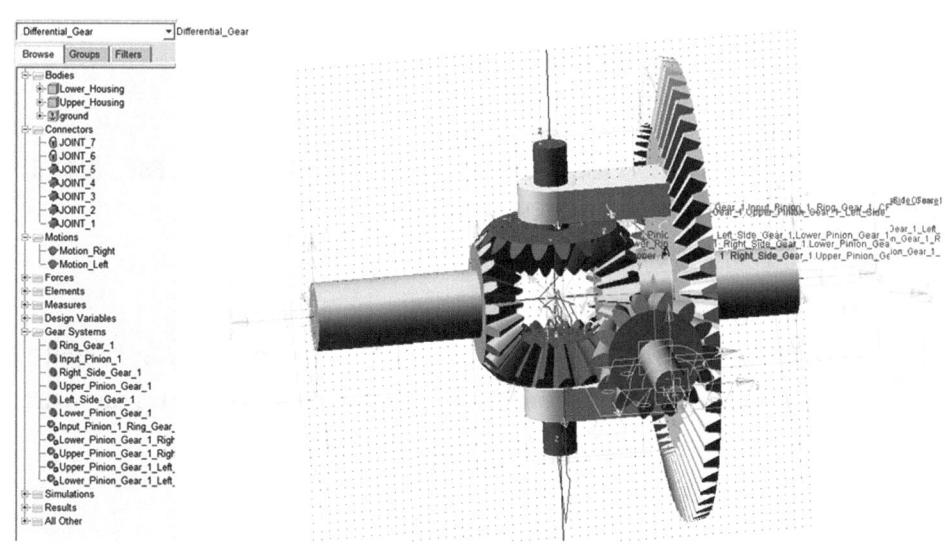

图 4-33 约束和驱动施加完成后的模型

4.2.3 模型仿真与分析

1. 仿真模型

设置仿真时间为5s,仿真步长为0.001,如图4-34所示,单击"**开始仿真**"按钮进行仿真运算。注意:仿真时间可能需要几分钟时间,不勾选"Update graphics display"选项能提高仿真速度。

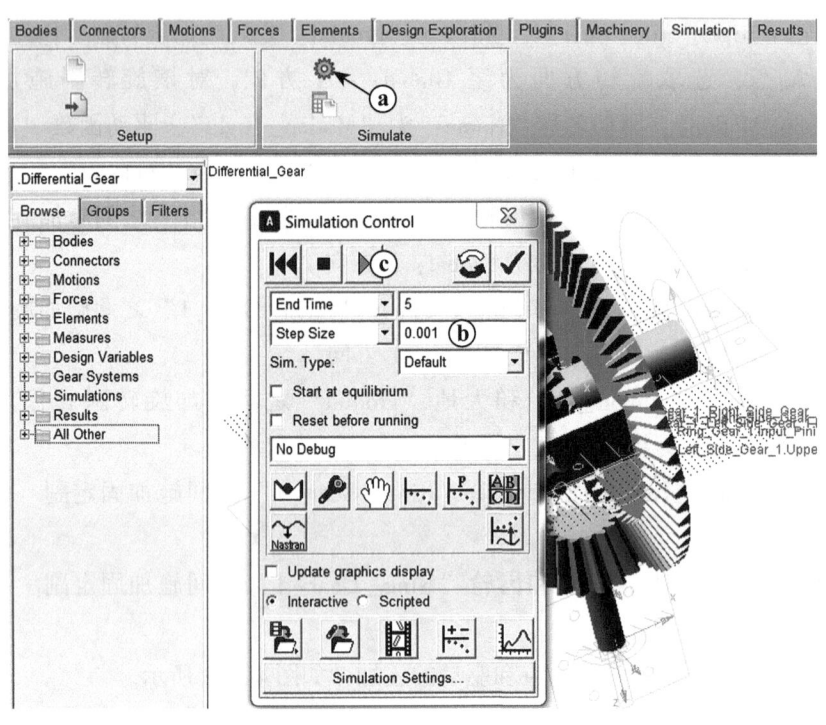

【图4-34 仿真】

图4-34 仿真模型

2. 查看结果

在ADAMS/View界面单击"**Postprocessor**"图标或在键盘上按〈**F8**〉快捷键,进入ADAMS/Postpreocessor后处理界面,如图4-35所示。

a. 在"Source"右侧下拉列表中选择"**Objects**"。

b. 在"Filter"列表中选择"**body**"。

c. 按住〈**Ctrl**〉键,同时在"Object"列表中选择3个选项,分别为"**Input_Pinpion_1.gear_part**""**Left_Side_Gear_1.gear_part**""**Right_Side_Gear_1.gear_part**"。

d. 在"Characteristic"列表中选择"**CM_Angular_Velocity**"。

e. 在"Component"列表中选择"**Mag**"。

f. 单击"**Add Curves**"按钮,生成仿真结果曲线。

第 4 章 机械传动系统设计与仿真分析

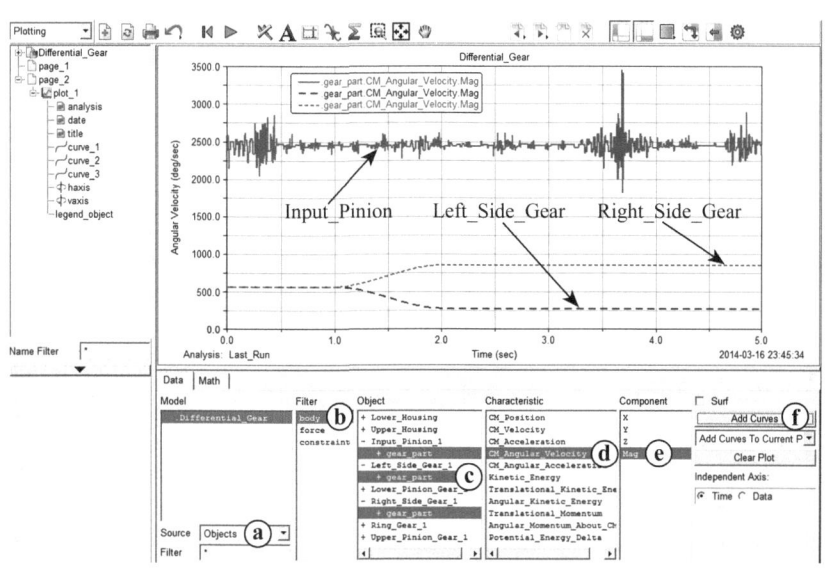

图 4 – 35　查看仿真结果

从仿真结果曲线可以了解差速器的工作原理，以及输入转速和输出转速之间的关系。最后将模型保存为"**chapter4_2. bin**"。

4.3　带传动

4.3.1　设计问题的描述

带传动是利用张紧在带轮上的柔性带进行运动或动力传递的一种机械传动。根据传动原理的不同，有靠带与带轮间的摩擦力传动的摩擦型带传动，也有靠带与带轮上的齿相互啮合传动的同步带传动。

带传动结构简单，传动平稳，能缓冲吸振，可以在大的轴间距和多轴间传递动力，且具备其造价低廉，不需润滑，维护容易等特点，在近代机械传动中应用十分广泛。

带传动通常由主动轮、从动轮、张紧装置和缠绕在带轮上的传动带组成。

本节使用 ADAMS/Machinery Belt 模块建立图 4 – 36 所示平带传动机构的仿真模型，进行仿真分析，模拟其运动过程，并查看仿真结果曲线。

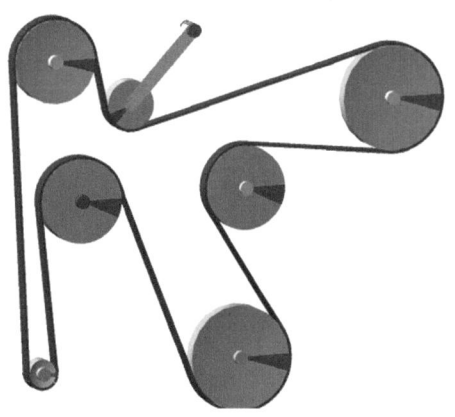

图 4 – 36　带传动

4.3.2　带传动模型的创建

1. 启动 ADAMS 软件并设置工作环境

下载本教材提供的电子文件（下载方法见前言），并将其保存在本地硬盘中。启动

ADAMS/View 模块，在欢迎界面选择"Existing Model"，"File Name"选择下载电子文件中的"chapter4_3_start.cmd"文件，打开带传动建模的初始模型，如图 4-37 所示。

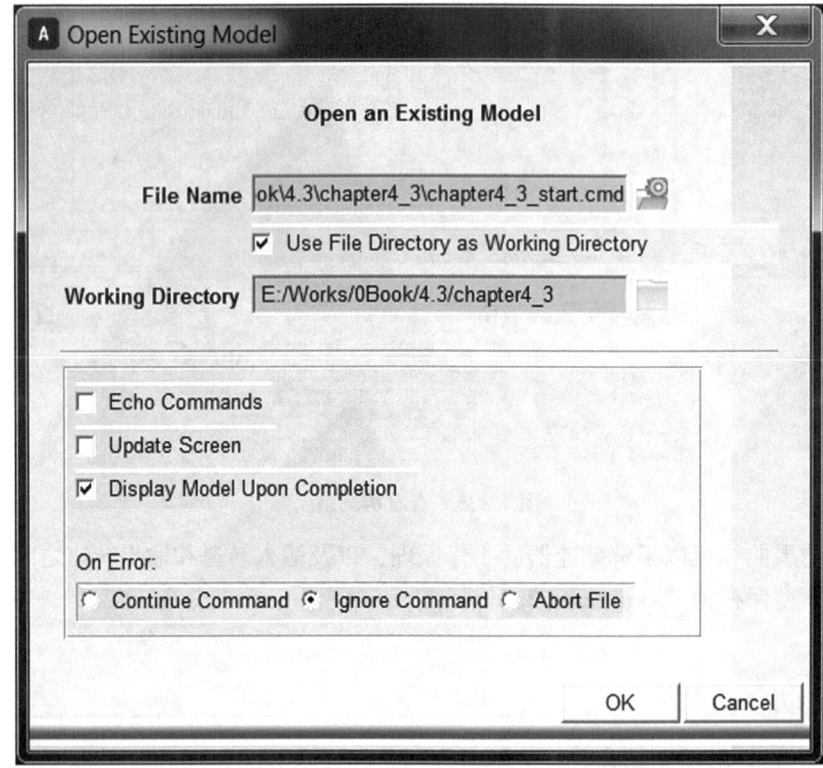

图 4-37 在"ADAMS/View"模块中打开初始模型

打开后的初始模型如图 4-38 所示。

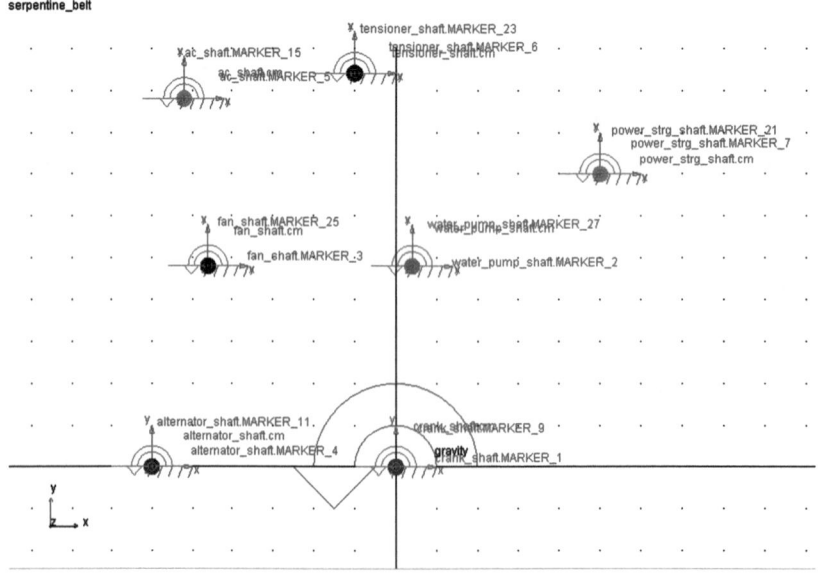

图 4-38 带传动的初始模型

2. 创建带轮组

带轮组的创建过程如图 4-39～图 4-42 所示。

a. 在操作区"Machinery"项的"Belt"中，单击"**Create Pulley**"图标。

b. 在弹出的"Create Pulleys"对话框中，将"Belt System Name"设置为"**beltsys_1**"。

c. 将"Pulley Set Name"设置为"**pulleyset_1**"。

d. 在"Type"列表中选择"**Smooth**"，表示创建的是平带轮。

e. 单击"**Next**"按钮。

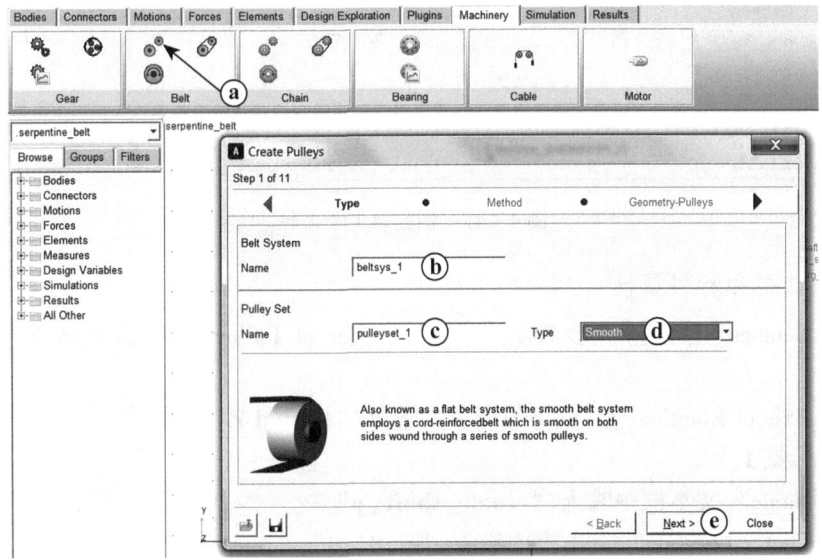

图 4-39　创建平带轮

f. 在"Method"参数页，打开"Method"列表，选择"**2D Links**"，选择带传动系统的建模方法。

g. 单击"**Next**"按钮。

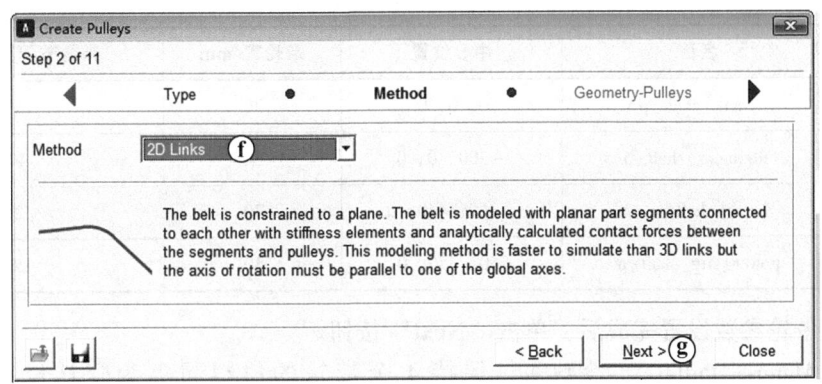

图 4-40　选择带传动系统的建模方法

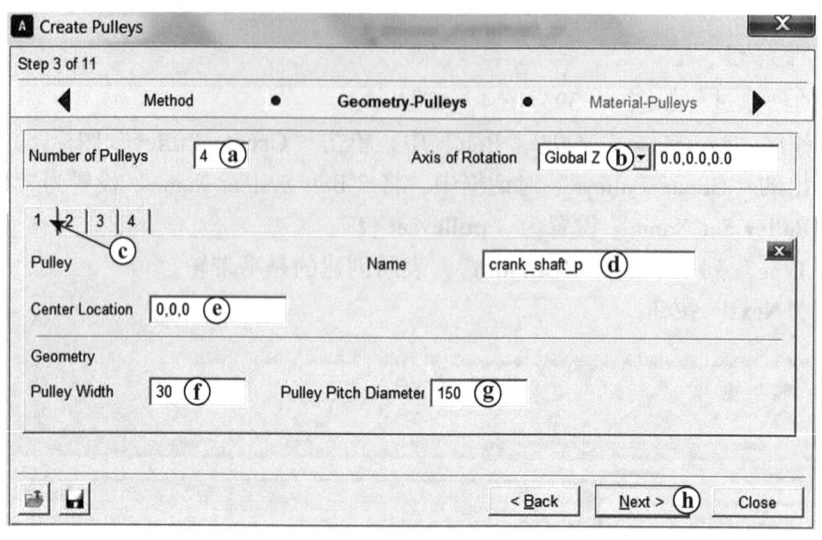

图 4-41 创建第 1 个带轮

3. 设置几何和材料属性

a. 在 "Geometry-Pulleys" 参数页，将 "Number of Pulleys" 的值更改为 "**4**"，并按 〈**Enter**〉 键。

b. 在 "Axis of Rotation" 后的下拉列表中选择 "**Global Z**"。

c. 选择标签 **1**。

d. 在 "Name" 文本框中输入 "**crank_shaft_p**"。

e. 在 "Center Location" 文本框中输入 "**0, 0, 0**"。

f. 在 "Pulley Width" 文本框中输入 "**30**"。

g. 在 "Pulley Pitch Diameter" 文本框中输入 "**150**"。

在图 4-41 所示对话框中，分别单击标签 2、3、4，依据表 4-1 的参数，按照上述设置步骤，完成第 2~4 个带轮的参数设置。

表 4-1 带轮建模参数表

带轮编号	名称	中心位置	带轮宽/mm	带轮节圆直径/mm
1	crank_shaft_p	0, 0, 0	30	150
2	alternator_shaft_p	-300, 0, 0	30	40
3	ac_shaft_p	-260, 440, 0	30	120
4	power_strg_shaft_p	250, 350, 0	30	150

h. 4 个带轮参数设置完成后，单击 "**Next**" 按钮。

i. 在 "Material-Pulleys" 参数页，保持 4 个带轮的材料属性为默认设置，并单击 "**Next**" 按钮。

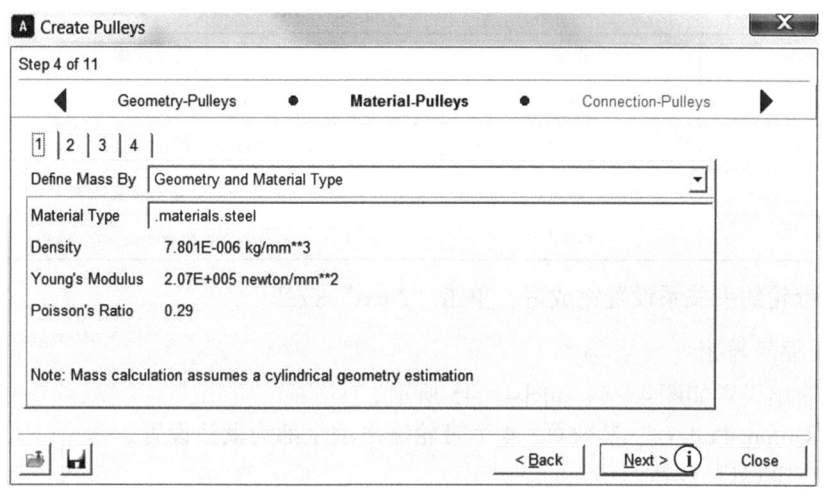

图 4-42 带轮材料属性

4. 设置带轮约束

带轮约束的设置如图 4-43 所示。

a. 在 "Connection-Pulley" 参数页，选择标签 **1**，表示为带轮 "crank_shaft_p" 设置约束关系。

b. 在 "Type" 后的列表中选择 **Fixed**，表示约束为固定约束。

c. 在 "Body" 后的列表中选择 **Existing**，表示选择现有的构件。

d. 在构件文本框中选择构件名称为 "**crank_shaft**"。

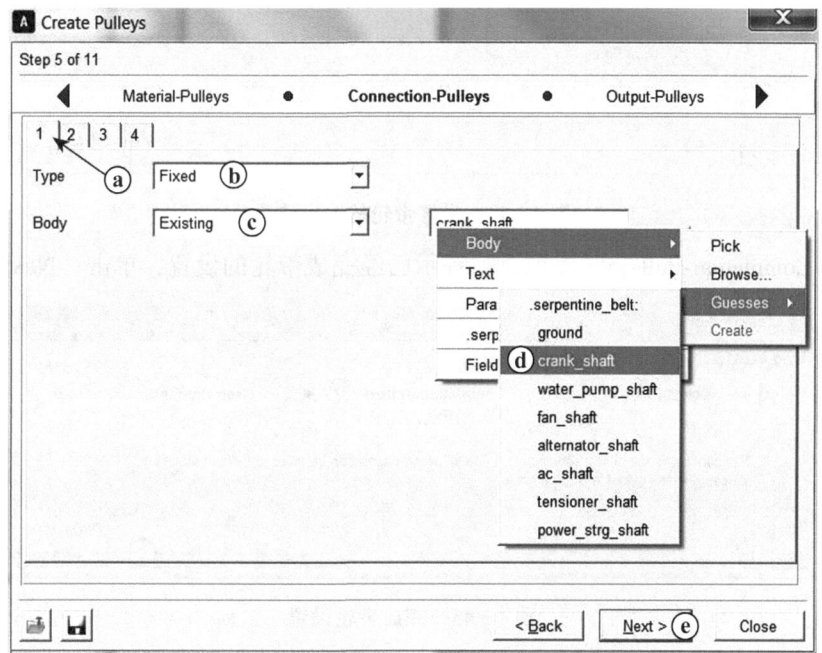

图 4-43 设置第 1 个带轮的约束关系

在图 4-43 中，分别点击标签 2、3、4，依据表 4-2 的参数，按照上述设置步骤，完成第 2~4 个带轮的约束关系设置。

表 4-2 带轮的约束关系表

带轮编号	类型	已建实体
1	Fixed	Existing 和 crank_shaft
2	Fixed	Existing 和 alternator_shaft
3	Fixed	Existing 和 ac_shaft
4	Fixed	Existing 和 power_strg_shaft

e. 4 个带轮约束关系设置完成后，单击"**Next**"按钮。

5. 设置带轮输出

带轮的输出设置如图 4-44 和图 4-45 所示。

a. 在"Output-Pulleys"参数页，4 个带轮输出项全部为默认设置。

b. 单击"**Next**"按钮。

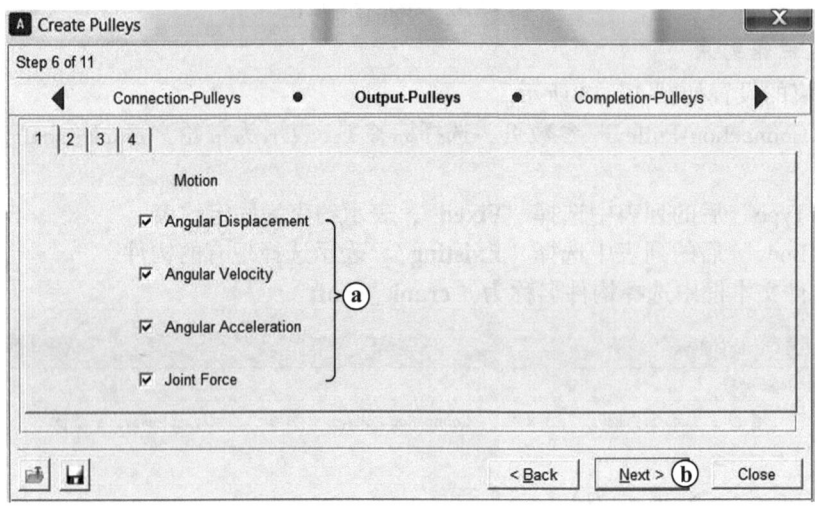

图 4-44 设置带轮的输出选项

c. 在"Completion-Pulleys"参数页，提示已经完成带轮的设置，单击"**Next**"按钮。

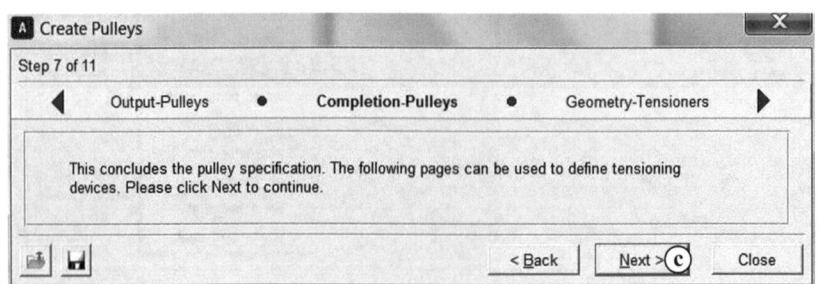

图 4-45 完成带轮设置

6. 创建张紧装置

张紧装置的创建过程如图 4-46～图 4-48 所示。

a. 在"Geometry-Tensioners"参数页，将"Number of Tensioner with Deviation Pulley"文

本框中的值更改为"**3**",并按〈**Enter**〉键。

b. 选择标签 1。

c. 在"Type"后的下拉列表中选择"**Fixed**"。

d. 在"Deviation Pulley Name"文本框中输入"**dev1**"。

e. 在"Axis of Rotation"后的下拉列表中选择"**Global Z**"。

f. 在"Center Location"文本框中输入"**20,240,0**"。

g. 在"Pulley Radius"文本框中输入"**60**"。

h. 在"Pulley Width"文本框中输入"**30**"。

i. "In/Out"后选择"**Out**"。该设置为传动带缠绕带轮时使用,相对于传动带旋转轴,"In"表示传动带顺时针缠绕带轮,"Out"表示传动带逆时针缠绕带轮。

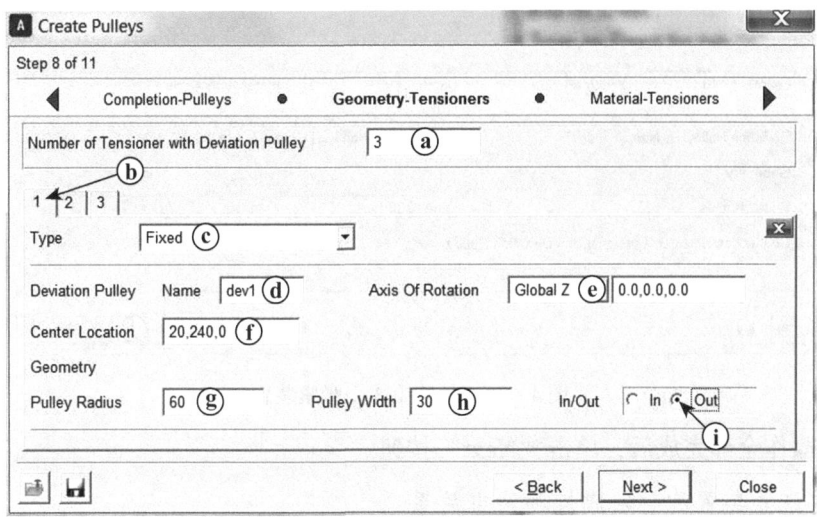

图 4-46 创建第 1 个张紧装置

按照上述操作过程,创建第 2 个张紧装置,如图 4-47 所示。

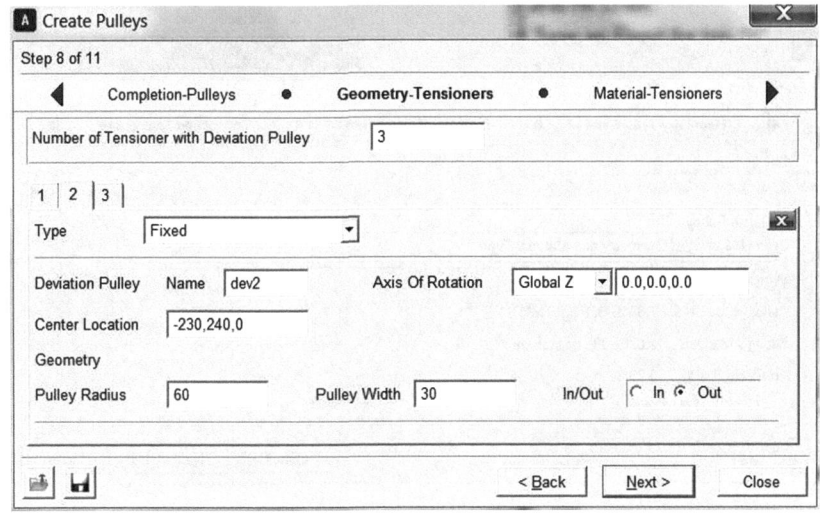

图 4-47 创建第 2 个张紧装置

创建第3个张紧装置，如图4-48所示。

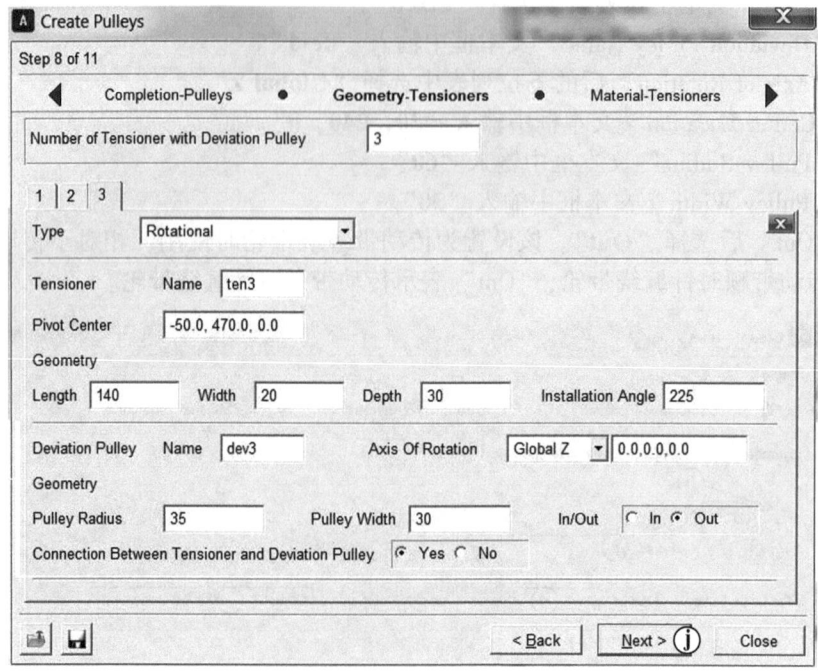

图4-48　创建第3个张紧装置

j. 上述操作全部完成后，单击"**Next**"按钮。

7. 设置张紧装置的材料属性和约束关系

张紧装置的材料属性设置和约束关系设置如图4-49和图4-50所示。

a. 在"**Material-Tensioners**"参数页，3个张紧装置的材料属性全部为默认设置。

b. 单击"**Next**"按钮。

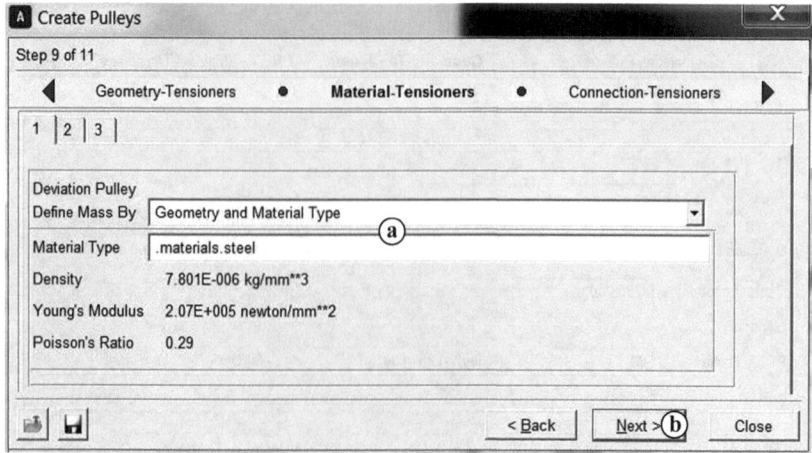

图4-49　设置张紧装置的材料属性为默认设置

c. 在"Connection-Tensioners"参数页,张紧装置 1 和 2 的约束关系为默认设置,即与大地"ground"采用固定约束。

d. 选择标签 **3**。

e. 设置"Tensioner connector"为"**Yes**"。

f. 在"Body"后下拉列表中选择"**Existing**",并选择输入部件名称为"**tensioner_shaft**"。

g. 在"Stiffness"文本框中输入"**100**",在"Damping"文本框中输入"**1**",在"Preload"文本框中输入"**100**"。

h. 单击"**Next**"按钮。

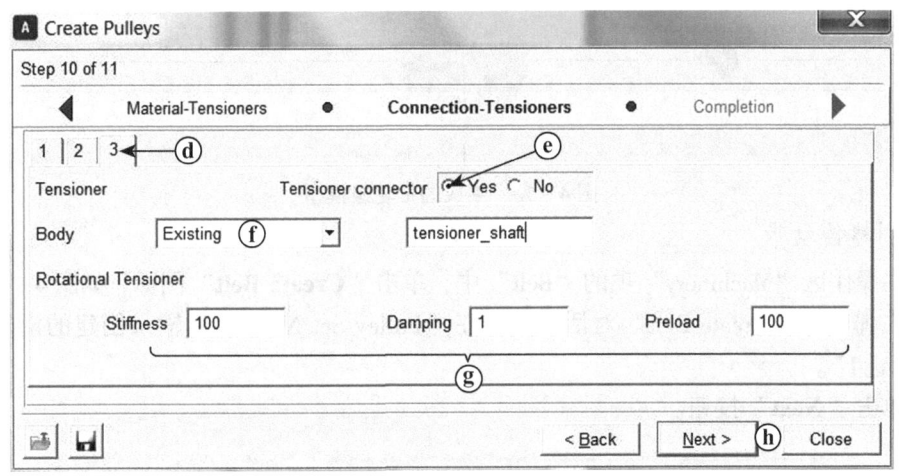

图 4-50 设置张紧装置约束关系

i. 在"Completion"参数页,提示已完成创建带轮组的所有设置,单击"**Finish**"按钮,关闭对话框,如图 4-51 所示。

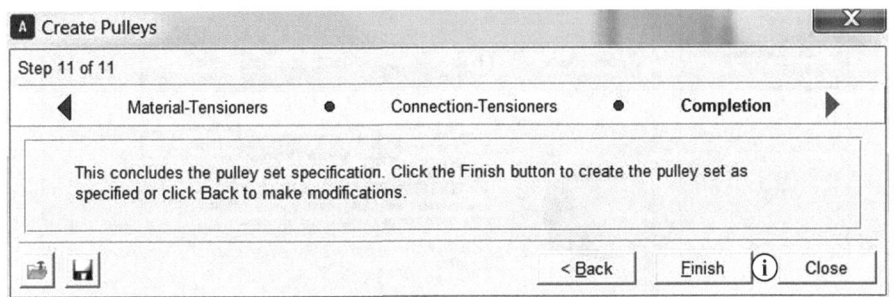

图 4-51 带轮组创建完成

通过上述操作生成的带轮组模型如图 4-52 所示。

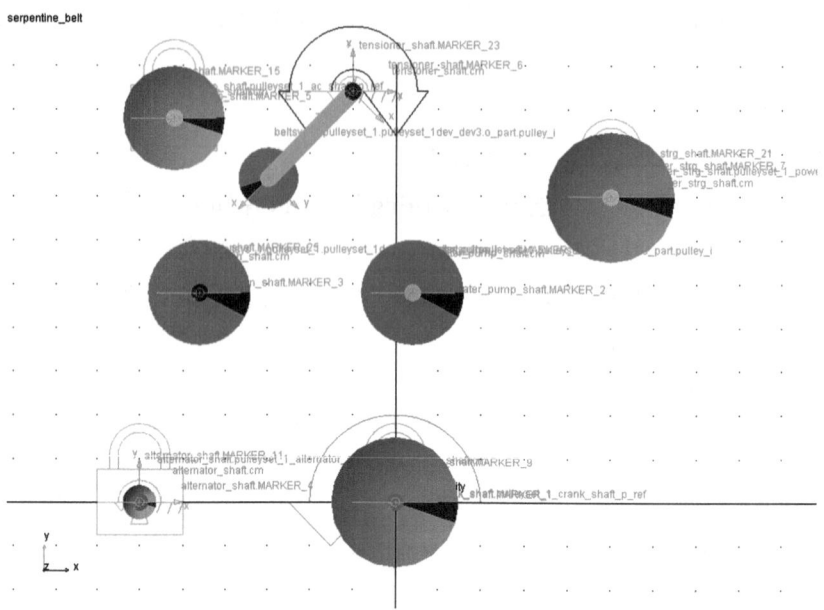

图 4-52 生成的带轮组模型

8. 创建传动带

a. 在操作区"Machinery"项的"Belt"中，单击"**Create Belt**"图标。如图 4-53 所示。

b. 在弹出的"Create Belt"对话框中，在"Pulley Set Name"后输入创建的滑轮组名称"**pulleyset_1**"。

c. 单击"**Next**"按钮。

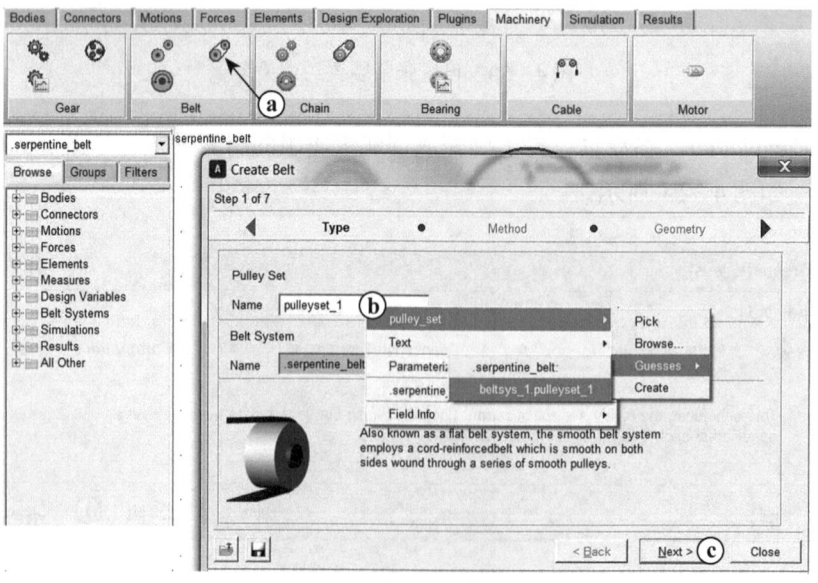

图 4-53 创建传动带

d. 在"Method"参数页，选择"Method"后下拉列表中的"**2D Links**"，传动带建模方法设置完成。如图 4-54 所示。

e. 单击"**Next**"按钮。

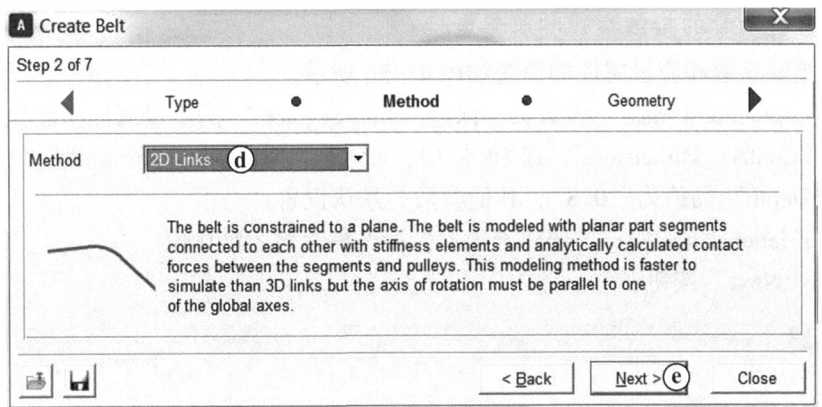

图 4-54　设置传动带建模方法

9. 设置传动带的几何参数

传动带几何参数的设置如图 4-55 所示。

a. 在"Geometry"参数页，在"Belt Name"后默认带的名称"**belt_1**"。
b. 将"Segment Length"后的值更改为"**10**"。
c. 其他参数为默认设置。
d. 单击"**Next**"按钮。

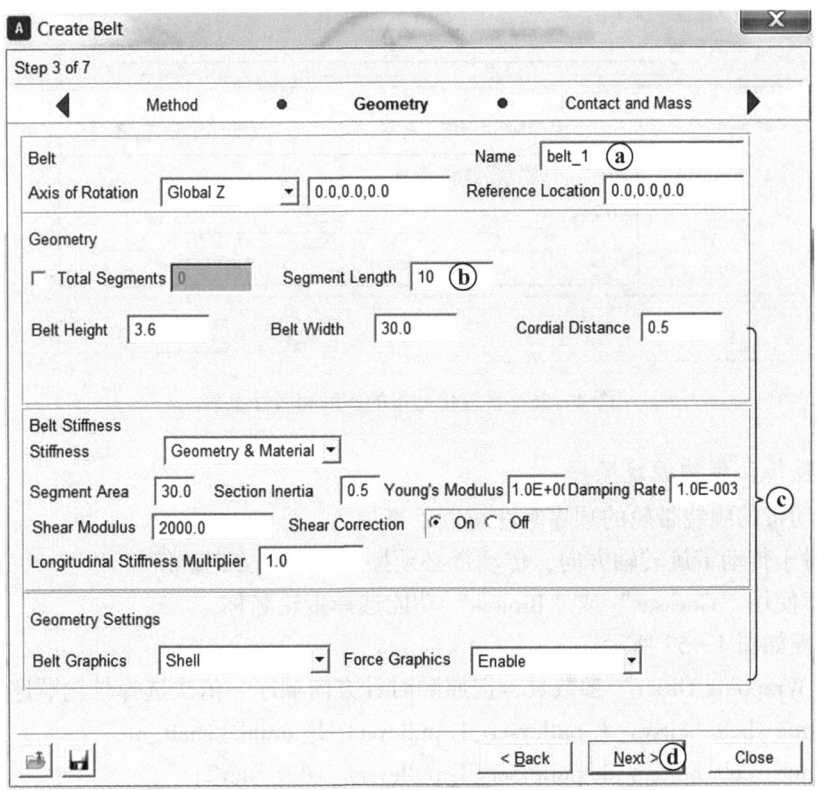

图 4-55　设置传动带的几何参数

10. 设置传动带的接触参数和质量属性

传动带接触参数和质量属性的设置如图 4-56 所示。

a. 在"Contact and Mass"参数页，保持"Belt Segment"的质量属性参数为默认设置。

b. 在"Contact Parameters"选项卡中，设置"Exponent"的值为"**1.5**"，设置"Penetration Depth"的值为"**0.5**"，其他参数为默认设置。

c. 在"Friction Parameters"选项卡中，保持摩擦参数为默认值。

d. 单击"**Next**"按钮。

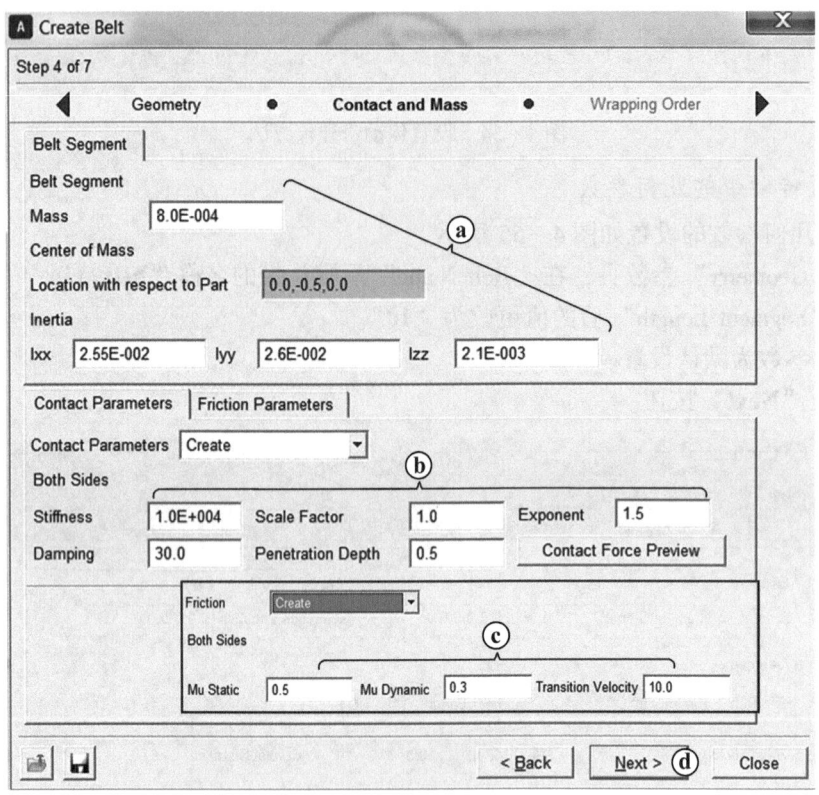

图 4-56　设置传动带的接触和属性参数

11. 设置传动带的缠绕顺序

设置传动带的缠绕带轮的顺序时注意以下事项：

1) 相对于传动带旋转轴方向，传动带必须按照顺时针方向缠绕。

2) 推荐使用"Guesses"或"Browse"功能选择带轮名称。

设置过程如图 4-57 所示。

a. 在"Wrapping Order"参数页，按照顺时针方向顺序，依次选择带轮顺序为：

. serpentine_ belt. beltsys_ 1. pulleyset_ 1. pulleyset_ 1_ crank_ shaft_ p；

. serpentine_ belt. beltsys_ 1. pulleyset_ 1. pulleyset_ 1dev_ dev2；

. serpentine_ belt. beltsys_ 1. pulleyset_ 1. pulleyset_ 1_ alternator_ shaft_ p；

.serpentine_belt.beltsys_1.pulleyset_1.pulleyset_1_ac_shaft_p；
.serpentine_belt.beltsys_1.pulleyset_1.pulleyset_1dev_dev3；
.serpentine_belt.beltsys_1.pulleyset_1.pulleyset_1_power_strg_shaft_p；
.serpentine_belt.beltsys_1.pulleyset_1.pulleyset_1dev_dev1。

b. 单击"**Next**"按钮。

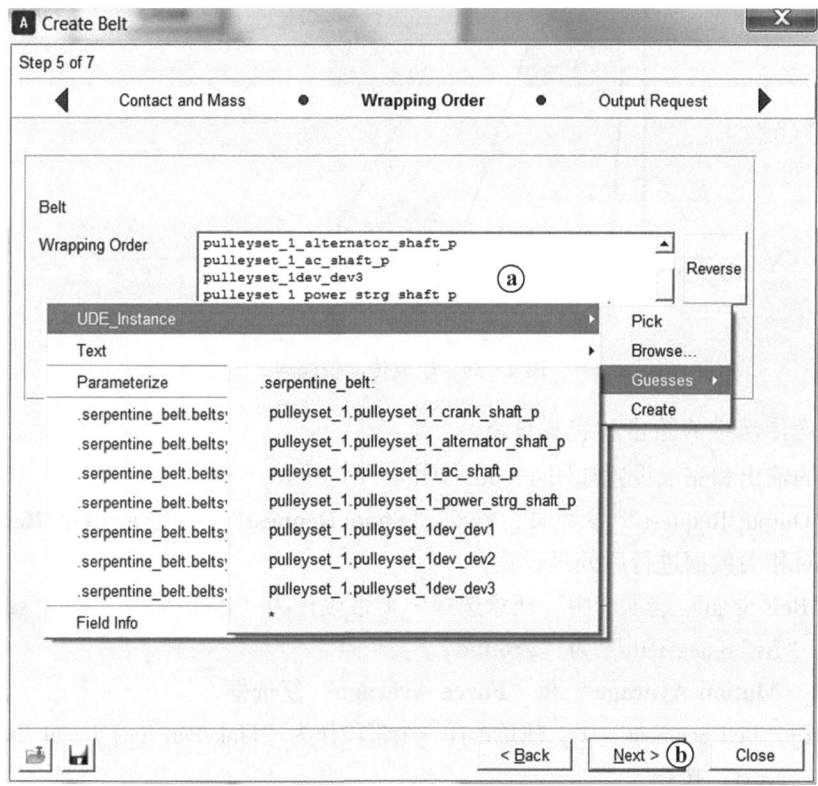

图 4-57　设置传动带缠绕带轮的顺序

c. 如图 4-58 所示，在两次弹出的"Question"对话框中，全部单击"**Yes**"按钮。注意："Message Window"窗口会提示求解器兼容信息。

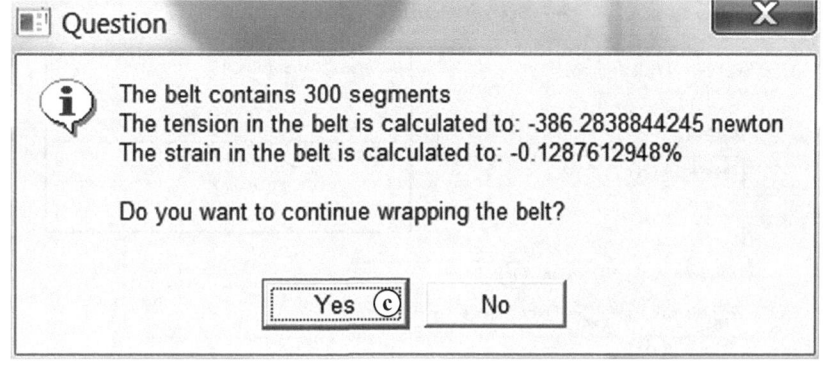

图 4-58　确认传动带生成参数

生成传动带成功后的仿真模型如图4-59所示。

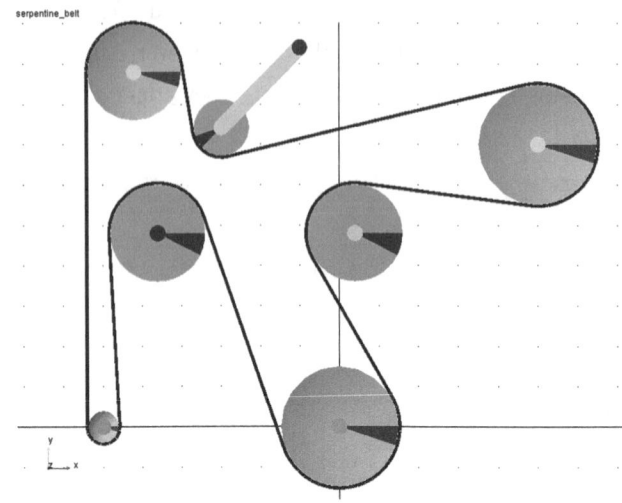

图4-59 生成传动带模型

12. 设置传动带的输出和完成设置

传动带的输出和完成设置如图4-60和图4-61所示。

a. 在"Output Request"参数页，勾选"**Span Request**"和"**Segment Request**"复选框，可自动对相关数据进行后处理设置。

b. 在"Belt Span"选项卡中，任意选择一个带段作为"Belt Parts"，如"**segment_8**"。

c. 选择"Reference Part"为"**ground**"。

d. 勾选"**Motion Average**"和"**Force Average**"复选框。

e. 在标签"Belt Segment"中，任意选择一个带段作为"Link Part（s）"，如"**segment_5**"。

f. 单击"**Next**"按钮。

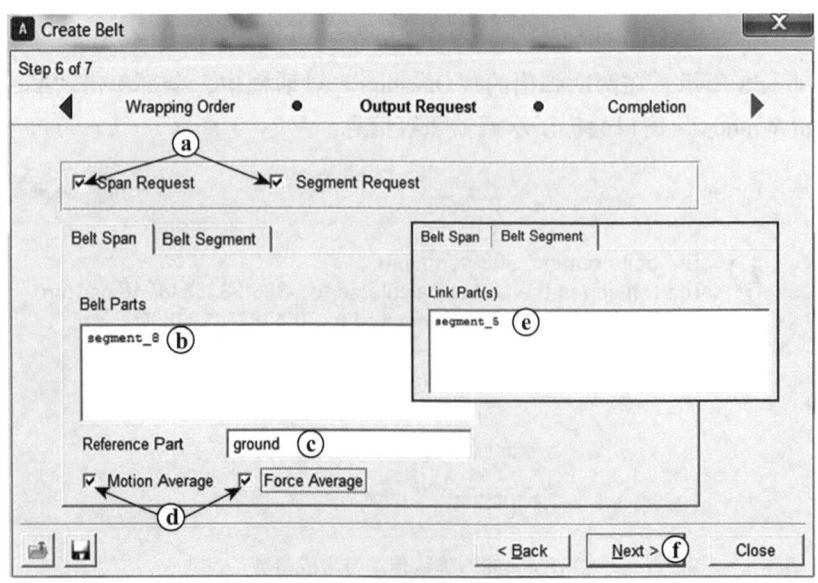

图4-60 设置传动带的输出

g. 在"Completion"参数页,提示已完成创建传动带的所有设置,单击"**Finish**"按钮,关闭对话框。

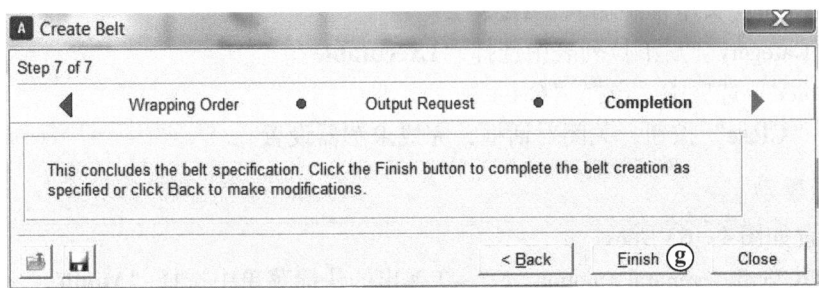

图 4-61 完成创建传动带设置

4.3.3 模型仿真与分析

1. 设置仿真求解器

带传动模型中,传动带是由很多小的带段组成的,部件多,仿真计算量大,为获得更好的仿真结果和仿真效率,需要设置合适的求解器参数。带传动仿真推荐使用 HHT 积分器,仿真求解器设置如图 4-62 所示。

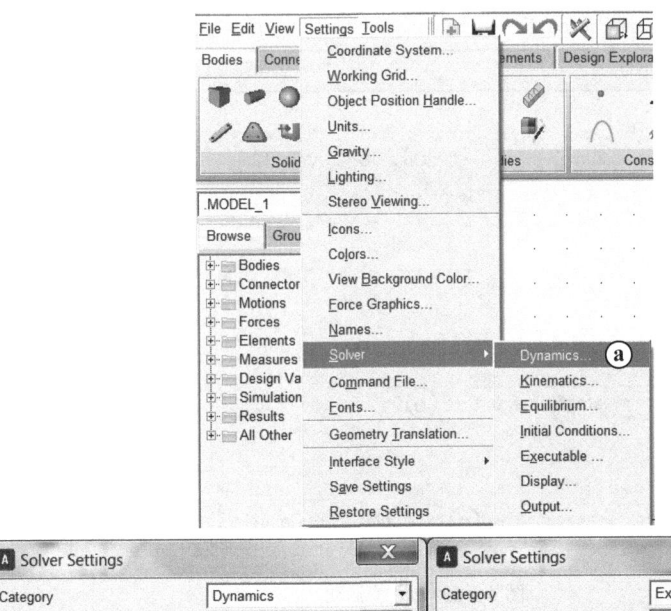

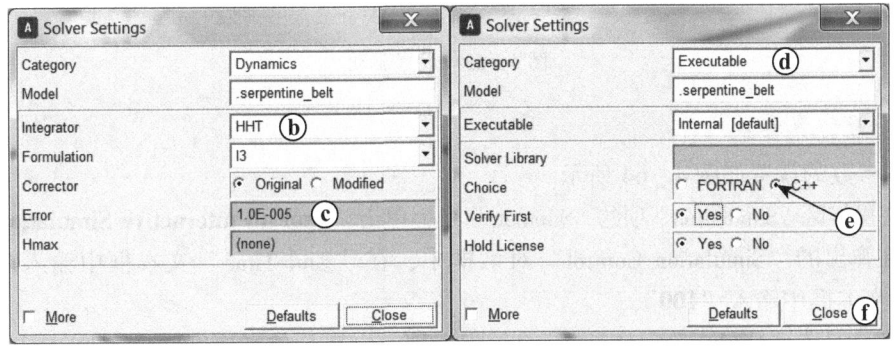

图 4-62 设置仿真求解器

a. 选择"**Settings→Solver→Dynamics**"命令,打开"Solver Settings"对话框。
b. 选择"**Integrator**"为"**HHT**"。
c. 在"Error"文本框中输入"**1E-5**"。
d. 在"Category"后下拉列表中选择"**Executable**"。
e. "Choice"选项中,选择"**C++**"。
f. 单击"**Close**"按钮,关闭对话框,完成求解器设置。

2. 设置驱动

驱动设置如图4-63所示。

a. 选择并右击"general_motion_1",在弹出的快捷菜单中选择"**Modify**"命令。
b. 在"Rot Z"项,选择"Type"下拉列表中的"**velo(time)=**",在"**f(time)**"文本框中输入"**step5(time, 0, 0, 1, 180d)**"。
c. 单击"**OK**"按钮,关闭对话框,完成驱动设置。

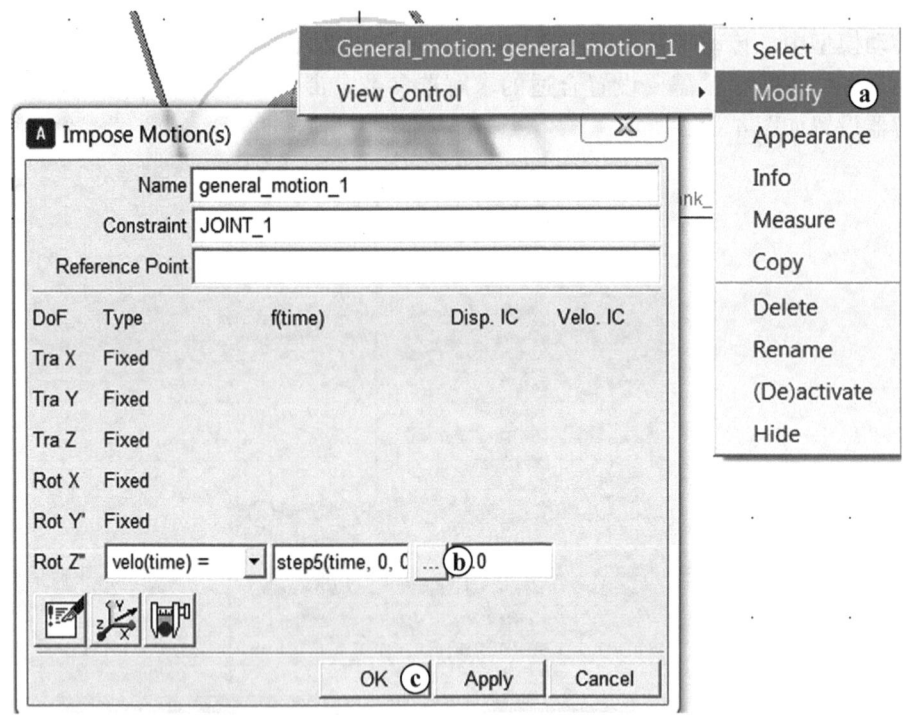

图4-63 设置驱动

3. 设置仿真参数

仿真参数的设置如图4-64所示。

a. 在操作区"Simulation"项的"Simulate"中,单击"**Run an interactive Simulation**"图标。
b. 在弹出的"Simulation Control"对话框中,在"End Time"文本框中输入"**1**",在"Steps"文本框中输入"**100**"。
c. 取消勾选"**Update graphics display**"选项,以提高仿真速度。
d. 单击"**运行**"按钮,进行仿真计算。

第 4 章　机械传动系统设计与仿真分析

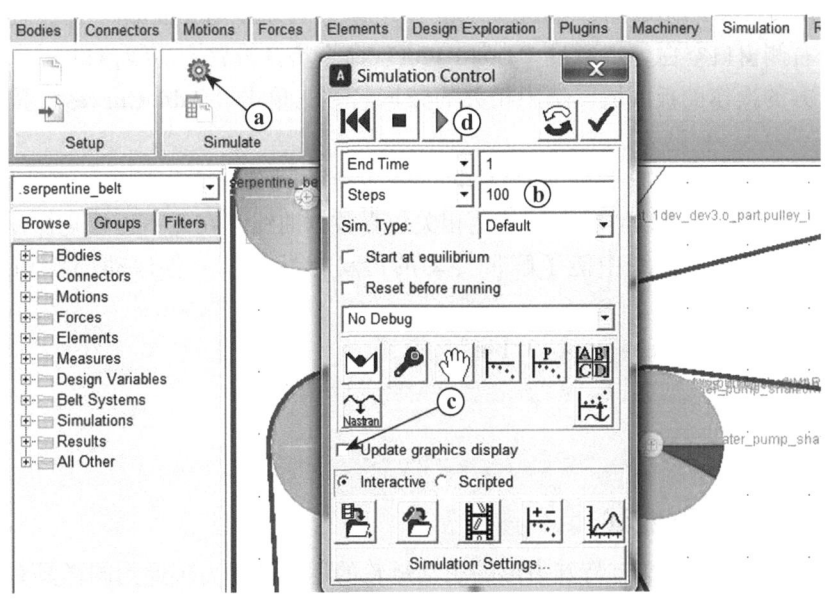

图 4-64　仿真参数设置

注意：由于模型中包含大量的带段部件，仿真速度会很慢，仿真时间需要几十分钟甚至 1 个多小时。

4. 查看结果

仿真完成后，在 ADAMS/View 界面单击 "**Postprocessor**" 图标或在键盘上按〈**F8**〉快捷键，进入 ADAMS/Postpreocessor 后处理界面，如图 4-65 所示。

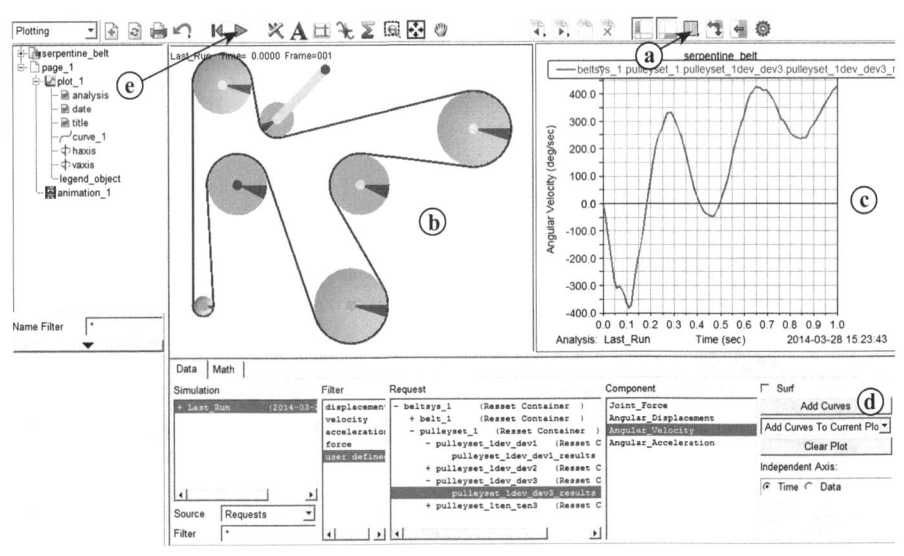

图 4-65　查看仿真结果

【图 4-65 仿真】

a. 右击 "Page Layouts" 按钮，选择后处理窗口为 "**2 Views，side by side**"，表示显示并列的两个窗口。

b. 左侧窗口选择为动画模式"Animation",并通过"Load Animation"命令载入仿真动画。

c. 单击右侧窗口空白处,通过"Load Plot"命令将其设置为曲线窗口。

d. 在下方的操作面板区域,选中相关的数据名称,单击"Add Curves"按钮,生成仿真结果曲线。

e. 单击工具栏"**播放**"图标,窗口同时播放动画和曲线,方便观察仿真结果。

f. 按照上述过程,可以继续添加其他相关仿真数据曲线,在此不再重复操作。

从仿真结果动画和曲线中能了解带传动的传动特性,以及各运动部件和约束的相关数据。

最后将模型保存为"**chapter4_3. bin**"。

4.4 链传动

4.4.1 设计问题的描述

链传动是通过链条将具有特殊齿形的主动链轮的运动和动力传递到同样具有特殊齿形的从动链轮的一种传动方式。链传动有许多优点,与带传动相比,它无弹性滑动和打滑现象,平均传动比准确,工作可靠,效率高;传递功率大,过载能力强,相同工况下的传动尺寸小;所需张紧力小,作用于轴上的压力小;能在高温、潮湿、多尘、有污染等恶劣环境中工作。

链传动是啮合传动,平均传动比是准确的。它是利用链与链轮轮齿的啮合来传递动力和运动的机械传动。

本节使用 ADAMS/Machinery Chain 模块建立图 4-66 所示含有链传动的木材推送机构的仿真模型,进行仿真分析,模拟其运动过程,并查看仿真结果曲线。

注意:链传动的创建过程与带传动创建过程类似,读者可对两者作对比,理解其创建时的相同点及不同点。

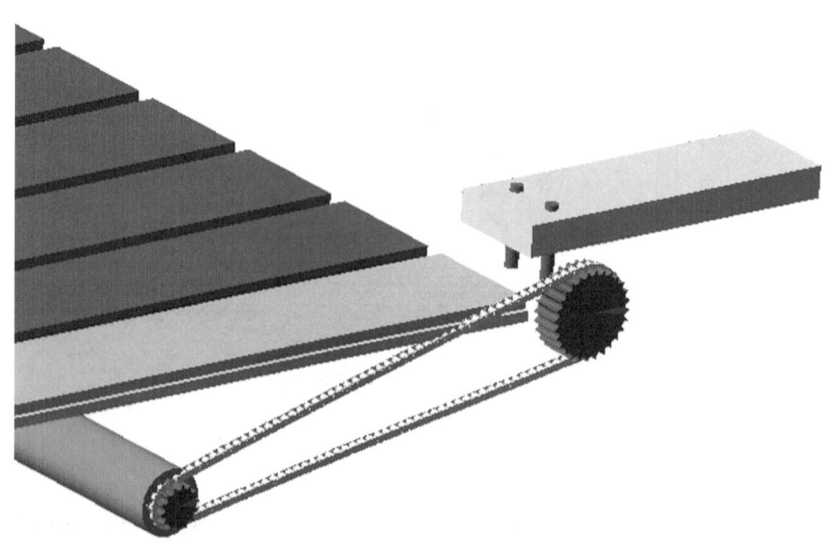

图 4-66 含有链传动的木材推送机构

4.4.2 链传动模型的创建

1. 启动 ADAMS 软件并设置工作环境

下载本教材提供的电子文件（下载方法见前言），并将其保存在本地硬盘中。启动 ADAMS/View 模块，在欢迎界面选择"Existing Model"，在图 4-67 所示的"Open Existing Model"对话框中，"File Name"选择下载电子文件中的"chapter4_4_start.cmd"文件，打开链传动建模的初始模型。

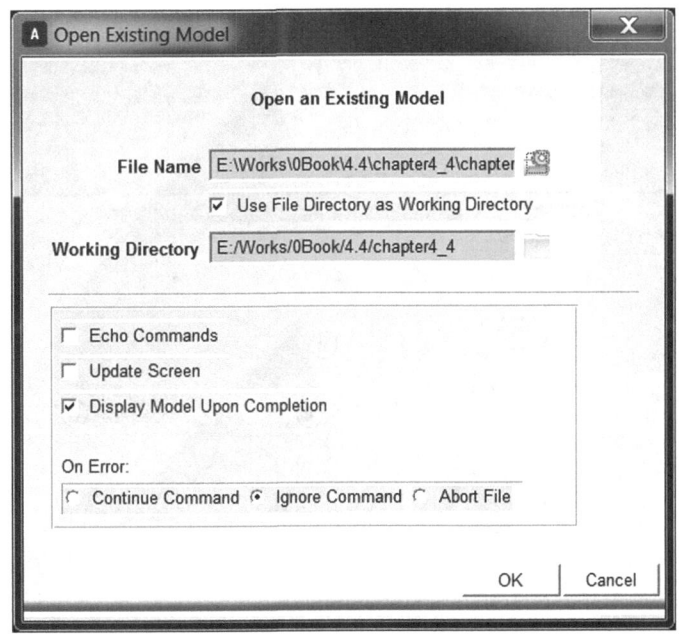

图 4-67 在"ADAMS/View"模块打开链传动的初始模型

打开后的模型如图 4-68 所示。

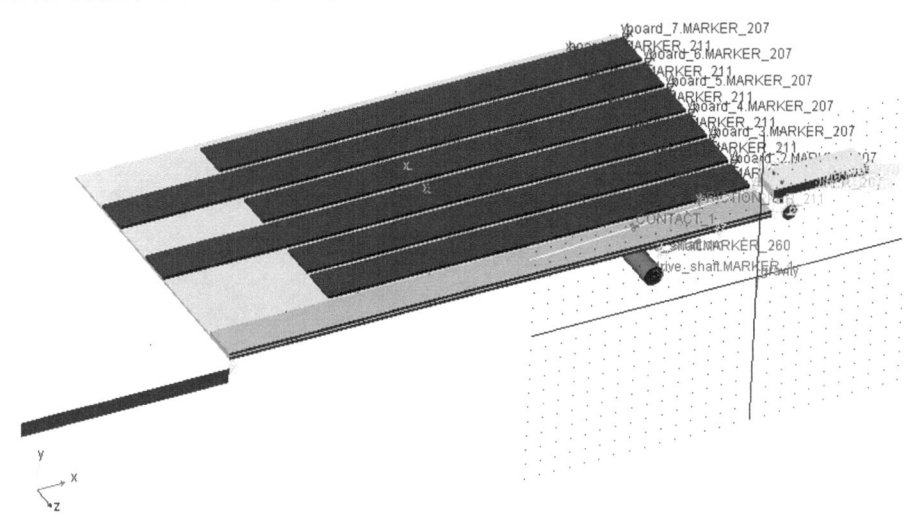

图 4-68 链传动建模的初始模型

2. 创建链轮组

链轮组的创建过程如图4-69和图4-70所示。

a. 在操作区"Machinery"项的"Chain"中，单击"**Create Sprockets**"图标。

b. 在弹出的"Create Sprockets"对话框中，将"Chain System Name"后的名称设置为"**chainsys_1**"。

c. 将"Sprocket Set Name"后的名称设置为"**sprocketset_1**"。

d. 在"Type"后的下拉列表中选择"**Roller Sprocket**"，表示创建的是滚子链轮。

e. 单击"**Next**"按钮。

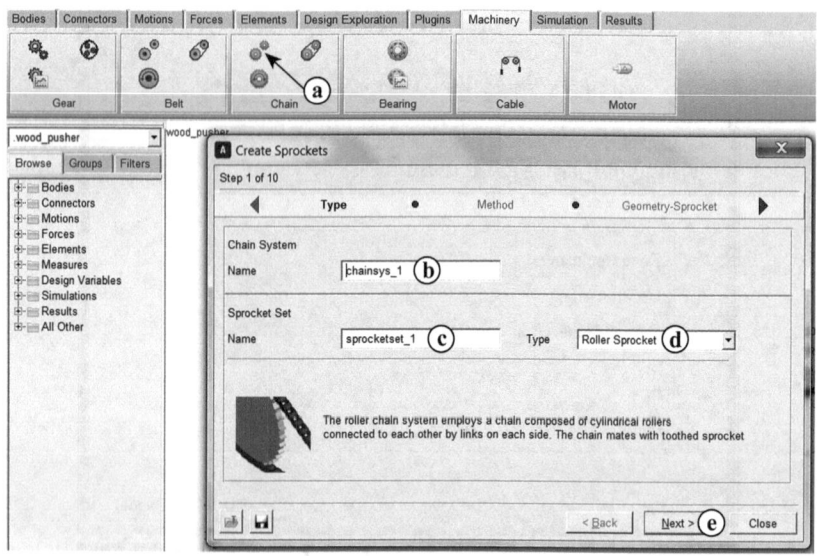

图4-69 创建链轮

f. 在"Method"参数页，选择"Method"后下拉列表中的"**2D Links**"方法，阅读下方的建模说明，理解这种建模方法的特点。

g. 单击"**Next**"按钮。

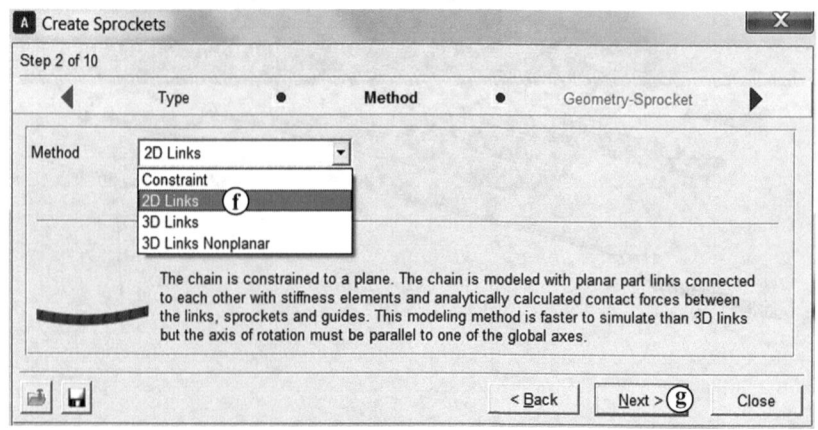

图4-70 选择链传动系统的建模方法

3. 设置几何属性和材料属性

几何属性和材料属性的设置如图 4-71~图 4-73 所示。

a. 在"Geometry-Sprocket"参数页，在"Number of sprockets"文本框中输入"**2**"，并按〈**Enter**〉键。

b. 在"Axis of Rotation"后的下拉列表中选择"**Global Z**"。

c. 选择标签**1**。

d. 在"Name"文本框中输入"**driver**"。

e. 在"Center Location"文本框中输入"**-350，100，0**"。

f. 在"Sprocket Width"文本框中输入"**30**"。

g. 在"Number of Teeth"文本框中输入"**14**"，并按〈**Enter**〉键，软件会自动计算参数值并填充在下方参数文本框中。

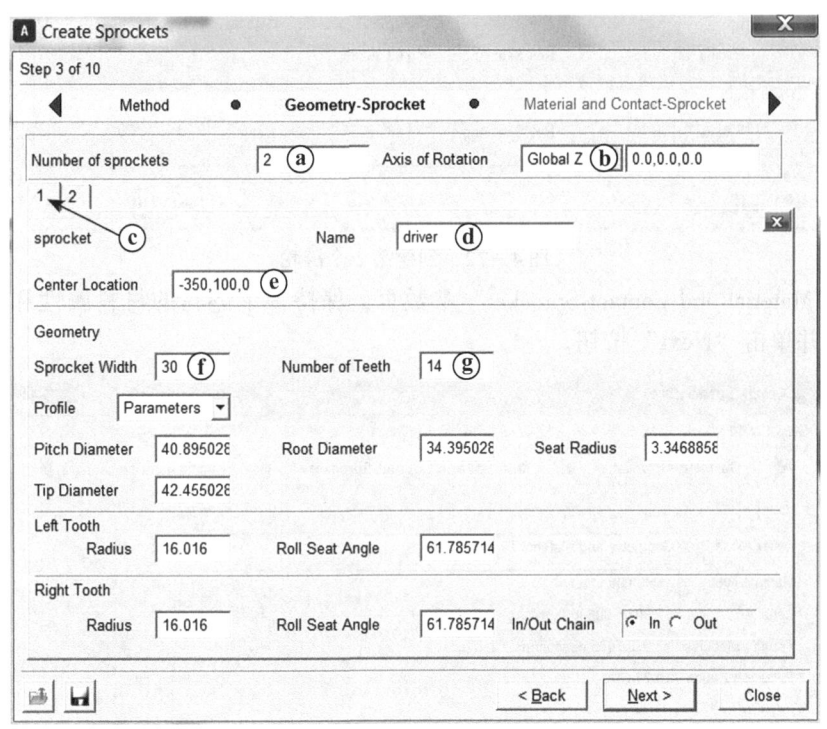

图 4-71　创建第1个链轮

h. 单击标签2。

i. 在"Name"文本框中输入"**driven**"。

j. 在"Center Location"文本框中输入"**100，200，0**"。

k. 在"Sprocket Width"文本框中输入"**30**"。

l. 在"Number of Teeth"文本框中输入"**28**"，并按〈**Enter**〉键，下方参数文本框自动填充数据。

m. 单击"**Next**"按钮。

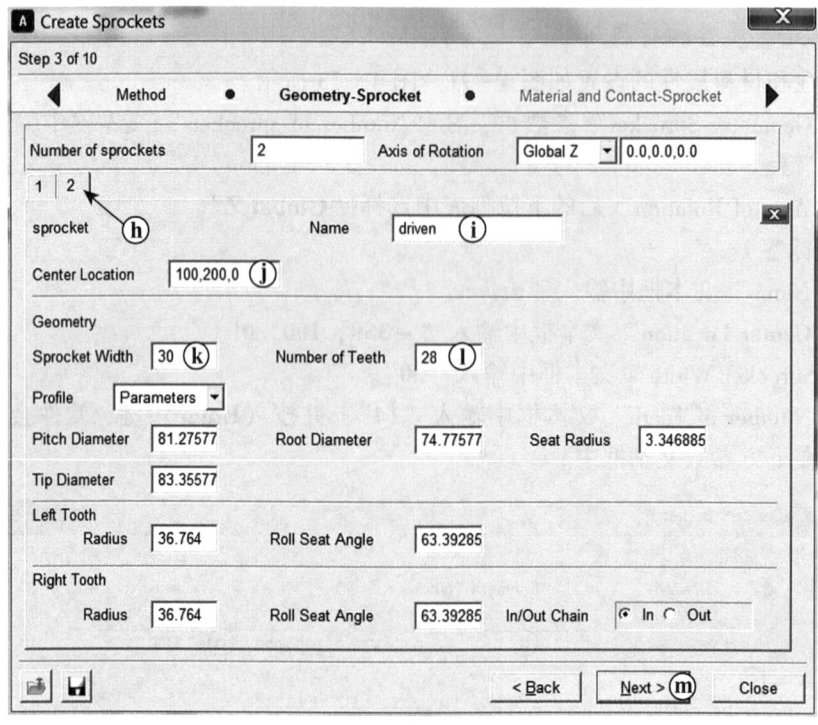

图 4-72 创建第 2 个链轮

n. 在"Material and Contact-Sprocket"参数页,保持 2 个链轮的材料属性和接触参数为默认设置,并单击"**Next**"按钮。

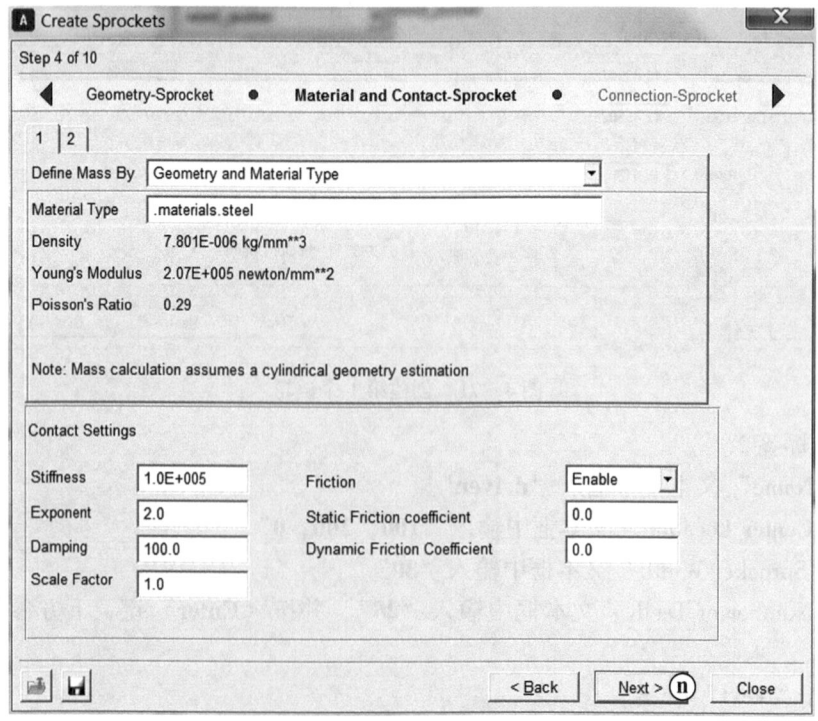

图 4-73 链轮材料属性和接触参数保持默认设置

4. 设置链轮约束

链轮约束设置过程如图 4-74 和图 4-75 所示。

a. 在"Connection-Sprocket"参数页，选择标签 **1**，表示为名称是"driver"的链轮设置约束关系。

b. 在"Type"后的下拉列表中选择"**Fixed**"，表示施加固定约束。

c. 右击"Body"文本框，在弹出的菜单中选择输入构件名称为"**driver_shaft**"。

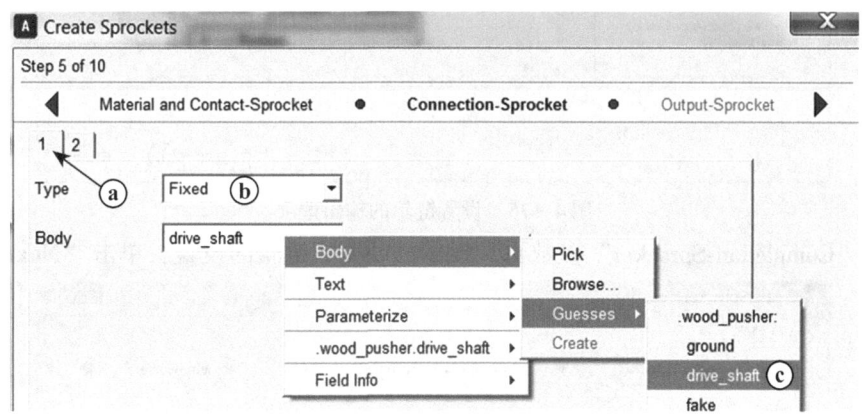

图 4-74　设置链轮的约束关系

d. 单击标签 **2**。

e. 在"Type"后的下拉列表中选择"**Fixed**"，同样在"Body"文本框输入构件名称"**fake**"。

f. 单击"**Next**"按钮。

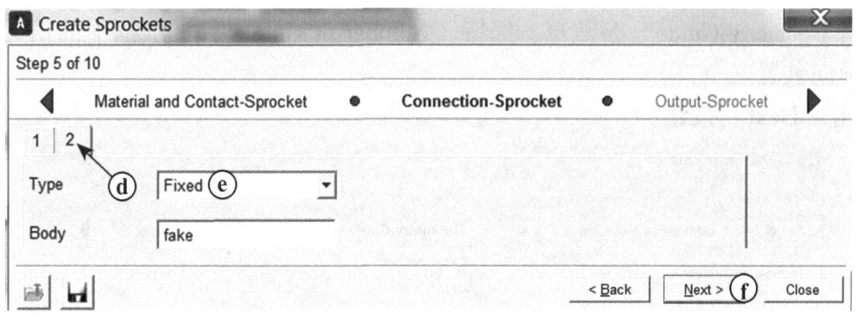

图 4-75　设置链轮的约束关系

5. 设置链轮输出

链轮输出设置如图 4-76 和图 4-77 所示。

a. 在"Output-Sprockets"参数页，2 个链轮的输出项全部保持为默认设置，即勾选所有项。

b. 单击"**Next**"按钮。

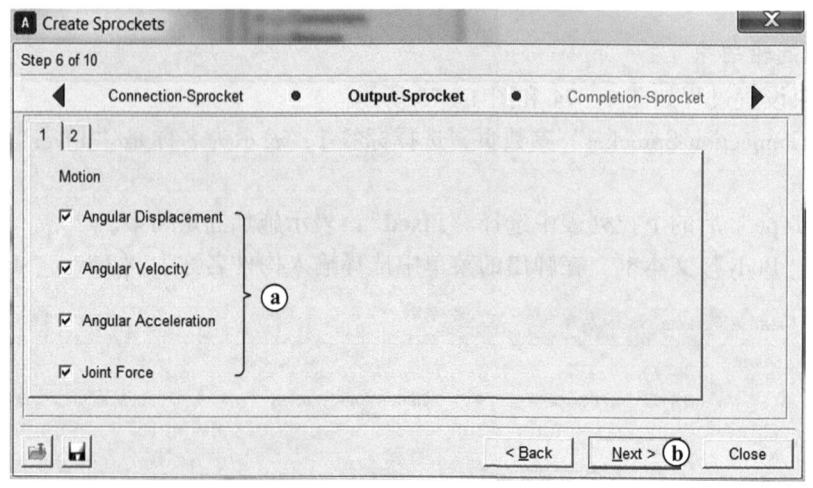

图 4-76　设置链轮的输出选项

c. 在"Completion-Sprocket"参数页，提示已经完成链轮的设置，单击"**Next**"按钮。

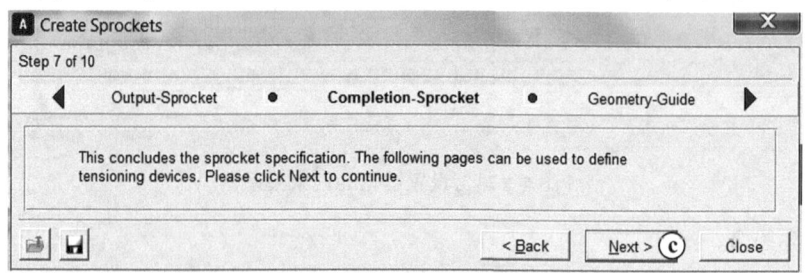

图 4-77　完成链轮设置

6. 不创建导向装置

导向装置不需要创建，相应其他设置如图 4-78~图 4-80 所示。

a. 在"Geometry-Guide"参数页，保持"Number of Guides"文本框中的值为"**0**"，表示不创建导向装置。

b. 单击"**Next**"按钮。

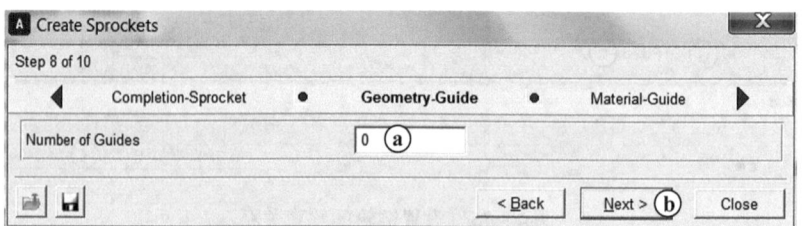

图 4-78　不创建导向装置

c. 在"Material-Guide"参数页，直接单击"**Next**"按钮。

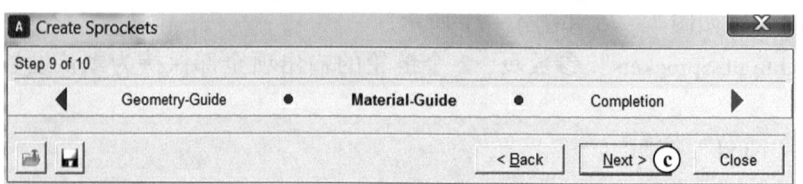

图 4-79　不需要设置导向装置材料属性

d. 在"Completion"参数页,提示已完成创建链轮组的所有设置,单击"**Finish**"按钮,完成设置。

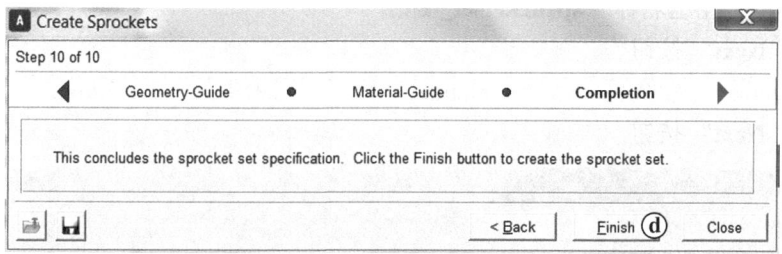

图4-80 链轮组创建完成

通过上述操作生成的链轮组模型如图4-81所示。

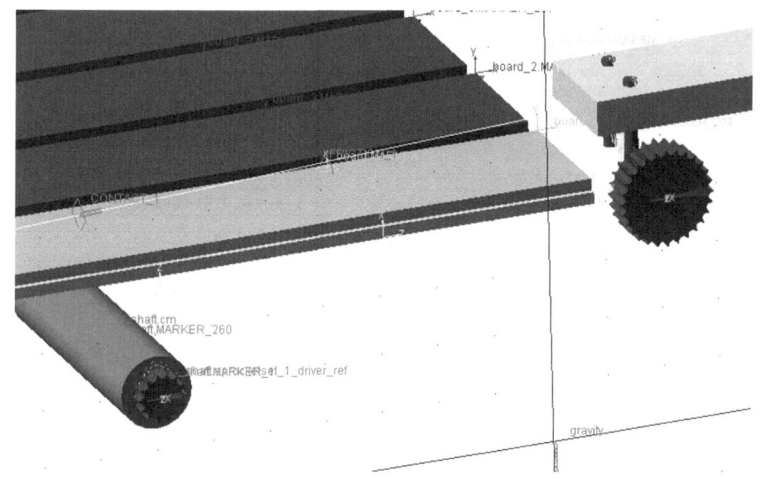

图4-81 生成的链轮组模型

7. 创建链条

链条创建过程如图4-82~图4-84所示。

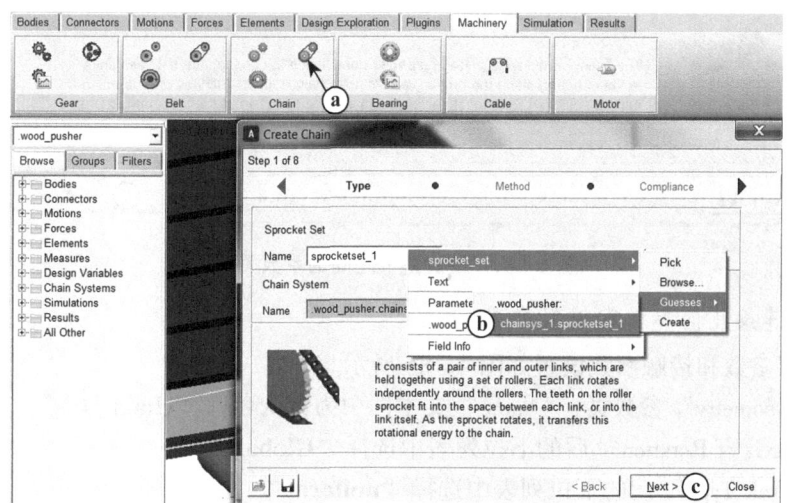

图4-82 创建链条

a. 在操作区"Machinery"项的"Chain"中，单击"**Create Chain**"图标。

b. 在弹出的"Create Chain"对话框中，选择输入"Sprocket Set Name"文本框的内容为上述所创建的链轮组名称"**sprocketset_1**"。

c. 单击"**Next**"按钮。

d. 在"Method"参数页，选择"Method"后下拉列表中的"**2D Links**"。

e. 单击"**Next**"按钮。

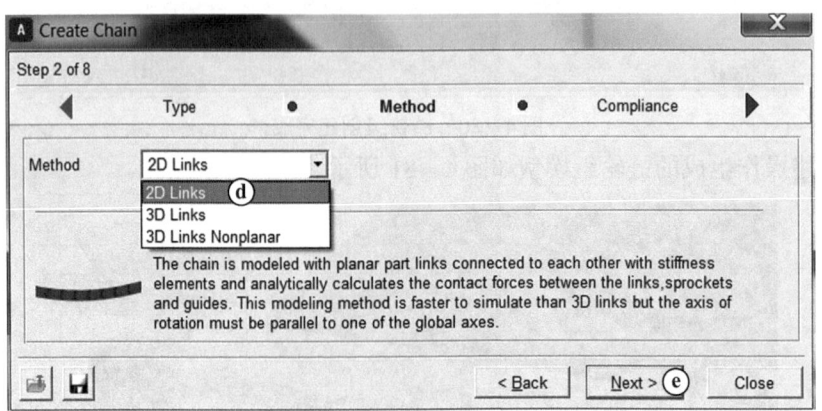

图 4-83　设置链条建模方法

f. 在"Compliance"参数页，选择"Compliance"后下拉列表中的"**Linear**"，表示链节之间的刚度系数和阻尼系数是线性关系，详细信息请阅读下方的文字说明。

g. 单击"**Next**"按钮。

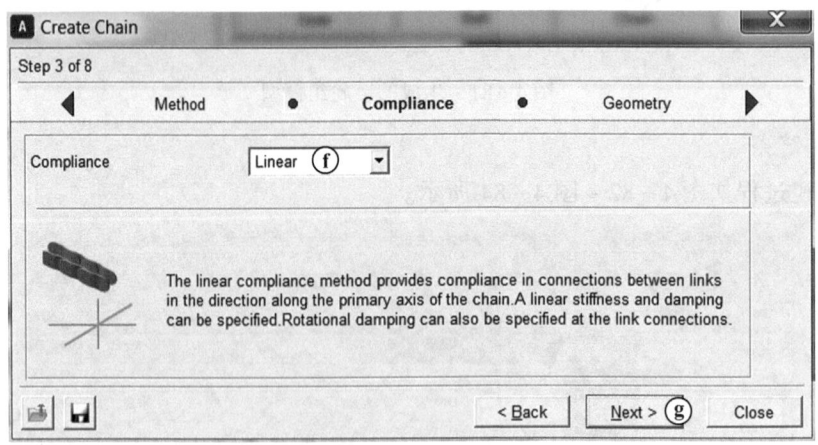

图 4-84　设置链节之间的系数关系

8. 设置链条几何参数和接触参数

链条几何参数和接触参数设置如图 4-85 所示。

a. 在"Geometry"参数页，"Name"文本框中为默认名称"**chain_1**"。

b. 在"Axis of Rotation"后的下拉列表中选择"**Global Z**"。

c. 在"Link Type"后的下拉列表中选择"**uniform**"。

d. 其他参数保持为默认设置。

e. 单击"**Next**"按钮。

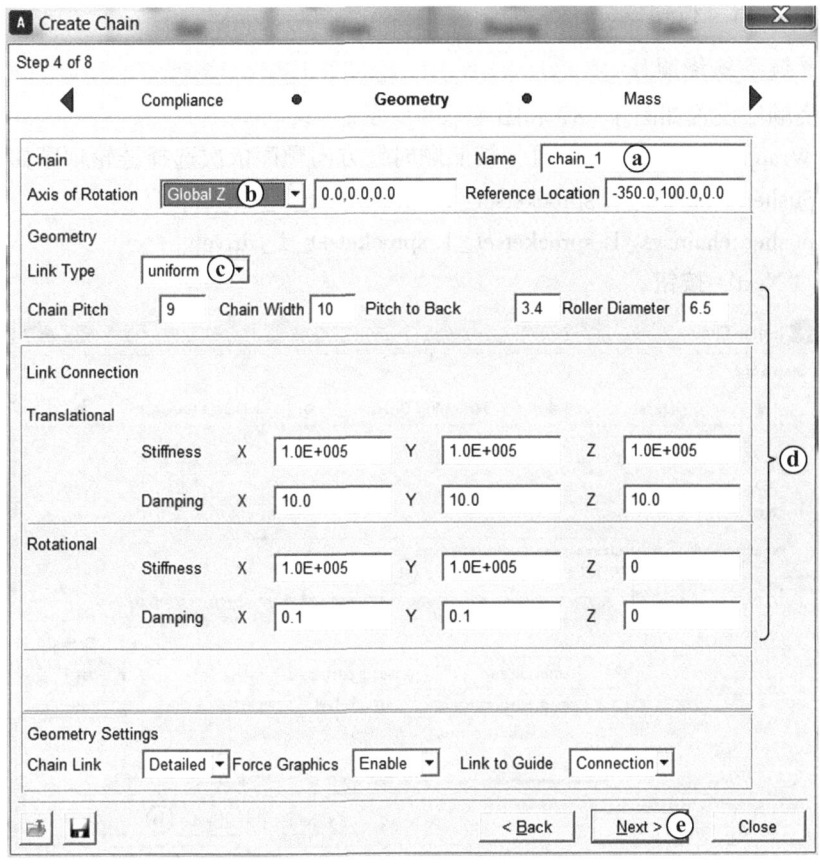

图 4-85 设置链条几何参数和接触参数

9. 设置链条质量属性

链条质量属性设置如图 4-86 所示。

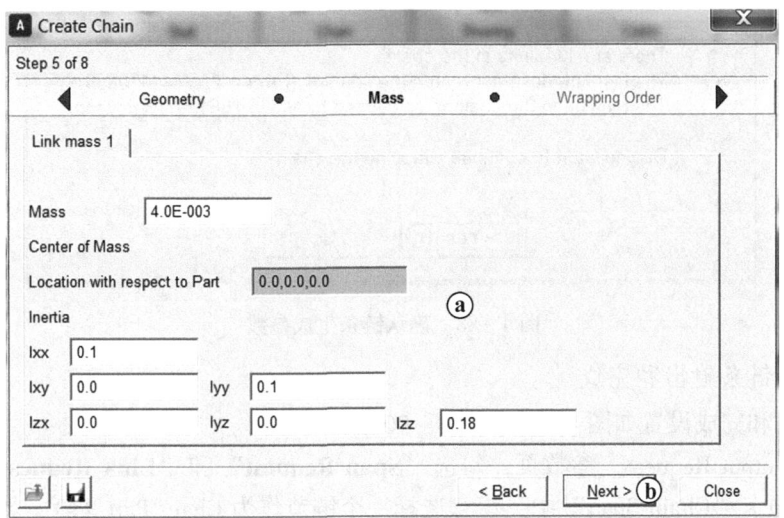

图 4-86 设置链条质量属性

a. 在"Mass"参数页，保持"Link mass 1"的质量属性参数为默认设置。
b. 单击"**Next**"按钮。

10. 设置链条缠绕顺序

链条缠绕顺序设置如图 4-87 和图 4-88 所示。

a. 在"Wrapping Order"参数页，按照顺时针方向顺序依次选择链轮顺序如下：
. wood_pusher. chainsys_1. sprocketset_1. sprocketset_1_driver；
. wood_pusher. chainsys_1. sprocketset_1. sprocketset_1_driven。
b. 单击"Next"按钮。

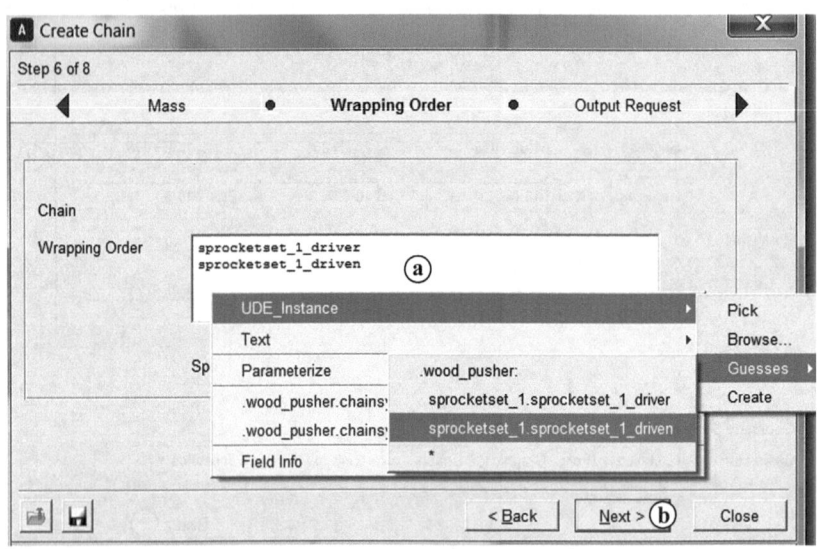

图 4-87 设置链条缠绕顺序

c. 在弹出的"Question"对话框中，单击"**Yes**"按钮继续。注意：在"Message Window"窗口会提示求解器兼容信息。

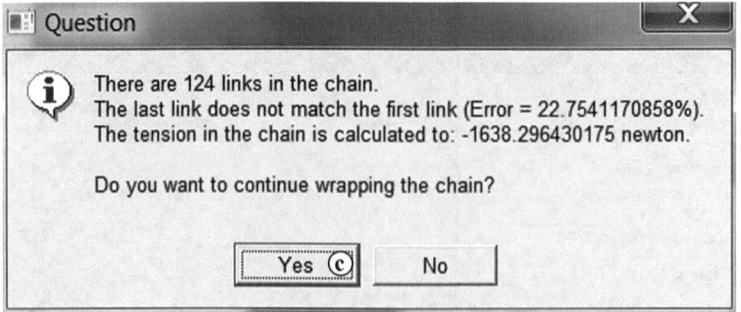

图 4-88 确认链条生成参数

11. 设置链条输出和完成

链条输出和完成设置如图 4-89、图 4-90 所示。

a. 在"Output Request"参数页，勾选"**Span Request**"和"**Link Request**"复选框。
b. 在选项卡"Chain Span"中，任意选择一个链节作为 Chain Part（s），如"**link_5**"。

c. 选择"Reference Part"为"**ground**"。
d. 勾选"**Motion Average**"和"**Force Average**"复选框。
e. 在选项卡"Chain Link"中，任意选择一个链节作为 Chain Link，如"**link_8**"。
f. 单击"**Next**"按钮。

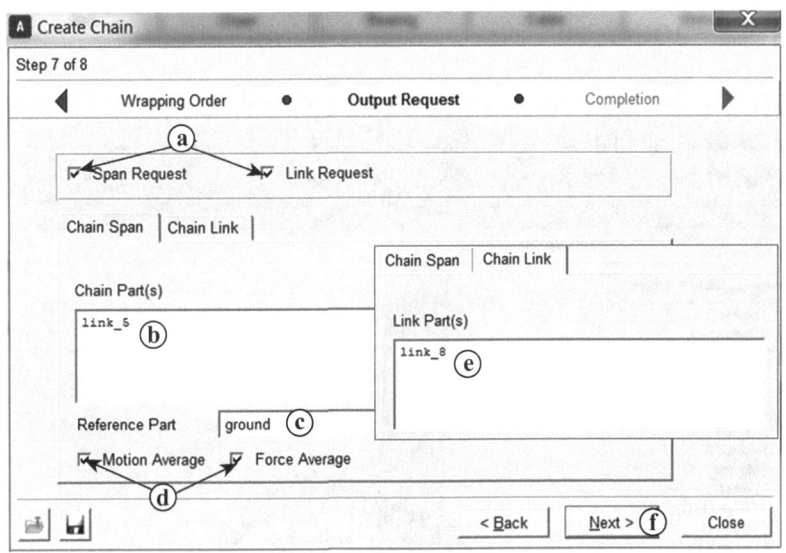

图 4-89　设置链条输出

g. 在"Completion"参数页，提示已完成创建链条的所有设置，单击"**Finish**"按钮。

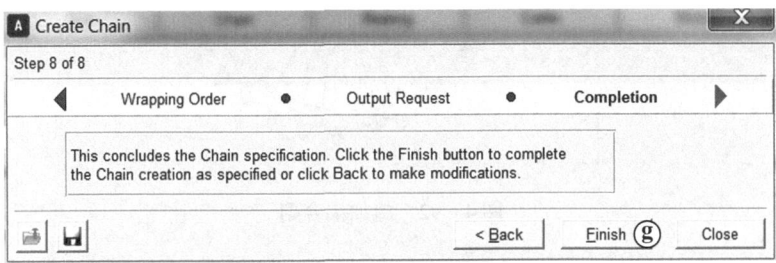

图 4-90　完成创建链条设置

生成的链条仿真模型如图 4-91 所示。

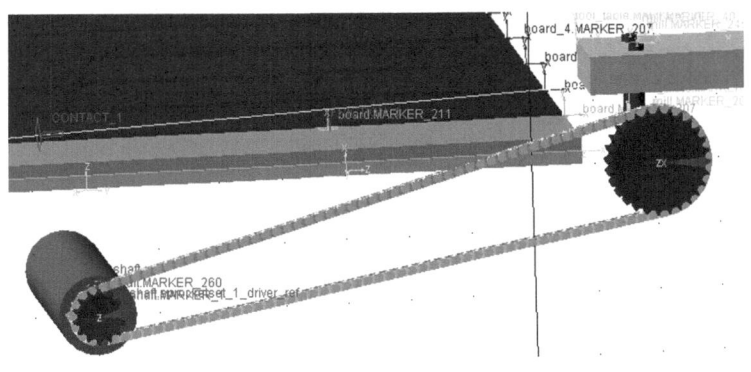

图 4-91　生成的链条仿真模型

12. 设置约束

约束设置过程如图 4-92 和图 4-93 所示。

a. 在操作区"Connectors"项的"Couplers"中，单击"**Coupler**"图标。

b. 选取名称为"**JOINT_32**"的旋转副。

c. 选取名称为"**JOINT_30**"的移动副，完成耦合副的创建。

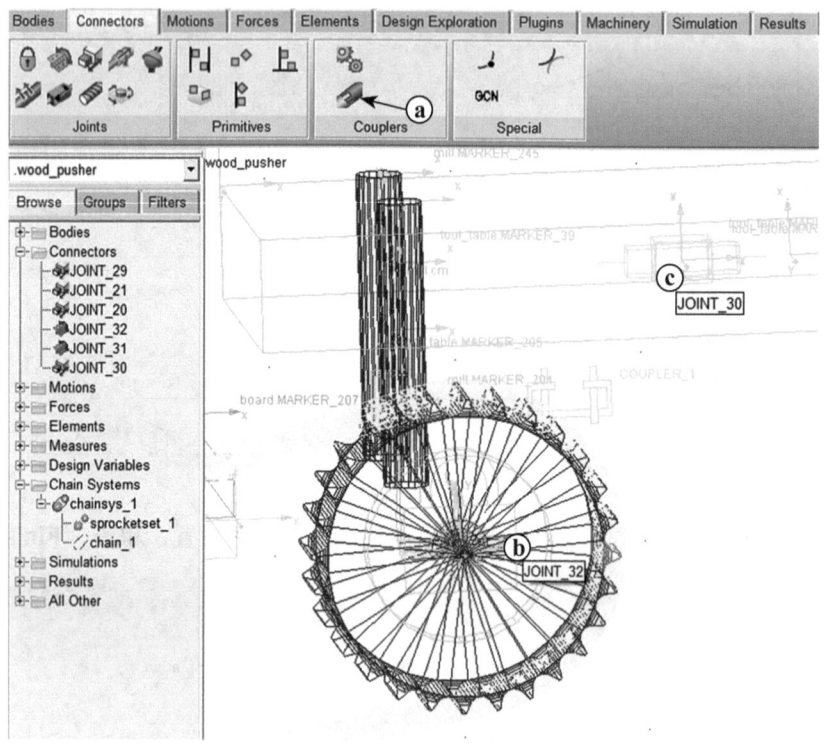

图 4-92 施加耦合副

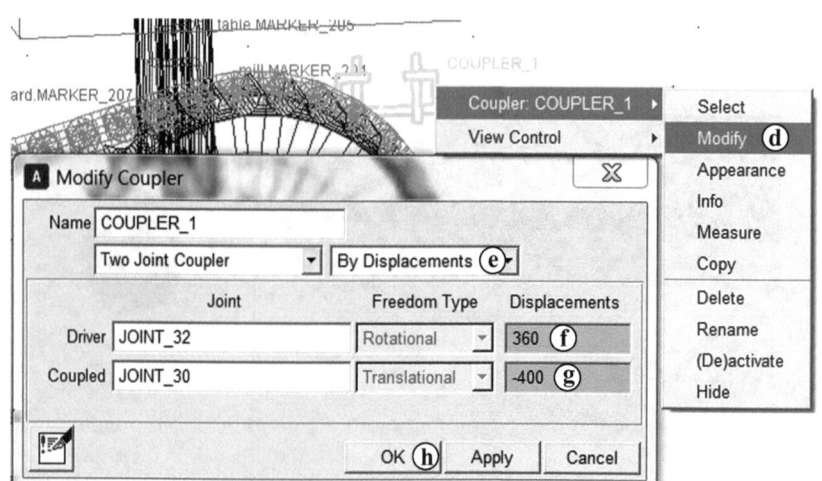

图 4-93 修改耦合副

d. 右击创建的耦合副 COUPLER_1，在弹出的菜单中选择"**Modify**"命令。

e. 在弹出的"Modify Coupler"对话框中，选择耦合副的耦合方式为"**By Displacements**"。

f. 设置旋转副"JOINT_32"的"Displacements"文本框中的值为"**360**"。

g. 设置移动副"JOINT_30"的"Displacements"文本框中的值为"**-400**"。

h. 单击"**OK**"按钮。

13. 施加驱动

施加驱动过程如图 4-94 所示。

a. 在操作区"Motions"项的"Joint Motions"中，单击"**Rotational Joint Motion**"图标。

b. 选取名称为"**JOINT_31**"的旋转副，完成驱动的施加。

c. 右击创建的驱动"MOTION_1"，在弹出的菜单中选择"**Modify**"命令。

d. 在弹出的"Joint Motion"对话框中，"Function (time)"文本框中输入"**360.0d * time**"。

e. 单击"**OK**"按钮。

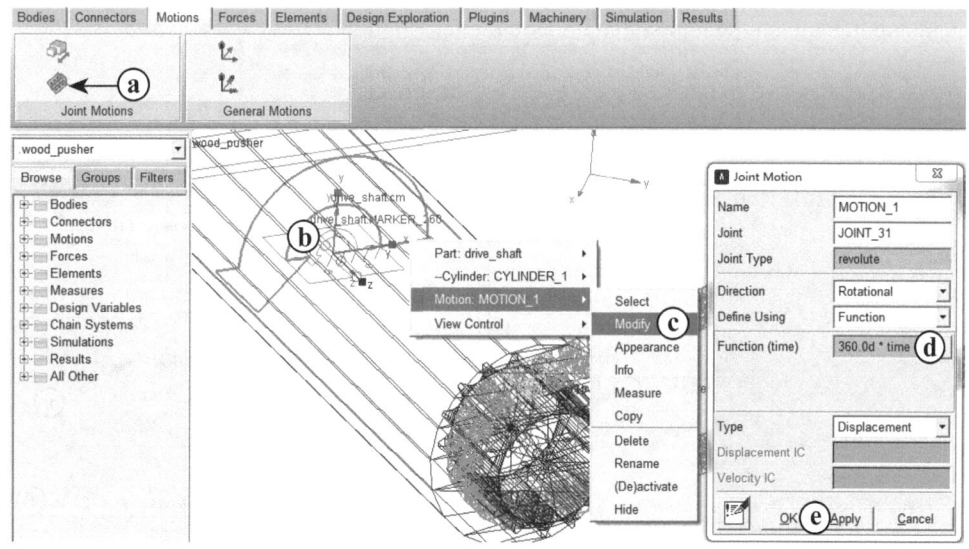

图 4-94 施加驱动

4.4.3 模型仿真与分析

1. 设置仿真求解器

链传动与带传动仿真模型类似，同样推荐使用 HHT 积分器。仿真求解器设置如图 4-95 所示。

a. 选择"**Settings→Solver→Dynamics**"命令，打开"Solver Settings"对话框。

b. 在"Integrator"后的下拉列表中选择"**HHT**"。

c. 在"Error"文本框中输入"**1.0E-5**"。

d. 在"Category"后的下拉列表中选择"**Executable**"。

e. 在"Choice"后选择"**C++**"。

f. 单击"**Close**"按钮。

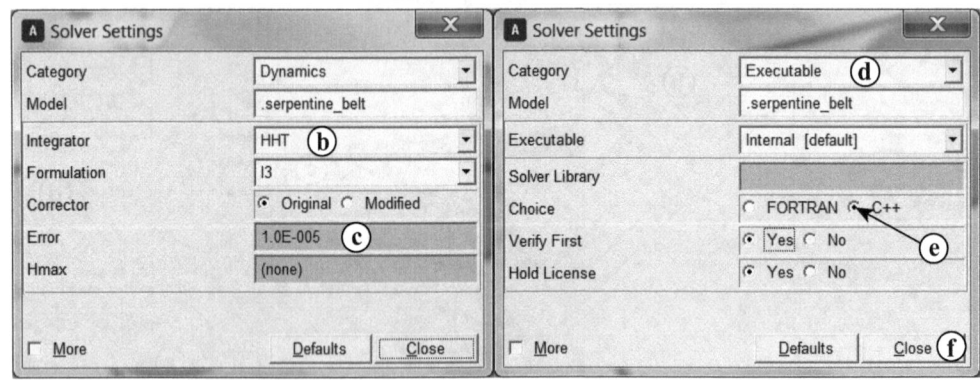

图 4-95　设置仿真求解器

2. 设置力图形显示

力图形显示设置如图 4-96 所示。

a. 选择"**Settings→Force Graphics**"命令,打开"Force Graphics Settings"对话框。

b. 在"Force Graphics Settings"对话框中,在"Force Scale"和"Torque Scale"文本框中均输入"**5.0E-2**",表示力和力矩的显示图形缩小为原来大小的 5.0E-2 倍。

c. 保持其他参数不变,单击"**OK**"按钮。

第 4 章 机械传动系统设计与仿真分析

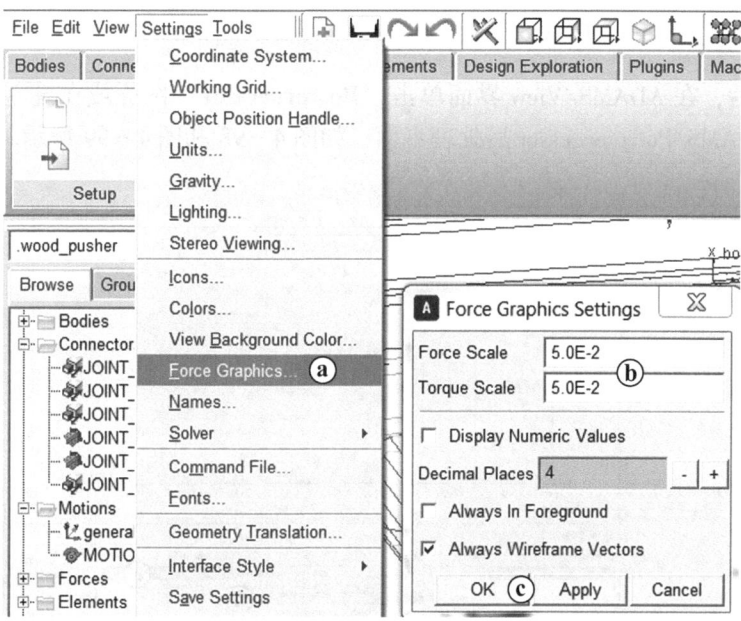

图 4-96 设置力图形显示

3. 设置仿真参数并运行仿真

仿真参数设置及仿真运行如图 4-97 所示。

a. 在操作区 "Simulation" 项的 "Simulate" 中，单击 "**Run an interactive Simulation**" 图标。

b. 在弹出的 "Simulation Control" 对话框中，在 "End Time" 文本框中输入 "**1**"，"Steps" 文本框中输入 "**400**"。

c. 取消勾选 "Update graphics display" 选项，以提高仿真速度。

d. 单击 "**Start simulation**" 按钮。

根据计算机配置不同，仿真时间为几分钟至十几分钟。

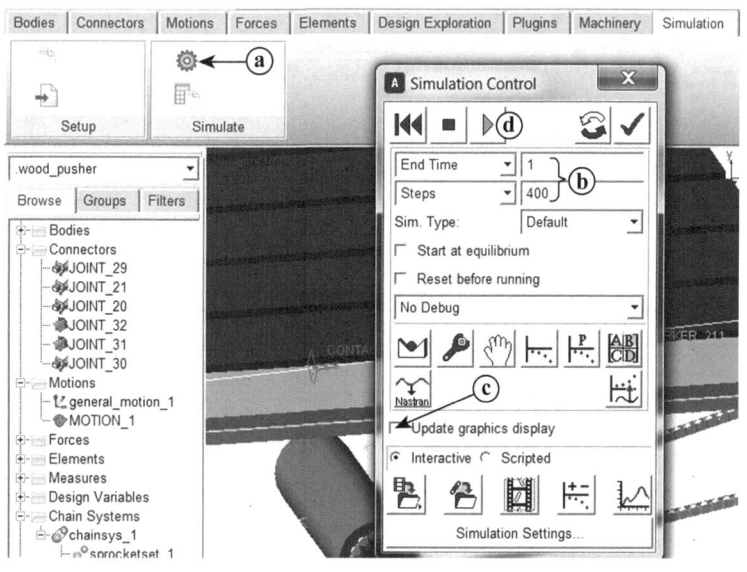

图 4-97 仿真参数设置

【图 4-97 仿真】

4. 查看结果

仿真完成后,在 ADAMS/View 界面单击"**Postprocessor**"图标或在键盘上按〈**F8**〉快捷键,进入 ADAMS/Postpreocessor 后处理界面,如图 4-98 和图 4-99 所示。

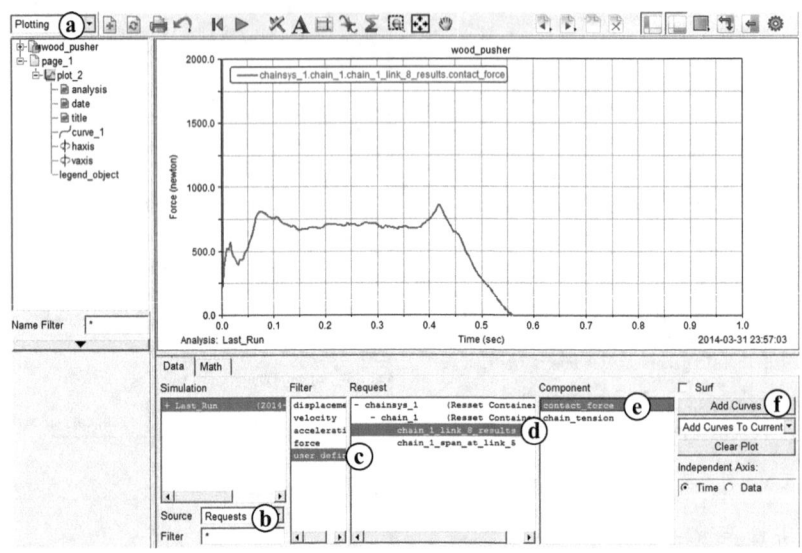

图 4-98 查看链节接触力的仿真结果

a. 选择后处理模式为"**Plotting**",查看曲线结果。
b. 在下方的操作面板区域,选择"Source"后下拉列表中的"**Requests**"。
c. 在"Filter"列表中选择"**user defined**",表示用户定义的数据。
d. 在"Request"列表中选择"**chain_1_link_8_results**",其中 link_8 为已定义的链节。
e. 在"Component"列表中选择"**contact_force**",表示 link_8 与链轮之间的接触力。
f. 单击"**Add Curves**"按钮,在数据窗口生成仿真结果曲线。

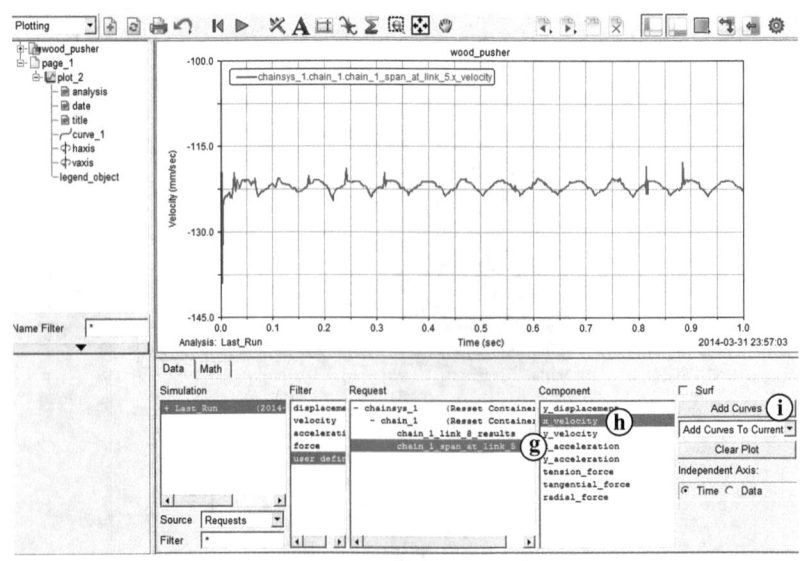

图 4-99 查看链节接触力的仿真结果

g. 在"Request"列表中选择"**chain_1_span_at_link_5**",其中 link_5 为已定义的链节。

h. 在"Component"列表中选择"**x_velocity**",表示 link_5 在 X 方向上的运动速度。

i. 单击"**Add Curves**"按钮,在数据窗口生成仿真结果曲线。

另外,还可以把后处理改为"Animation"模式,播放仿真动画,观察链传动的运动过程,以及和其他构件之间的关联。

最后将模型保存为"**chapter4_4. bin**"。

4.5 绳索传动

4.5.1 设计问题的描述

在实际生活中有大量的绳索类传动形式,在其工作过程中绳索类部件往往只承受拉力而不承受压力的作用,并且由于绳索类部件具有大变形的特性,在传动过程中可以方便地改变其受力方向,因此其使用灵活性被极大地提高了,当配以滑轮机构时还可以自由设置作用端和被作用端的受力传动比,方便人们的使用。

虽然绳索类部件看似简单,但是用软件对其模拟时却存在一定的困难。绳索的力学特性往往较为复杂,以钢丝绳为例,通常都是通过细长的钢丝螺旋缠绕在一起形成的,工作时在其上施加拉力,除了材料自身的拉力作用外,各钢丝之间的外表面还有摩擦力的作用;并且在模拟钢丝绳的变形状态时,如弯转、缠绕等,往往使用离散元的思想,将整条钢丝绳离散成多个小段,在各个小段之间定义约束或柔性连接。这是一种较为现实的方法,但若用户手动完成往往需要较多的时间。

船舶上常用的救生艇释放装置是一个通过绳索滑轮传动实现运动过程的机构,如图 4-100 所示。本节使用 ADAMS/Machinery Cable 模块建立释放装置的仿真模型,通过仿真分析,研究救生艇释放过程中的稳定性。

 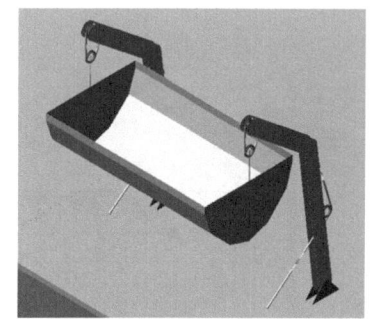

图 4-100 带有绳索传动的救生艇释放装置

4.5.2 绳索传动模型的创建

1. 启动 ADAMS 软件并设置工作环境

下载本教材提供的电子文件(下载方法见前言),并将其保存在本地硬盘中。启动 ADAMS/View 模块,在欢迎界面选择"**Existing Model**",确认后弹出"Open Existing Model"

对话框,在"File Name"后选择附带光盘目录 chapter4_5 文件夹下的"chapter4_5_start.cmd"文件,打开绳索传动建模的初始模型,如图 4-101 所示。

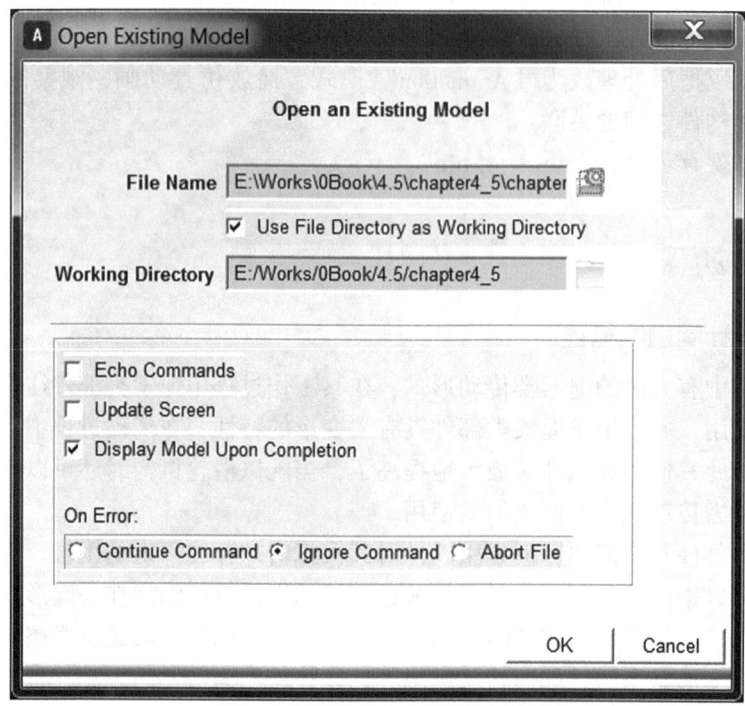

图 4-101 在 ADAMS/View 模块中打开初始模型

打开后的模型如图 4-102 所示,包含整个船舶模型,但其中释放装置不包含绳索传动模型。

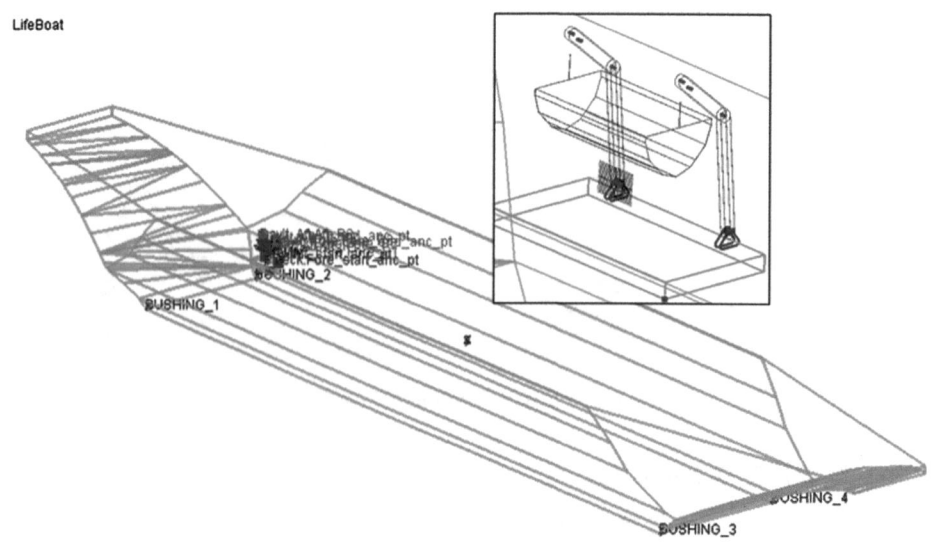

图 4-102 绳索传动的初始模型

2. 创建绳索锚点

绳索锚点的创建过程如图 4-103 所示。

a. 在操作区"Machinery"项的"Cable"中，单击"**Create Cable**"图标。

b. 在弹出的"Create Cable"对话框中，在"Cable System Name"文本框中输入"**Cable_Sys_1**"。

c. 在"Number of Anchor"文本框中输入"**2**"。

d. 选择选项卡 1，在"Name"文本框中输入"**Aft_start_anc**"，在"Location"文本框中输入"(**Deck.Aft_start_anc_pt**)"，在"Connection Part"文本框中输入"**Deck**"，在"Winch"文本框中输入"**Winch**"。第 1 个锚点创建完成。

注意：

1) 输入"Location"文本框中的位置时，选择"Deck.Aft_start_anc_pt"，系统自动在文本框中输入表达式为"(LOC_RELATIVE_TO ({0, 0, 0}, Aft_start_anc_pt))"。

2) 输入的"Winch"变量为初始模型已创建的系统状态变量名称，其值为函数表达式，仿真过程中通过函数值的变化，模拟绞车功能，实现绳索的收放。

e. 选择选项卡 2，在"Name"文本框中输入"**Aft_end_anc**"，在"Location"文本框中输入"(**Davit_Aft.Aft_end_anc_pt**)"，在"Connection Part"文本框中输入"**Davit_Aft**"，在"Winch"文本框中输入"**NONE**"。第 2 个锚点创建完成。

f. 单击"**Next**"按钮。

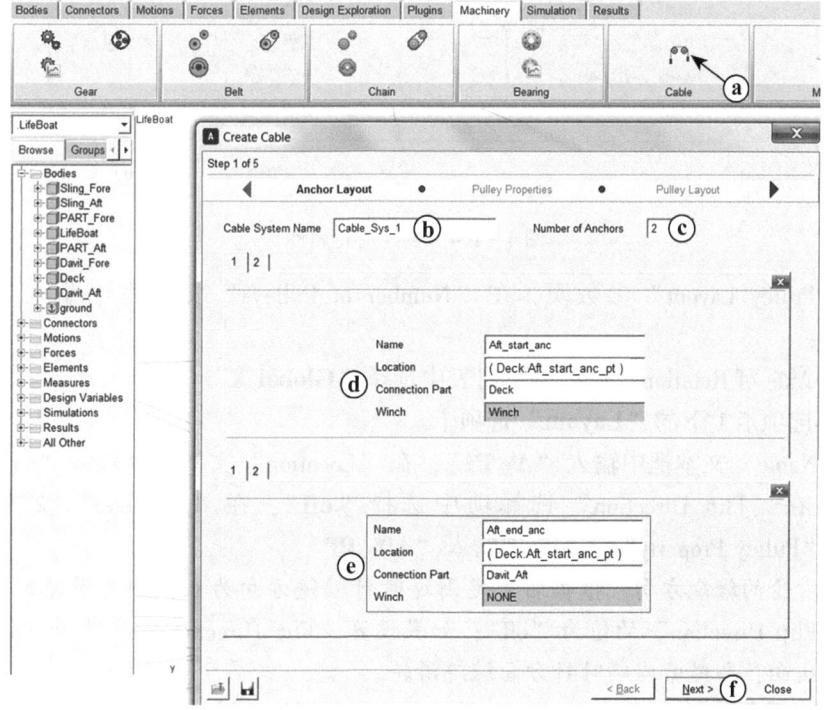

图 4-103 创建绳索传动的锚点

3. 创建滑轮

滑轮创建过程如图 4-104 和图 4-105 所示。

a. 在"Pulley Properties"参数页,在"Number of Pulley_Properties"文本框中输入"**1**"。

b. 在"Pulley Property Name"文本框中输入"**Aft_PP**"。

c. 在"Dimensions"参数区,在"Width"文本框中输入"**6.0E-2**","Depth"文本框中输入"**2.5E-2**","Radius"文本框中输入"**1.7E-2**","Angle"文本框中输入"**20.0**"。

d. 在"Contact Parameters"参数区,在"Hertz K"文本框中输入"**1.0E+7**","Hertz E"文本框中输入"**1.0**","Hertz Cm"文本框中输入"**100**","Friction Mu"文本框中输入"**0.6**","Friction Vt"文本框中输入"**0.1**"。

e. 单击"**Next**"按钮进行下一步。

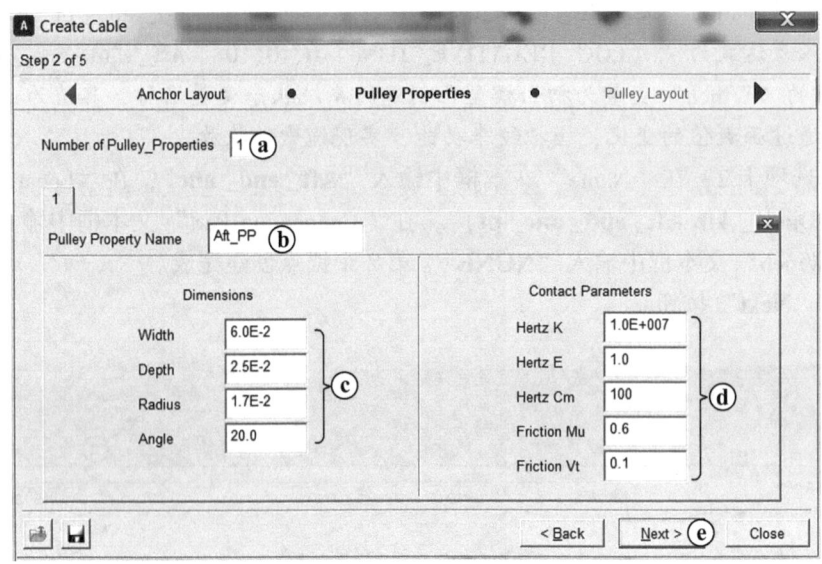

图 4-104 创建滑轮属性

f. 在"Pulley Layout"参数页,在"Number of Pulleys"文本框中输入"**4**",并按〈**Enter**〉键;

g. 在"Axis of Rotation"后的下拉列表中选择"**Global X**"。

h. 单击选项卡 1 下的"**Layout**"选项卡。

i. 在"Name"文本框中输入"**A_P1**",在"Location"文本框中输入"**(Davit_Aft.Aft_P1)**",在"Flip Direction"选择项中选择"**off**",在"Diameter"文本框中输入"**0.3**",在"Pulley Property"文本框中输入"**Aft_PP**"。

说明:滑轮的缠绕方向,根据右手定则逆时针缠绕方向为正,即为滑轮的默认缠绕方向。此时"Flip Direction"的值为"off";如果设置"Flip Direction"参数为"on",表示滑轮缠绕方向反向,即绳索以顺时针方向缠绕滑轮。

j. 保持选项卡 1 下的"Material"选项卡中的材料属性为默认设置。

k. 单击选项卡 1 下的"Connection"选项卡,在"Connection Type"后的下拉列表中选择"**Revolute**",在"Connection Part"文本框中输入"**Davit_Aft**"。

l. 按照上述方法，依据表4-3的参数，创建第2~4个滑轮。

m. 4个滑轮参数全部设置完成后，单击"**Next**"按钮。

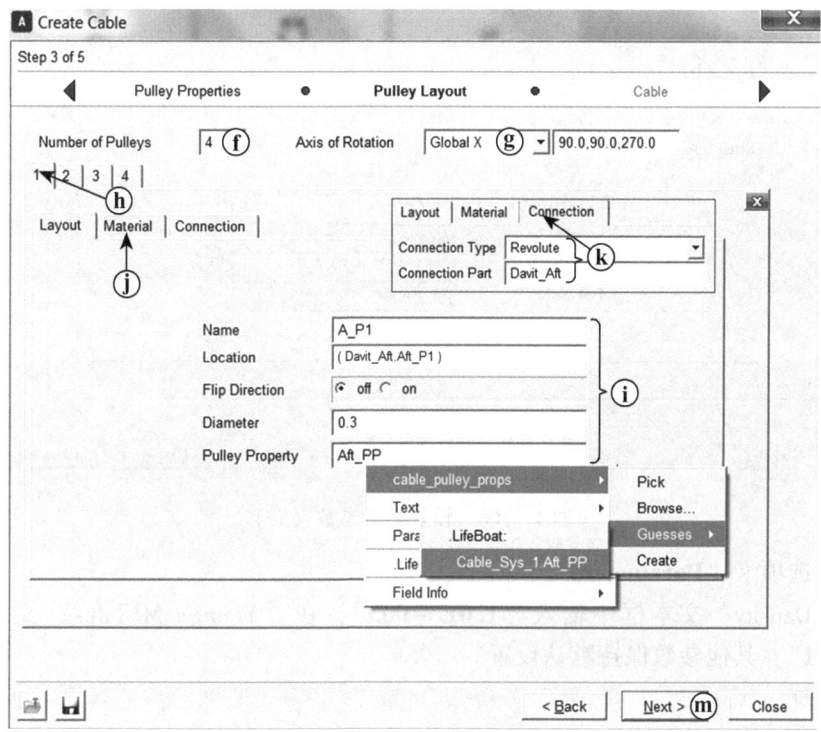

图4-105 创建滑轮

表4-3 滑轮的建模参数设置

项目	滑轮2	滑轮3	滑轮4
Name	A_P2	A_P3	A_P4
Location	Davit_Aft. Aft_P2	Davit_Aft. Aft_P3	Part_Aft. Aft_P4
Flip Direction	off	off	off
Diameter	0.3	0.3	0.3
Pulley Property	Aft_PP	Aft_PP	Aft_PP
Connection Type	Revolute	Revolute	Revolute
Connection Part	Davit_Aft	Davit_Aft	Part_Aft

4. 创建绳索

绳索的创建过程如图4-106~图4-110所示。

a. 在"Cable"参数页，"Number of Cables"文本框中输入"**1**"。

b. 单击选项卡1下的"**Setup**"。

c. 在"Cable Name"文本框中输入"**Aft_Cable**"，在"Begin Anchor"文本框中输入"**Aft_start_anc**"，在"Wrapping Order"文本框中输入"**A_P1, A_P2, A_P3, A_P4**"，在"End Anchor"文本框中输入"**Aft_end_anc**"，在"Diameter"文本框中输入"**3.2E-002**"。

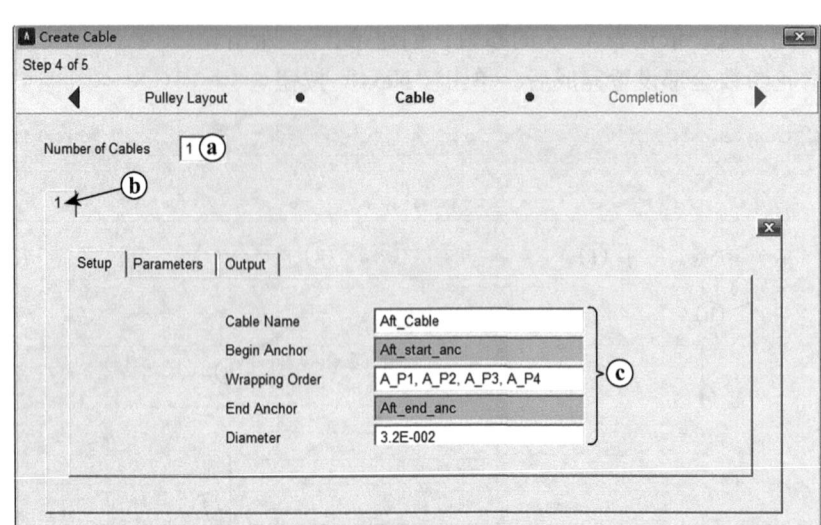

图 4-106　设置绳索参数（一）

d. 单击选项卡"**Parameters**"。

e. 在"Density"文本框中输入"**1.0E-003**"，在"Young's Modulus"文本框中输入"**1.0E+0011**"，其他参数保持默认设置。

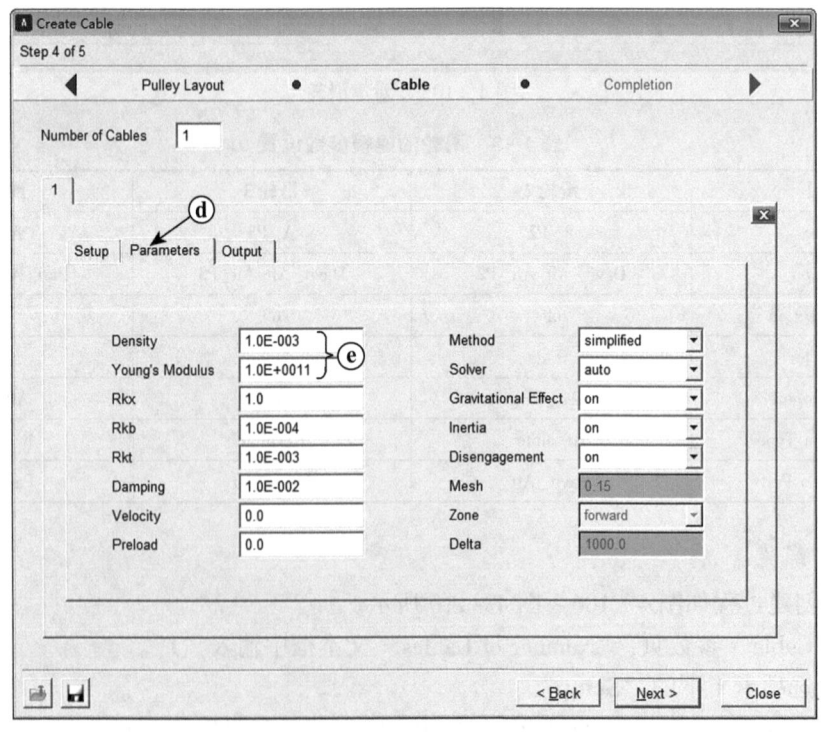

图 4-107　设置绳索参数（二）

f. 单击选项卡"**Output**"。

g. 在"Pulley Results"文本框中输入"**1，2，3，4，5，6**"，在"Span Results"文本框中输入"**1，2，3，4，5**"。

说明：输入的数字 1，2，3，…表示绳索从起点到终点按照顺序连接的锚点和滑轮的 ID。

h. 单击"**Next**"按钮。

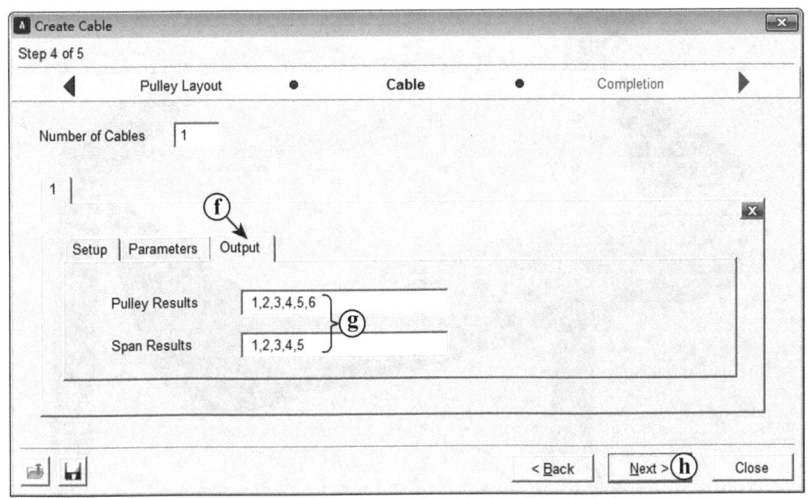

图 4-108　设置绳索参数（三）

此时系统提示与 ADAMS/Solver（FORTRAN）的不兼容问题，但是由于现在 ADAMS 软件已默认使用 ADAMS/Solver（C++），故可忽略此信息，继续后续操作。

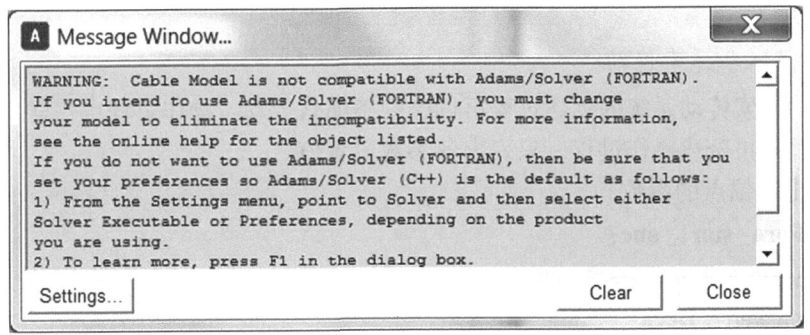

图 4-109　提示 ADAMS/Solver 兼容性问题

i. 在"Completion"参数页，提示已完成该绳索传动系统的创建，单击"**Finish**"按钮。

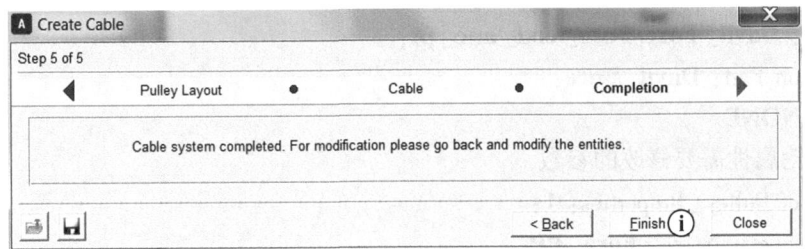

图 4-110　完成绳索传动系统创建

生成的绳索传动仿真模型如图 4 – 111 所示。目前只创建了一条绳索，还需要在另一侧创建一条同样的绳索。

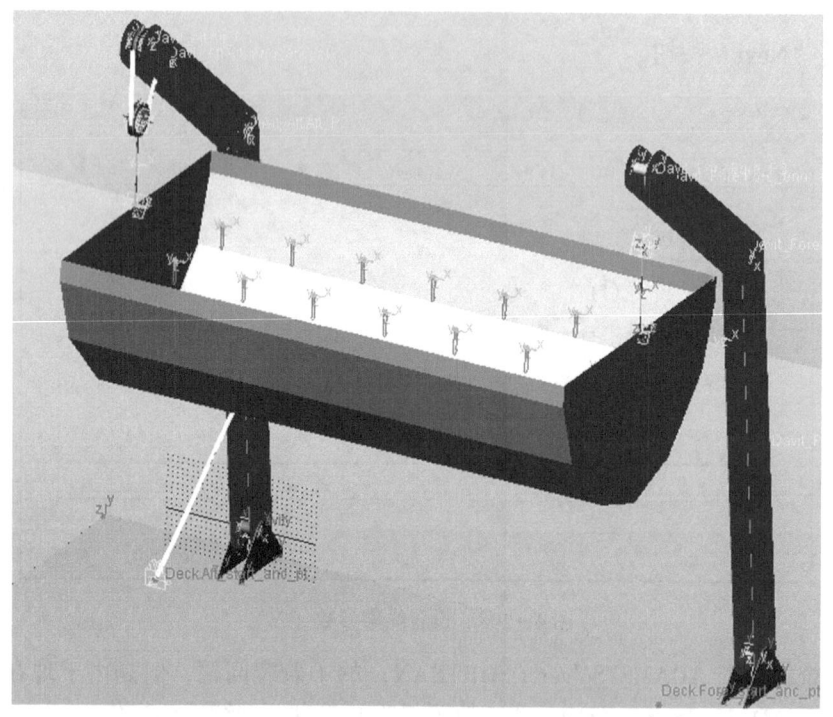

图 4 – 111　生成的单个绳索传动仿真模型

5. 创建另一条绳索传动

按照上述绳索传动系统的创建过程再创建一条绳索传动，操作过程也一样，只是参数有所不同。这里不再赘述操作过程，只列出各参数设置值。

(1) 第 1 个锚点的参数

Name：**Fore_ start_ anc**；

Location：**Deck. Fore_ start_ anc_ pt**；

Connection Part：**Deck**；

Winch：**Winch**。

(2) 第 2 个锚点的参数

Name：**Fore_ end_ anc**；

Location：**Davit_ Fore. Fore_ end_ anc_ pt**；

Connection Part：**Davit_ Fore**；

Winch：**NONE**。

(3) 滑轮属性需要修改的参数

Number of Pulley_ Properties：**1**；

Pulley Property Name：**Fore_ PP**；

Width：**6.0E-2**；
Depth：**2.5E-2**；
Radius：**1.7E-2**；
Angle：**20**；
Hertz K：**1.0E+7**；
Hertz E：**1.0**；
Hertz Cm：**100**；
Friction Mu：**0.6**；
Friction Vt：**0.1**。

(4) 滑轮建模参数

Number of Pulleys：**4**；

Axis of Rotation：**Global X**。

4个滑轮的参数见表4-4。

表4-4 设置4个滑轮的建模参数

项目	滑轮1	滑轮2	滑轮3	滑轮4
Name	F_P1	F_P2	F_P3	F_P4
Location	Davit_Fore.Fore_P1	Davit_Fore.Fore_P2	Davit_Fore.Fore_P3	Part_Fore.Fore_P4
Flip Direction	off	off	off	off
Diameter	0.3	0.3	0.3	0.3
Pulley Property	Fore_PP	Fore_PP	Fore_PP	Fore_PP
Connection type	Revolute	Revolute	Revolute	Revolute
Connection Part	Davit_Fore	Davit_Fore	Davit_Fore	Part_Fore

(5) 绳索建模参数

Number of Cables：**1**；

Cable Name：**Fore_Cable**；

Begin Anchor：**Fore_start_anc**；

Wrapping Order：**F_P1，F_P2，F_P3，F_P4**；

End Anchor：**Fore_end_anc**；

Diameter：**3.2E-002**；

Density：**1.0E+3**；

Young's Modulus：**1.0E+11**；

Output：Pulley Results：**1，2，3，4，5，6**；

Span Results：**1，2，3，4，5**；

操作完成后，生成的仿真模型如图4-112所示。通过创建两条绳索传动完成救生艇释放装置仿真模型的建立。

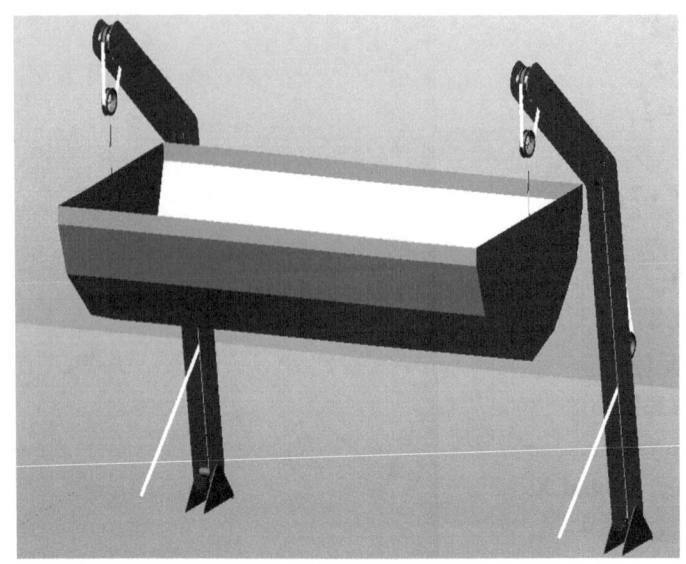

图 4-112　含有两个绳索传动的仿真模型

4.5.3　模型仿真与分析

1. 设置仿真求解器

选择"**Settings→Solver→Dynamics**"命令,打开"Solver Settings"对话框,如图 4-113 所示。

a. 在"Integrator"后的下拉列表中选择"**GSTIFF**"。

b. 在"Formulation"后的下拉列表中选择"**SI2**",选择这一设置的优点是求解速度慢,但稳定性高,适合精确模型仿真。

c. 单击"**Close**"按钮。

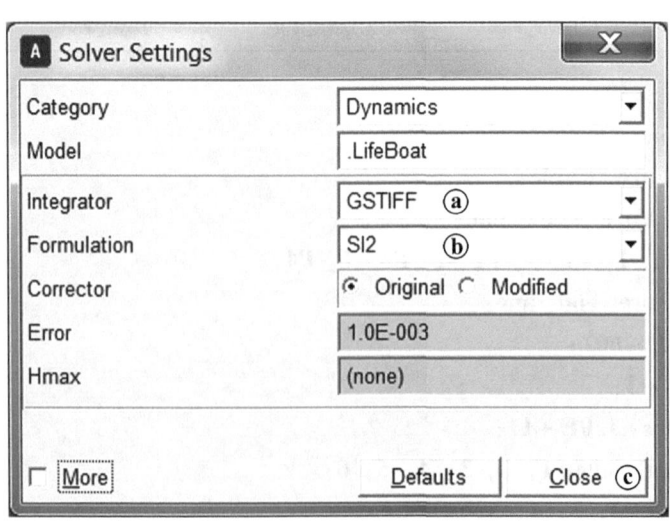

图 4-113　设置求解器

2. 设置仿真脚本

导入的初始模型中已经包含了仿真脚本,用户可以查看并进行修改,如图 4-114 所示。

a. 在模型树中右击"SIM_SCRIPT_1",在弹出的快捷菜单中选择"**Modify**"命令。

b. 在弹出的"Modify Simulation Script"对话框中,显示已经定义的 **ADAMS/Solver** 脚本命令,仔细阅读脚本命令,了解仿真过程。

c. 如果不对脚本进行修改,单击"**Cancel**"按钮,关闭对话框。

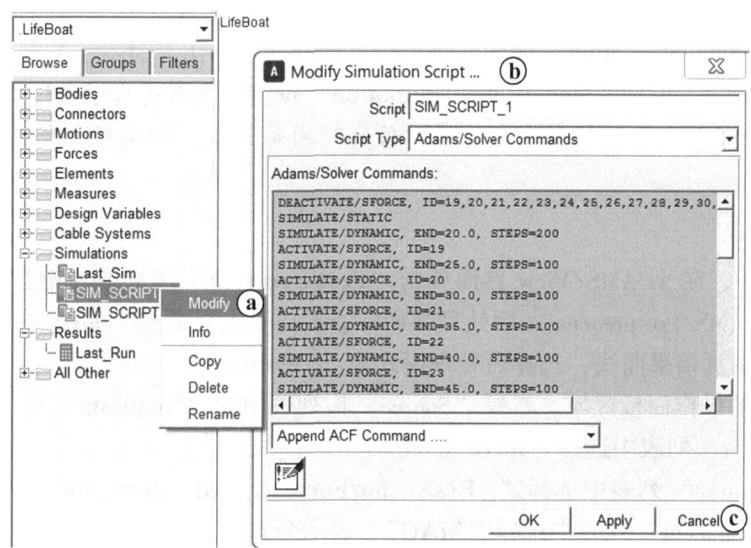

图 4-114　设置仿真脚本命令

3. 设置仿真参数

仿真参数的设置如图 4-115 所示。

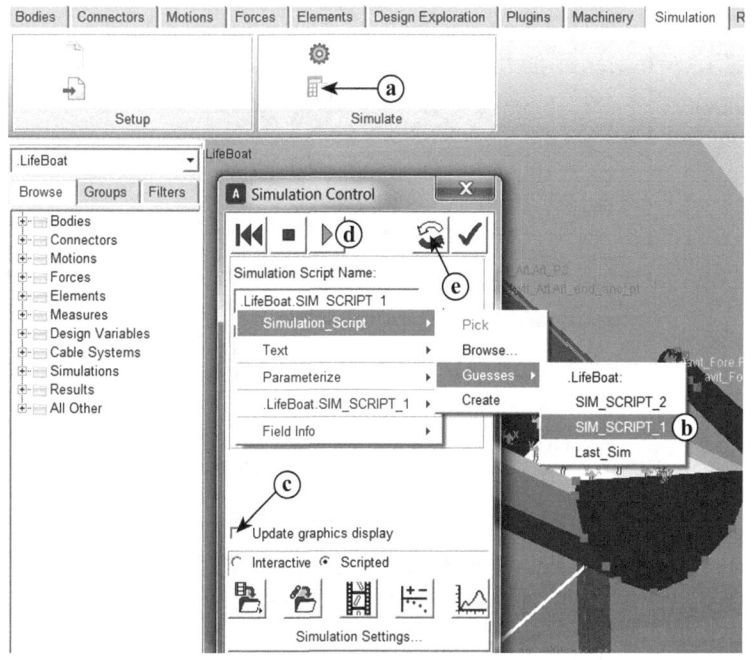

图 4-115　仿真参数设置

【图 4-115 仿真】

a. 在操作区"Simulation"项的"Simulate"中，单击"**Run a Scripted Simulation**"图标。

b. 在弹出的"Simulation Control"对话框中，右击"Simulation Script Name"，在弹出的菜单中选择"**SIM_SCRIPT_1**"。

c. 取消勾选"**Update graphics display**"选项，以提高仿真速度。

d. 单击"**Start simulation**"按钮，进行仿真计算，忽略仿真时提示的警告信息。

e. 仿真完成后，单击"**Replay last simulation**"按钮，查看仿真运动过程。

注意：SIM_SCRIPT_1仿真脚本设置的仿真时间是300s，但实际上仿真需要几分钟到十几分钟时间。

4. 查看结果

仿真完成后，在ADAMS/View界面单击"**Postprocessor**"图标或在键盘上按〈**F8**〉快捷键，进入ADAMS/Postpreocessor后处理界面，查看仿真结果曲线，如图4-116所示。

a. 为查看仿真结果曲线，选择后处理模式为："**Plotting**"。

b. 在下方的操作面板区域，选择"Source"后列表中的"**Requests**"。

c. 在"Filter"列表中选择"**force**"。

d. 在"Request"列表中选择"**_ResAnchorForce_1_Aft_start_anc**"，表示起始锚点。

e. 在"Component"列表中选择"**MAG**"，表示合力值。

f. 单击"**Add Curves**"按钮，生成仿真结果曲线。

g. 按照上述过程，继续查看其他仿真结果曲线，在此不再重复操作。

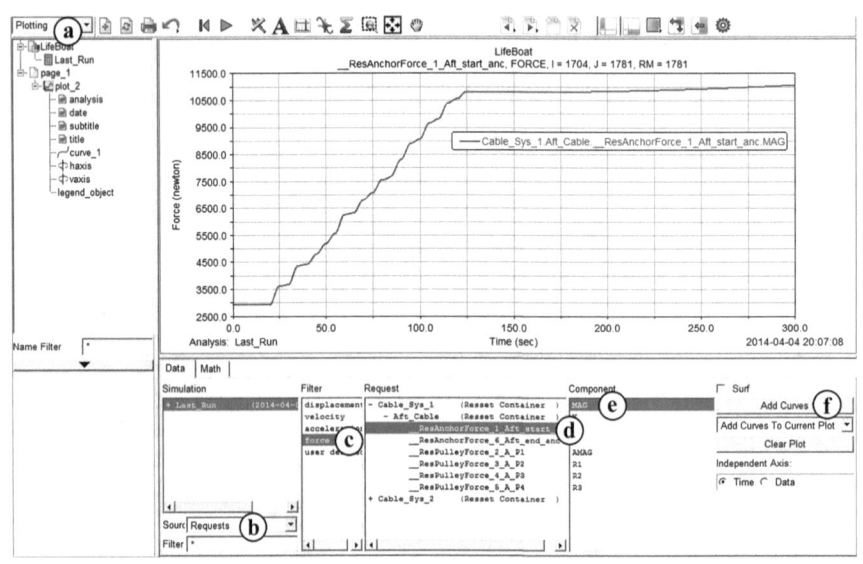

图4-116 查看仿真结果曲线

在仿真开始时，使用仿真脚本把所有施加的载荷力全部失效，在仿真进行过程中，每隔一段时间激活一个载荷力，使绳索处于变载荷的运动过程中。绳索的受力如图4-116所示。

最后将模型保存为"**chapter4_5.bin**"。

4.6 轴承

4.6.1 设计问题的描述

轴承是各类机械装备的重要基础零部件,它的精度、性能、寿命和可靠性对主机的精度、性能、寿命和可靠性起着决定性的作用。轴承用于确定旋转轴与其他零件的相对运动位置,起支承或导向作用。轴承主要由内圈、外圈、滚动体和保持架等零件组成,使用时还要考虑密封和润滑等必要条件。轴承的各组成零件之间是通过相互接触传递运动的,一般情况下,这些接触件之间存在一定的间隙,这样就形成复杂的接触问题。

在传统的建模方法中,一般使用旋转副或柔性连接模拟轴承,但难以保证精确度。现在利用 ADAMS 软件新开发的轴承模块,能精确地对轴承进行建模和仿真。本节使用 ADAMS/Machinery Bearing 模块建立图 4-117 所示凸轮传动机构的仿真模型,模型中凸轮旋转主轴的两端使用轴承连接,并且通过对模型进行仿真分析,比较使用精确的轴承模型与使用旋转副代替轴承两种情况的区别。

图 4-117 凸轮传动机构

4.6.2 轴承模型的创建

1. 启动 ADAMS 软件并设置工作环境

下载本教材提供的电子文件(下载方法见前言),并将其保存在本地硬盘中。启动 ADAMS/View 模块,在欢迎界面选择"**Existing Model**",确认后弹出"Open Existing Model"对话框,在"File Name"后选择下载电子文件中的"chapter4_6_start.cmd"文件,打开轴承建模的初始模型。

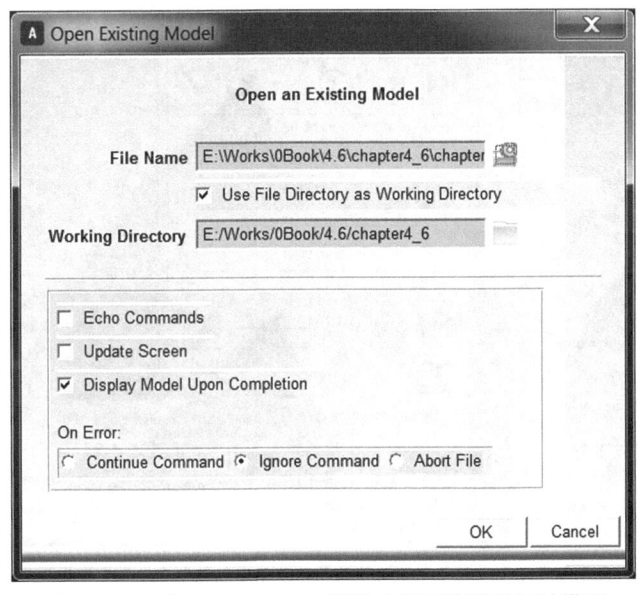

图 4-118 在 ADAMS/View 模块中打开建模的初始模型

打开后的模型如图 4-119 所示。

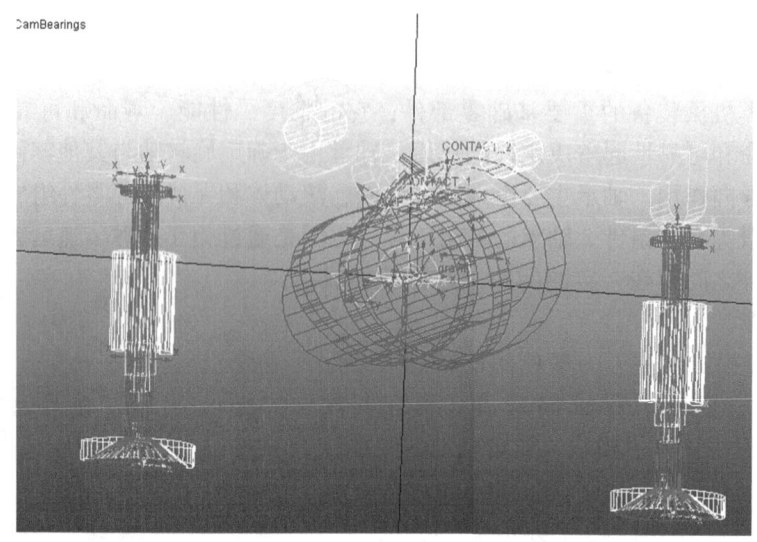

图 4-119 轴承建模的初始模型

观察打开的仿真模型,主轴 Main_Shaft 部件与大地(ground)通过旋转副 Revolute_joint 连接,该旋转副上施加旋转驱动 Revolute_motion,驱动类型为位移驱动,驱动值为"**50 * 360.0d * time**"。

2. 运行初次仿真

保持现有的模型不变,进行仿真分析,如图 4-120 所示。

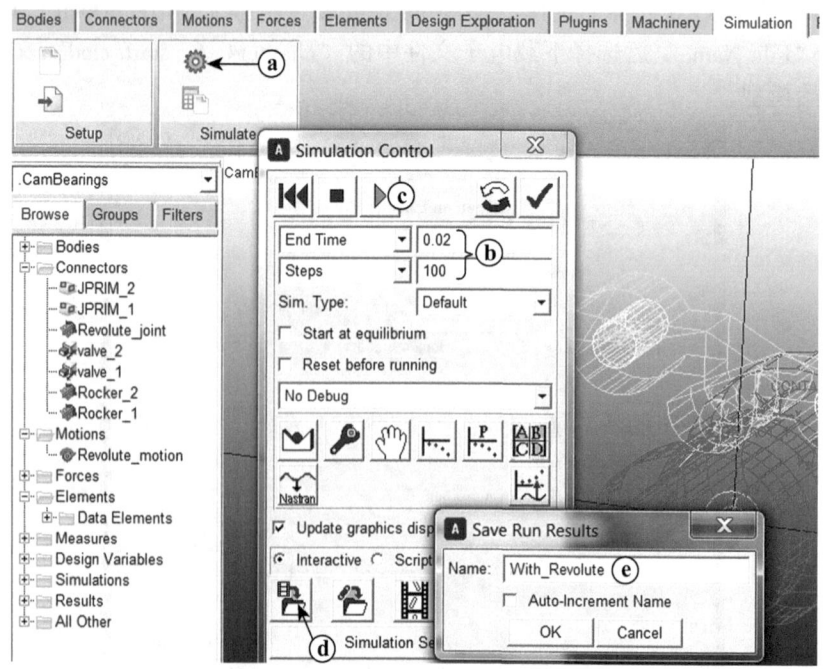

图 4-120 运行初次仿真并保存结果

a. 在操作区"Simulation"项的"Simulate"中,单击"**Run an interactive Simulation**"图标。

b. 在弹出的"Simulation Control"对话框中,在"End Time"文本框中输入"**0.02**","Steps"文本框中输入"**100**"。

c. 单击"**Start simulation**"按钮。

d. 单击"**Save the last simulation results to the database under a new name**"按钮。

e. 将仿真结果保存为"**With_ Revolute**"。

3. 失效旋转副和驱动

在创建轴承之前,需要先使旋转副"Revolute_ joint"和旋转驱动"Revolute_ motion"失效,如图4-121所示。

a. 在模型树中,右击旋转副"Revolute_ joint",在弹出的快捷菜单中选择"(**De**)**activate**"命令。

b. 在弹出的"Activate/Deactivate"对话框中,取消勾选"**Object active**"和"**Object's Dependents active**"两个选项。

c. 单击"**OK**"按钮,旋转副"Revolute_joint"变为失效状态。

按照上述操作,把旋转驱动"Revolute_ motion"也修改为失效状态。这样,旋转副"Revolute_ joint"和旋转驱动"Revolute_ motion"在后续的仿真过程中不再起作用。

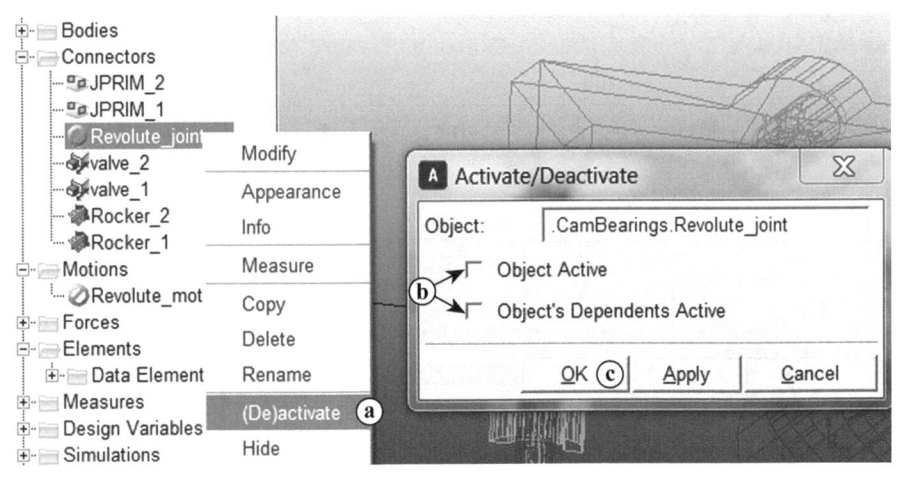

图4-121 失效旋转副和驱动

4. 创建第1个轴承

轴承创建过程如图4-122～图4-126所示。

a. 在操作区"Machinery"项"Bearing"中,单击"**Create Bearing**"图标,弹出"Create Bearing"对话框。

b. 在"Method"参数页中,选择"Method"后下拉列表中的"**Detailed**",表示建立精确的轴承模型。

c. 单击"**Next**"按钮。

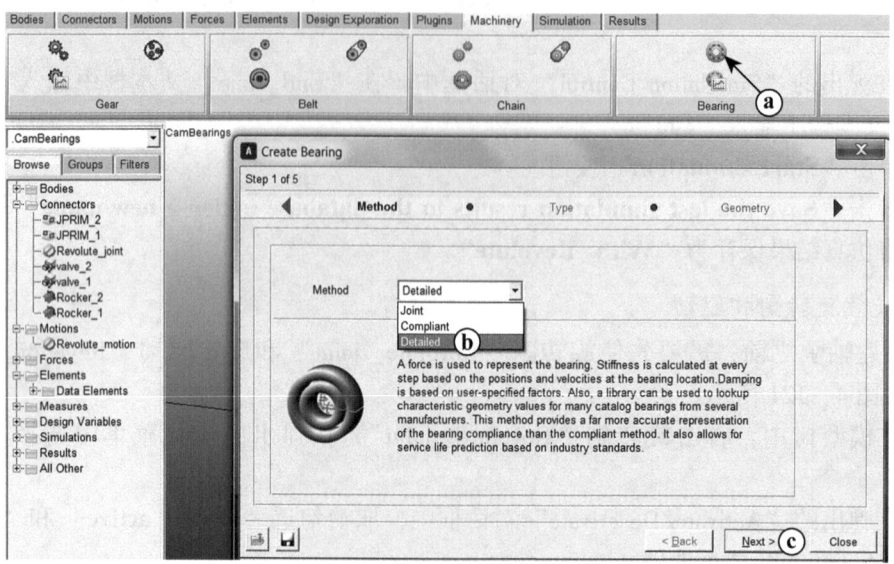

图 4-122　设置轴承建模方法

d. 在"Type"参数页，选择"Type"后下拉列表中的"**Needle Roller Bearing with/without internal ring**"为轴承类型。

e. 单击"**Next**"按钮。

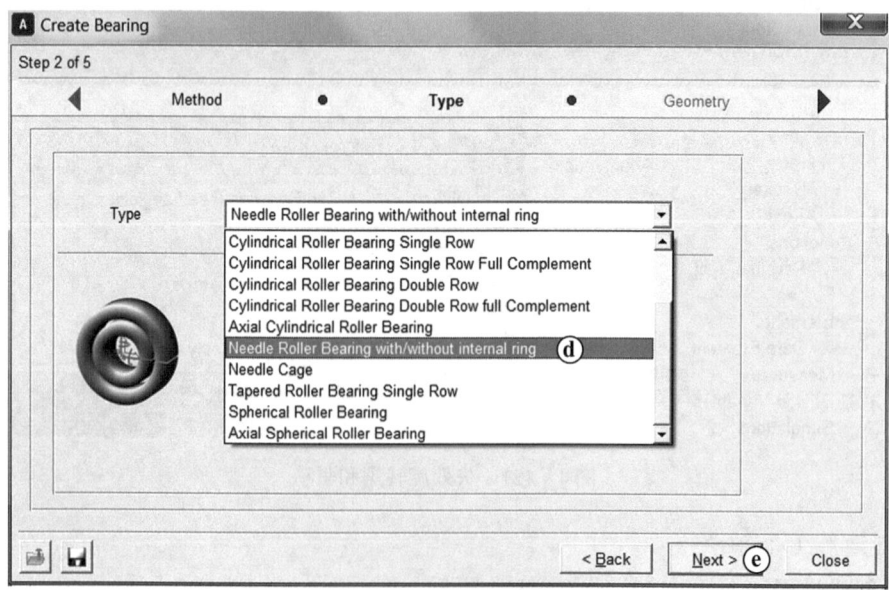

图 4-123　选择轴承类型

f. 在"Geometry"参数页，在"Bearing Name"文本框中输入"**Bearing_1**"，在"Axis of Rotation"后下拉列表中选择"**Global Z**"，即为轴承的旋转轴方向。

g. 在"Bearing Location"文本框中单击右键，在弹出的快捷菜单中选择"**Pick Location**"命令，然后选择"**Main_Shaft.MARKER_71**"，即在文本框中显示其坐标值为"0.0，0.0，-35.0"。

h. 将"Bearing Geometry Scaling"设定为"**3**"，表示轴承显示的几何尺寸比例。

i. 在"Bearing Clearance"后下拉列表中选择"**C2**"，表示轴承间隙小于正常值。

j. 在"Diameter"文本框中输入"**30**"，并按〈**Enter**〉键，在"Available Bearings"下拉列表中将显示当前所选直径的所有轴承型号。

k. 选择"Available Bearings"的为"**Koyo NA4906**"，对话框下方的参数文本框会自动显示所选轴承型号的参数值。

l. 单击"**Next**"按钮。

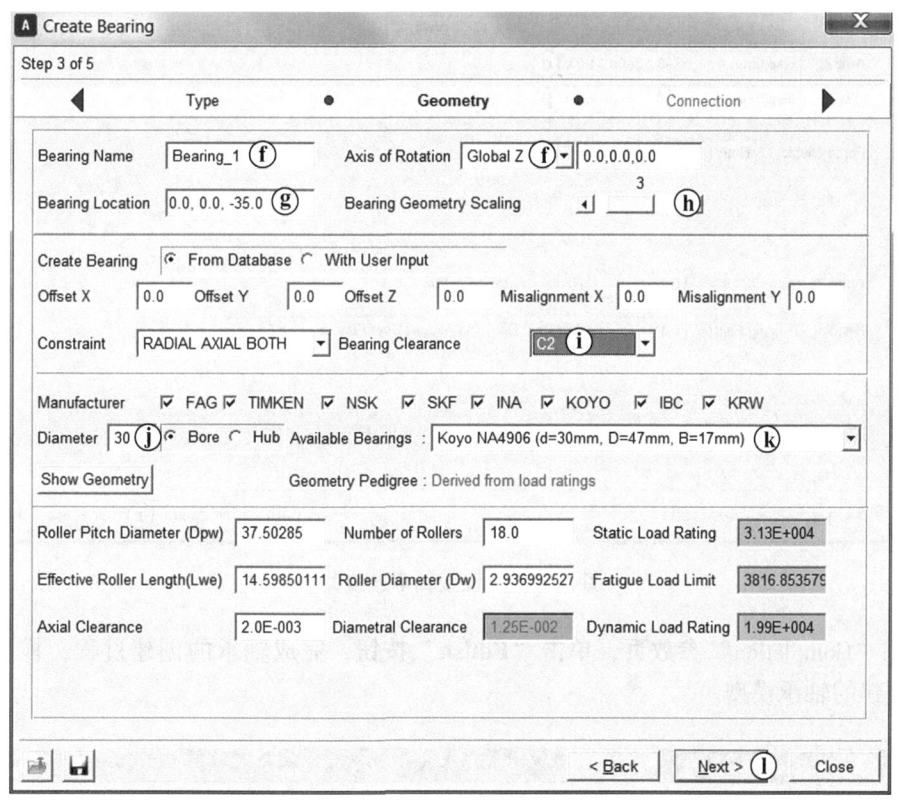

图 4-124 设置轴承几何参数

m. 在"Connection"参数页，在"Shaft"文本框中输入"**Main_Shaft**"，表示与轴承内圈关联的部件是主轴，在"Housing"文本框中输入"**ground**"，表示与轴承外圈关联的部件为大地。

n. 选择"Impose Motion"后的选项"**On**"，表示施加驱动。

o. 在"Rot Z"后的下拉列表中选择"**disp（time）=50*360d*time**"，表示轴承旋转的驱动值。

p. 在"Tra Z"后的下拉列表中选择"**disp（time）=0*time**"，表示轴承轴向

固定。

q. 在"Force Display"后的下拉列表中选择"**Both**",表示仿真过程中显示轴承作用在两个部件上的力图像。

r. 单击"**Next**"按钮。

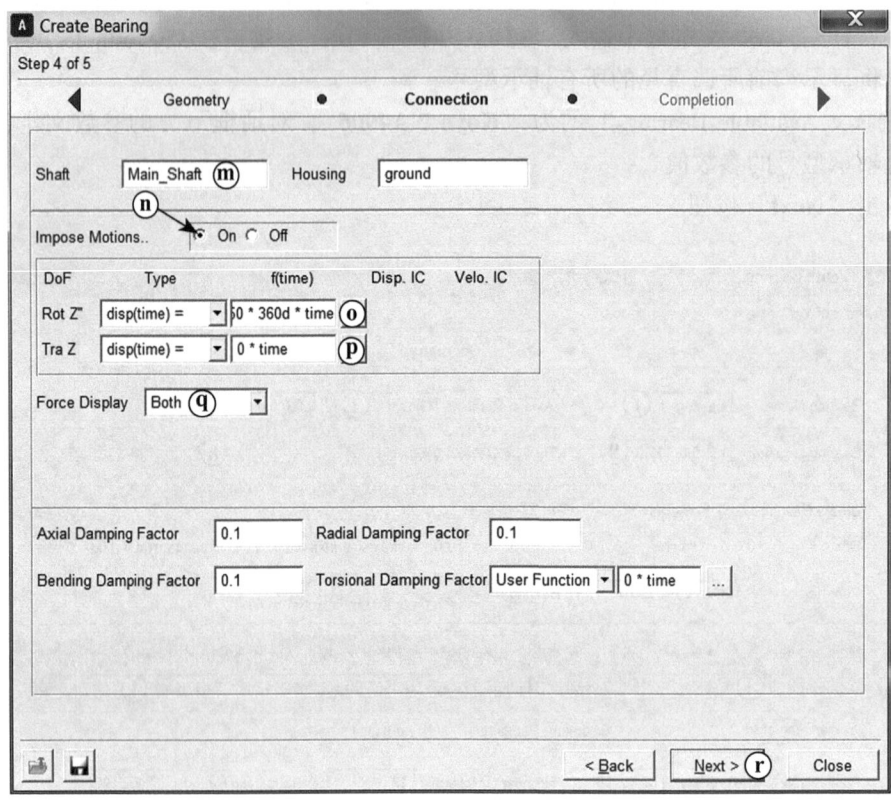

图 4-125　设置轴承连接关系

s. 在"Completion"参数页,单击"**Finish**"按钮,完成轴承的创建过程,模型窗口中显示已创建的轴承模型。

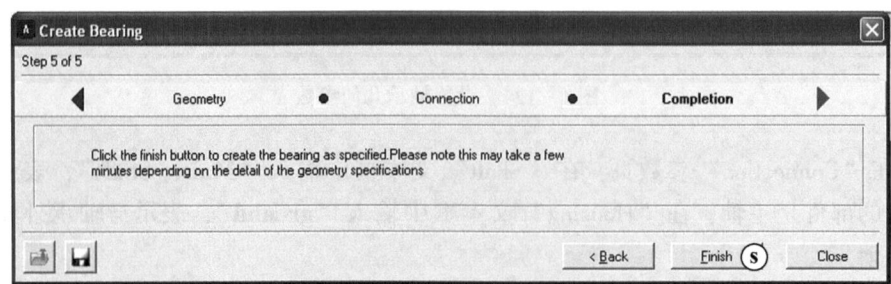

图 4-126　完成轴承的创建

创建完成后的轴承模型如图 4-127 所示。

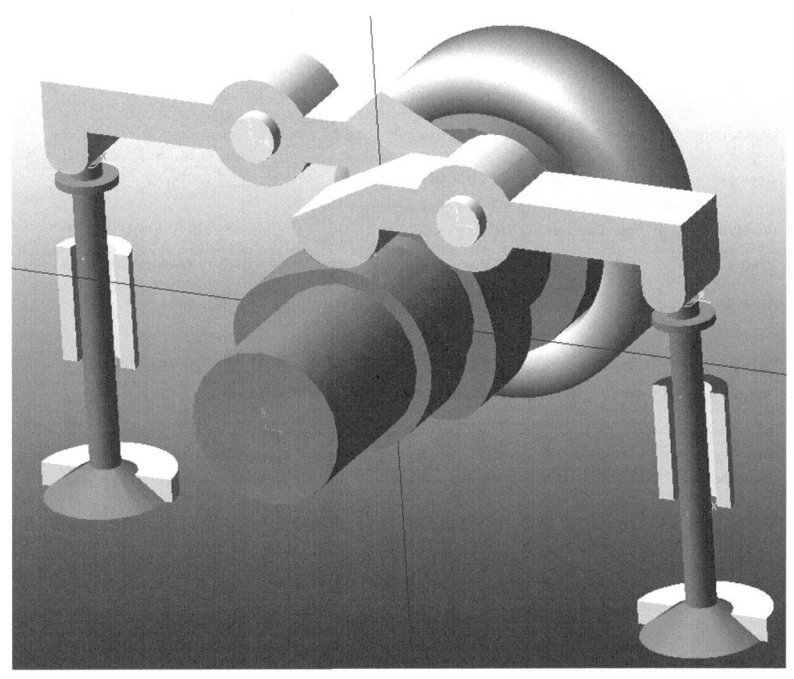

图 4-127　第 1 个轴承创建完成后的仿真模型

5. 创建第 2 个轴承

按照上述轴承的创建过程创建第 2 个轴承，进行相关参数设置。

a. 选择"Method"后下拉列表中的"**Detailed**"，确定创建方法，如图 4-122 所示。

b. 选择"Type"后下拉列表中的"**Needle Roller Bearing with/without internal ring**"，表示轴承类型，如图 4-123 所示。

c. 在"Bearing Name"文本框中输入"**Bearing_2**"，在"Axis of Rotation"后的下拉列表中选择"**Global Z**"。

d. 在"Bearing Location"文本框中，通过选择"**Main_Shaft.MARKER_1**"输入值"**0.0，0.0，35.0**"。

e. "Bearing Geometry Scaling"设定为"**2**"。

f. 在"Bearing Clearance"后的下拉列表中选择"**C2**"。

g. 在"Diameter"文本框中输入"**20**"。

h. 在"Available Bearings"后列表中选择"**Koyo NA4904**"。

i. 单击"Next"按钮，如图 4-128 所示。

j. 在"Shaft"文本框中输入"**Main_Shaft**"，在"Housing"文本框中输入"**ground**"，如图 4-125 所示。

k. 在如图 4-125 所示的界面中，选择"Impose Motion"后选项"**Off**"，表示不施加驱动。

l. 在如图 4-125 所示的界面中，选择"Force Display"后下拉列表中的"**Both**"。

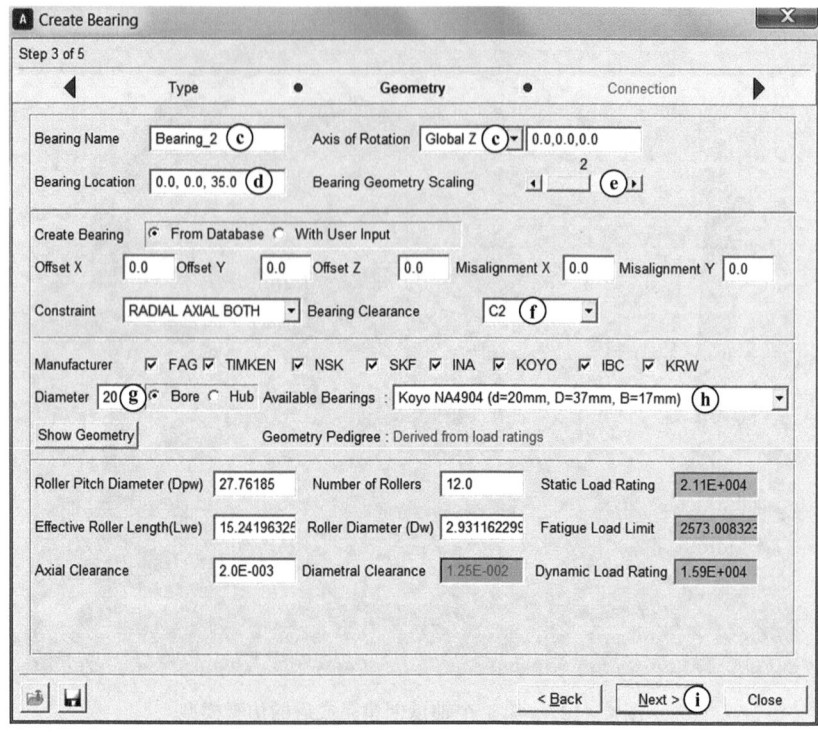

图 4-128 第 2 个轴承的几何参数设置

第 2 个轴承创建完成后的仿真模型如图 4-129 所示。

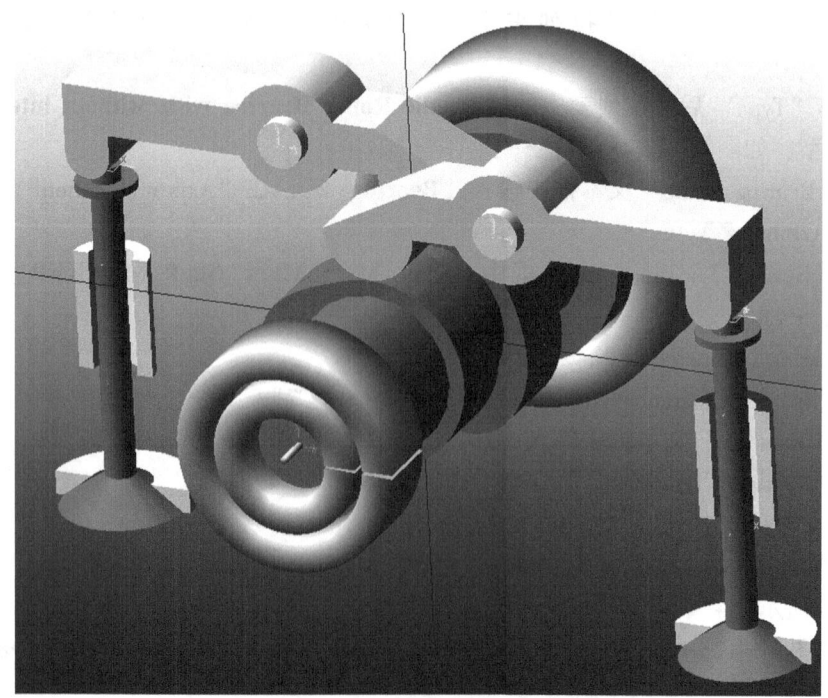

图 4-129 两个轴承创建完成后的仿真模型

6. 创建轴承输出

ADAMS 软件提供了通用的轴承性能输出设置参数，如图 4-130 所示。

a. 在操作区"Machinery"项"Bearing"中，单击"**Bearing output**"图标。

b. 在弹出的"Bearing Output"对话框中，在"Bearing Name"文本框中右击，选择输入轴承名称为"**Bearing_1**"。

c. 选择"Lubricant Properties"中的"Type"为"**Grease**"，表示轴承采用润滑脂进行润滑。

d. 选择"Manufacturer"下拉列表中的"**Arcanol**"，表示润滑脂制造商。

e. 选择"Lubricants"下拉列表中的"**Arcanol MULTITOP**"，表示润滑脂类型。

f. 在"Temperature"文本框中输入"**75**"，表示工作时润滑剂的摄氏温度值。

g. 保持其他参数为默认设置，单击"**OK**"按钮，完成第 1 个轴承的输出参数设置。

重复上述过程，对第 2 个轴承设置输出参数，参数与第 1 个轴承相同。

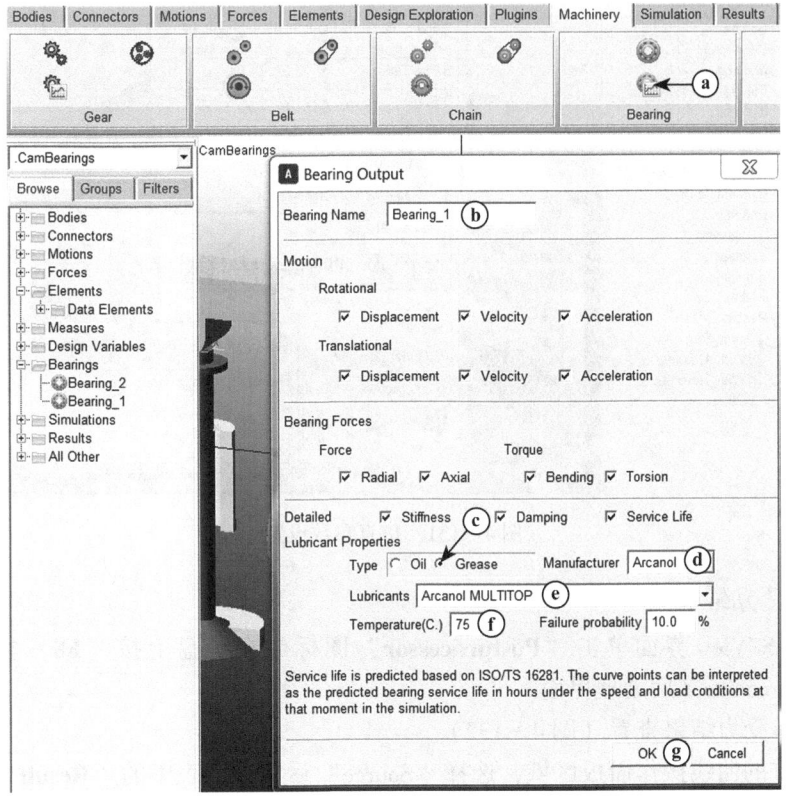

图 4-130　设置轴承输出参数

通过以上步骤完成了轴承模型的创建，并使用这两个轴承替代之前建立的旋转副，使仿真模型更接近于实际情况。

4.6.3　模型仿真与分析

1. 设置仿真参数

仿真参数的设置如图 4-131 所示。

a. 在操作区"Simulation"项的"Simulate"中,单击"**Run an interactive Simulation**"图标。

b. 在弹出的"Simulation Control"对话框中,"End Time"文本框中输入"**0.02**","Steps"文本框中输入"**100**"。

c. 单击"**Start simulation**"按钮。

d. 单击"**Save the last simulation results to the database under a new name**"按钮。

e. 将仿真结果保存为"**With_Bearing**"。

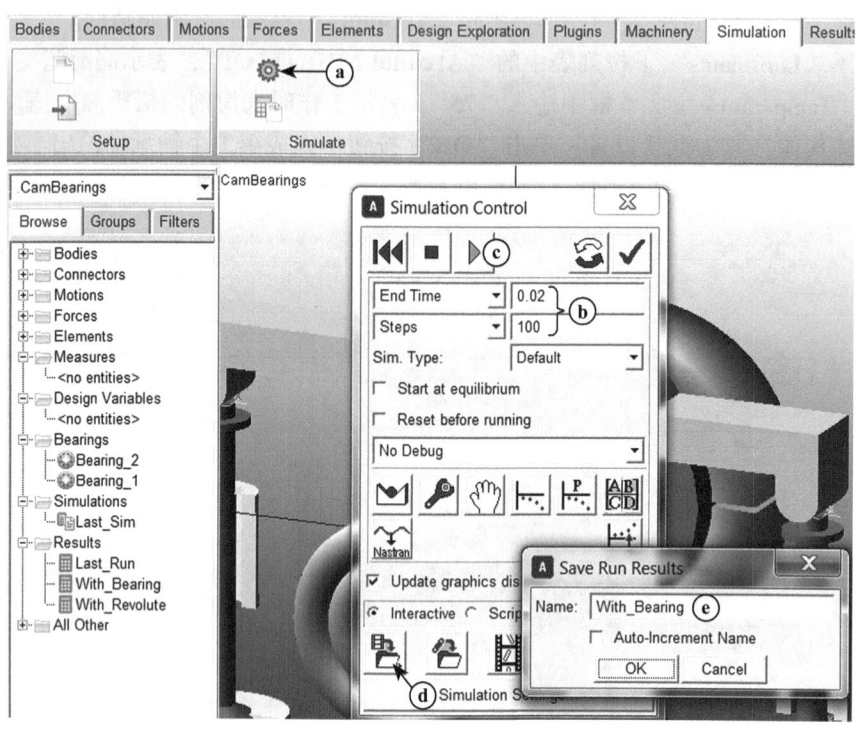

【图4-131 仿真】

图4-131 仿真参数设置

2. 查看受力结果

在ADAMS/View界面单击"**Postprocessor**"图标或在键盘上按〈F8〉快捷键,进入ADAMS/Postpreocessor后处理界面。

(1) 轴承受力结果查看(图4-132)。

a. 在下方的曲线操作面板区域,选择"Source"后下拉列表中的"**Result Sets**"。

b. 选择"Simulation"列表中的"**With_Bearing**"。

c. 选择"Result Sets"列表中的"**Bearing_1_Bearing_Forces**"和"**Bearing_2_Bearing_Forces**"。

注:选择"Bearing_2_Bearing_Forces"时,请同时按住〈Ctrl〉键。

d. 选择"Component"列表中的"**Radial_x**"。

e. 单击"**Add Curves**"按钮。

同时生成轴承Bearing_1和轴承Bearing_2在x向的受力曲线。

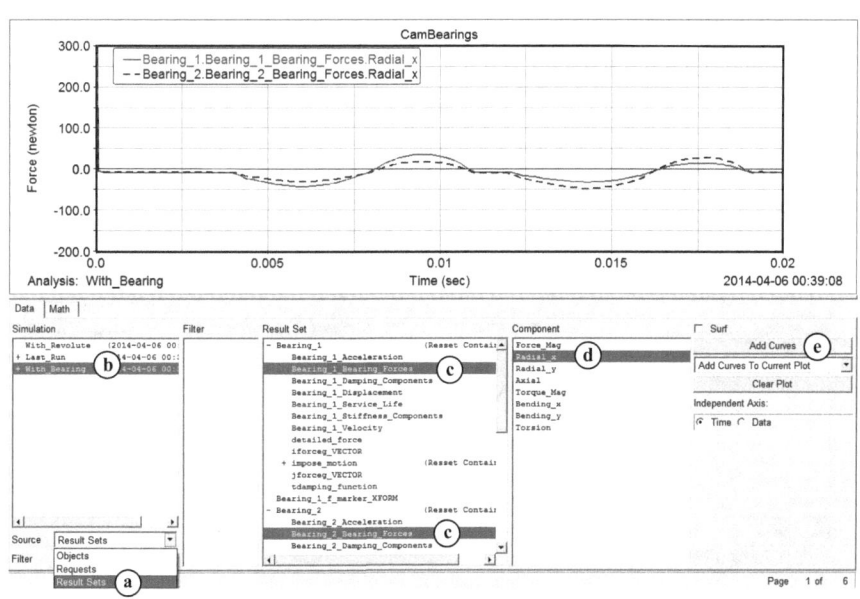

图 4-132 两个轴承在 x 向受力

(2) 轴承受力合力结果查看 (图 4-133)
a. 在工具栏上单击 "**Curve Edit Toolbar**" 图标。
b. 在弹出的工具条上,单击 "**Add two curves**" 图标,其功能是使两条曲线相加。
c. 在曲线显示窗口依次选择所创建的两条受力曲线后,生成第 3 条曲线,表示两个轴承在 x 向受力的合力。

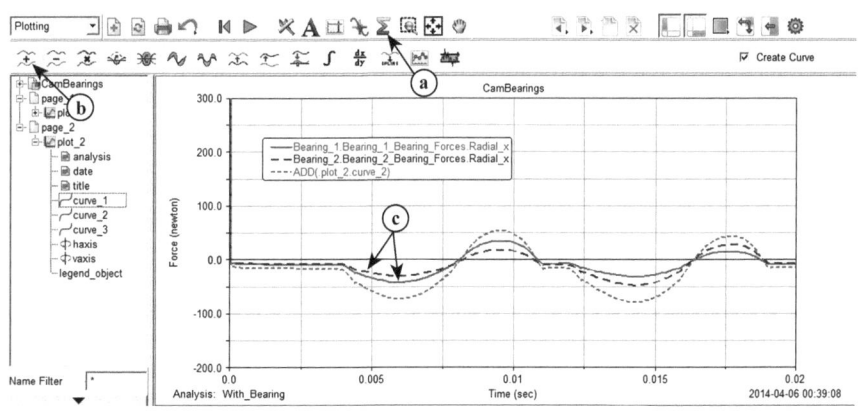

图 4-133 两个轴承 x 向受力的合力曲线

(3) 旋转副受力结果的查看 (图 4-134)。
a. 选择 "Sources" 列表中的 "**Result Sets**"。
b. 选择 "Simulation" 列表中的 "**With_Revolute**"。
c. 选择 "Result Set" 列表中的 "**Revolute_joint**"。
d. 选择 "Component" 列表中的 "**Fx**"。
e. 单击 "**Add Curves**" 按钮,生成使用旋转副仿真时旋转副在 x 向的受力曲线。

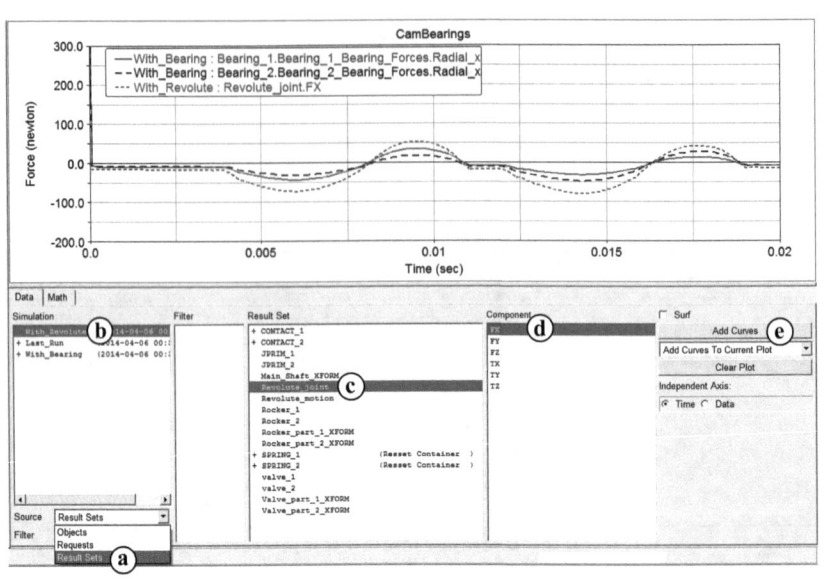

图 4-134 旋转副的 x 向受力曲线

(4) 两个轴承 x 向合力和旋转副 x 向受力对比。

删除轴承 Bearing_1 和轴承 Bearing_2 在 x 向的受力曲线（轴承 Bearing_1 的受力曲线删除方法如图 4-135 所示，轴承 Bearing_2 的受力曲线删除方法同理），保留轴承 x 向合力曲线和旋转副 x 向受力曲线。

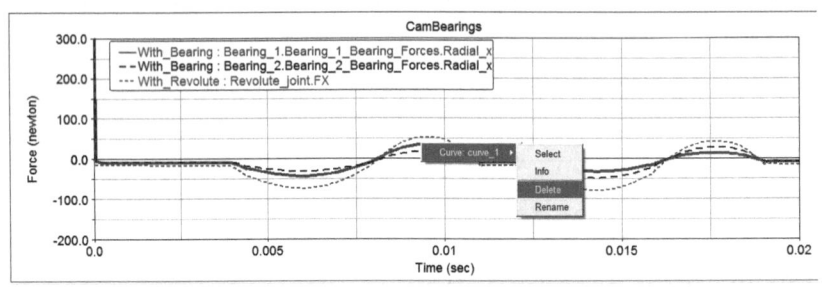

图 4-135 轴承 Bearing_1 在 x 向的受力曲线的删除

轴承 x 向合力曲线和旋转副 x 向受力曲线基本一致，局部放大后，发现数据有稍微差别，如图 4-136 所示。

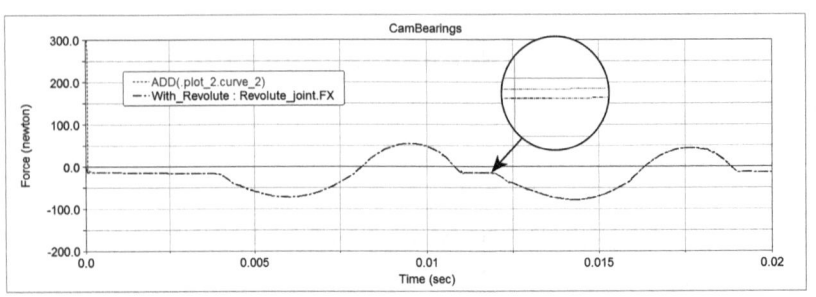

图 4-136 两个轴承 x 向合力曲线和旋转副 x 向受力曲线对比

按照上述方法，生成两个轴承在 y 向的受力曲线，如图 4-137 所示。

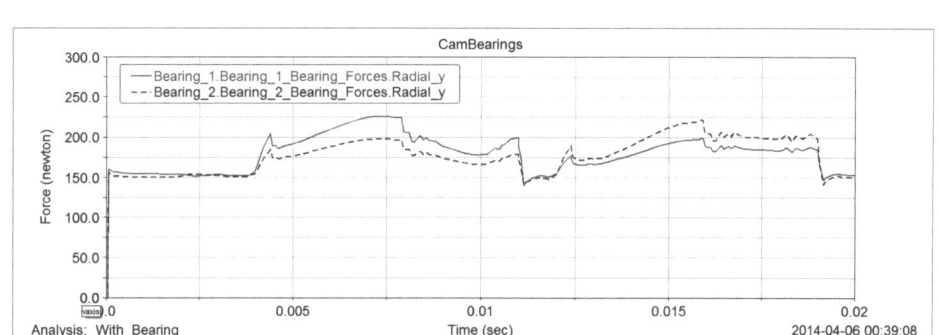

图 4-137　两个轴承在 y 向受力曲线

生成两个轴承 y 向合力曲线与旋转副 y 向受力曲线对比图，如图 4-138 所示。

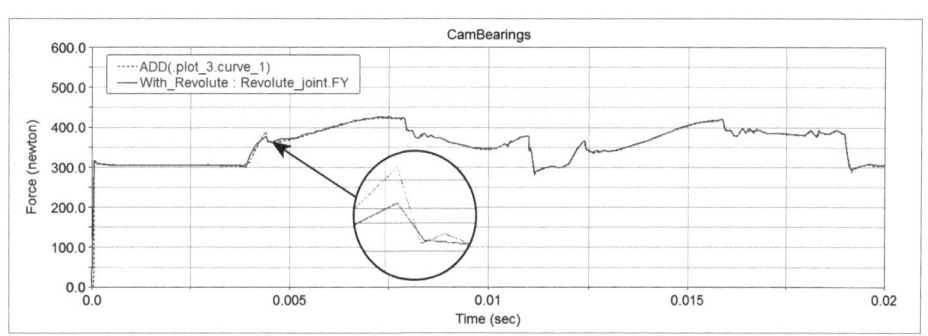

图 4-138　两个轴承 y 向合力曲线和旋转副 y 向受力曲线对比

从以上分析看出，两个轴承的受力不完全一致，轴承的仿真结果与旋转副仿真结果也有一定的区别。使用轴承仿真不需要考虑过约束问题，能建立真实的仿真模型，得到每一个轴承的受力曲线。

3. 分析轴承寿命

a. 选择"Simulation"列表中的"**With_Bearing**"。

b. 选择"Result Set"列表中的"**Bearing_1_Service_Life**"。

c. 选择"Component"列表中的"**Service_Life**"。

d. 单击"**Add Curves**"按钮，生成轴承"Bearing_1"在当前工况下的使用寿命曲线（单位为小时），如图 4-139 所示。

选择"Result Set"列表中的"**Bearing_2_Service_Life**"，其他选项同轴承 Bearing_1 相同，单击"**Add Curves**"按钮，生成轴承"Bearing_2"在当前工况下的使用寿命曲线（单位为小时），如图 4-140 所示。

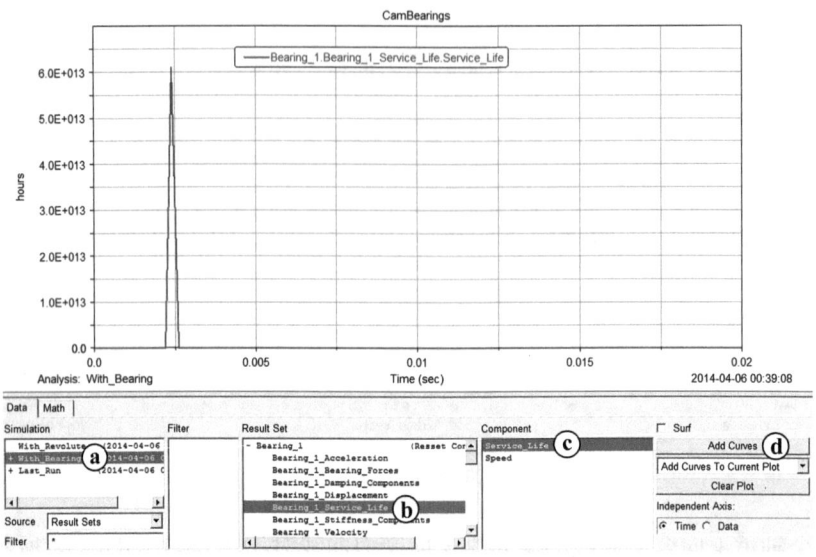

图 4-139 轴承 Bearing_1 使用寿命曲线

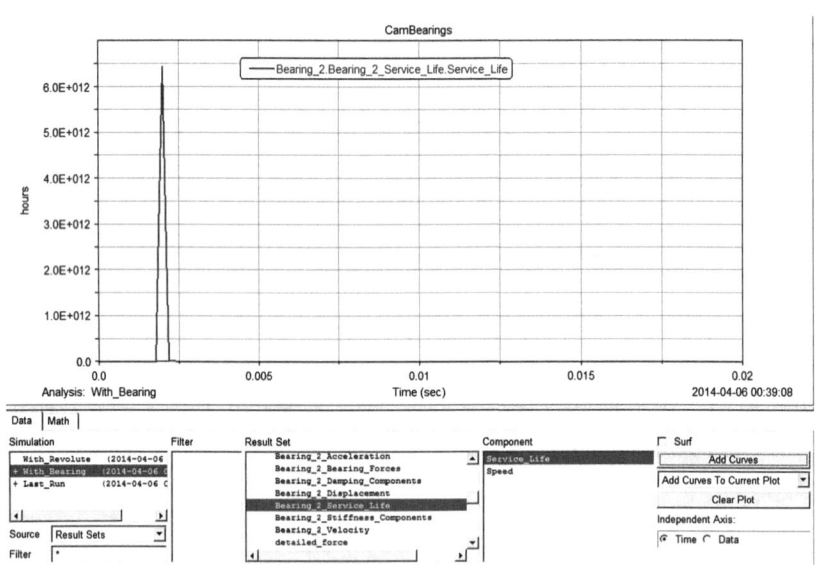

图 4-140 轴承 Bearing_2 使用寿命曲线

通过对产品工作情况下轴承的使用性能的仿真，预测轴承的使用寿命，帮助工程师选择合适的轴承类型和型号，提高产品设计质量。

最后将模型保存为"**chapter4_6.bin**"。

4.7 电动机驱动

4.7.1 设计问题的描述

电动机是指依据电磁感应定律实现电能转换或传递的一种电磁装置，它的主要作用是产生驱动转矩,作为各种机械或其他设备的动力源。在 ADAMS 软件中建立多体动力学模型,往往都是使用旋转驱动或者扭矩表示电动机的驱动作用,并不是建立真正的电动机模型。本节使用 ADAMS/Machinery Motor 模块建立一个真实的电动机模型,通过输入电动机参数定义电动机的性能。建立的仿真模型是一个简单的四连杆机构,如图 4 – 141 所示。

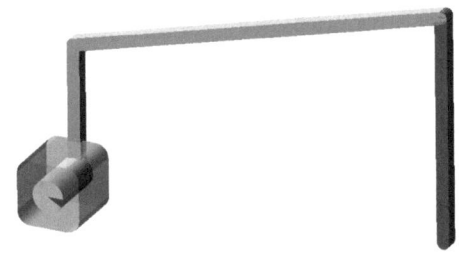

图 4 – 141　含有电动机驱动的四连杆机构

4.7.2　电动机模型的创建

1. 启动 ADAMS 软件并打开初始模型

下载本教材提供的电子文件(下载方法见前言),并将其保存在本地硬盘中。启动 ADAMS/View 模块,在欢迎界面选择"Existing Model",确认后弹出"Open Existing Model"对话框,在"File Name"后选择下载电子文件中的"chapter4_7_start.cmd"文件,打开电动机建模的初始仿真模型,如图 4 – 142 所示。

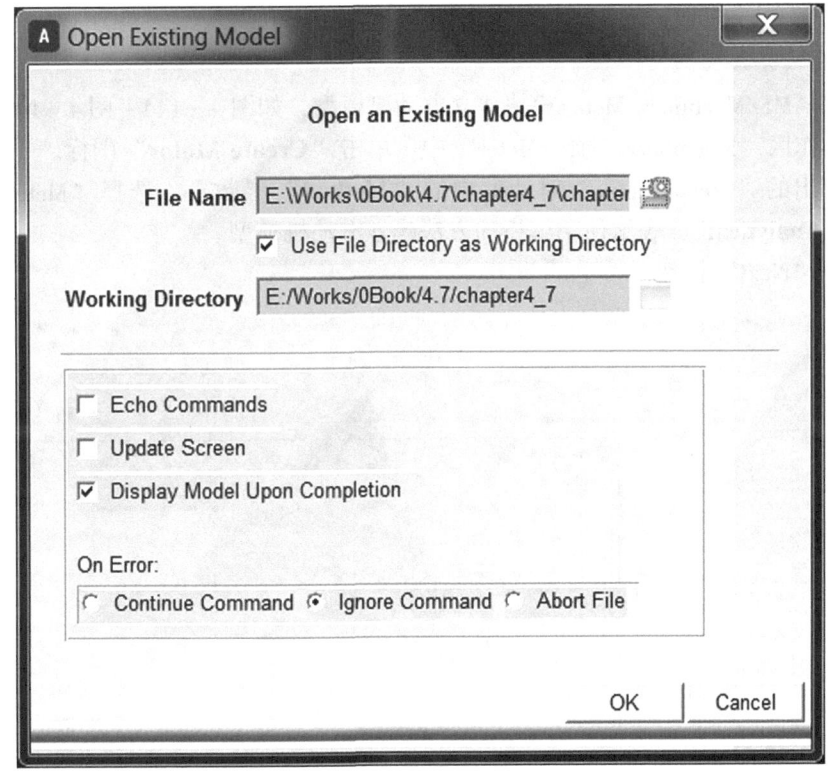

图 4 – 142　在 ADAMS/View 模块中打开电动机建模的初始模型

打开后的模型如图 4 – 143 所示,模型中构件之间用运动副连接。

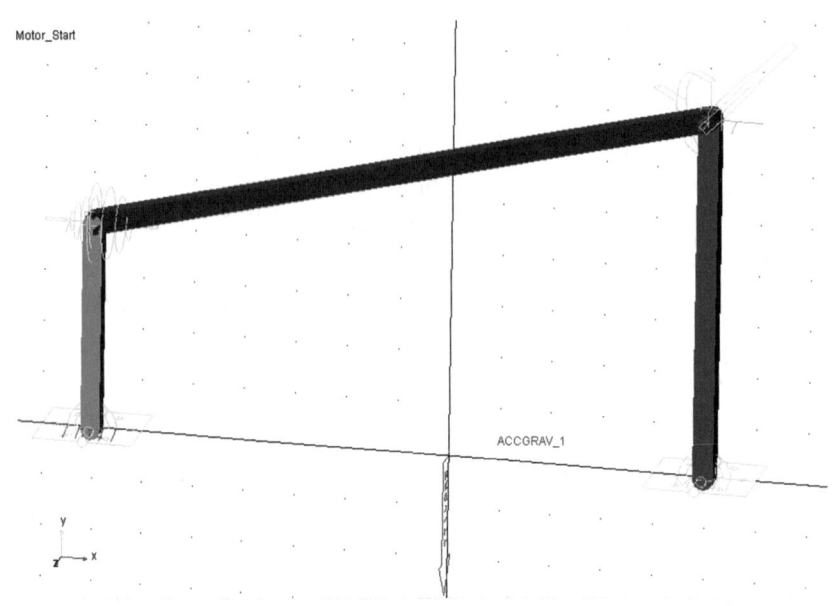

图 4-143 电动机建模的初始模型

2. 创建电动机模型

使用 ADAMS/Machinery Motor 模块建立电动机模型,如图 4-144 ~ 图 4-149 所示。

a. 在操作区"Machinery"项"Motor"中,单击"**Create Motor**"图标。

b. 在弹出的"Create Motor"对话框中的"**Method**"参数页,选择"Method"后下拉列表中的"**Analytical**",表示使用解析的方法建立电动机模型。

c. 单击"**Next**"按钮。

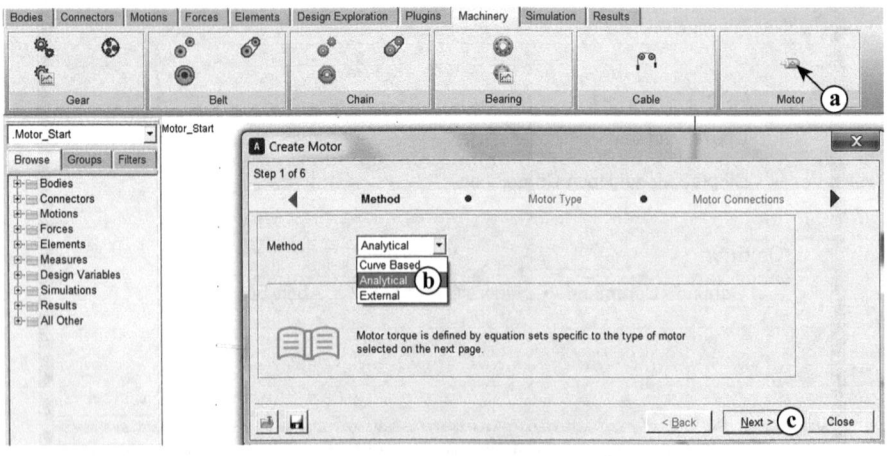

图 4-144 选择电动机建模方法

d. 在"Motor Type"参数页,选择"Motor Type"后下拉列表中的"**DC**",表示建立的是直流电动机。

e. 单击"**Next**"按钮。

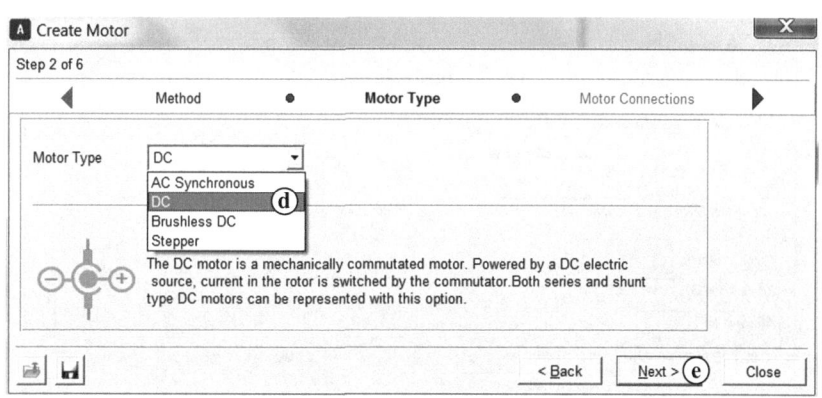

图 4-145 选择电动机类型

f. 在"Motor Connections"参数页,"Motor Name"文本框中输入"**Motor_1**"。

g. 选择"Motor"后下拉列表中的"**New**",表示建立一个全新的电动机。

h. 选择"Direction"后下拉列表中的"**CCW**",表示电动机的旋转方向是逆时针。

i. 在"Location"文本框中输入电动机的创建位置"**−350,0,0**",即旋转副"JOINT_1"的位置。

j. 在"Axis of Rotation"后下拉列表中选择"**Global Z**",表示电动机旋转轴为全局坐标系的 z 轴。

k. 右击"Rotor Attach Part"文本框,选择输入部件名称为"**Crank**",选择连接关系为:"**Fixed**",表示电动机转子通过固定约束与构件"Crank"关联;

l. 右击"Stator Attach Part"文本框,选择输入部件名称为"**ground**",选择连接关系为"**Fixed**",表示电动机定子通过固定约束与大地"ground"关联。

m. 保持"Force Display"选项为默认设置"**None**",表示仿真过程中模型不显示力图像。

n. 单击"**Next**"按钮。

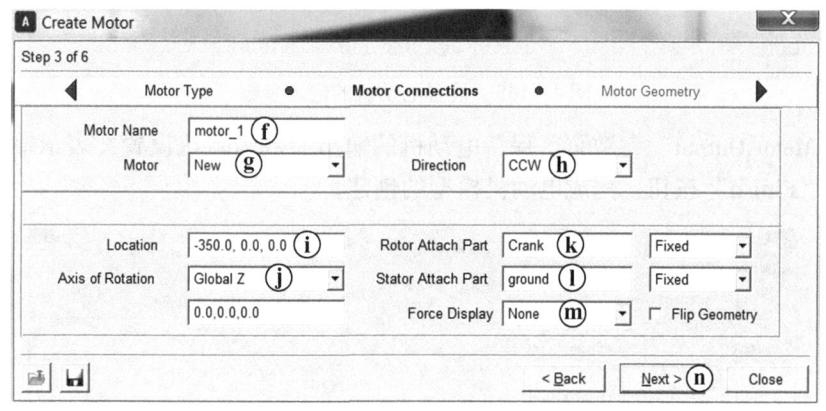

图 4-146 设置电动机连接关系

o. 在"Motor Geometry"参数页,保持所有参数为默认设置,单击"**Next**"按钮。

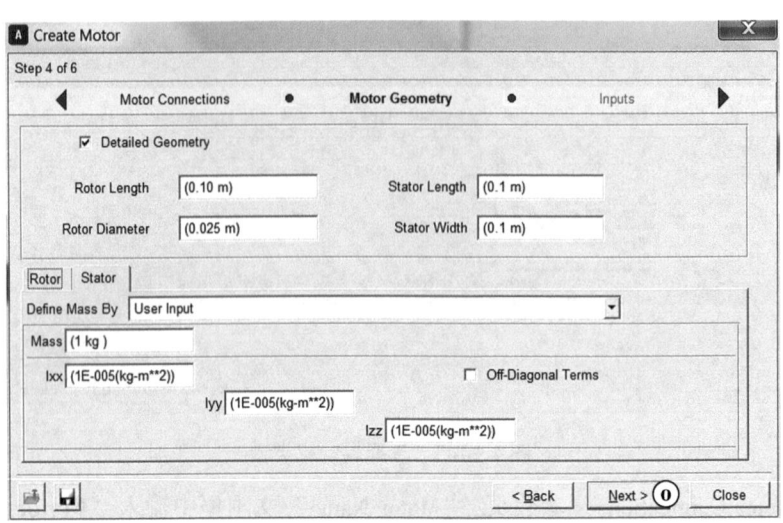

图 4-147 设置电动机的几何属性

p. 在"Inputs"参数页,将"No. of Conductors"文本框中的值修改为"**200**",表示导体数量。
q. 将"Source Voltage (V)"文本框中的值修改为"**110**",表示源电压值。
r. 保持页面内其他参数为默认设置,单击"**Next**"按钮。

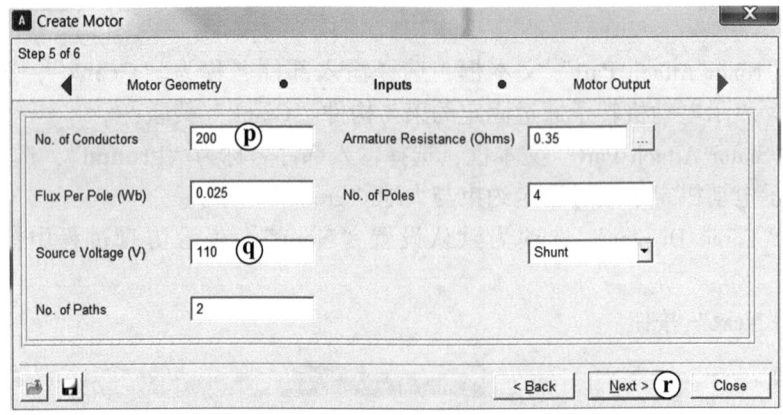

图 4-148 设置电动机的输入参数

s. 在"Motor Output"参数页,保持电动机的输出参数为默认设置,表示输出比例系数为1,单击"**Finish**"按钮,完成电动机模型的创建。

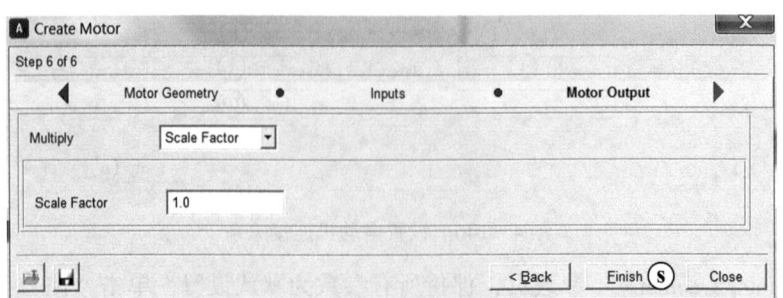

图 4-149 设置电动机的输出参数

模型窗口中显示已创建的电动机模型,如图 4-150 所示。

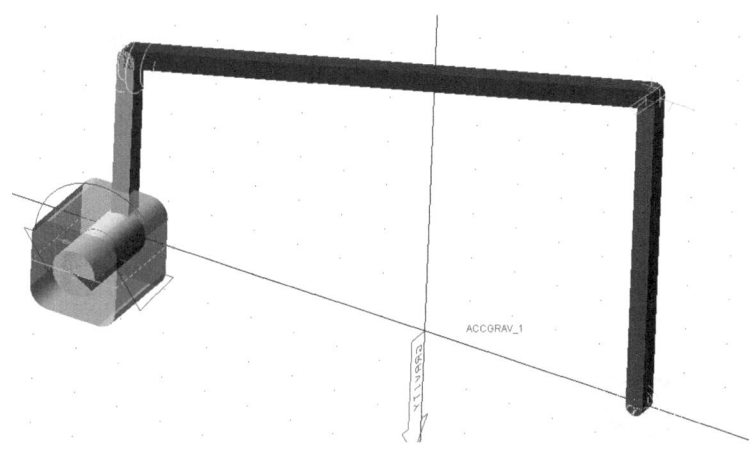

图 4-150　完成创建后的电动机模型

4.7.3　模型仿真与分析

1. 设置仿真参数并运算

仿真参数的设置如图 4-151 所示。

a. 在操作区"Simulation"项的"Simulate"中,单击"**Run an interactive Simulation**"图标。

b. 在弹出的"Simulation Control"对话框中,"End Time"文本框中输入"**1**","Steps"文本框中输入"**1000**"。

c. 单击"**Start simulation**"按钮,进行仿真运行。

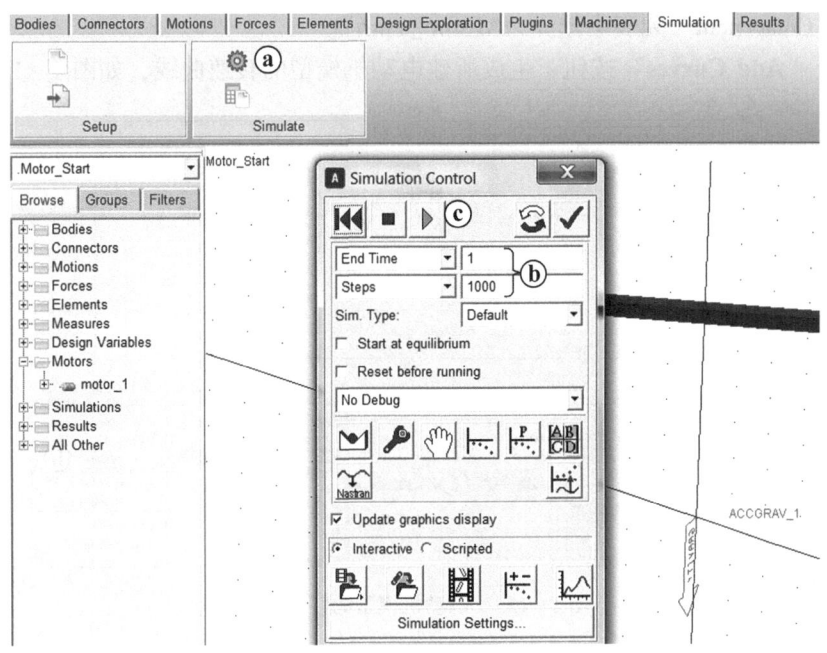

图 4-151　仿真参数设置

【图 4-151 仿真】

2. 查看仿真结果

在 ADAMS/View 界面单击 "**Postprocessor**" 图标或在键盘上按 〈**F8**〉 快捷键，进入 ADAMS/Postpreocessor 后处理界面。

a. 在曲线操作面板区域，选择 "Source" 后下拉列表中的 "**Requests**"。
b. 在 "Filter" 列表中选择 "**User_ defined**"。
c. 在 "Request" 列表中选择 "**motor_ req_ 1**"。
d. 在 "Component" 列表中选择 "**Motor_ torque**"。
e. 单击 "**Add Curves**" 按钮，生成所建电动机模型的驱动扭矩曲线，如图 4-152 所示。

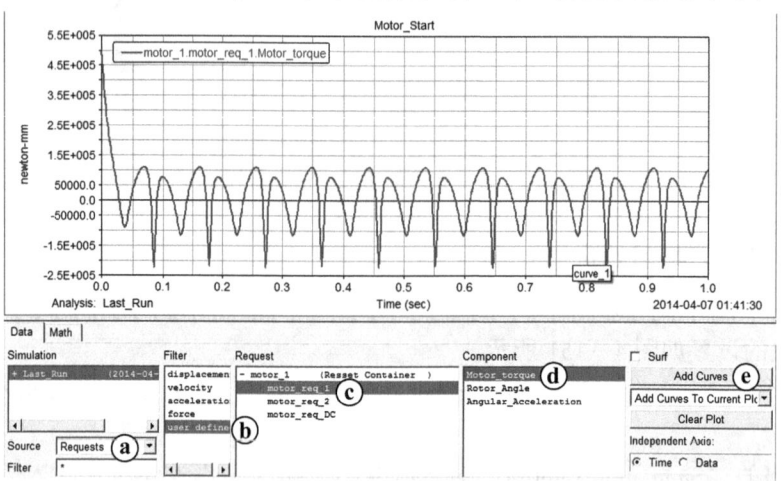

图 4-152　电动机模型的驱动扭矩曲线

f. 在 "Request" 列表中选择 "**motor_ req_ 2**"。
g. 在 "Component" 列表中选择 "**Motor_ rpm**"。
h. 单击 "**Add Curves**" 按钮，生成所建电动机模型的转速曲线，如图 4-153 所示。

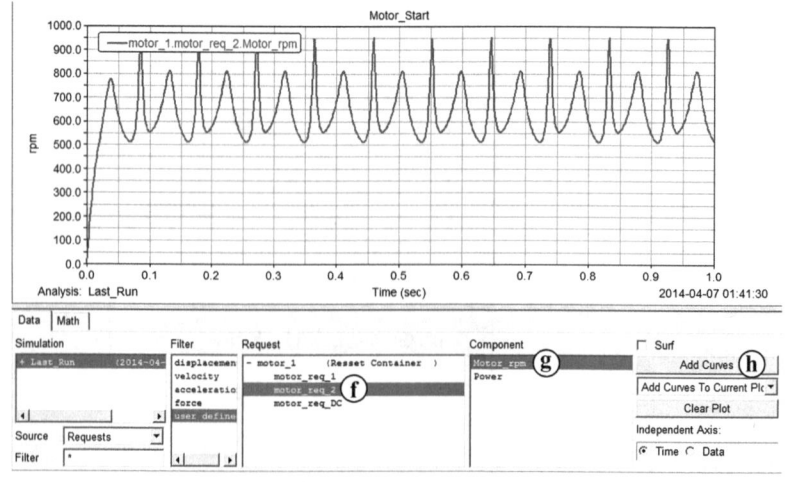

图 4-153　电动机模型的转速曲线

i. 在 "Component" 列表中选择 "**Power**"。

j. 单击 "**Add Curves**" 按钮，生成所建电动机模型的功率曲线，如图 4-154 所示。

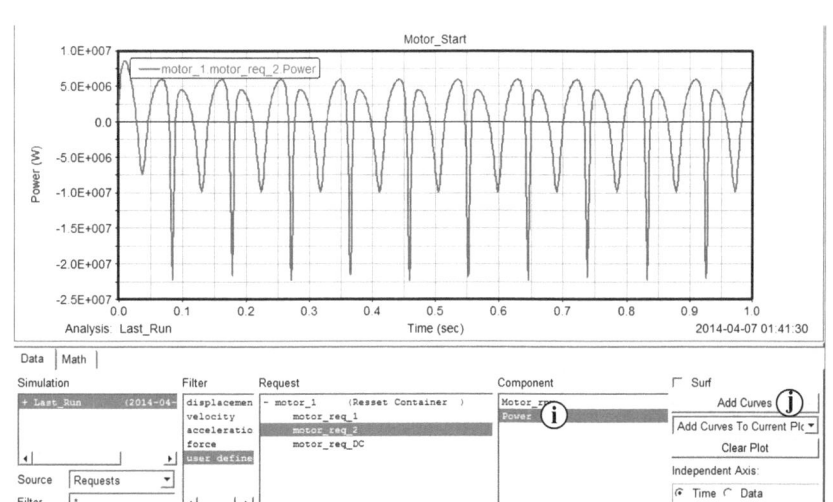

图 4-154　电动机模型的功率曲线

k. 在 "Request" 列表中选择 "**motor_req_DC**"。
l. 在 "Component" 列表中选择 "**Current**"。
m. 单击 "**Add Curves**" 按钮，生成所建电动机模型的电流曲线，如图 4-155 所示。

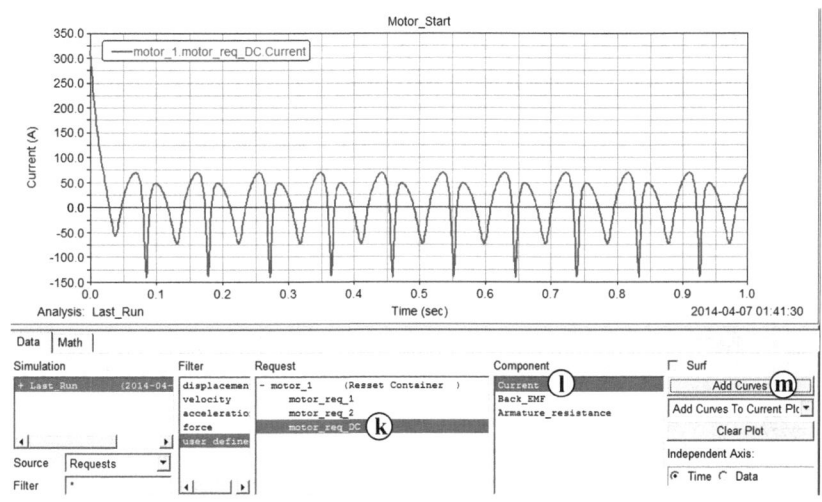

图 4-155　电动机模型的电流曲线

从以上对电动机的分析可以看出，电动机并不是匀速转动的，其转速与负载有关，这样使仿真模型更接近于实际情况。

最后将模型保存为 "**chapter4_7.bin**"。

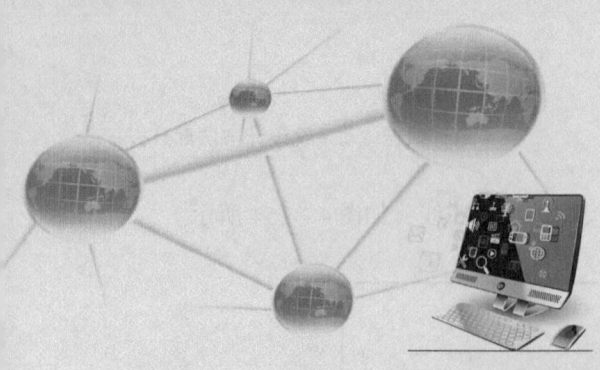

第 5 章 柔性体建模及系统振动特性分析

高速重载的机械中，构件的刚度对机械的运动的影响是不可忽略的一个因素。本章介绍柔性体的建模方法和对机械系统的振动特性分析。

5.1 非连续柔性杆体方式建模

5.1.1 设计问题的描述

图 5-1 所示为一曲柄滑块机构。曲柄以 $\omega_1 = 30°/s$ 匀速驱动机构运动，在滑块和地面之间有一个刚度系数为 $K = 10000\text{N/mm}$ 的弹簧。设曲柄长 $l_{AB} = 200\text{mm}$，宽 $W_{AB} = 30\text{mm}$，厚 $D_{AB} = 10\text{mm}$；连杆长 $l_{BC} = 500\text{mm}$，宽 $W_{BC} = 30\text{mm}$，厚 $D_{BC} = 10\text{mm}$；滑块为 $100\text{mm} \times 100\text{mm} \times 100\text{mm}$ 的正方体。材料都为普通碳素钢。

试分析当连杆为柔性杆时，执行从动件滑块的运动会发生怎样的改变。

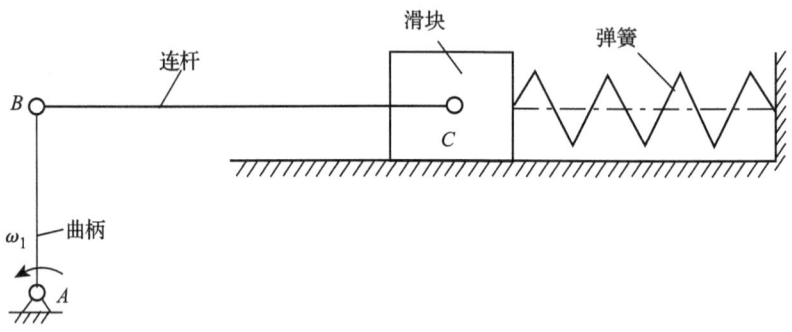

图 5-1 曲柄滑块机构运动简图

5.1.2 创建虚拟样机模型

1. 创建机构模型

根据给定的各构件的几何尺寸，创建曲柄滑块机构的 ADAMS 模型，如图 5-2 所示。曲柄为 crank，连杆为 link，滑块为 slider。3 个转动副分别为"JOINT_A""JOINT_B""JOINT_CR"，1 个移动副为"JOINT_CT"。输入运动为"MOTION_1"，弹簧为"SPRING"。

第5章 柔性体建模及系统振动特性分析

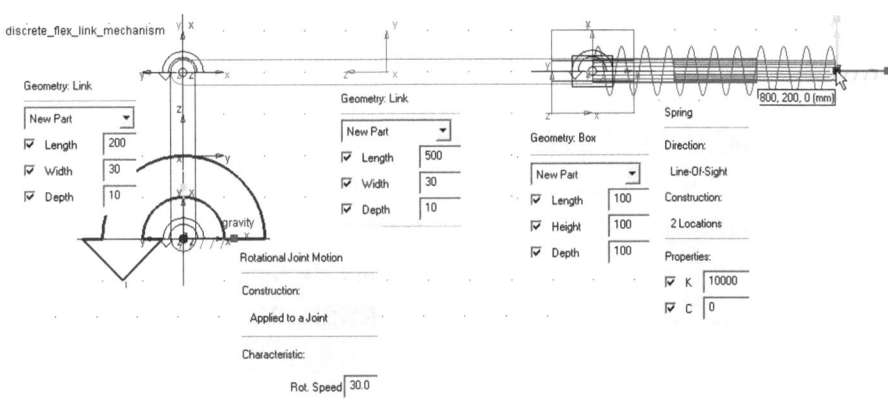

图 5-2 曲柄滑块机构的虚拟样机

2. 创建非连续柔性杆件体

所谓的非连续柔性杆件体,指的是将一个截面形状比较规则的杆件体,用若干段小刚体来替代,各小刚体之间则被自动以梁的形式相连接。

为比较柔性连杆机构和刚性连杆机构的运动差异,首先要复制一个刚创建完成的曲柄滑块机构,并将复制的机构向下移动 300mm,然后将复制机构的连杆删除,如图 5-3所示。

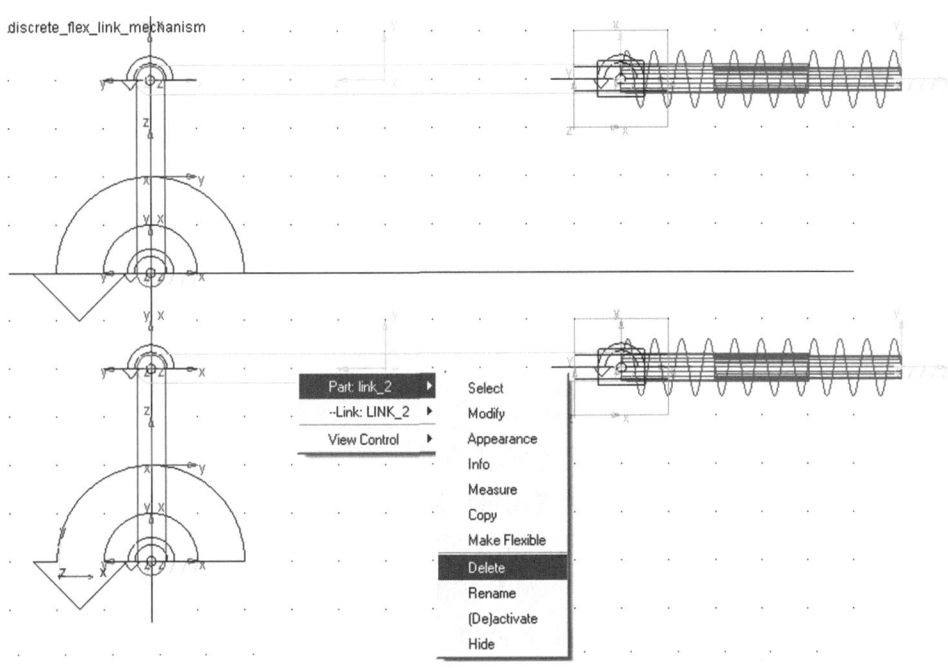

图 5-3 复制机构并删除连杆

再按以下步骤创建一个柔性连杆来替代被删除的刚性连杆,如图 5-4 所示。
a. 在操作区 "Bodies" 项的 "Flexible Bodies" 中,单击 "**Discrete Flexible Link**" 图标。
b. 在弹出的 "Discrete Flexible Link" 对话框中,在 "Name" 文本框中输入 "**flex_**

link"。

  c. 在 "Segments" 文本框中输入 "**30**"。

  d. 在 "Marker 1" 栏中，拾取曲柄 "crank_2" 的上端点 "**MARKER_2**"。

  e. 在 "Attachment" 后的下拉列表中选择 "**free**"。

  f. 在 "Marker 2" 栏中，拾取滑块 "slider" 的质心点 "**cm**"。

  g. 在 "Attachment" 后的下拉列表中选择 "**free**"。

  h. 在 "Cross Section" 后的下拉列表中选择 "**Solid Rectangular**"。

  i. 在 "Orient Marker" 栏中，拾取上端点 "**MARKER_2**"。

  j. 在 "Base" 文本框中输入 "**30**"。

  k. 在 "Height" 文本框中输入 "**10.0**"。

  l. 单击 "**OK**" 按钮。

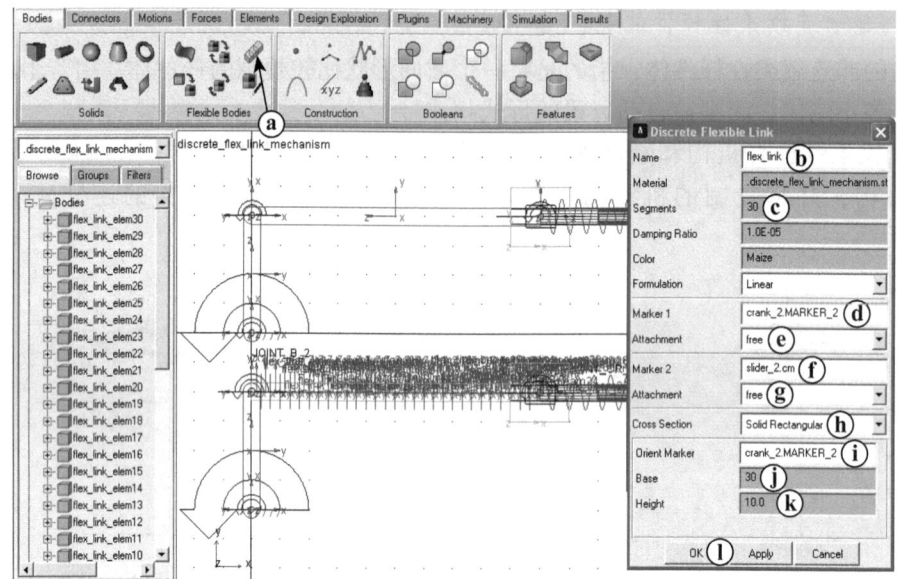

图 5-4 柔性连杆的创建

几点说明：

1) 定义 "Segment" 为 30，表示将连杆用 30 个小刚体来代替。

2) "Attachment" 的形式还有刚性 (rigid) 连接和柔性 (flexible) 连接。当 "Attachment" 自由 (free) 时，构成机构时需要再定义柔性体与其他机构的连接方式，如定义运动副等；而如果是刚性连接或柔性连接时，则不再需要重新定义连接形式。

3) 截面 (Cross Section) 形式有实心长方体 (Solid Rectangular)、空心长方体 (Hollow Rectangular)、实心圆柱体 (Solid Circular)、空心圆柱体 (Hollow Circular)、工字梁 (I Beam) 和特征定义 (Properties) 等。

3. 完成柔性连杆机构模型

在曲柄 crank_2 与柔性连杆第 1 单元 flex_link_elem1 之间创建转动副 JOINT_B_2，在

滑块 slider_2 与柔性连杆第 30 单元 flex_link_elem30 之间创建转动副 JOINT_CR_2，如图 5-5 所示。

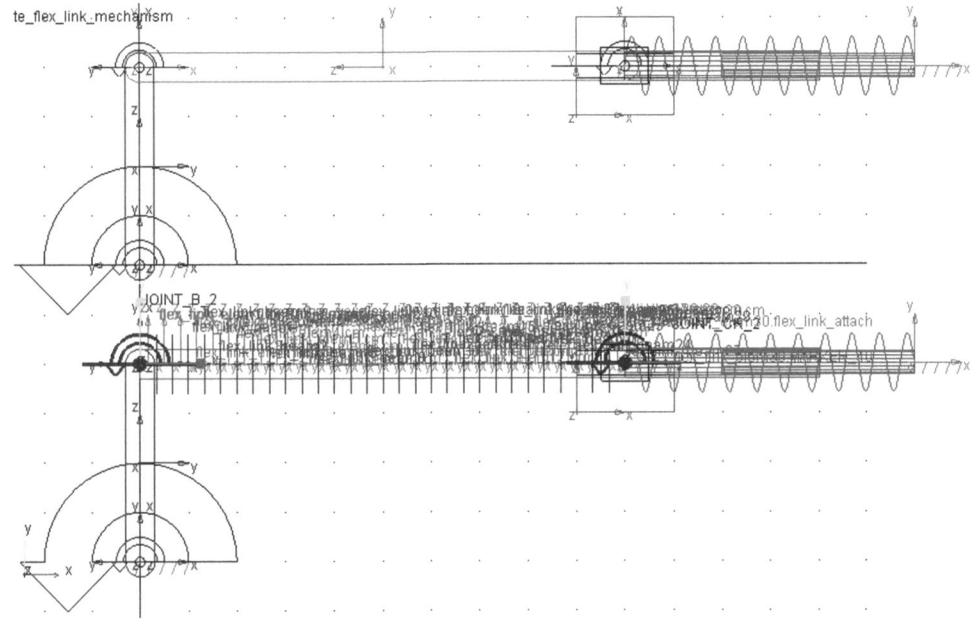

图 5-5　柔性连杆机构的创建

5.1.3　仿真与测试模型

不考虑重力加速度的影响，如图 5-6 所示，以 200 步（"Steps"设置为"**200**"）对模型仿真 12s（"End Time"设置为"**12**"），测试滑块质心的 x 方向位置，如图 5-7 所示。

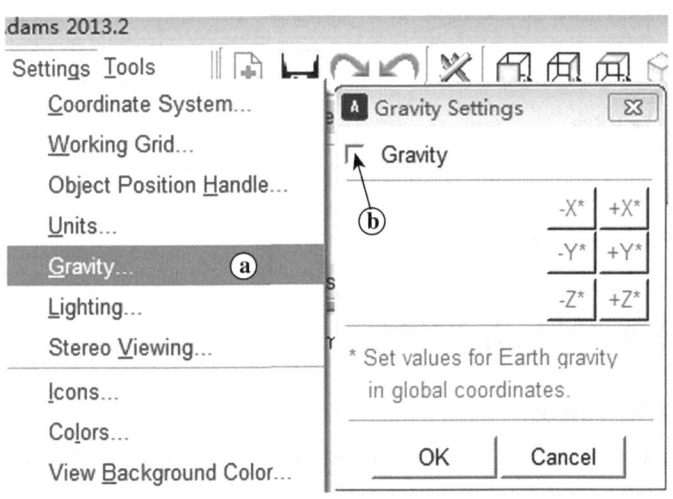

图 5-6　不考虑重力加速度设置

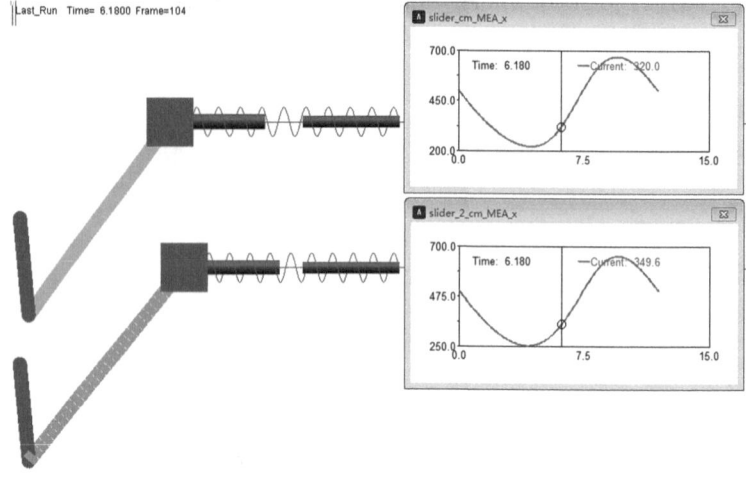

【图 5-7 仿真】

图 5-7 机构的仿真及其测量

在 ADAMS/PostProcessor 环境下,将图 5-7 所示的两条测量曲线叠加在一起,如图 5-8 所示。可以看出,实线所代表的柔性连杆的曲柄滑块机构中,滑块的运动较刚性连杆的曲柄滑块机构中的滑块运动滞后,这与实际情况相吻合。

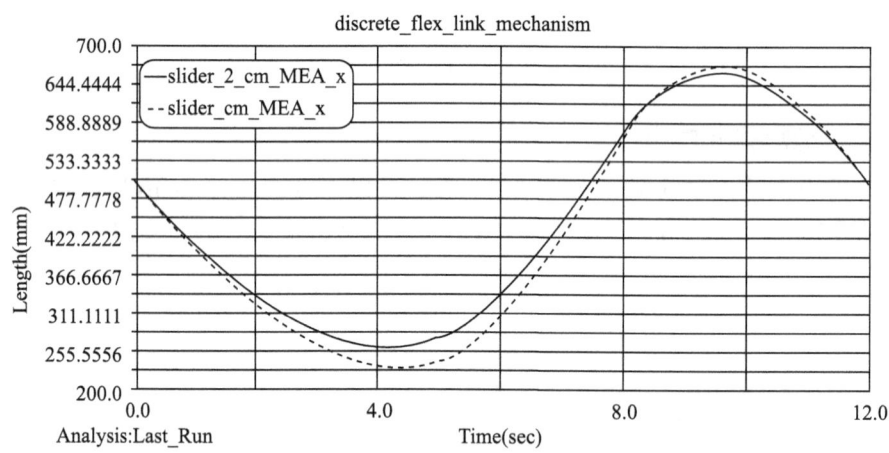

图 5-8 滑块位置的测量结果比较

最后将模型保存为 "**chapter5_1.bin**"。

5.2 刚体转换成柔性体方式建模

5.2.1 设计问题的描述

前面采用非连续柔性杆体来创建柔性连杆,虽然初步解决了柔性体建模问题,但进一步应用会发现,这种方法建模获得的机构在仿真分析时误差相当大。例如在 "chapter5_1.bin" 模型中加上重力加速度,仿真求解结果就会出现较大的误差(错误),如图 5-9 所示;另外,这种方法不能创建复杂形状的柔性体。为此,ADAMS 软件又提供了另外一种柔性体的建模方法,即利用刚体转换为柔性体的方法来创建柔性体。

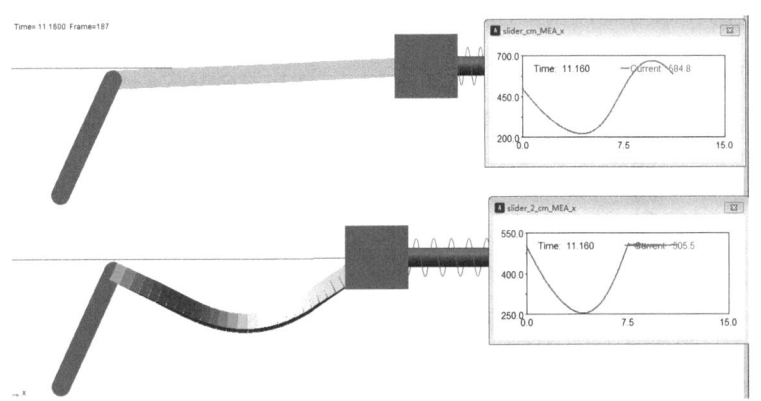

图 5-9　考虑重力加速度时机构的仿真分析　　　　【图 5-9 仿真】

下面采用与图 5-1 所示完全相同的机构,用刚体转换为柔性体的方法创建具有柔性连杆的曲柄滑块机构。

5.2.2　创建虚拟样机模型

1. 输入机构模型

打开模型文件"chapter5_1.bin",并将其另存为"**chapter5_2.bin**"。

将模型重命名为"**rigid_to_flex_link_mechanism**"。

2. 用刚体转化为柔性体的方法创建柔性连杆

按以下步骤创建一个柔性连杆,如图 5-10 所示。

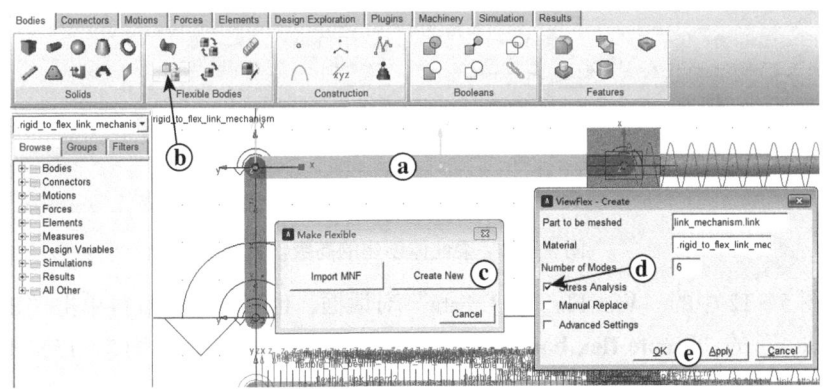

图 5-10　柔性连杆的创建

a. 单击模型中第 1 个机构中的连杆 link 并选中它。
b. 在操作区"Bodies"项的"Flexible Bodies"中,单击"**Rigid to Flex**"图标。
c. 在弹出的"Make Flexible"对话框中,单击"**Create New**"按钮。
d. 在弹出的"View Flex — Create"对话框中,勾选"**Stress Analysis**"复选框。
e. 单击"**OK**"按钮。

与刚性连杆具有相同质量特征和几何特征的柔性杆"link_flex"创建完成,并给出相关信息，如图 5-11 所示。进一步分析会发现，原来的刚性连杆还被保留下来，而新创建的柔性杆是一个独立的、未与其他构件连接的杆件。

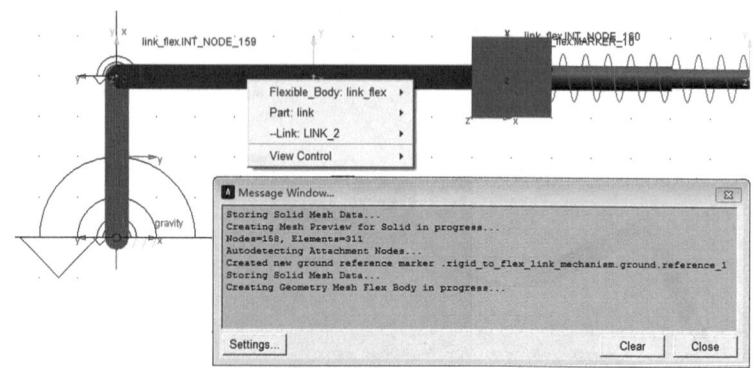

图 5-11　刚性连杆和柔性连杆共存的机构模型

还可以根据具体需要，进行创建柔性体的高级设置，如图 5-12 所示。例如可以将单元体的划分由自动方式"Auto"更改为设定尺寸方式"**Size**"，这样对于大型的构件，可以设定大尺寸的单元体，避免柔性体创建时由于单元体太多导致失败的情况发生。

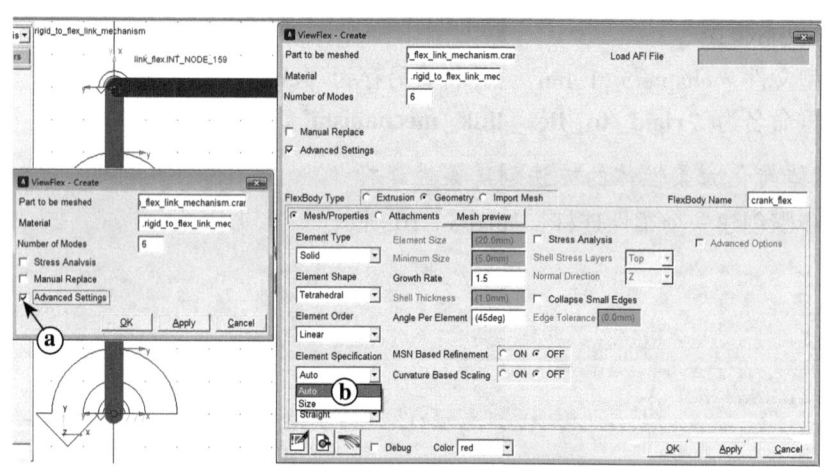

图 5-12　柔性体创建的高级设置

再则，图 5-12 中的"ViewFlex — Create"对话框，也可以通过直接单击"Bodies"项中"Flexible Bodies"的"**create flex body without MNF import**"图标（图 5-13）被显示出来。

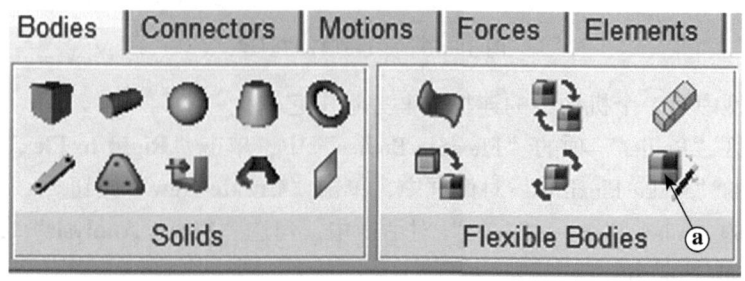

图 5-13　"ViewFlex—Create"对话框的显示

3. 完成柔性连杆机构模型

因机构中只要柔性的连杆,所以需要将刚性的连杆"link"删除,再定义柔性连杆"link_flex"与曲柄"crank"和滑块"slider"之间的转动副"JOINT_B"和"JOINT_CR"。也可以先将转动副"JOINT_B"和"JOINT_CR"中的"link"更改为"**link_flex**",再删除刚性连杆,如图 5-14 所示。

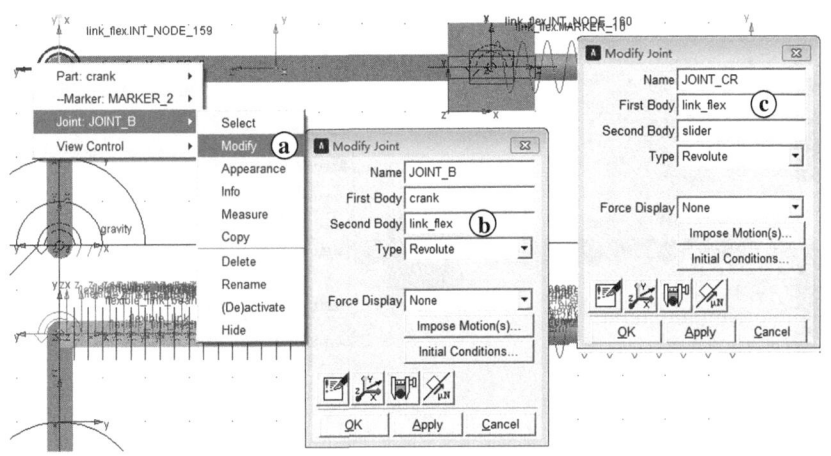

图 5-14 更改转动副"JOINT_B"和"JOINT_CR"的过程

最终完成的柔性连杆的曲柄滑块机构如图 5-15 所示。

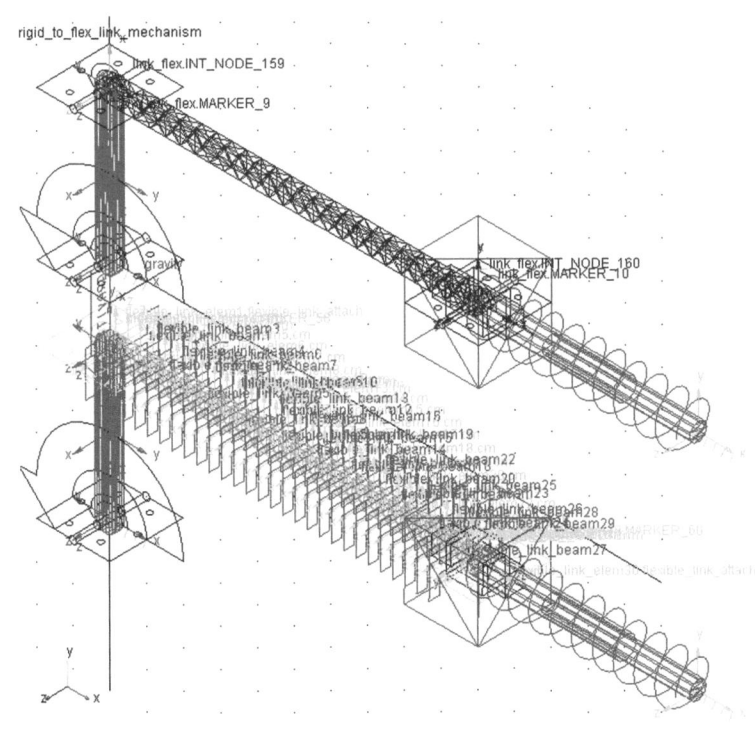

图 5-15 柔性连杆的曲柄滑块机构模型

5.2.3 仿真与测试模型

不考虑重力加速度的影响，以200步（"Steps"设置为"**200**"）对模型仿真12s（"End Time"设置为"**12**"），测试两种模型的滑块质心的 x 方向位置，如图5-16所示。

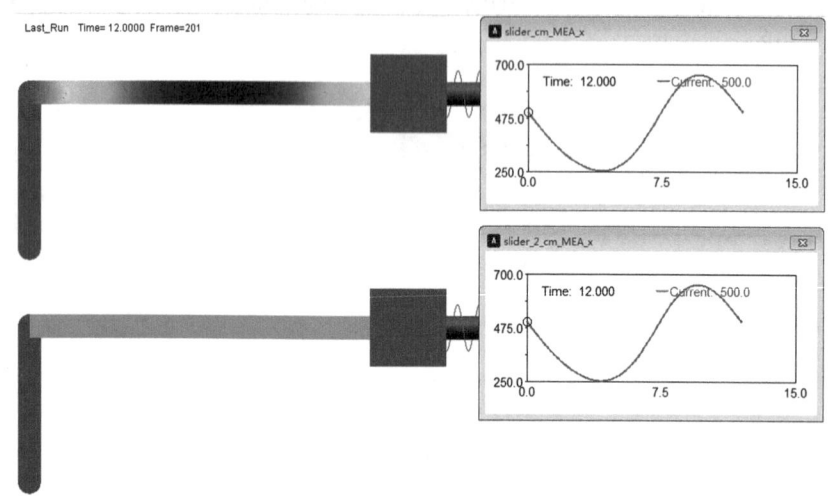

【图5-16 仿真】　　　　　　　图5-16　机构的仿真及其测量

在 ADAMS/PostProcessor 环境下，将图5-16所示的两条测量曲线叠加在一起，如图5-17所示。可以看出，两条曲线完全重合在一起，说明这两种柔性连杆的建模都是可行的。

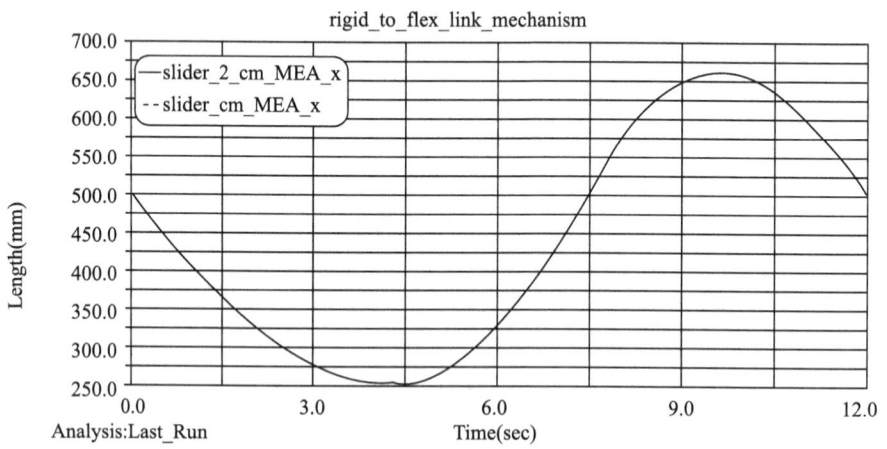

图5-17　滑块位置的测量结果比较

最后将模型保存为"**chapter5_2.bin**"。

如果设定有重力加速度，则对模型进行仿真时，如图5-18所示，发现第1个机构可以顺利地完成工作过程，而第2个机构同样出现前面所述的情况，说明用刚体转换为柔性体方法创建的柔性体模型更可靠。

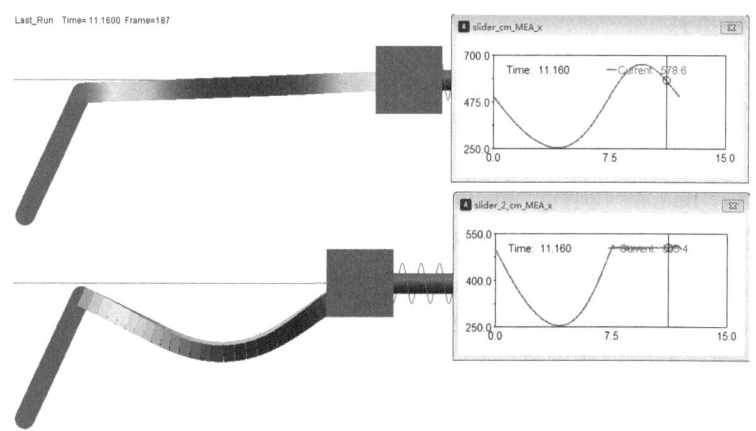

图 5-18　有重力加速度存在情况下的机构仿真　　　　【图 5-18 仿真】

5.3　ADAMS/Flex 柔性分析模块

ADAMS/Flex 柔性分析模块是 ADAMS 软件的一个模块，它提供 ADAMS 软件与有限元分析软件 ANASYS、NASTRAN 等之间的双向数据交换接口。利用 ADAMS/Flex 模块，可以考虑比较复杂形体的弹性，在 ADAMS/View 模块中创建出复杂柔性体，进而有效提高机械系统的仿真精度。

5.3.1　设计问题的描述

为方便而又不失实用性，这里还是以图 5-1 所示的曲柄滑块机构为例，考虑连杆为柔性杆的机构运动分析。尝试将 "mnf" 文件导入到 ADAMS/View 模块中，创建柔性连杆的曲柄滑块机构，并对滑块进行位移分析。

5.3.2　创建虚拟样机模型

1. 导入机构模型

打开模型文件 "chapter5_1.bin"，将模型名称重命名为 "**mnf_ flex_ link_ mechanism**"。

2. 修改机构模型

删除连杆后，所剩模型如图 5-19 所示。

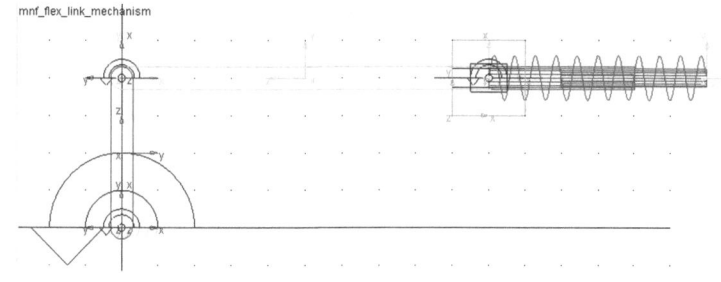

图 5-19　删除连杆后的曲柄滑块机构模型

3. 创建柔性连杆

下面根据由 ANSYS 软件生成的"link.mnf"文件来创建柔性连杆。

为方便操作,这里导入的"link.mnf"文件是 ADAMS/View 自带的,方法如图 5-20 所示。

a. 在操作区"Bodies"项的"Flexible Bodies"中,单击"**Rigid to Flex**"图标。

b. 在弹出的"Make Flexible"对话框中,单击"**Import MNF**"按钮。

c. 在"Swap a rigid body for a flexible body"对话框中的"Current Part"文本框中输入"**link**"。

d. 在"MNF File"文本框中输入 ADAMS 软件安装路径下的"**link.mnf**"文件(可直接输入也可以通过单击右键浏览选择)

"D:\MSC.Software\Adams\2013_2\flex\examples\mnf\link.mnf"。

e. 单击"**Align Flex Body CM with CM of Current Part**"按钮,确定柔性杆的安放位置。

f. 单击"**OK**"按钮。

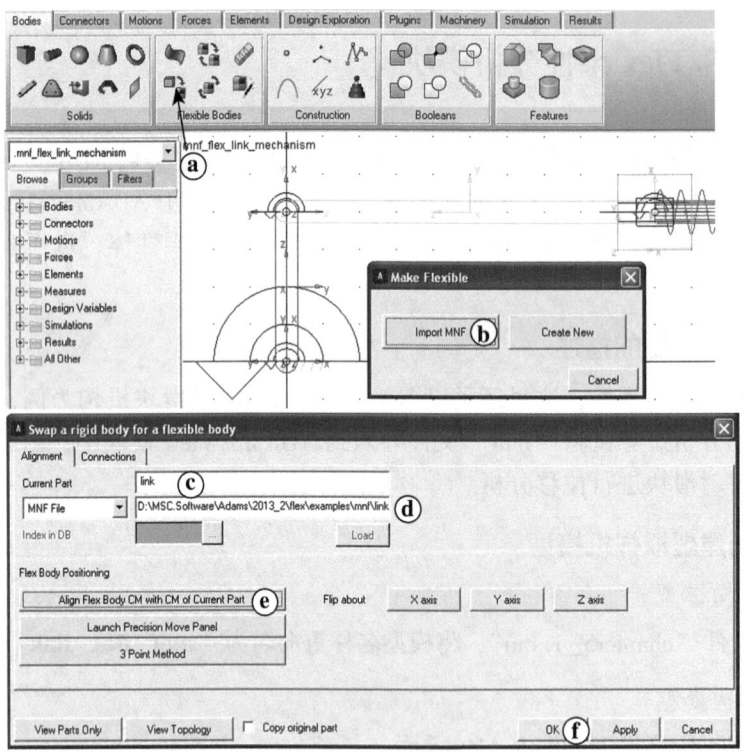

图 5-20 柔性体替换刚体的柔性连杆的创建

若图 5-19 所示的机构模型中的连杆 link 已经是柔性杆,现在要用另一个柔性杆来替代它,如用"link.mnf"文件这个柔性杆来替换"chapter5_2.bin"模型中第 1 个机构的柔性连杆,其操作方法与图 5-19 所示的过程类似,如图 5-21 所示。

a. 在操作区"Bodies"项的"Flexible Bodies"中,单击"**Flex to Flex**"图标。

b. 在弹出的"Swap a flexible body for another flexible body"对话框中,在"Flexible Body"文本框中输入"**link_flex**"。

c. 在"MNF File"文本框中输入 ADAMS 软件安装路径下的"link.mnf"文件（可直接输入也可以通过单击右键浏览选择）

"D：\MSC.Software\ Adams\2013_2\flex\examples\mnf\link.mnf"。

d. 单击"**Align Flex Body CM with CM of Current Part**"按钮，确定柔性杆的安放位置。

e. 单击"**OK**"按钮。

已有的柔性杆被新的柔性杆替代完成。

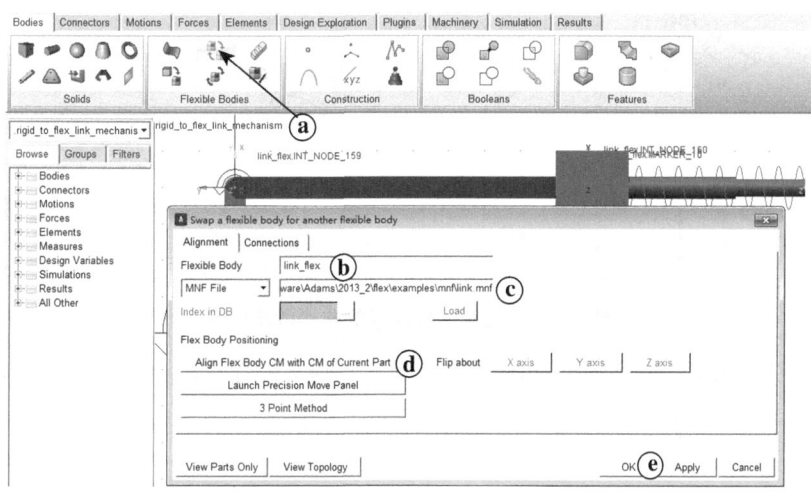

图 5-21　柔性体替换柔性体的柔性连杆创建

此外，也可以采用"Launch Precision Move Panel"方法来确定柔性体位置（Flex Body Positioning）。在图 5-20 所示的"Swap a rigid body for a flexible body"对话框中，单击"**Launch Precision Move Panel**"按钮，通过图 5-22 所示的"Precision Move"对话框所给出的柔性体位置和姿态参数值来确定。因本例中的柔性连杆的起始位置为 (0，200，0)，且处于水平位置，所以输出"C1=0.0，C2=200.0，C3=0.0；A1=0.0，A2=0.0，A3=0.0"。

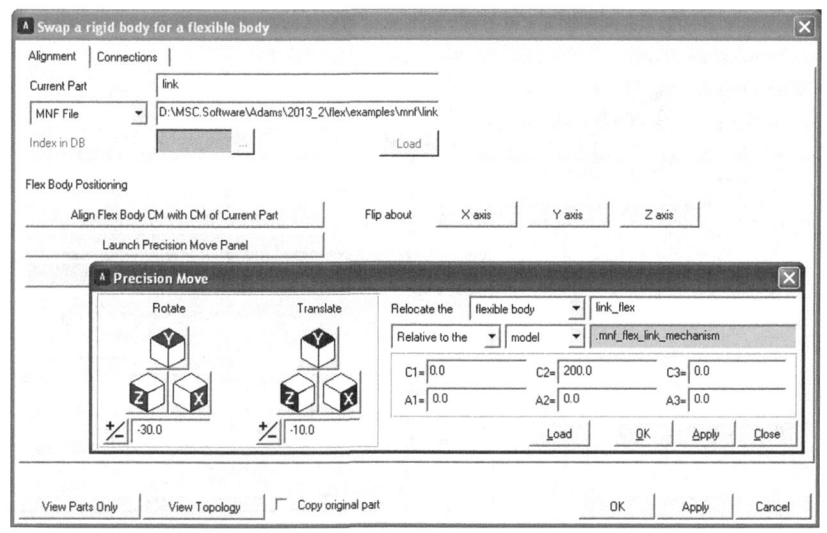

图 5-22　柔性连杆位置的确定

由此具有柔性连杆的曲柄滑块机构创建完成,如图5-23所示。

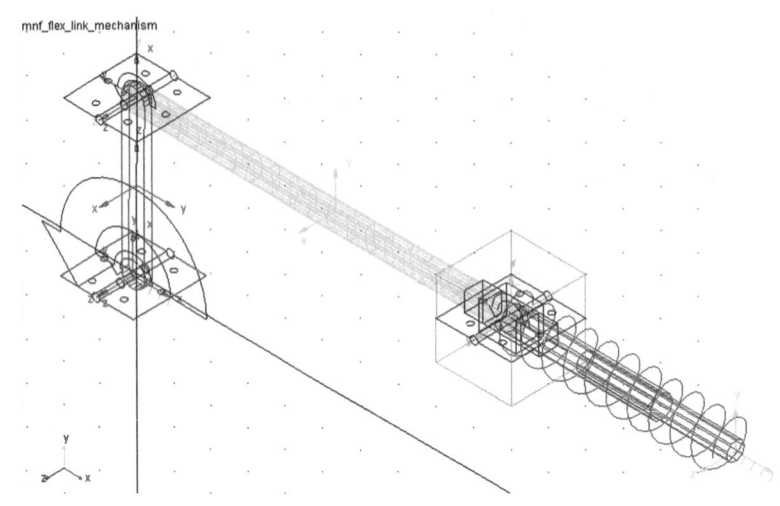

图5-23 具有柔性连杆的曲柄滑块机构

若刚性连杆"link"不存在,如图5-24所示,则柔性连杆的创建方法有所不同。

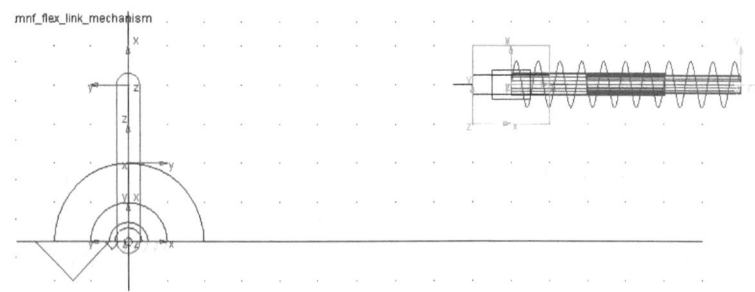

图5-24 不存在连杆的机构模型

在这种情况下,创建柔性连杆的方法如图5-25所示。

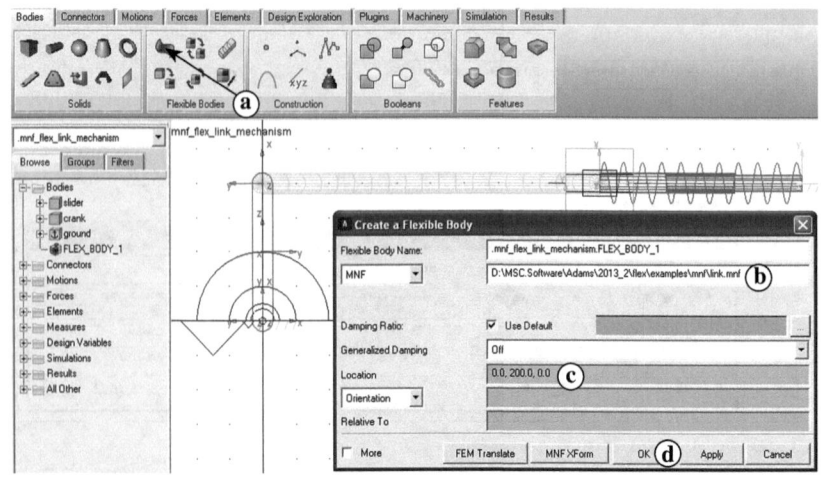

图5-25 无刚性连杆情况下的柔性连杆的创建

a. 操作区"Bodies"项的"Flexible bodies"中，单击"**Adams/Flex: create flex body via MNF import**"图标。

b. 在"MNF"后的文本框中，找到 ADAMS 软件安装路径下的"**link. mnf**"文件（可直接输入，也可以通过单击右键浏览选择）

"D:\MSC. Software\ Adams\2013_2\flex\examples\mnf\link. mnf"。

c. 在"Location"文本框中，选择曲柄的上端点，即（**0, 200, 0**）位置。

d. 单击"**OK**"按钮。

再创建曲柄与连杆之间的转动副"JOINT_B"和连杆与滑块之间的转动副"JOINT_CR"，从而得到连杆为柔性杆的曲柄滑块机构，如图 5-26 所示。

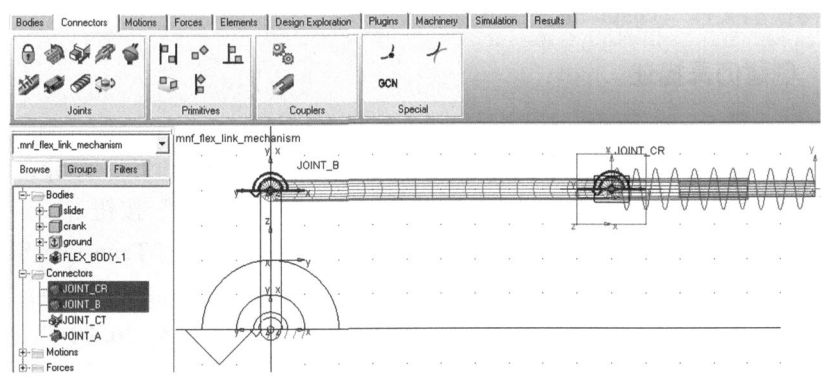

图 5-26 连杆为柔性杆的曲柄滑块机构模型

5.3.3 仿真与测试模型

以 200 步（"Steps"设置为"**200**"）对模型仿真 12s（"End Time"设置为"**12**"），测试滑块质心的 x 方向位置，如图 5-27 所示。

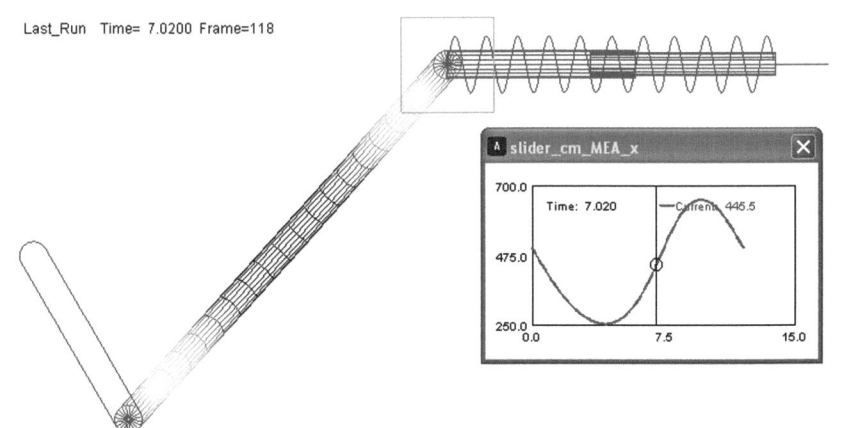

图 5-27 柔性连杆的曲柄滑块机构仿真与测试

【图 5-27 仿真】

分析发现，通过导入"mnf"文件创建的柔性体能更好地满足柔性机构的仿真分析需求，特别是对于复杂形体的构件，采用此方法更具有其无可替代的特点。

最后将模型保存为"**chapter5_3. bin**"。

5.4 ADAMS/Line 分析模块

5.4.1 设计问题的描述

前面创建了具有柔性连杆的曲柄滑块机构，并对其进行运动分析，得到了柔性杆条件下滑块的位置变化特征，但有关机构的振动特性，通过模型的仿真分析还无法得到。试分析图 5-23 所示柔性连杆机构的振动特性。

5.4.2 打开机构模型文件

打开机构模型文件"chapter5_3.bin"。

5.4.3 创建仿真描述

如图 5-28~图 5-31 所示，按以下步骤创建仿真描述。

a. 单击操作区"Simulation"项的"Setup"下的"**create simulation script**"图标。

b. 在弹出的"Create Simulation Script"对话框中，单击"**OK**"按钮。

c. 在"Modify Simulation Script…"对话框靠下的列表中，选择"**Transient Simulation**"。

d. 在弹出的"TRANSIENT SIMULATION"对话框中，在"Number Of Steps"文本框中输入"**1000**"（可任选大于1整数），在"End Time"文本框中输入"**0.001**"（可任选大于0的值）。

e. 单击"**Apply**"按钮。

f. 在"Modify Simulation Script…"对话框靠下的列表中，选择"Append ACF Command"下拉列表中的"**Eigen Solution Calculation**"。

g. 在弹出的"Eigen Solution Calculation"对话框中，单击"**OK**"按钮。

h. 在"Modify Simulation Script…"对话框中，单击"**OK**"按钮。

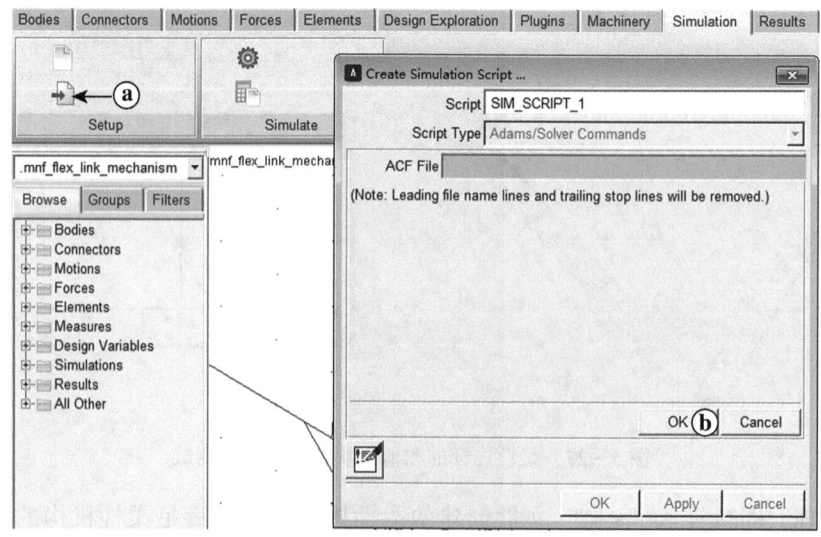

图 5-28 "simulation script" 的创建

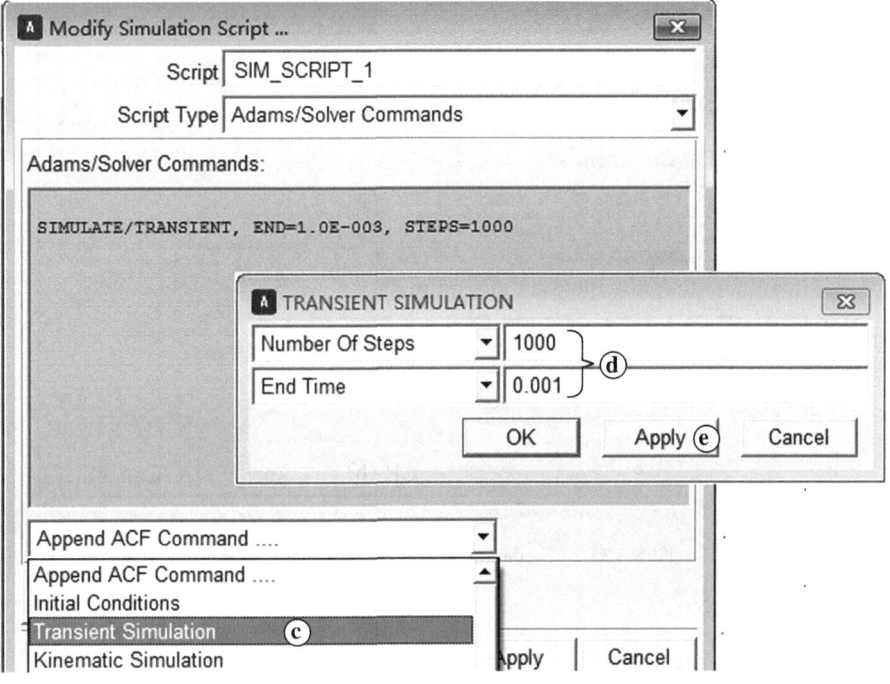

图 5-29　瞬态仿真描述的创建

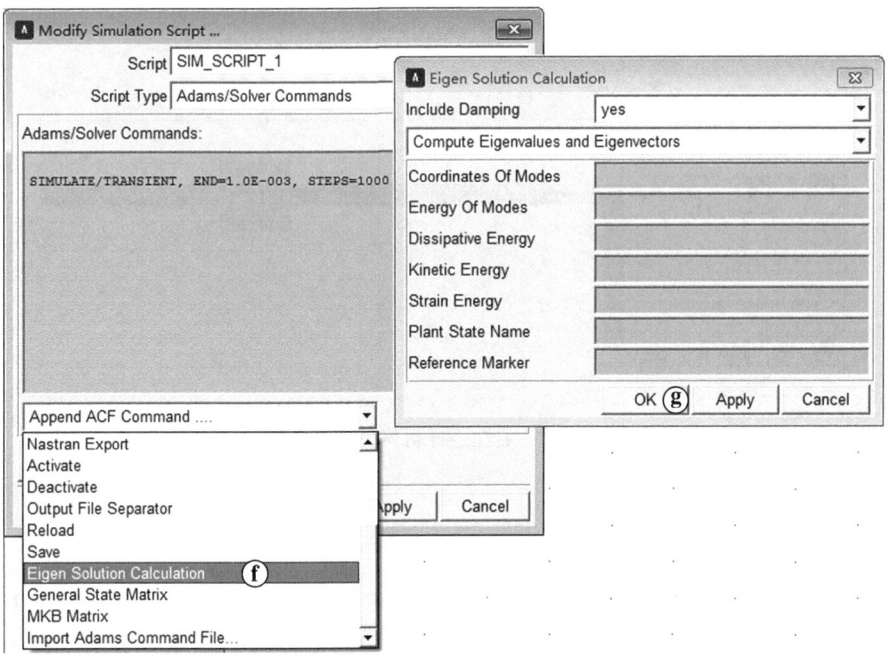

图 5-30　模态仿真描述的创建

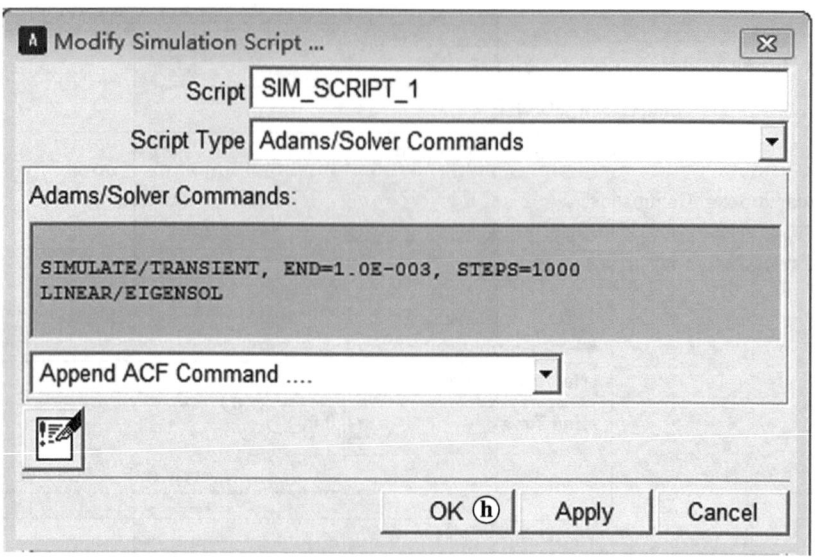

图 5-31　Simulation Script_3 创建的最终结果

5.4.4　仿真模型

仿真模型如图 5-32 所示。

a. 在操作区"Simulation"的"Simulate"项中，单击"**simulation control**"图标。

b. 在弹出的"Simulation Control"对话框中，单击"**Start simulation**"按钮。

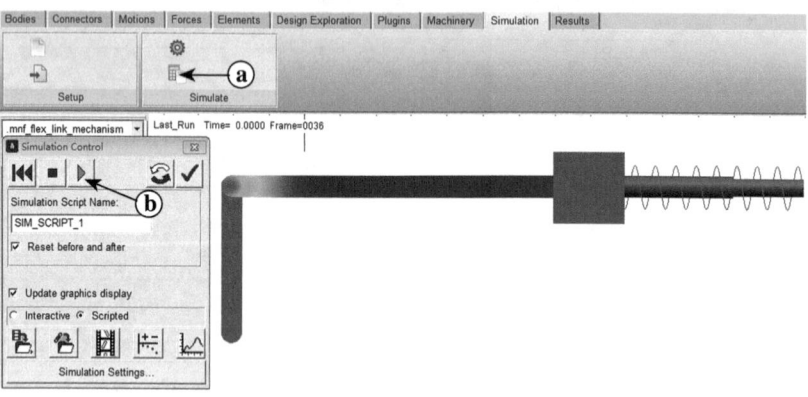

图 5-32　柔性连杆机构的模型仿真

5.4.5　机械系统振动特性分析

机械系统振动特性的查看如图 5-33 所示。

a. 在"Simulation Control"对话框中，单击"**Switch to linear modes controls**"按钮，系统在"Linear Modes Controls"对话框中给出该机构的振动特性信息，如共 23 阶模态、每阶模态的振动频率等，同时系统给出各阶模态对应的机构的振动模型。

b. 在"Linear Modes Controls"对话框中，单击"**Animate the displayed mode**"按钮，系统显示当前阶模态的机构振动模拟动画，用户可直观感受到系统当前模态的振动状态。

c. 单击 "Table" 按钮，系统给出机械系统的振动特性数值列表，如图 5-34 所示。

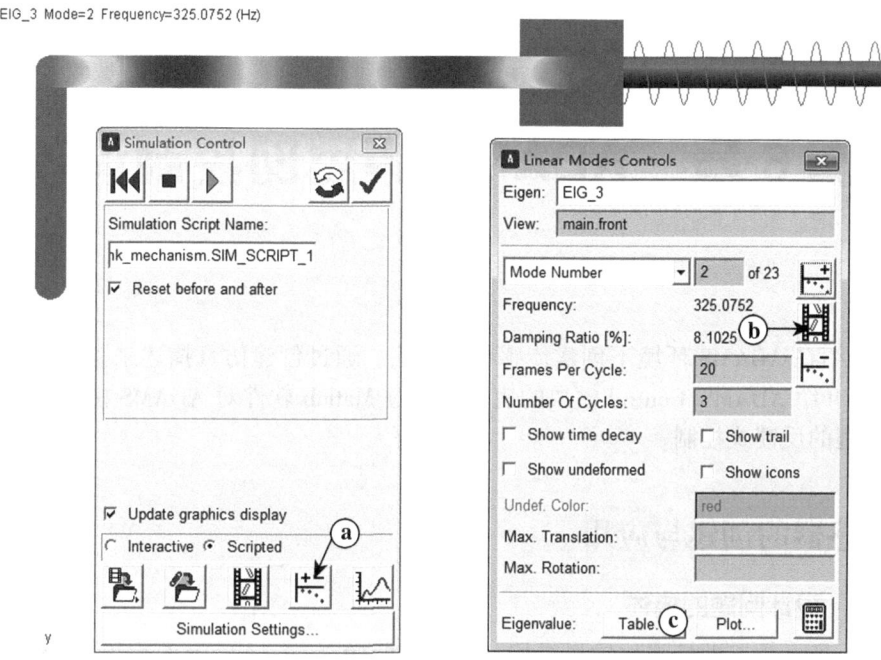

图 5-33 机构振动特性的查看

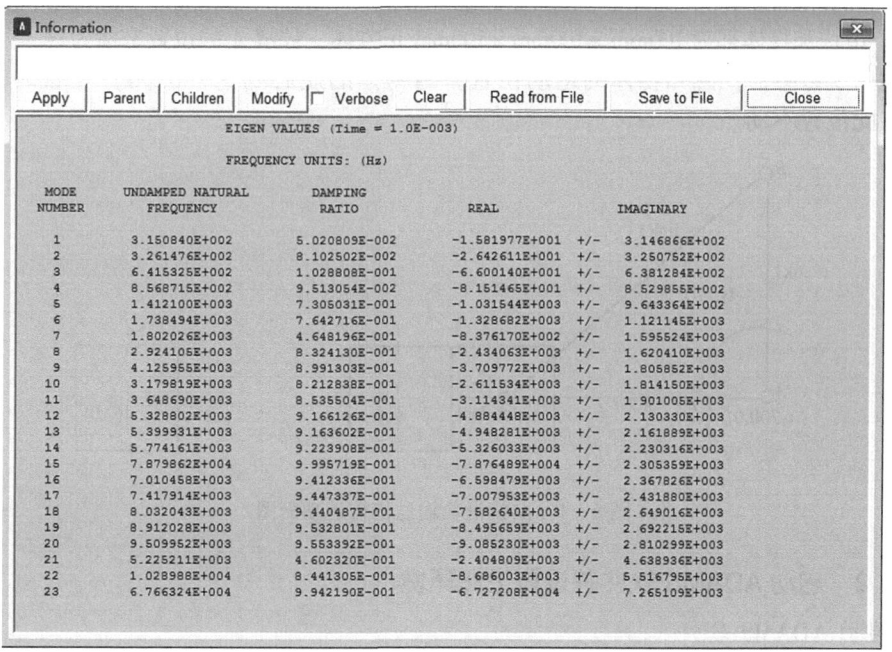

图 5-34 振动特性的数值显示

最后将模型保存为 "chapter5_4.bin"。

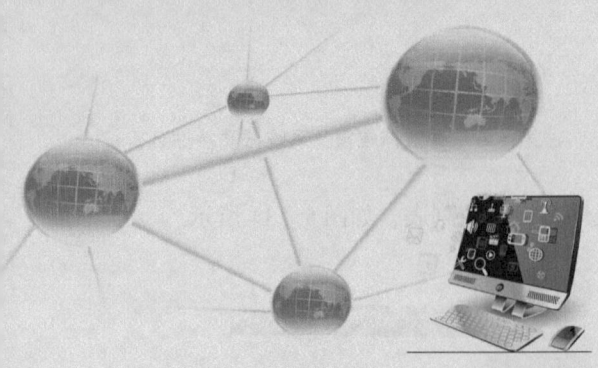

第6章 ADAMS 模型的控制设计

本章介绍在 ADAMS 环境下创建传感器的方法,通过创建仿真描述来完成对机构的简单控制。重点介绍 ADAMS/Control 模块的应用,通过 Matlab 软件对 ADAMS 模型的控制,实现 ADAMS 模型的反馈式控制。

6.1 传感器的创建与应用

6.1.1 设计问题的描述

图 6-1 所示为一曲柄滑块输送机构,作用在曲柄(crank1)上的力矩 $M_1 = 500\text{N} \cdot \text{mm}$ 驱动机构顺时针运动,使得滑块(slider1)推动物体(object)向右运动。

已知曲柄和连杆(link1)的长度分别为 $l_{AB} = 250\text{mm}$, $l_{BC} = 353.6\text{mm}$,宽度为 30mm,厚度为 15mm。滑块和物体都为 100mm×100mm×100mm 正方体,铰链 A 的位置坐标为(-700, 0)。

创建一个传感器,感知物体的运动位置,当物体的质心到达(0, 0)位置时,控制机构停止在此位置不动。

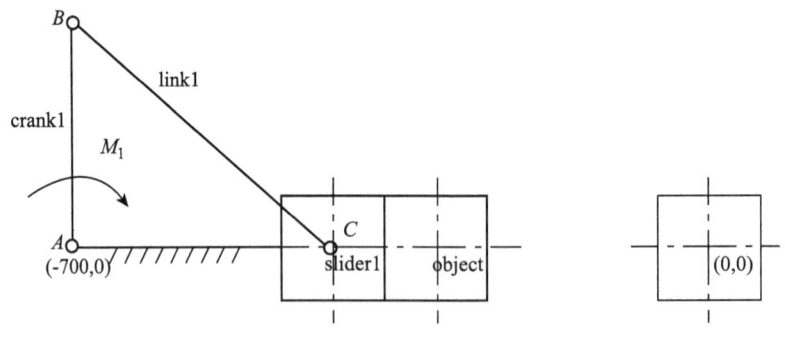

图 6-1 曲柄滑块输送机构运动简图

6.1.2 启动 ADAMS 软件并设置工作环境

1. 启动 ADAMS 软件

启动 ADAMS/View 模块。

2. 创建模型名称

定义模型名称为"**sensor**"。

6.1.3 创建 ADAMS 模型

1. 创建机构

(1) 创建曲柄 曲柄创建如图 6-2 所示，并将其重命名为"**crank1**"。

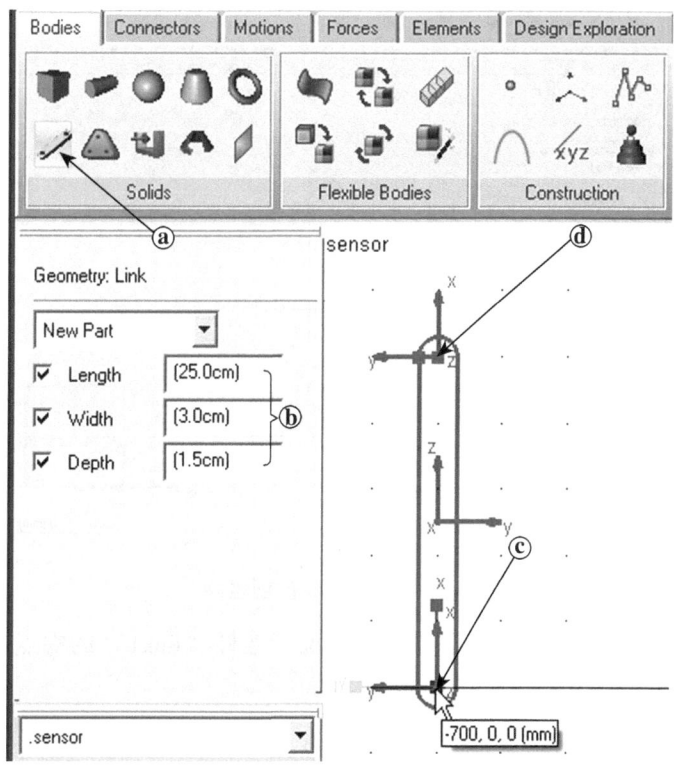

图 6-2 曲柄的创建

(2) 创建连杆 连杆创建如图 6-3 所示，并将其重命名为"**link1**"。

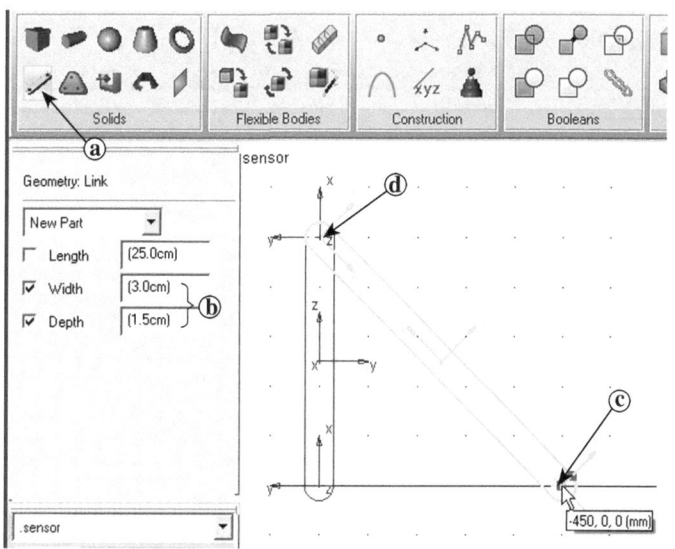

图 6-3 连杆的创建

(3) 创建滑块　滑块创建如图 6-4 所示，并将其重命名为"**slider1**"。

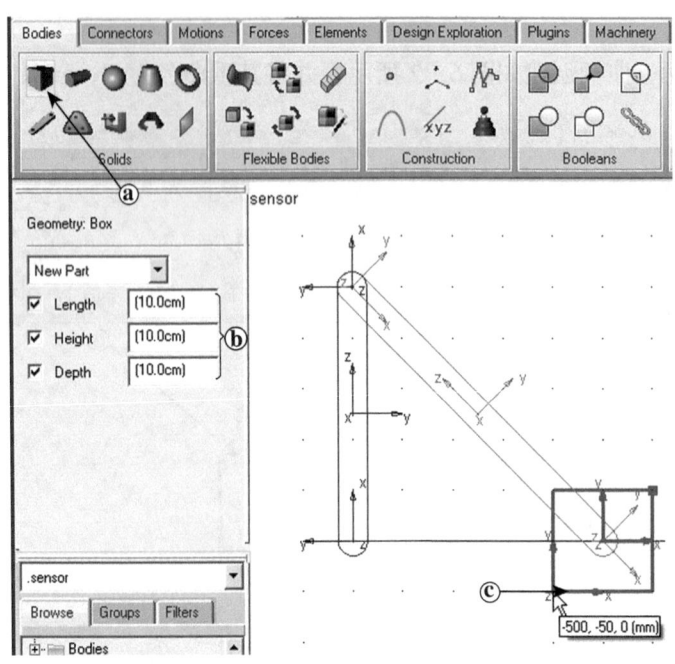

图 6-4　滑块的创建

调整滑块的位置，使滑块的中心（质心）位于连杆"link1"的端点上，调整方法如图 6-5 所示。

注意：在移动滑块之前，确保已经选中它。

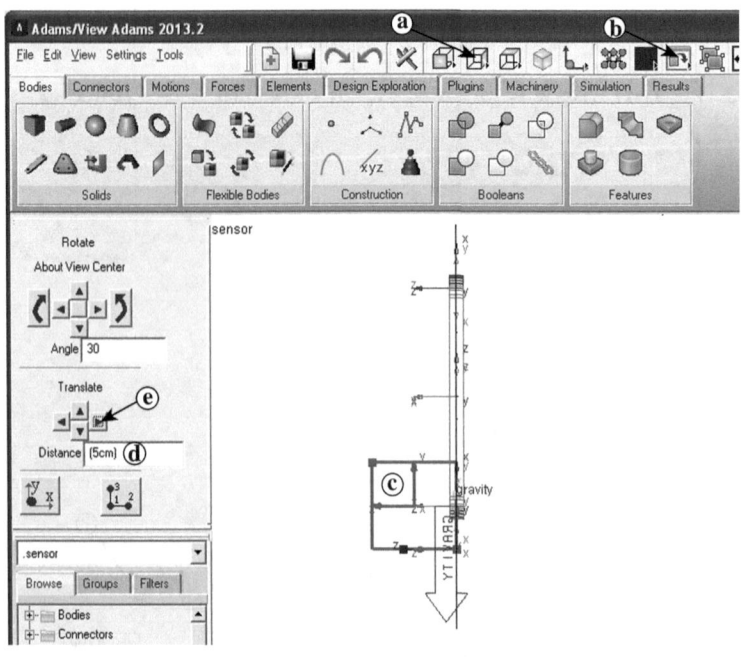

图 6-5　滑块位置的调整

(4) 创建运动副 创建 3 个转动副"**JOINT_A1**""**JOINT_B1**"和"**JOINT_C11**",1 个移动副"**JOINT_C12**",如图 6-6 所示。

转动副"JOINT_A1":曲柄"crank1"和大地"ground"之间的转动副。

转动副"JOINT_B1":曲柄"crank1"和连杆"link1"之间的转动副。

转动副"JOINT_C11":连杆"link1"和滑块"slider1"之间的转动副。

移动副"JOINT_C12":滑块"slider1"和大地"ground"之间的移动副。

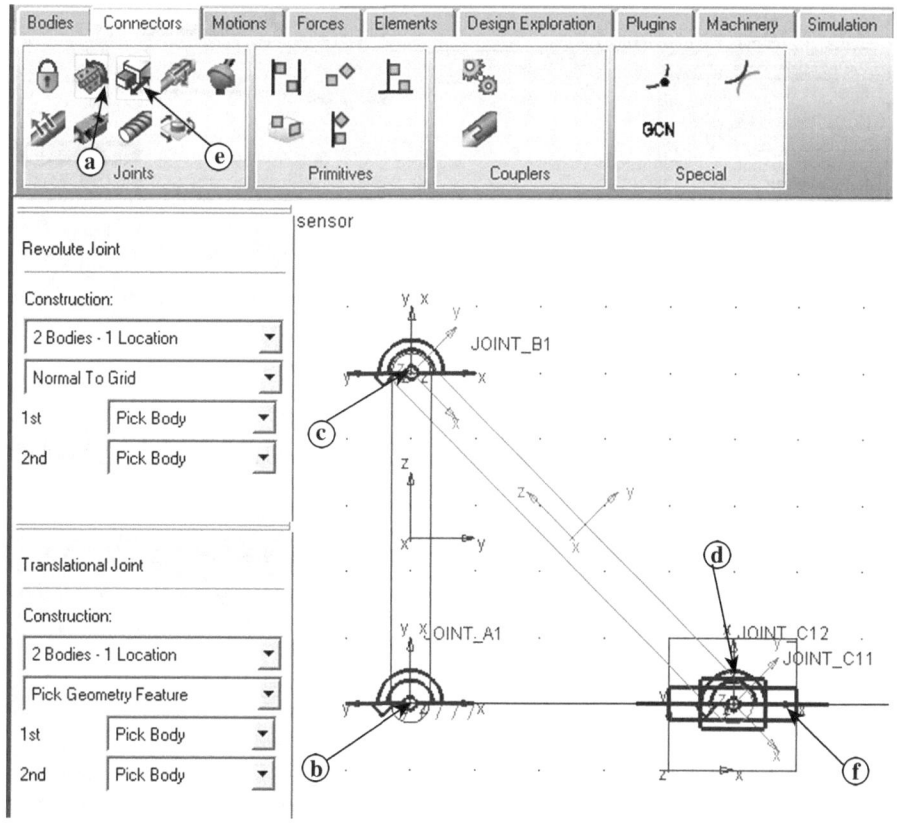

图 6-6 运动副的创建

2. 创建物体

物体的创建如图 6-7 所示。

a. 右击滑块"slider1",在弹出的菜单中选择"**Part:slider→Copy**"命令。

b. 设置复制新生成的构件右移的距离为"**10cm**"。

c. 右移构件。

将复制的正方体命名为"**object**"。

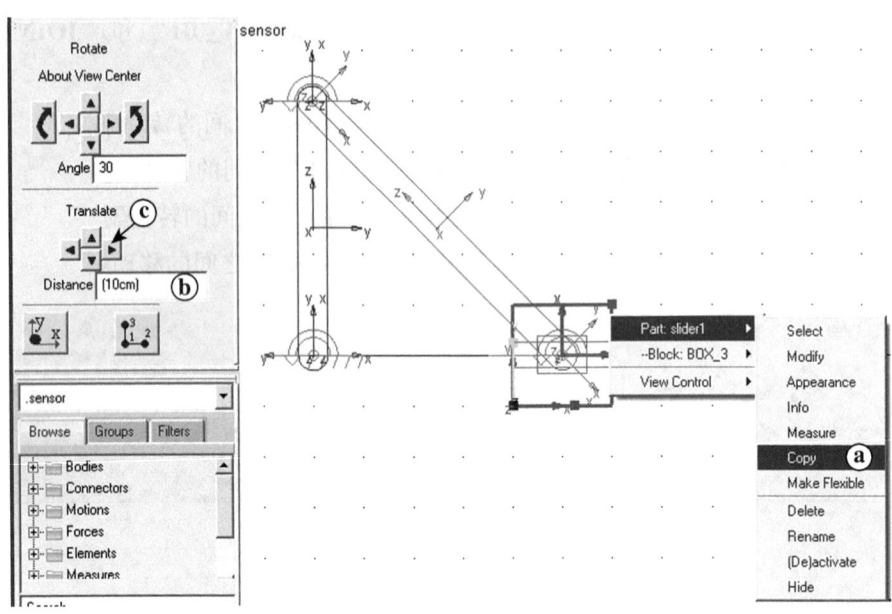

图 6-7　物体的创建

3. 创建固连副

为保证被输送物体"object"与滑块"slider1"同步运动，需在它们之间创建一个固连副"**JOINT_ fix_ slider1_ object**"，如图 6-8 所示。

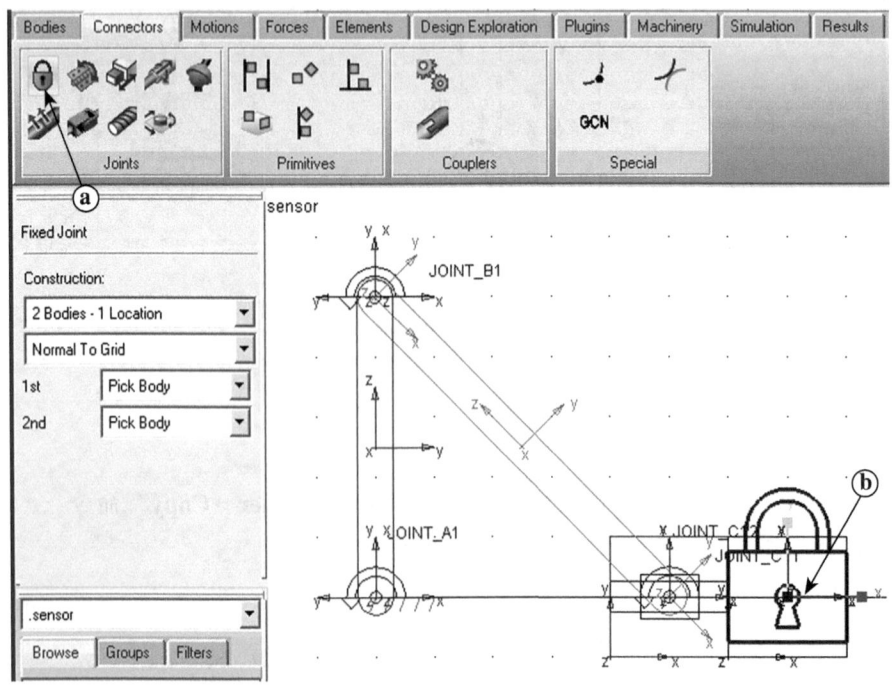

图 6-8　固连副的创建

第6章 ADAMS模型的控制设计

4. 施加驱动力矩

给曲柄施加一个顺时针方向,大小为500N·mm的驱动力矩,如图6-9所示。之所以在"Torque"文本框中输入"-500",是因为作用力矩的方向被默认为逆时针方向,而这里需要的是顺时针方向的力矩。

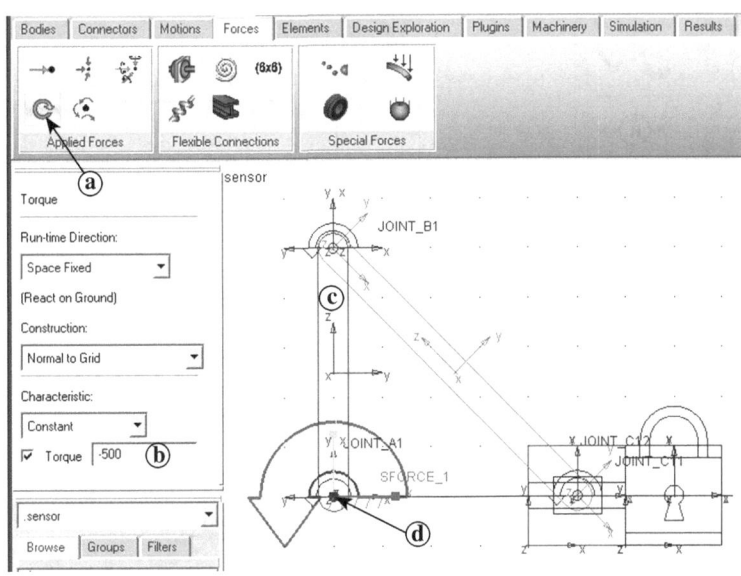

图6-9 驱动力矩的施加

6.1.4 仿真与测试模型

1. 物体质心位置的测量

物体质心位置的测量如图6-10所示。

a. 右击物体,在弹出的菜单命令中选择"**Part:object→Measure**"。

b. 在弹出的"Part Measure"对话框中,将"Measure Name"后的名称更改为"**object_MEA_cm_x**"。

c. 选中"Component"后的"**X**"。

d. 单击"**OK**"按钮。

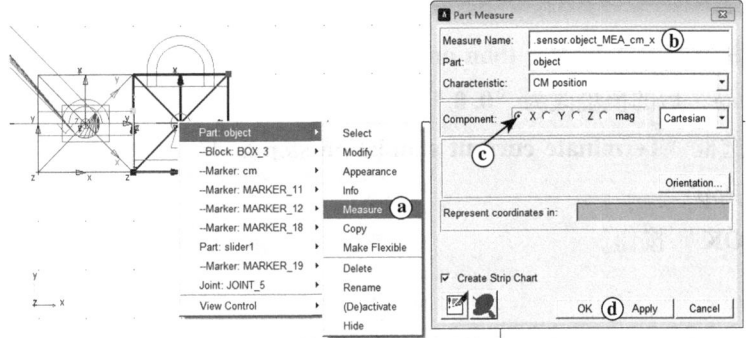

图6-10 物体质心位置的测量

2. 仿真模型

a. 设置"End Time"为"**2.5**",设置"Steps"为"**1000**"。

b. 单击"**Start simulation**"按钮,开始仿真计算,测量曲线如图6-11所示。

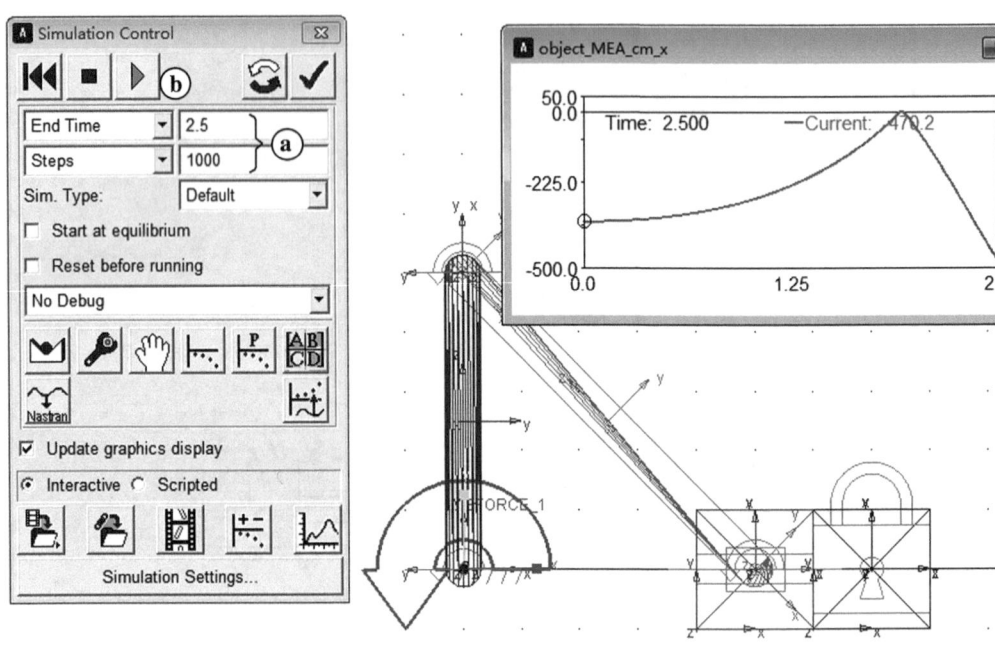

图6-11 模型的仿真

【图6-11仿真】

6.1.5 创建传感器

1. 创建传感器

为了保证当物体质心位置到达(0,0,0)位置时机构能停止不动,需要创建一个感知物体运动质心位置的传感器,如图6-12所示。

a. 在操作区的"Design Exploration"项中,单击"Create a new Sensor"图标。

b. 在弹出的"Create sensor…"对话框中,将"Expression"后的表达式更改为"**object_MEA_cm_x**"。

c. 选择判断条件为"**greater than or equal**"。

d. 将"value"后的值更改为"**0.0**"。

e. 勾选复选框"**Terminate current simulation step and**"。

f. 选择"**Stop**"。

g. 单击"**OK**"按钮。

第6章 ADAMS模型的控制设计

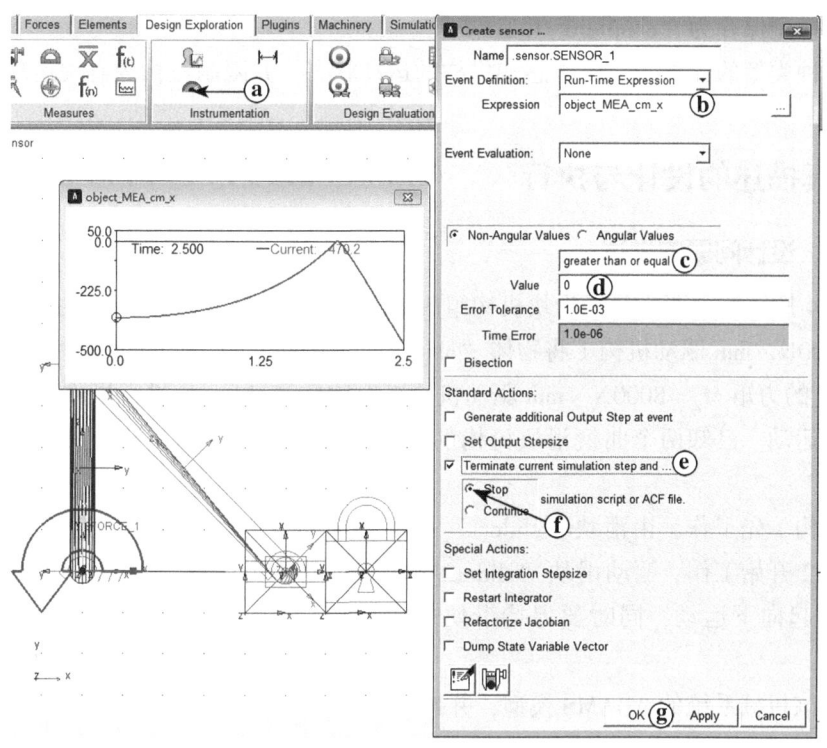

图6-12 传感器的创建

2. 传感器的响应仿真

再一次仿真模型,可以观察到当物体的质心到达(0,0,0)位置时,机构停止不动,并给出警告信息,如图6-13所示。

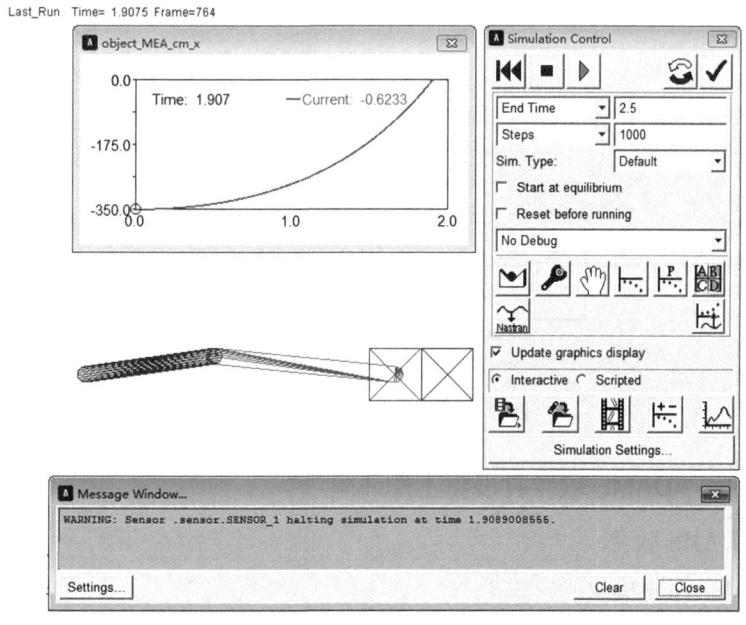

图6-13 传感器的响应状态

【图6-13仿真】

241

最后将模型保存为"chapter6_1.bin"。

应用各种类型的传感器，可以感知机构的运动状态，并限制机构的有关运动。

6.2 仿真描述的设计与执行

6.2.1 设计问题的描述

图 6-14 所示为由两个曲柄滑块机构组成的一个简单机械系统。作用在曲柄 crank1 上的力矩 $M_1 = 500\text{N} \cdot \text{mm}$ 驱动机构 1 将物体"object"输送到指定位置 (0,0) 后，作用在曲柄"crank2"上的力矩 $M_2 = 8000\text{N} \cdot \text{mm}$ 驱动机构 2 对物体"object"进行操作或加工，同时推动物体向下运动。已知两个曲柄滑块机构的结构和尺寸完全相同，具体尺寸见 6.1.1 问题描述。

要求机构 1 先工作，由滑块"slider1"推动物体同步运动，使物体达到位置 (0,0)。紧接着机构 2 开始工作，驱动滑块"slider2"向下运动，当滑块"slider2"接触到物体时，推动物体一起向下运动，同时要保持滑块"slider1"和固定挡块"block"对物体的夹持作用。

试创建该机械系统的 ADAMS 模型，并按照上述要求实现系统的运动仿真。

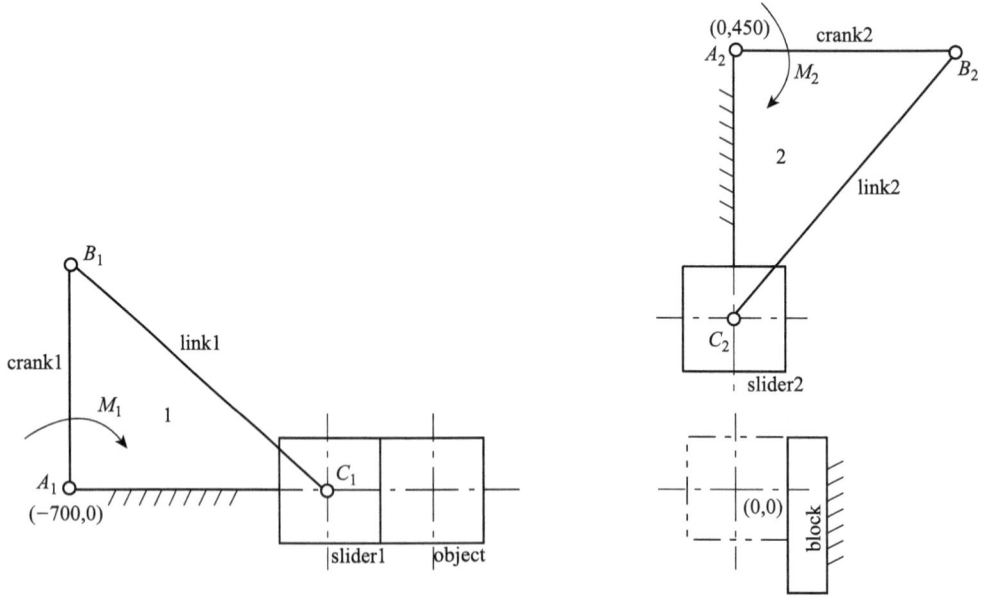

图 6-14　机械系统的运动简图

6.2.2　启动 ADAMS 软件并设置工作环境

1. *启动 ADAMS 软件*

启动 ADAMS/View 模块。

2. 导入模型

打开并导入已有的模型,如图 6-15 所示。

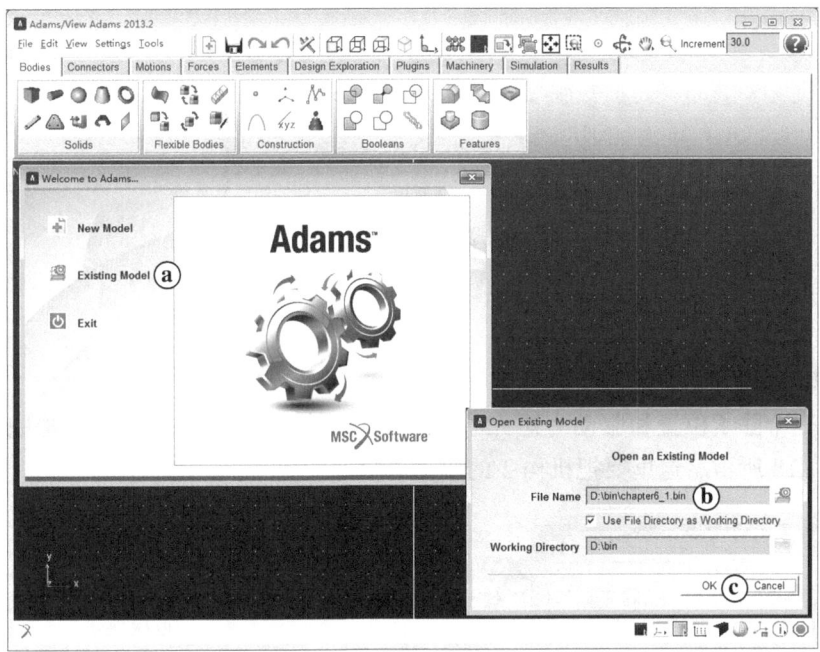

图 6-15 打开并导入已有的模型

机构的 ADAMS 模型如图 6-16 所示。

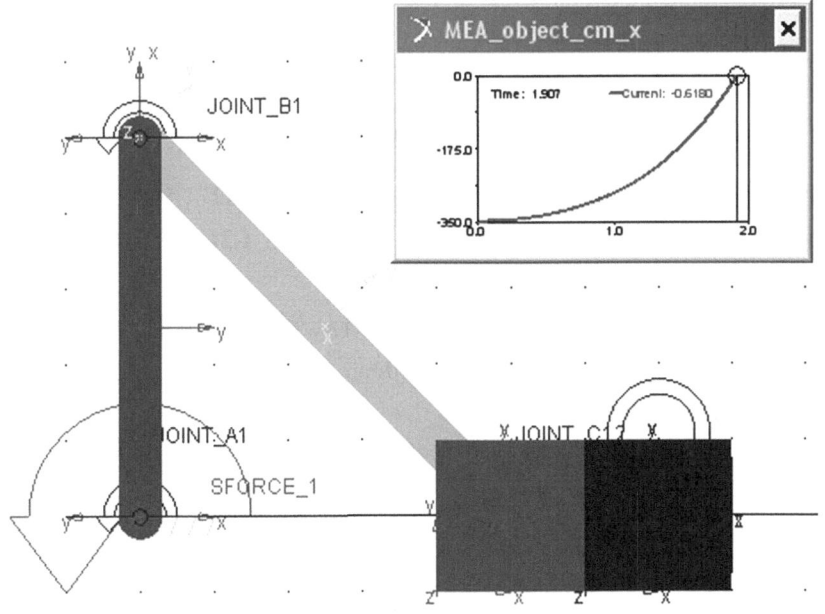

图 6-16 机构的 ADAMS 模型

如果打开机构模型文件后,无法看到机构的 ADAMS 模型,则按图 6-17 所示的方法使模型可视。

将模型名称更改为"**simu_script**"。

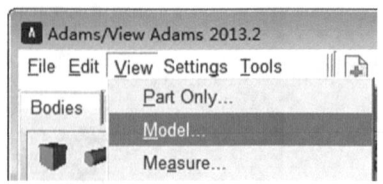

6-17 机构的 ADAMS 模型的可视化

6.2.3 创建 ADAMS 模型

1. 创建加工机构

再创建一个除了位置和驱动力矩大小之外,与原模型中的曲柄滑块机构完全相同的机构,如图 6-18 所示。这里要把机构 2 的驱动力矩要变更为:**-8000**。

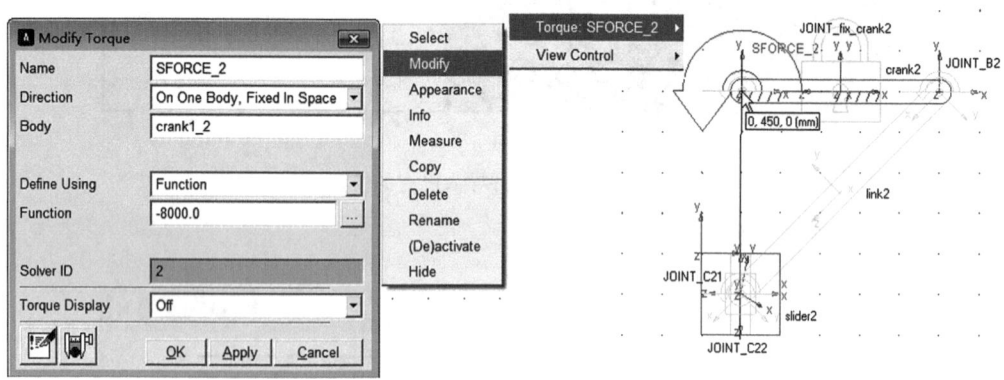

图 6-18 加工机构模型的创建

对机构各部分重新命名,曲柄为"**crank2**",连杆为"**link2**",滑块为"**slider2**",3 个转动副分别命名为"**JOINT_A2**""**JOINT_B2**""**JOINT_C21**",1 个移动副为"**JOINT_C22**"。其他尺寸和参数如图 6-18 所示。

提示:可以通过复制并调整位姿来快速建成新机构。即将原机构(注意不包含物体)全部选中后进行复制。将复制后的机构右移 700mm,上移 450mm,然后再绕新机构的曲柄回转中心顺时针方向转动 90°。

因为要求物体在被推动向右运动没有达到要求位置时,机构 2 不能运动,所以在机构 2 的曲柄"crank2"和大地"ground"之间创建了 1 个固连副"**JOINT_fix_crank2**"。

2. 创建限位挡块

当物体被机构 2 的滑块"slider2"推动向下运动时,为保证其不再向右移动,在对应位置创建一个长方形的挡块"**block**",如图 6-19 所示。

第 6 章 ADAMS 模型的控制设计

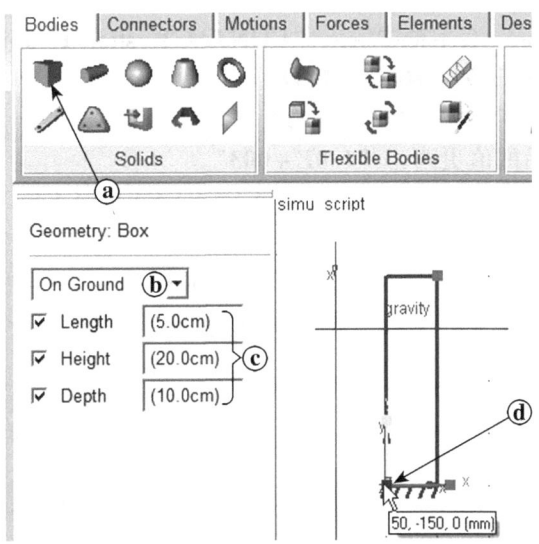

图 6-19 创建限位挡块

3. 创建碰撞力

在滑块"slider1"和物体"object"之间创建一个碰撞力"CONTACT_slider1_object",用来当物体被机构 2（加工机构）推动向下运动时，对物体的水平运动进行限制。

碰撞力"CONTACT_slider1_object"的创建如图 6-20 所示。

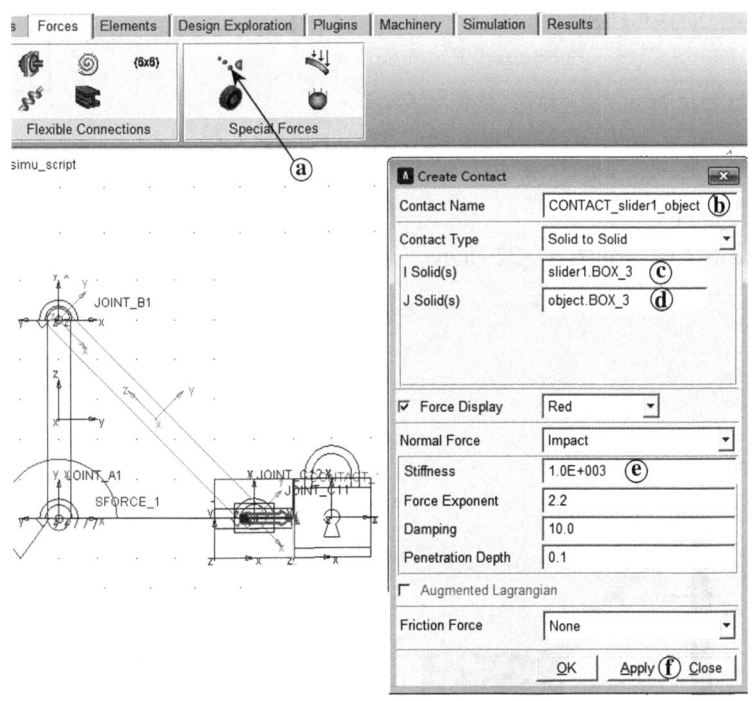

图 6-20 碰撞力"CONTACT_slider1_object"的创建

a. 单击操作区"Forces"项中的"**Create a Contact Force**"图标，弹出"Create Contact"对话框。

b. 在 "Contact Name" 文本框中输入 "**CONTACT_ slider1_ object**"。

c. 选择 "I Solid（s）" 为 "**slider. BOX_ 3**"。

d. 选择 "J Solid（s）" 为 "**object. BOX_ 3**"。

e. 将 "Stiffness" 后的值更改为 "**1.0E +003**"。

f. 单击 "**Apply**" 按钮。

通过同样方法，在滑块 "slider2" 和物体 "object" 之间创建一个碰撞力 "**CONTACT_ slider2_ object**"，用来推动物体向下运动。在物体 "object" 与限位挡块 block 之间创建一个碰撞力 "**CONTACT_ object_ block**"，该压力限制物体的水平向右运动。三个碰撞力如图 6-21 所示。

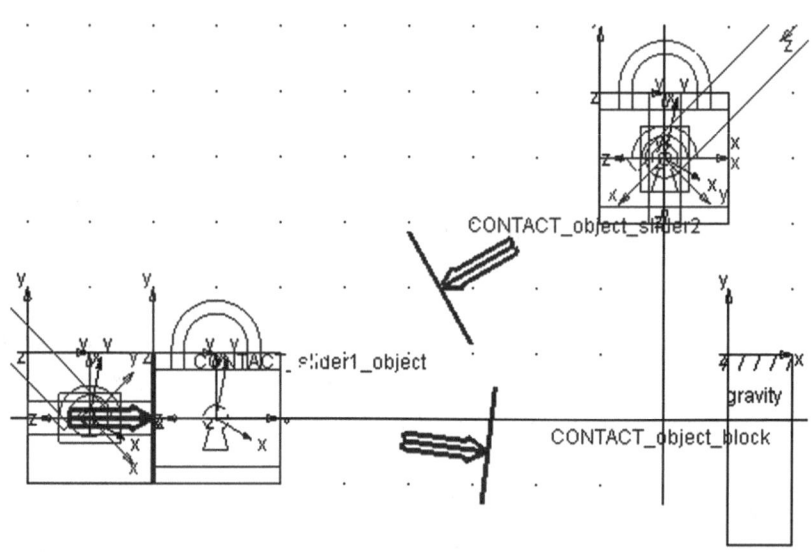

图 6-21 碰撞力的创建

4. 机械系统模型

完整的机械系统模型如图 6-22 所示。

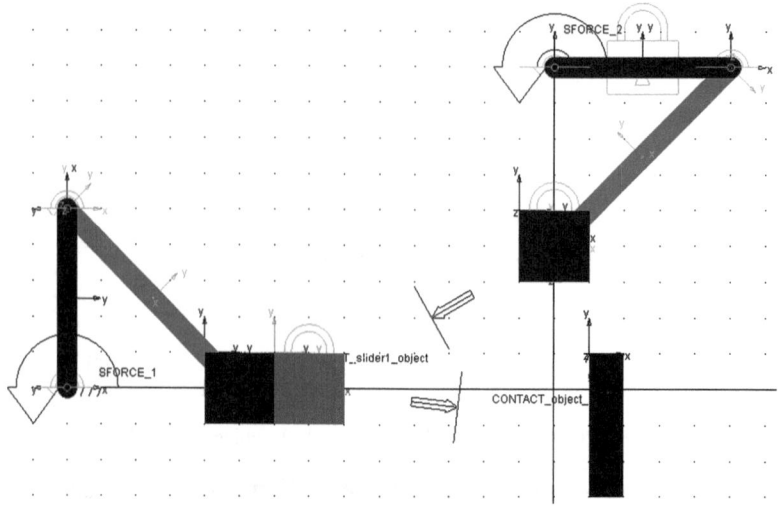

图 6-22 机械系统模型

6.2.4 创建传感器

1. 测量碰撞力

滑块"slider22"与物体"object"之间碰撞力的测量如图 6-23 所示。

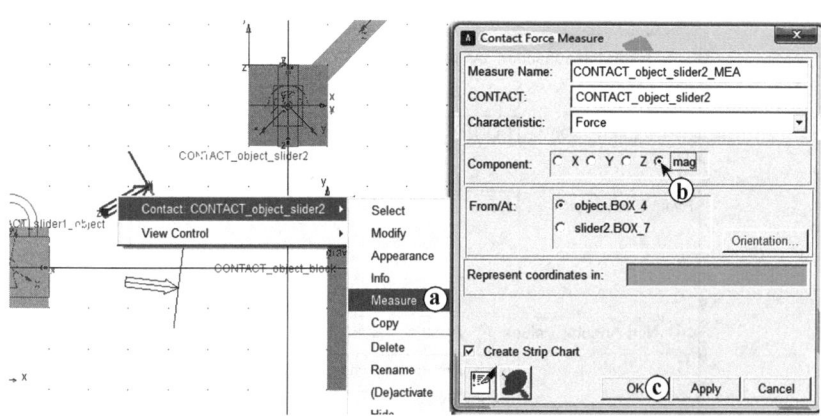

图 6-23 滑块"slider2"与物体"object"的碰撞力的测量

2. 更改传感器

在此机械系统模型中,已经有了一个感知物体质心位置的传感器"SENSOR_1",对此传感器重新设定,将原来选定的"Stop"改为"**Continue**",如图 6-24 所示。

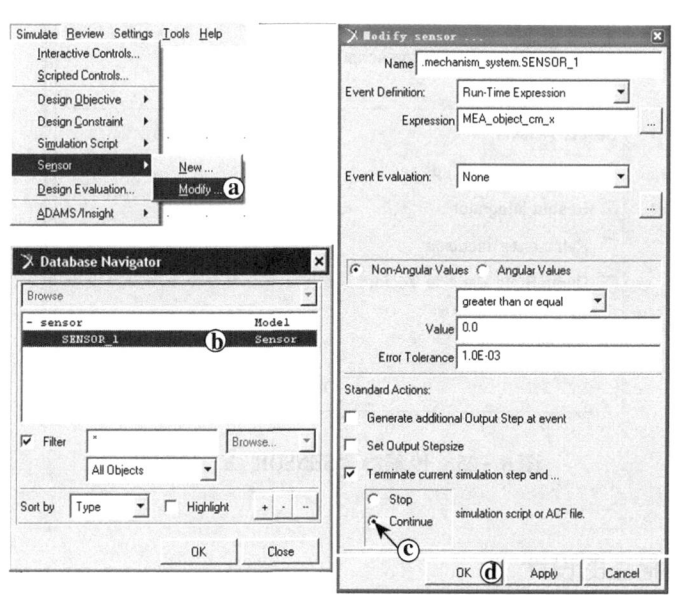

图 6-24 对传感器"SENSOR_1"的修改

3. 创建传感器

创建一个新的传感器"SENSOR_2",用来感知滑块"slider2"与物体"object"之间的碰撞力的大小,如图 6-25 所示。

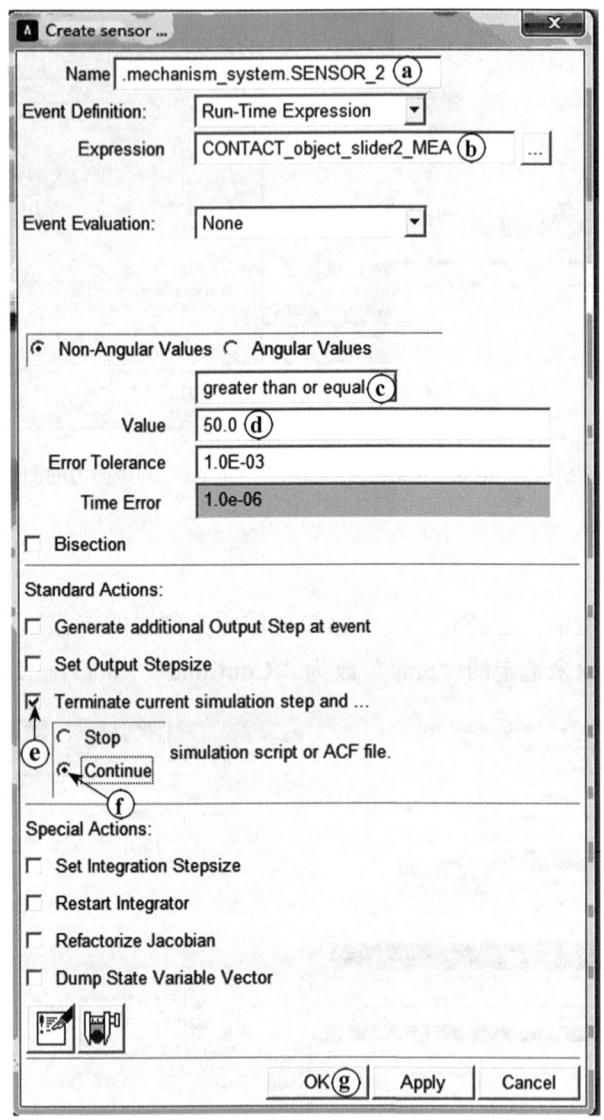

图 6-25 传感器"SENSOR_2"的创建

6.2.5 仿真描述的设计

仿真描述的设计如图 6-26 所示。

a. 在主菜单中,选择"**Simulate→Simulation Script→New**"。

b. 在弹出的"Create Simulation Script"对话框中,选择"Script Type"为"**ADAMS/**

Solver Commands"。

c. 在"Append ACF Command"下拉列表中,选择"**Dynamic Simulation**"。

d. 在"Dynamic Simulation"对话框中,在"Number of Steps"文本框中输入"**1000**",在"End Time"文本框中输入"**2.5**"。

e. 单击"**OK**"按钮。

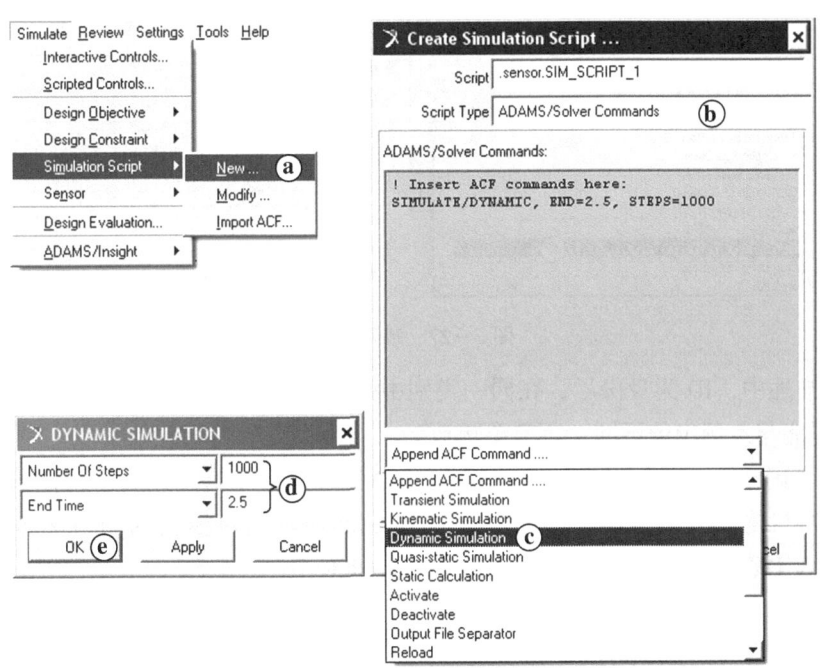

图 6-26　仿真描述的创建

动力学仿真描述的语句为:

SIMULATE/DYNAMIC, END = 2.5, STEPS = 1000

在执行此仿真过程中,机构 1 推动物体向右运动,而机构 2 停止不动。当物体质心到达 (0,0,0) 位置处,传感器"SENSOR_1"感知到状态,中断当前的仿真,等待继续进行下面的进程。

接下来机构 2 开始运动,此时要解除固连副"JOINT_fix_crank2"的作用,同时也要解除"SENSOR_1"的作用,为此要让它们失效,如图 6-27 所示。

a. 在"Append ACF Command"下拉列表中,选择"**Deactivate**"。

b. 在"DEACTIVATE"对话框中,在"Joint Name"文本框中输入"**JOINT_fix_crank2**",在"Sensor Name"文本框中输入"**SENSOR_1**"。

c. 单击"**OK**"按钮。

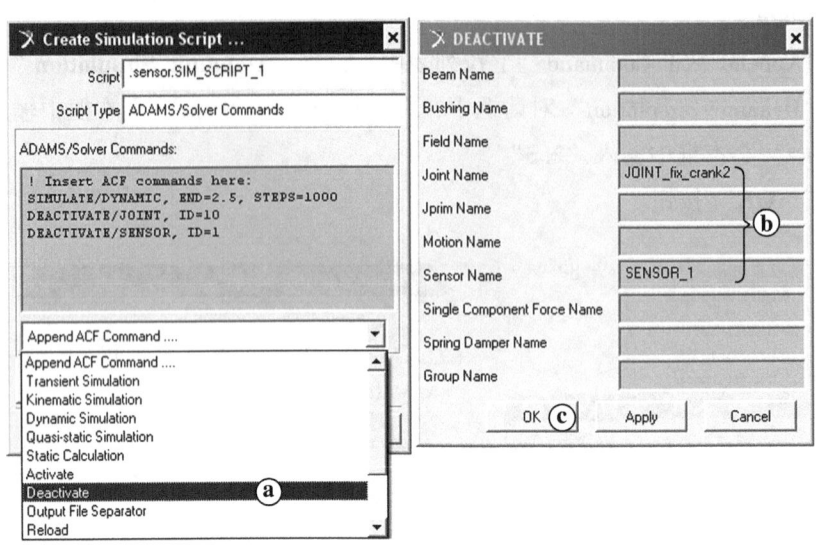

图 6-27 解除设定

在仿真描述中，ID 为身份号，在同一类别中是唯一的（提示：用户自己创建的模型中，类别 ID 有可能与本例中的不同，不需要更改）。

固连副"JOINT_fix_crank2"和传感器"SENSOR_1"不起作用后，可以继续对模型进行仿真，使得机构 2 开始运动。为此，添加图 6-28 所示的对模型的动力学仿真描述语句"**SIMULATE/DYNAMIC, END=2.5, STEPS=1000**"。

系统接着前面的仿真停止时间继续进行仿真。此过程中，虽然传感器"SENSOR_1"不再起作用，但由于机构 1 和限位挡块的共同作用，物体还会保持在设定的位置不动。

当机构 2 运动到一定位置时，滑块"slider2"与物体"object"接触，产生碰撞力。当该碰撞力达到或超过 50N 时，传感器"SENSOR_2"就能感知到这一状态，发挥作用，中断当前的动力学仿真。根据要求，接下来物体在滑块"slider2"的推动下向下运动，为此必须解除物体"object"与滑块 slider1 之间的固连副的连接，所以要填写使得固连副"JOINT_fix_slider1_object"和传感器"SENSOR_2"失效的描述语句，如图 6-29 所示。接着继续进行仿真，所以最后还要添加仿真描述语句，如图 6-29 所示。

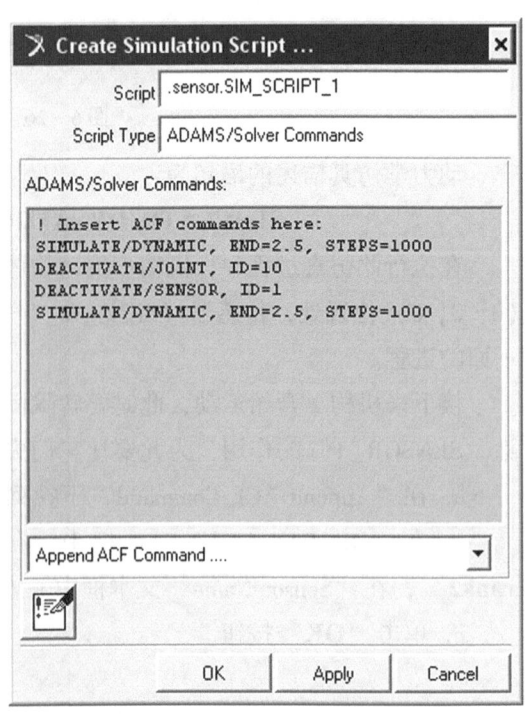

图 6-28 仿真描述语句的添加

第 6 章 ADAMS 模型的控制设计

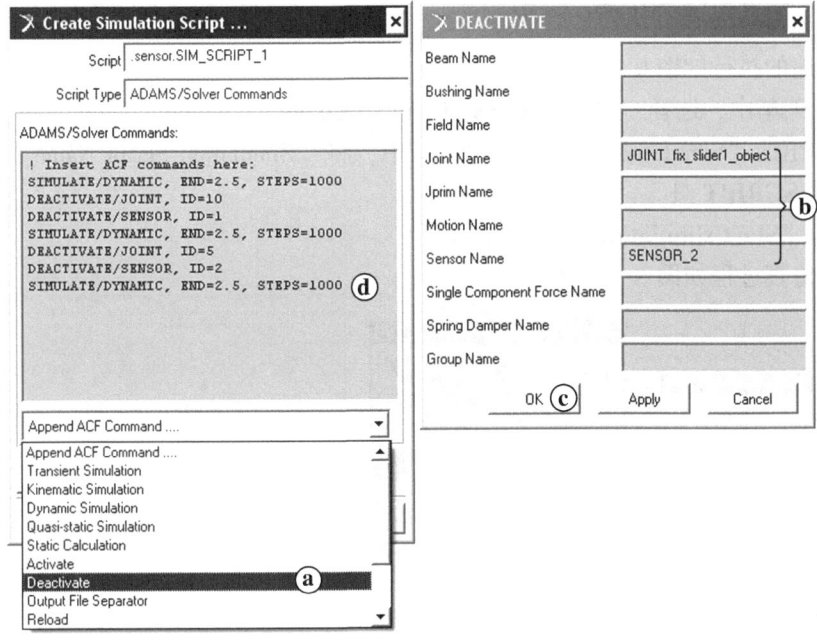

图 6-29 仿真描述语句的添加

系统完成后面的仿真。滑块"slider2"通过碰撞力"CONTACT_ slider2_ object"推动物体"object"向下运动的过程中，通过物体与滑块"slider1"之间的碰撞力"CONTACT_ slider1_ object"以及与限位挡块之间的碰撞力"CONTACT_ object_ block"，物体不会水平方向的移动。

完整的仿真描述过程如图 6-30 所示。单击"**OK**"按钮，即完成仿真描述"SIM_ SCRIPT_ 1"的创建。

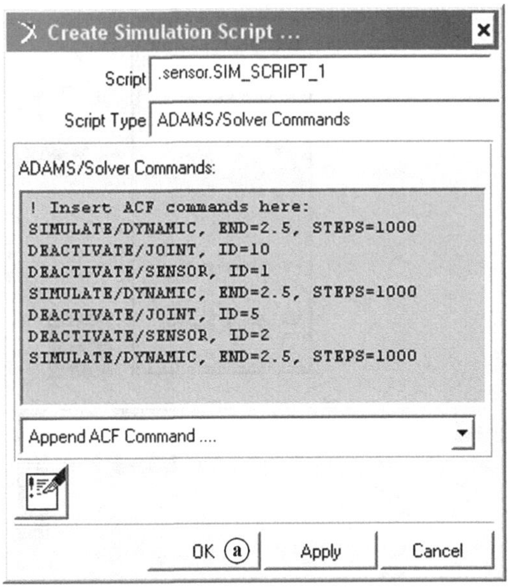

图 6-30 仿真描述语句

6.2.6 仿真描述的执行

仿真描述的执行如图 6-31 所示。

a. 在主菜单中，选择"**Simulate→Scripted Controls**"。

b. 在弹出的"Simulation Control"对话框中，将"Simulation Script Name"后的名称更改为"**SIM_SCRIPT_1**"。

c. 单击"**Start simulation**"按钮。

模型的仿真过程如图 6-32 所示。

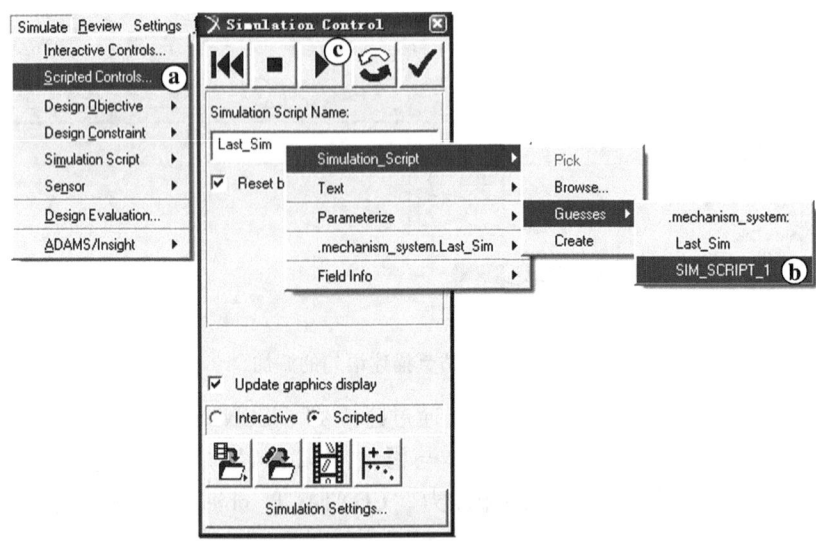

图 6-31 仿真描述的执行

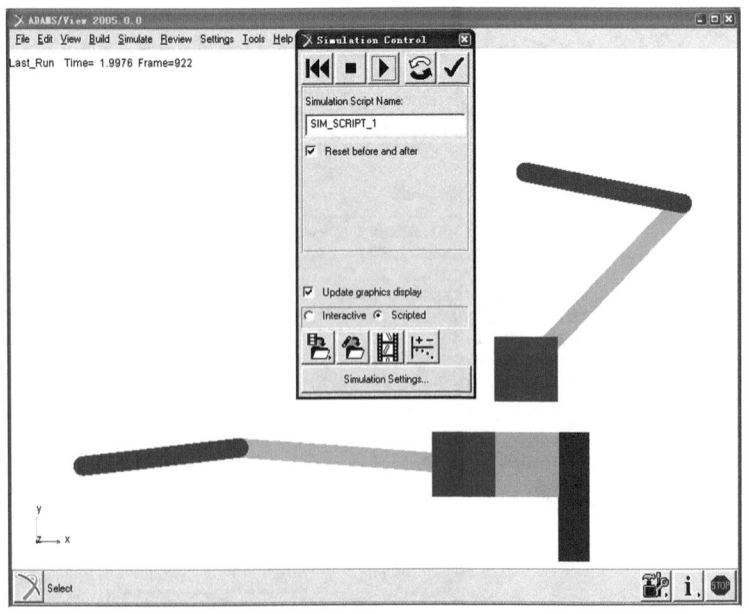

【图 6-32 仿真】

图 6-32 模型的仿真过程

还可以测得物体在整个仿真过程中质心位置的变化过程,如图 6-33 所示。此图也是物体质心的运动轨迹。

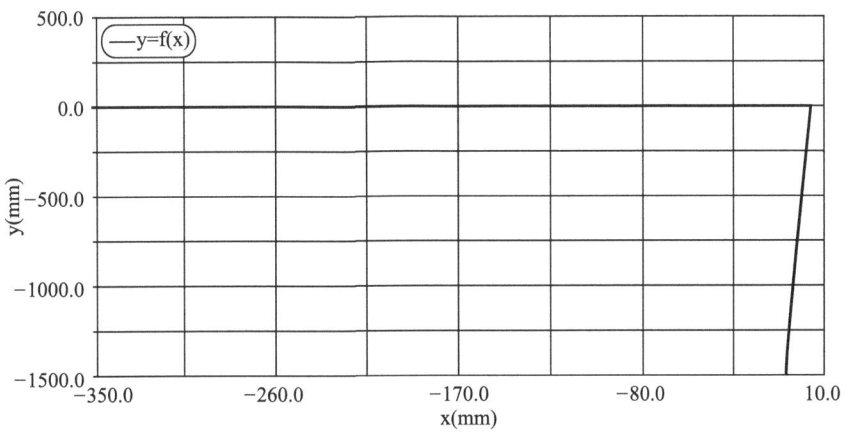

图 6-33 物体质心运动轨迹的测量

最后将模型保存为"**chapter6_2.bin**"。

6.3 ADAMS/Controls 模块的应用

6.3.1 ADAMS/Controls 模块简介

ADAMS/Controls 模块具有以下功能及特色:
1) 机械系统中可以考虑各部件的惯性力、摩擦力、重力、碰撞和其他因素的影响。
2) 与常用控制软件进行双向数据传递,包括 MSC Easy5 软件、MATLAB 软件。
3) 支持联合仿真和函数估值两种模式。
4) 通过状态方程支持连续和离散的控制系统。
5) 使控制系统工程师和机械系统工程师之间的交流更方便。
6) 支持 MATLAB/Simulink 的 S 函数。通过 ADAMS/Controls 模块直接集成。MATLAB/Simulink 的 S 函数作为外部系统库使用。

6.3.2 设计问题的描述

如图 6-34 所示,一根梁上有一个小球,梁的初始位置处于水平状态,小球和梁之间有一个力的作用,使两者之间可以相对运动。梁与底座之间是旋转副连接,使梁可以绕全局 z 轴方向做旋转运动。

当小球向梁的两端运动时,梁也会随之偏转,为了保证小球始终在梁上,不会跌落,需要给梁施加一个扭矩,控制梁偏转的角度。该扭矩的值与小球运动的位移和梁偏转的角度相关。本节通过 ADAMS/Controls 模块建立 ADAMS 软件与 MATLAB 软件机械控制联合仿真模型,进行仿真分析,精确控制小球的运动过程,使其一直保持在梁上。

图 6-34 小球运动控制

注意：ADAMS 软件和 MATLAB 软件进行联合仿真会有版本匹配问题，请查阅相关资料确定 ADAMS 软件支持的 MATLAB 软件版本。本书使用的 MATLAB 软件的版本是 R2013a x64，和 ADAMS 2013.2 x64，这两个版本的 MATLAB 与 ADAMS 的匹配没有问题。

6.3.3 模型的创建

1. 启动 ADAMS 软件并打开初始模型

启动 ADAMS/View 模块，在欢迎界面选择"**Existing Model**"，确认后弹出"Open Existing Model"对话框，在"File Name"后选择下载电子文件中的"chapter6_3_start.cmd"文件，打开联合仿真需要使用的机械系统模型。如图 6-35 所示。

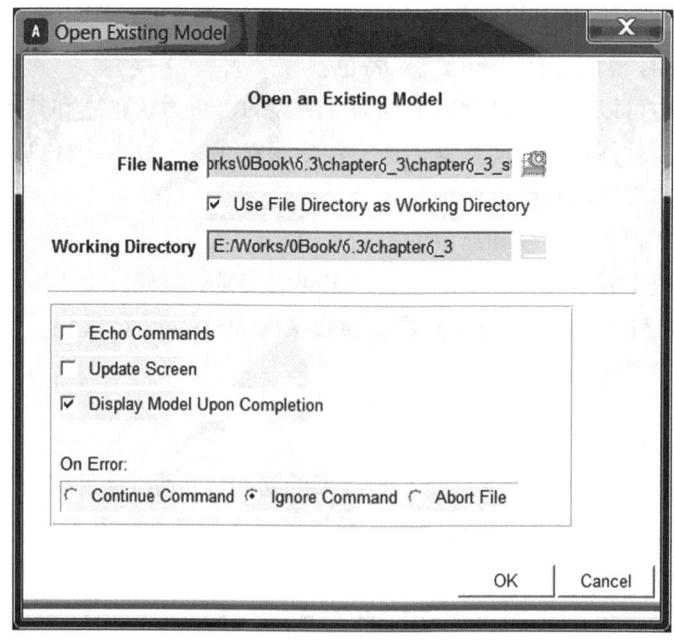

图 6-35 在 ADAMS/View 模块中打开初始机械系统模型设置

打开后的模型如图 6-36 所示。

第 6 章 ADAMS 模型的控制设计

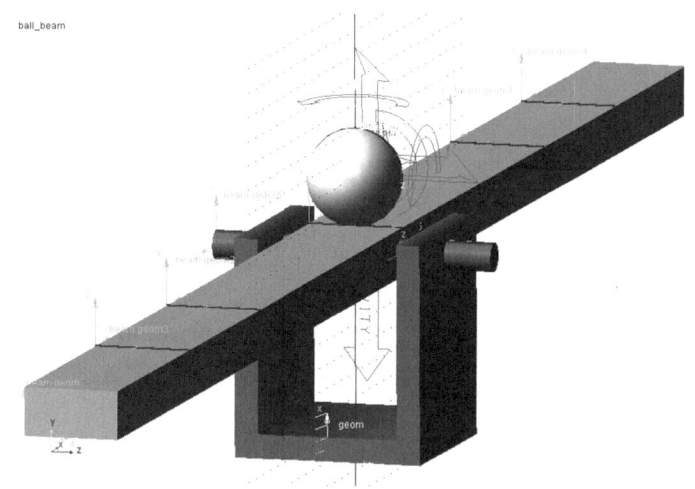

图 6-36 机械系统仿真模型

2. 运行一次仿真

通过运行仿真，观察模型中部件的运动过程，便于了解模型，如图 6-37 所示。

a. 在操作区 "Simulation" 项的 "Simulate" 中，单击 "**Run an interactive Simulation**" 图标。

b. 在弹出的 "Simulation Control" 对话框中，在 "End Time" 文本框中输入 "**8.5**"，在 "Steps" 文本框中输入 "**500**"。

c. 单击 "**Start simulation**" 按钮，进行仿真运算。

d. 仿真完成后，发现小球已经和梁脱落。

e. 关闭 "Simulation Control" 对话框。

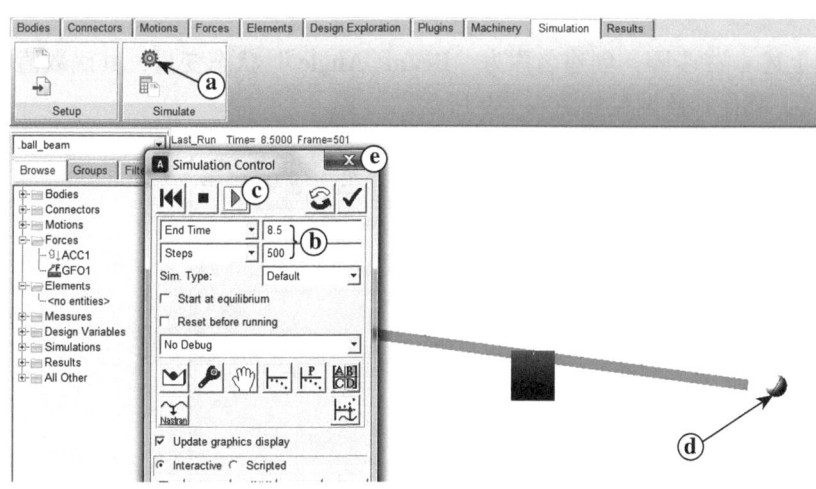

图 6-37 运行仿真观察模型

【图 6-37 仿真】

3. 建立控制系统接口

为了实现机械系统与控制系统联合仿真，需要先在 ADAMS 软件中设置接口参数，如图 6-38 所示。

a. 在操作区"Elements"项的"System Elements"中，单击"**Create a State Variable defined by an Algebraic Equation**"图标。

b. 在弹出的"Create State Variable…"对话框中，在"Name"文本框中输入".ball_beam.Torque_In"。

c. 在"Definition"后选择默认选项"**Run – Time Expression**"。

d. 将函数"F（time，…）"的值设置为"**0**"，这个数值需要通过 MATLAB 软件提供。

e. 取消勾选"Guess for F（t=0）"选项。

f. 单击"**OK**"按钮，完成状态变量"Torque_In"的创建。

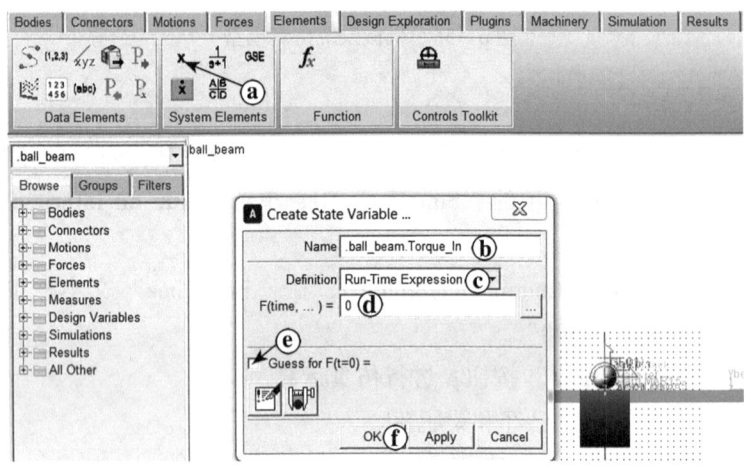

图 6-38　创建状态变量"Torque_In"

g. 重复上述 a~f 步骤，创建名称为"**Beam_Angle**"状态变量，其函数值设置为"**AZ（beam.cm）**"，其他参数设置如图 6-39 所示。

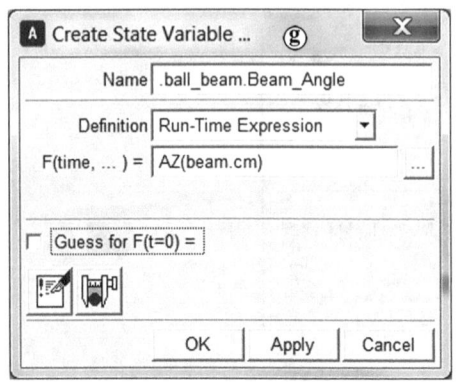

图 6-39　创建状态变量 Beam_Angle

h. 重复上述 a~f 步骤，创建名称为"**Position**"状态变量，其函数值设置为"**DX**（**ball. cm**，**beam. ref**，**beam. ref**）"，勾选并设置"Guess for F（t=0）"的值为"**2**"，其他参数设置如图 6-40 所示。

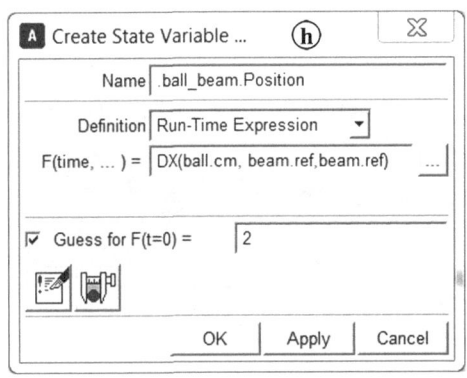

图 6-40　创建状态变量 Position

i. 如图 6-41 所示，在操作区"Elements"项的"Data Elements"中，单击"**Create an ADAMS plant input**"图标。

j. 在弹出的"Data Element Create Plant Input"对话框中，在"Plant Input Name"文本框中输入"**. ball_ beam. tmp_ MDI_ PINPUT**"。

k. 在"Variable Name"文本框中，右击文本框，选择输入上述步骤创建的状态变量，即"**Torque_ In**"。

l. 单击"**OK**"按钮，完成数据单元"tmp_ MDI_ PINPUT"的创建。

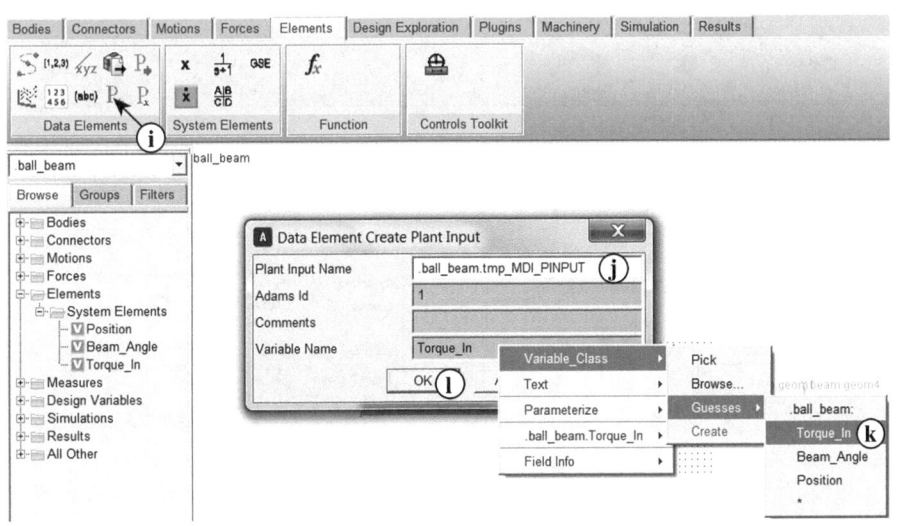

图 6-41　创建数据单元"tmp_ MDI_ PINPUT"

m. 如图 6-42 所示，在操作区"Elements"项的"Data Elements"中，单击"**Create an ADAMS plant output**"图标。

n. 在弹出的"Data Element Create Plant Output"对话框中，在"Plant Output Name"文本框中输入"**. ball_ beam. tmp_ MDI_ POUTPUT**"。

o. 在"Variable Name"文本框中，右击文本框，选择输入上述步骤所创建的状态变量，即"**Beam_ Angle, Position**"。

p. 单击"**OK**"按钮，完成数据单元"tmp_ MDI_ POUTPUT"的创建。

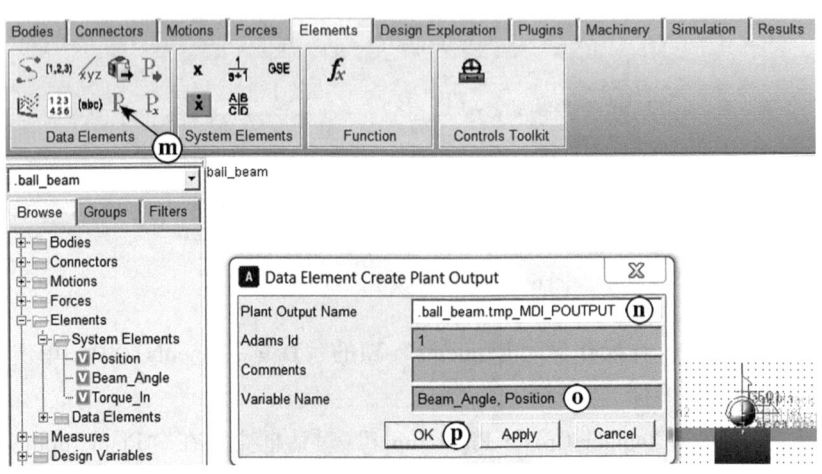

图 6-42　创建数据单元"tmp_ MDI_ POUTPUT"

4. 修改机械仿真模型

在名称为"beam"的梁上，施加一个扭矩，用于控制梁的转动，如图 6-43 所示。

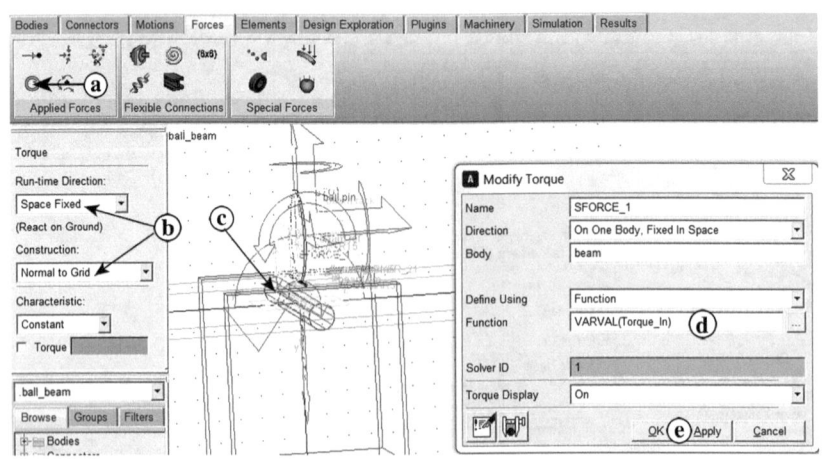

图 6-43　创建一个扭矩

a. 在操作区"Forces"项的"Applied Forces"中，单击"**Create a Torque**"图标。

b. 在左侧的参数输入面板上，在"Run-time Direction"下拉列表中选择"**Space Fixed**"，在"Construction"下拉列表中选择"**Normal to Grid**"。

c. 在模型窗口中，用鼠标左键选择扭矩作用部件梁，作用位置点是梁的质心

(**beam.cm**)。

d. 对新建立的扭矩"SFORCE_1"进行修改,在"Modify Torque"对话框中,"Function"的值设置为"**VARVAL（Torque_In）**",它的作用是实时得到状态变量"Torque_In"的值。

e. 单击"**OK**"按钮,完成扭矩"SFORCE_1"的修改。

5. 输出机械仿真模型

为实现 ADAMS 软件与 MATLAB 软件的联合仿真,需要把 ADAMS 机械模型输出为 MATLAB 软件可识别的模型文件,过程如图 6-44 所示。

a. 在操作区"Plugins"项的"Controls"中,单击"**Load the Controls Plug-in**"图标,在弹出的快捷菜单中选择"**Plant Export**"命令。

b. 系统弹出"Adams/Controls Plant Export"对话框,将"File Prefix"的值设置为"**Ball_Control**",表示生成文件的名称。

c. 单击"From Pinput"按钮,在系统弹出的"Database Navigator"对话框中双击"**tmp_MDI_PINPUT**",系统自动在"Input Signal（s）"列表框中显示"Torque_In"。

d. 单击"**From Poutput**"按钮,在系统弹出的"Database Navigator"对话框中双击"**tmp_MDI_POUTPUT**",系统自动在"Output Signal（s）"列表框中显示"Beam_Angle"和".ball_beam.Position"。

e. 在"Target Software"后的下拉列表中选择"**MATLAB**",表示输出的文件是用于 MATLAB 软件。

f. 选择"Adams/Solver Choice"后的选项"**C++**"。

g. 其他参数保持默认设置,单击"**OK**"按钮,系统在 ADAMS 软件当前工作路径生成 4 个文件,即"Ball_Control.m""Ball_Control.cmd""Ball_Control.adm"和"aviewAS.cmd"。

h. 将 ADAMS 模型的名称保存为"**chapter6_3_completed.bin**",并关闭 ADAMS 软件。

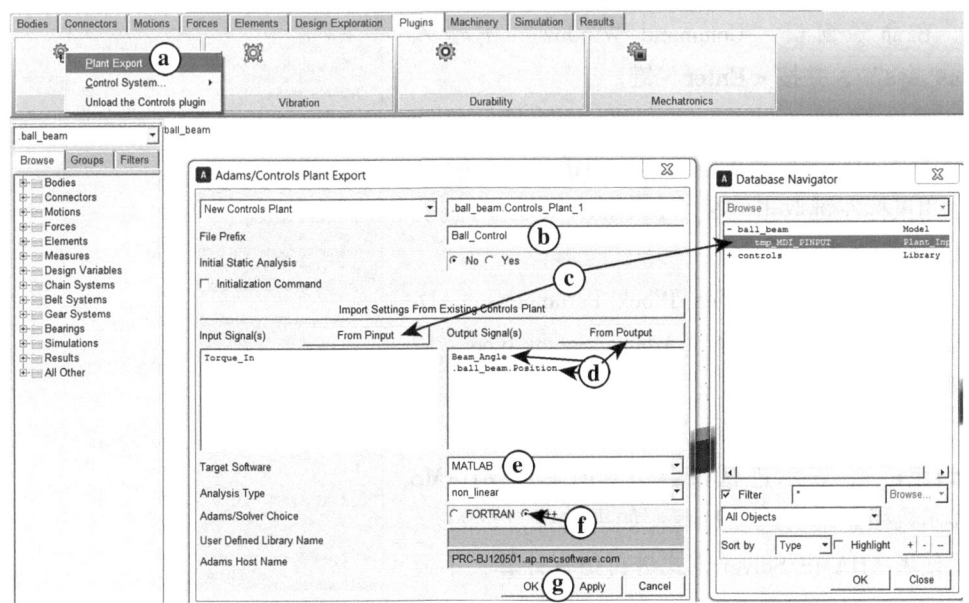

图 6-44 输出机械系统

6.3.4 控制系统的创建

1. 在 MATLAB 软件中调入 ADAMS 模型

设置过程如图 6-45、图 6-46 所示。

a. 启动 MATALB 软件，并设置其工作目录是 ADAMS 软件的工作目录，注意：MATALB 软件和 ADAMS 软件进行联合仿真时，要求两个软件的工作目录必须是同一个文件夹。

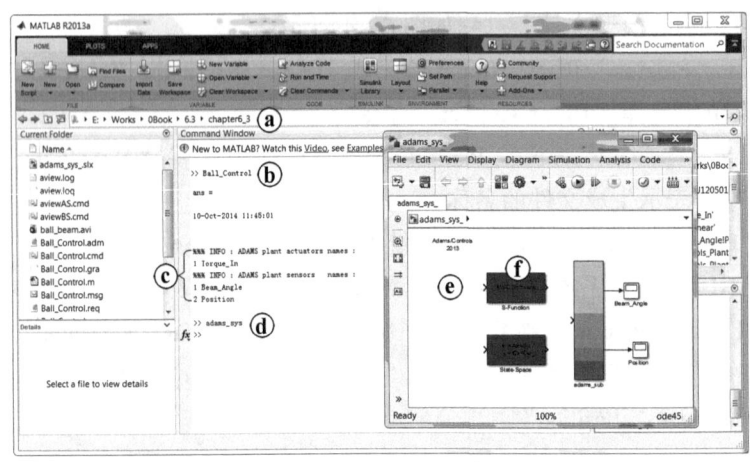

图 6-45 MATLAB 软件中的输入设置

b. 在 MATLAB 命令窗口 "Command Window" 中输入上述所输出的 ADAMS 模型文件名称，即 "**Ball_Control**"，并按 <**Enter**> 键。

c. 命令窗口中显示在 ADAMS 软件中已经设置的输入、输出变量名称。

d. 在命令窗口 "Command Window" 中输入 "**adams_sys**"，并按 <**Enter**> 键。

e. 系统弹出 "adams_sys_" 对话框，显示 ADAMS 软件中已经设置的输入、输出信息。

f. 用鼠标左键双击 "**S_Function**" 块，可查看 ADAMS 仿真设置信息。

g. 在弹出的 "Function Block Parameters：ADAMS Plant" 对话框中，在 "Adams/Solver type" 后下拉列表中选择 "**C++**"。

h. 在 "Animation mode" 后下拉列表中选择 "**interactive**"，表示进行联合仿真时调用 ADAMS 软件显示机械系统的运动过程；如果选择 "batch"，则表示使用 ADAMS/Solver 方式进行仿真计算，不显示仿真动画，但解算速度更快。

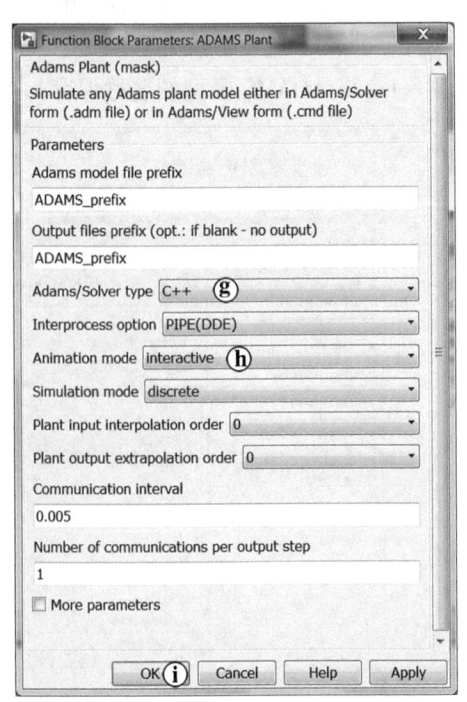

图 6-46 联合仿真中 ADAMS 仿真设置

i. 其他参数如图 6-48 所示,单击"**OK**"按钮,完成设置。

2. 建立联合仿真模型

联合仿真模型的创建过程如图 6-47 所示。

在 MATLAB/Simulink 下建立控制系统模型,并设置与 ADAMS 软件的接口。MATLAB/Simulink 建模过程请参考相关教程,本节直接使用已经建立好的控制系统模型。

将本书提供的电子文件(下载方式见前言)中的"chapter6_3_start.mdl"文件复制到工作目录中,在 MATLAB 软件中打开此文件,则新建一个名称为"**chapter7_3_start**"的窗口来显示控制系统模型。

把"adams_sys_"窗口下的"**adams_sub**"块复制到"**chapter6_3_start**"窗口中,并与"**chapter6_3_start**"控制系统关联。

这样就完成了 ADAMS 软件和 MATLAB 软件联合仿真模型的建立。

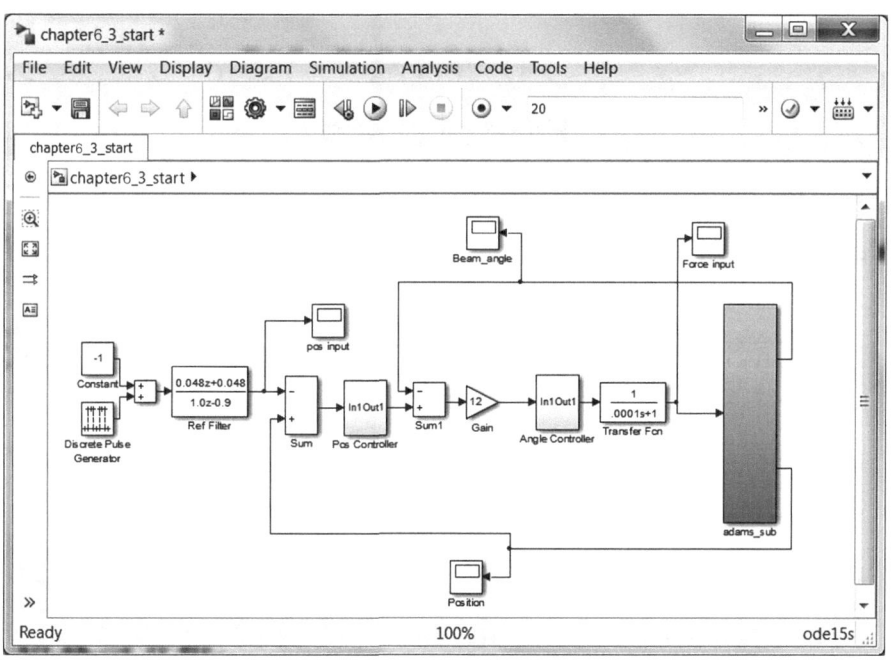

图 6-47 建立联合仿真模型

6.3.5 模型的仿真与分析

ADAMS 软件和 MATLAB 软件进行联合仿真,只需把两者的仿真文件放在同一个文件夹下,并把此文件夹当做两个软件的工作路径即可,不再需要其他设置。

1. 设置仿真参数并运算

联合仿真参数设置如图 6-48 所示。

a. 在 MATLAB 软件的"**chapter6_3_start**"窗口中,输入仿真时间为"**40**"。

b. 单击"**Run**"按钮,MATLAB 软件会自动调用 ADAMS/View 模块,进行联合仿真。

仿真完成后，会在联合仿真工作路径下生成 ADAMS 结果文件，可以分别在 MATLAB 软件和 ADAMS/View 模块中查看仿真结果。

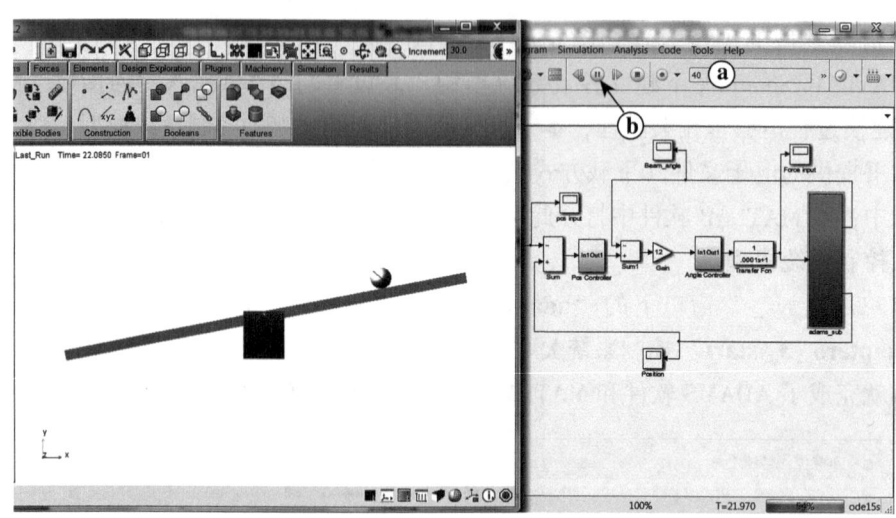

图 6-48　联合仿真界面

2. 查看 MATLAB 仿真结果

仿真结果的查看操作如图 6-49 所示。

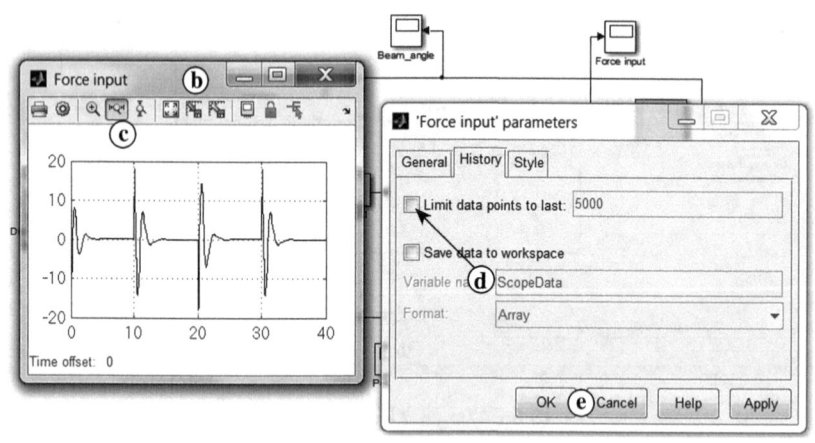

图 6-49　查看"Force input"曲线

a. 在 MATLAB 软件的"chapter6_3_start"窗口中，鼠标左键双击名称为"**Force input**"的"Scope"图标，查看输入的扭矩值。

b. 弹出"Force input"窗口，显示仿真结果。

c. 如果不能全部显示 40s 仿真时间的曲线，可通过"**Parameters**"按钮设置。

d. 取消勾选"**Limit data point to last**"选项。

e. 单击"**OK**"按钮，应用设置。

通过上述方法可显示"Beam_angle"和"Position"数据曲线，如图 6-50 所示。

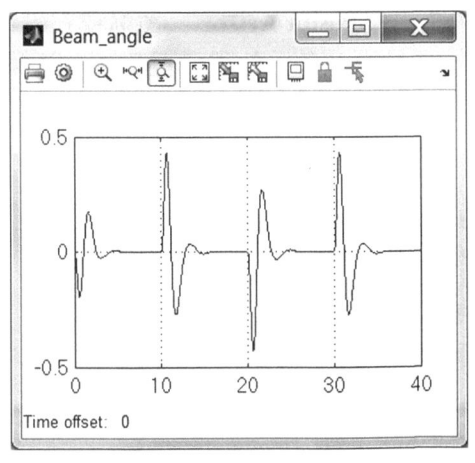 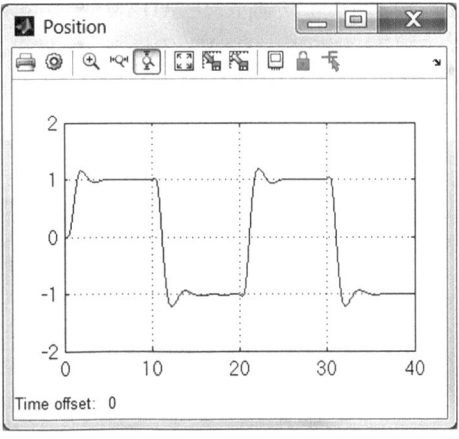

图 6-50　查看"Beam_angle"和"Position"数据曲线

3. 查看 ADAMS 仿真结果

（1）导入仿真结果　启动 ADAMS/View 模块，并打开已保存的"chapter6_3_completed.bin"模型文件。

a. 在"File"菜单下，选择"**Import**"命令。

b. 在弹出的"File Import"对话框中，选择"File Type"后下拉列表中的"**Adams/Solver Analysis**（*.req, *.gra, *.res）"。

c. 在 File（s）To Read 文本框中选择输入在本节步骤 1（设置仿真参数并运算）中生成 ADAMS 结果文件。

d. 将"Model Name"的值设置为".ball_beam"。

e. 单击"**OK**"按钮，把仿真结果数据导入到 ADAMS 模型中。

f. ADAMS 模型树中显示导入的结果集"**Ball_Control**"，如图 6-51 所示。

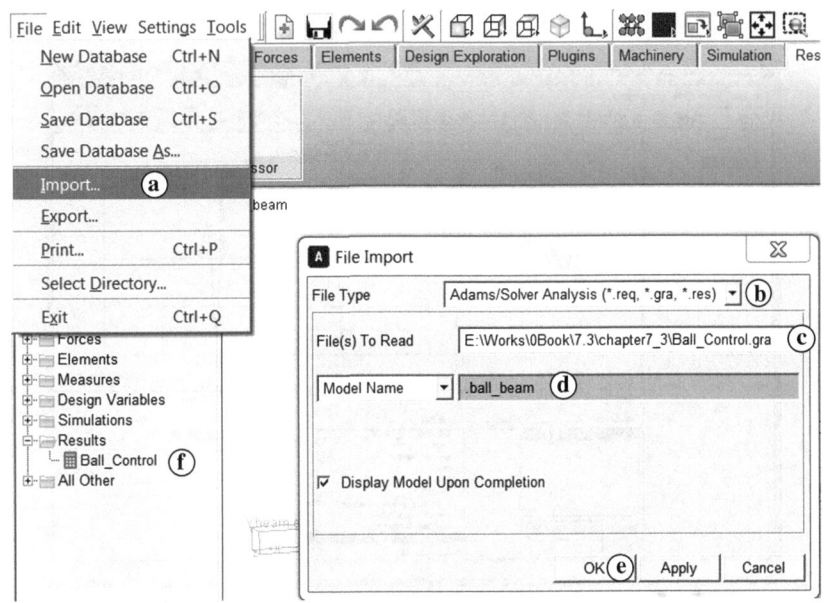

图 6-51　导入 ADAMS 仿真结果

(2) 查看仿真动画　在 ADAMS/View 模块单击 "**Postprocessor**" 图标或在键盘上按 <**F8**> 快捷键，进入 ADAMS/Postpreocessor 后处理界面。在后处理 "Animation" 模式下，载入仿真动画，查看模型的运动过程，如图 6-52 所示。

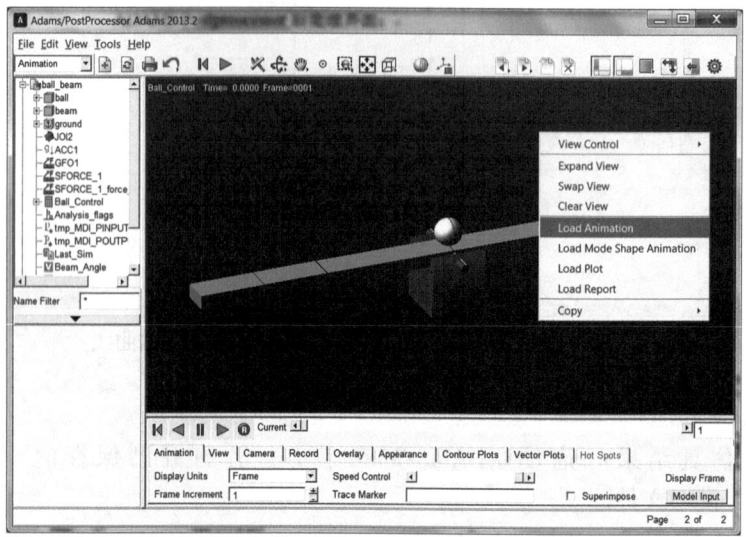

【图 6-52 仿真】

图 6-52　查看仿真动画

(3) 变量 Torque_In 的仿真结果

a. 在后处理 "Plotting" 模式下，选择 "Source" 后下拉列表中的 "**Result Sets**"。
b. 选择 "Simulation" 列表中的 "**Ball_Control**"。
c. 选择 "Result Set" 列表中的 "**Torque_In**"。
d. 选择 "Component" 列表中的 "**Q**"。
e. 单击 "**Add Curves**" 按钮，生成变量 Torque_In 的仿真曲线，与 MATLAB 中 "Force input" 仿真结果一致。如图 6-53 所示。

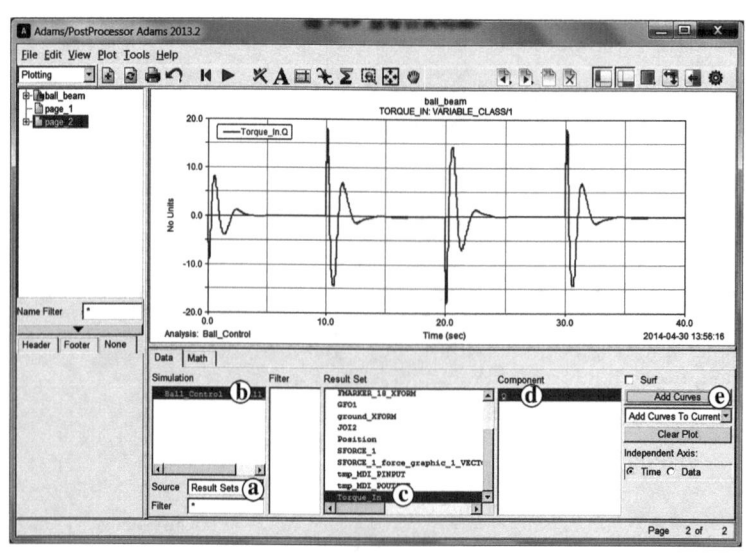

图 6-53　ADAMS 中变量 Torque_In 的仿真曲线

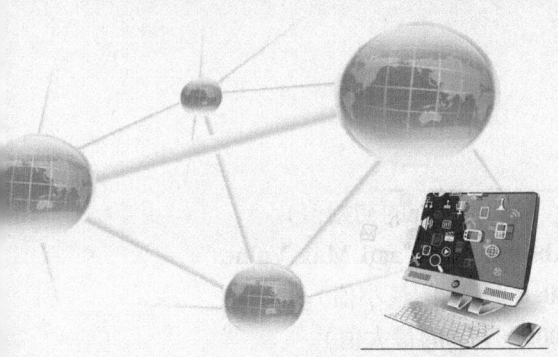

第7章 机构的优化设计

机构的优化设计对于提高机械系统的性能尤为重要。本章依据参数化建模的 ADAMS 机构模型,分析设计变量对设计目标的影响度,给出机构的优化设计方法和步骤。

7.1 机构的参数化模型

7.1.1 设计问题的描述

图 7-1 所示为用于空间探测器外仓板装配的翻转机构运动简图。已知铰链点 A 的位置坐标为 (0, 0),铰链点 C 的初始坐标 (x_C, y_C) 为 (450, 780),铰链点 B 到点 A 的初始长度为 $l_{AB}=450$mm。安装外仓板的保持架为 2000mm × 20mm × 1500mm 的长方体,其自身重量与外载荷合计为 $W=4960$N,作用点 O 到点 A 的距离 $l_{AO}=1000$mm。

下面建立以 x_C、y_C 和 l_{AB} 为变量的参数化机构模型。

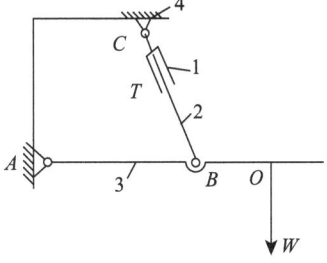

图 7-1 翻转机构运动简图
1—缸体 2—活塞杆
3—保持架 4—机架

7.1.2 启动 ADAMS 软件并设置工作环境

1. 启动 ADAMS

启动 ADAMS/View 模块。

2. 创建模型名称

定义 "Model name" 为 "**turning_ mechanism**"。

7.1.3 创建机构模型

1. 创建设计变量

创建对应 l_{AB} 和 x_C、y_C 的 3 个设计变量 "DV_ LAB" "DV_ Xc" 和 "DV_ Yc"。

设计变量 "DV_ LAB" 的创建过程如图 7-2 所示。

a. 在操作区 "Design Exploration" 项的 "Design Variable" 中,单击 "**Create a Design Variable**" 图标。

b. 在弹出的 "Create Design Variable…" 对话框中,将 "Name" 文本框中的 "DV_ 1" 更改为 "**DV_ LAB**"。

c. 在 "Units" 后的下拉列表中选择 "**length**"。

d. 将"Standard Value"文本框中的数值更改为"**450**"（l_{AB}的初始值）。
e. 在"Value Range by"后的文本框中选择"**Absolute Min and Max Values**"。
f. 将"Min Value"文本框中的数值更改为"**300.0**"（l_{AB}的最小值）。
g. 将"Max Value"文本框中的数值更改为"**2000**"（l_{AB}的最大值）。
h. 单击"**Apply**"按钮。

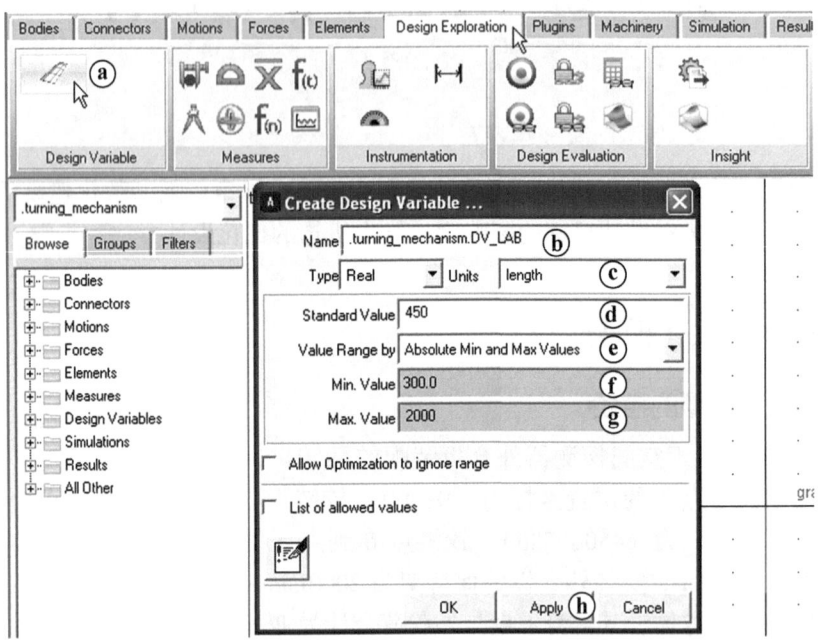

图 7-2　变量 DV_LAB 的创建

同理，创建设计变量"DV_Xc"和"DV_Yc"，如图 7-3 所示。

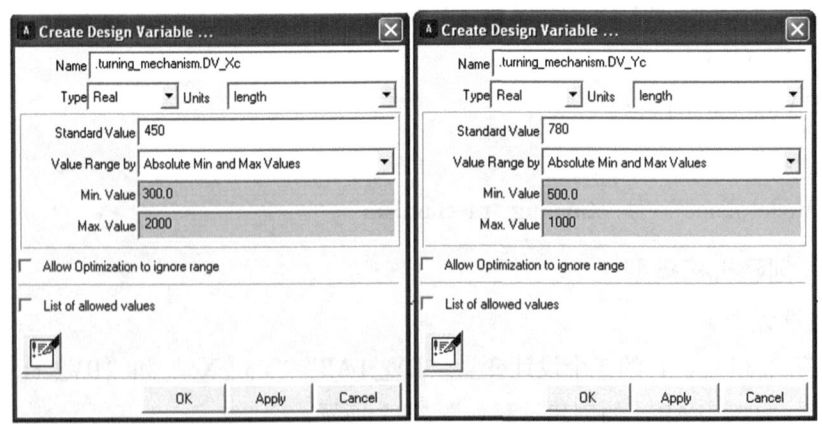

图 7-3　变量 DV_Xc 和 DV_Yc 的创建

2. 创建保持架

创建一个 2000mm×20mm×1500mm 的长方体作为安装外仓板的保持架，其名称定义为"**holder**"。调整其位置，最终使长方体的质心处于（**1000，0，0**）位置，如图 7-4 所示。

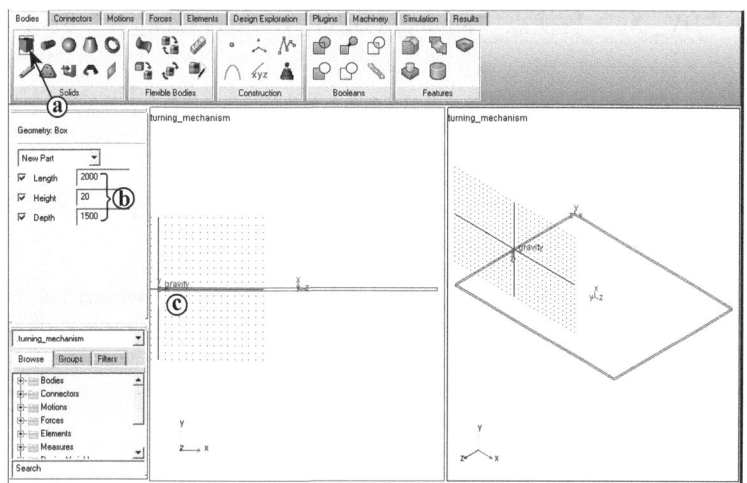

图 7-4　保持架的创建

3. 创建并参数化几何点

在大地"ground"上创建一个点，并将其重命名为"**POINT_C**"；在保持架"holder"上创建一个点，并将其重命名为"**POINT_B**"，如图 7-5 所示。

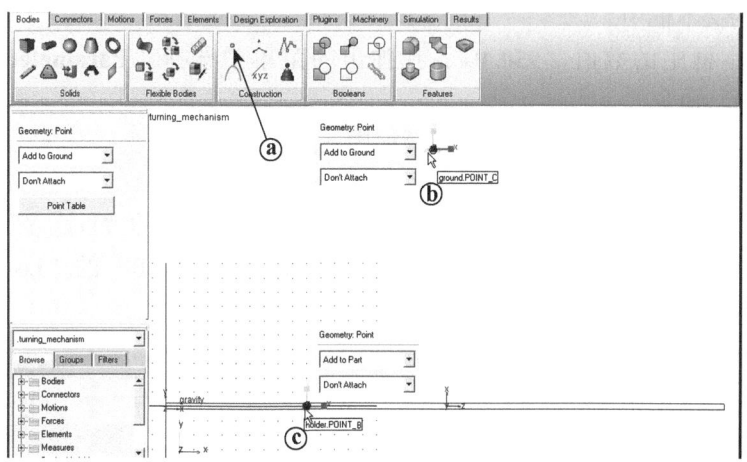

图 7-5　几何点的创建

单击"**Point Table**"按钮，弹出"Table Editor for Points in. turning-mechanism"对话框，如图 7-6 所示。

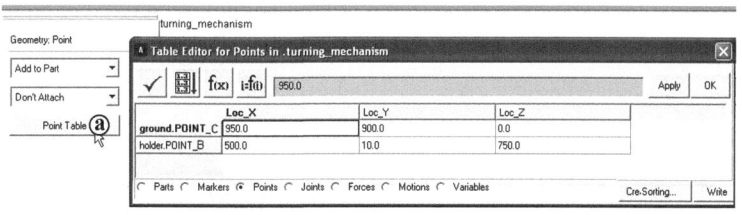

图 7-6　"Table Editor for Points in. turning-mechanism"对话框

用设计变量"DV_Xc"替换点"ground.POINT_C"的"Loc_X"数值的过程如图7-7所示。

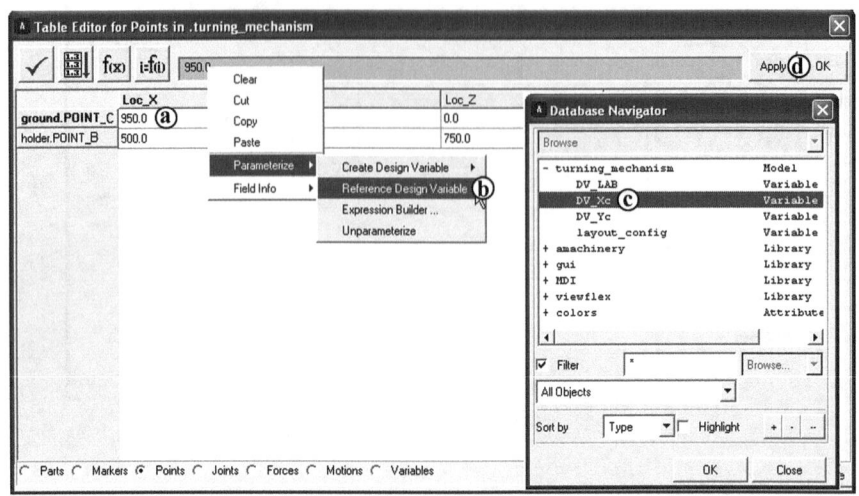

图7-7 点"ground.POINT_C"的"Loc_X"数值参数化

a. 单击"ground.POINT_C"的"Loc_X"数值框,即单击"**950.0**"数据,使其显示对话框在上边的文本框中。

b. 右击文本框中的数值"**950.0**",在弹出的菜单中选择"**Parameterize→Reference Design Variable**"命令。

c. 在弹出的"Database Navigator"对话框中,选择"**DV_Xc**"。

d. 单击"**Apply**"按钮。

同理,用设计变量"**DV_Yc**"替换点"ground.POINT_C"的"Loc_Y"数值的过程如图7-8所示;用设计变量"**DV_LAB**"替换点"holder.POINT_B"的"Loc_X"数值的过程如图7-9所示。

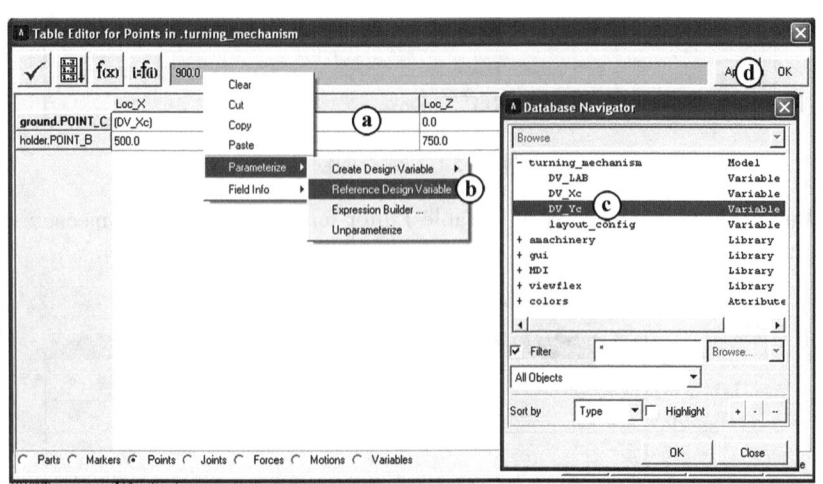

图7-8 点"ground.POINT_C"的"Loc_Y"数值参数化

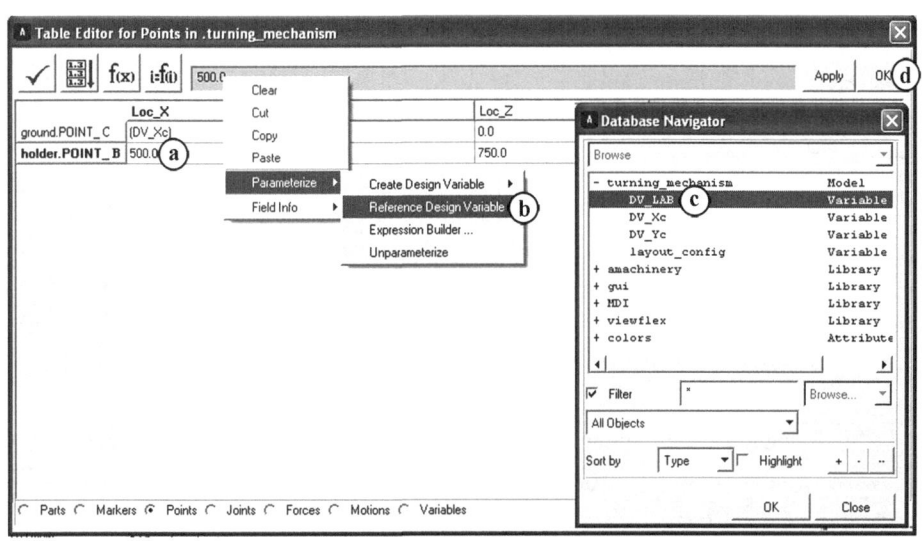

图7-9 点"holder.POINT_B"的"Loc_X"数值参数化

4. 构件1和构件2的建模

构成移动副的构件1（重命名为"**block**"）和构件2（重命名为"**rode**"）用半径分别20mm和10mm、高度为700mm的圆柱体来表示，其建模过程分别如图7-10和图7-11所示。

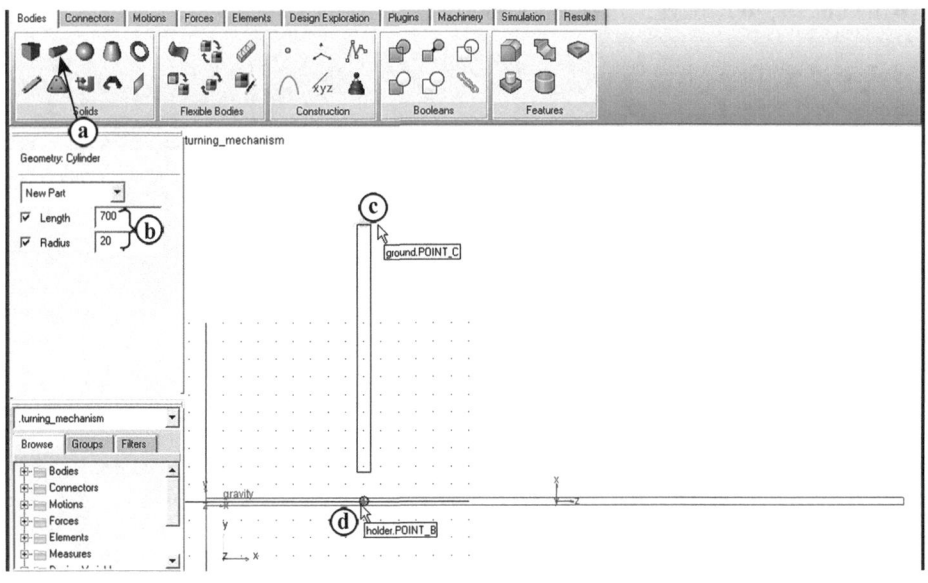

图7-10 构件1的建模

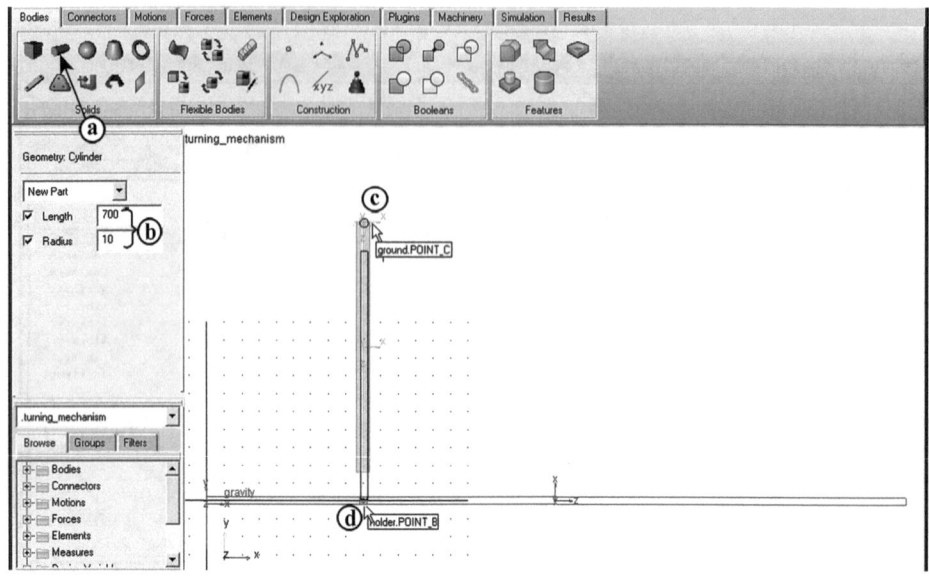

图 7-11 构件 2 的建模

5. 运动副的建模

转动副"JOINT_A"的创建如图 7-12 所示。

a. 单击"**Create a Revolute joint**"图标。

b. 单击保持架"**holder**",选择第 1 个构件。

c. 单击大地"**ground**",选择第 2 个构件。

d. 单击(**0, 0, 0**)位置,选择转动副的位置。

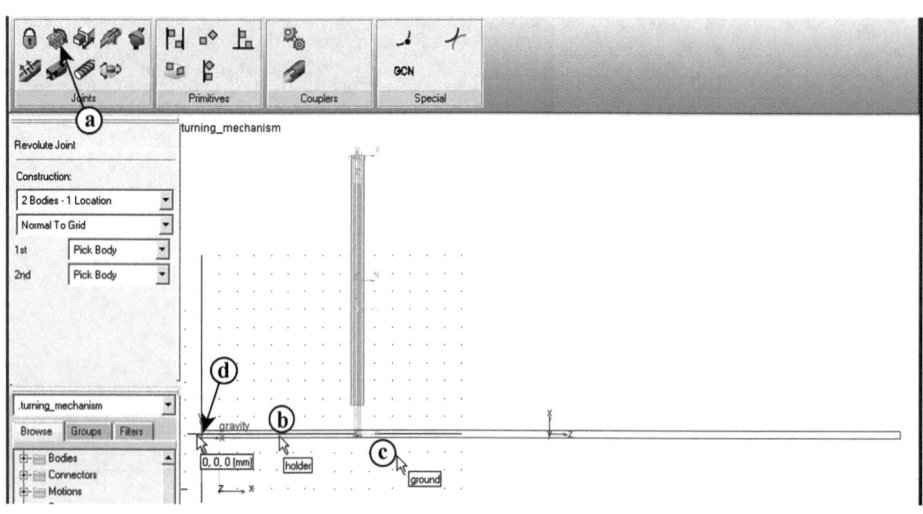

图 7-12 转动副"JOINT_A"的创建

同理,创建转动副"JOINT_B"和转动副"JOINT_C",如图 7-13 所示。

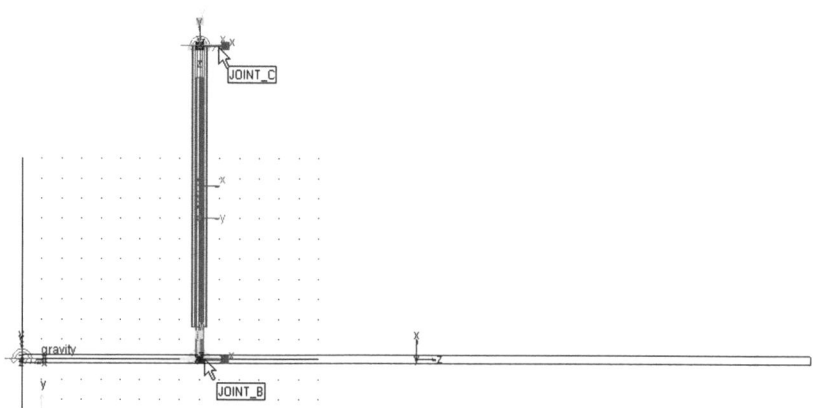

图 7-13 转动副"JOINT_B"和转动副"JOINT_C"的创建

移动副"JOINT_T"的创建如图 7-14 所示。

a. 单击"**Create a Translational joint**"按钮。

b. 单击缸体,选择第 1 个构件。

c. 单击螺杆,选择第 2 个构件。

d. 单击点"**POINT_C**",选择移动副的位置。

e. 单击点"**POINT_B**",用于确定移动副的移动方向(为由点"POINT_C"指向点"POINT_B"方向)。

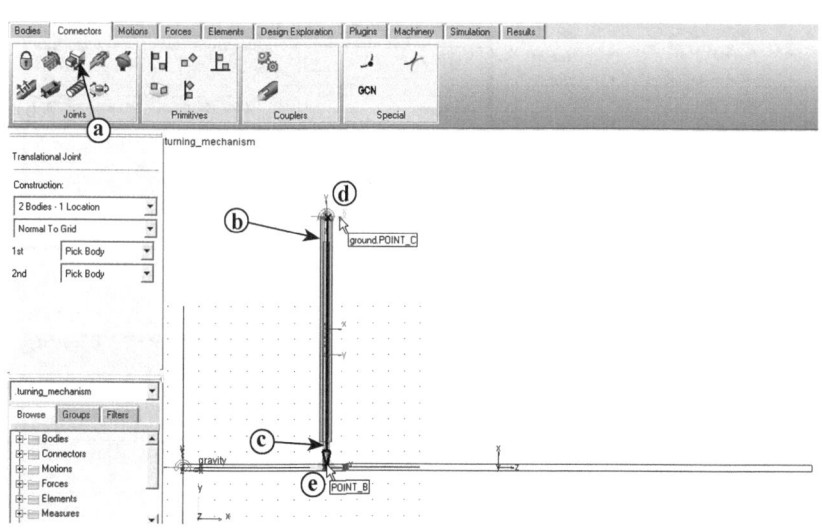

图 7-14 移动副"JOINT_T"的创建

这时变更变量"DV_LAB"的值,会发现移动副"JOINT_T"的方向不变。同理,更改变量"DV_Xc"和"DV_Yc"的值,同样移动副"JOINT_T"的方向也不变。为了使移动副"JOINT_T"的方向随点 B 和点 C 的位置变化而变化,需要进行如下的操作。

首先查看移动副"JOINT_T"的信息,如图 7-15 所示。可以看出标记点"MARKER_10"和"MARKER_11"是构成移动副的两个构件上的标记点。

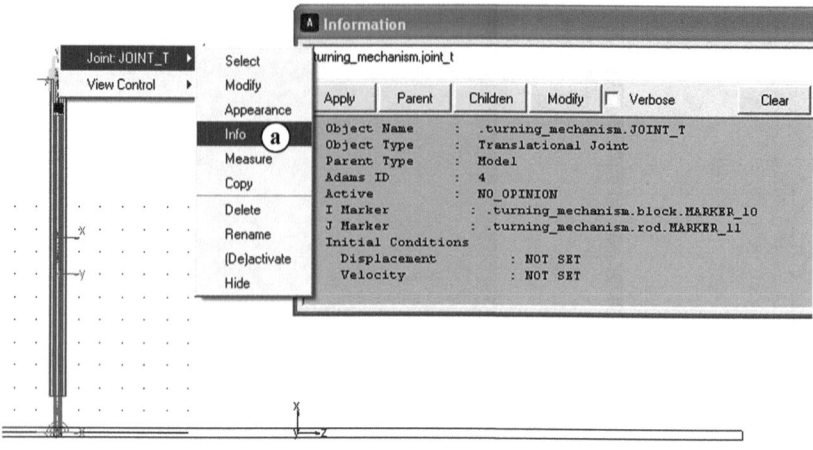

图 7-15 移动副 "JOINT_T" 的信息

然后如图 7-16 和图 7-17 所示,更改标记点 "MARKER_10" 和 "MARKER_11" 的方向为 "(**ORI_ALONG_AXIS**(**POINT_B**, **POINT_C**,"**Z**"))"。

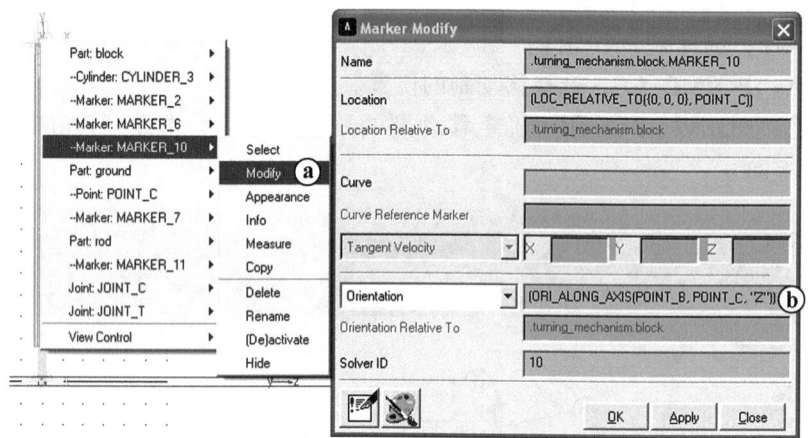

图 7-16 标记点 "MARKER_10" 的方向更改

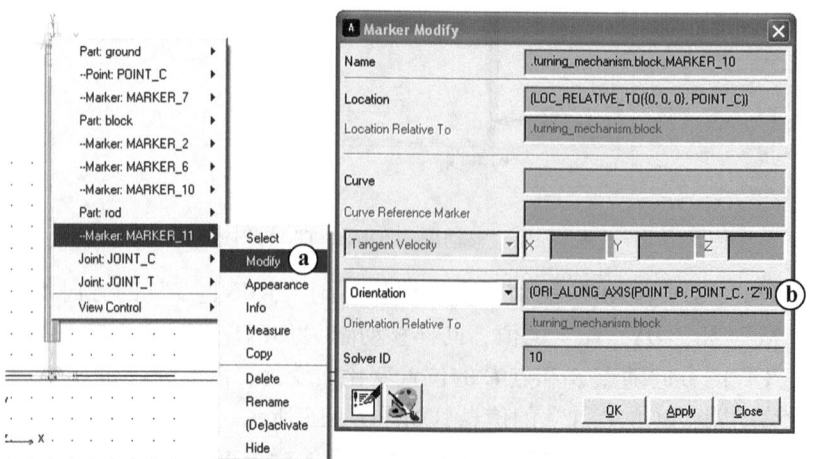

图 7-17 标记点 "MARKER_11" 的方向更改

6. 载荷的施加

给保持架施加一个始终为向下方向的载荷 4960N, 如图 7-18 所示。

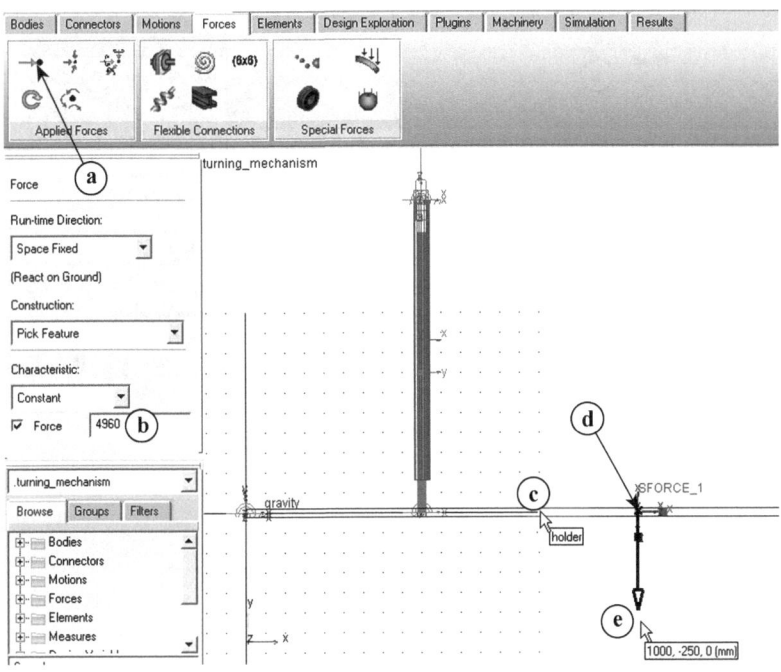

图 7-18　载荷的施加

7. 运动的施加

如图 7-19 所示, 给移动副 "JOINT_T" 施加一个速度为 100mm/s 的运动 "**MOTION_1**"。

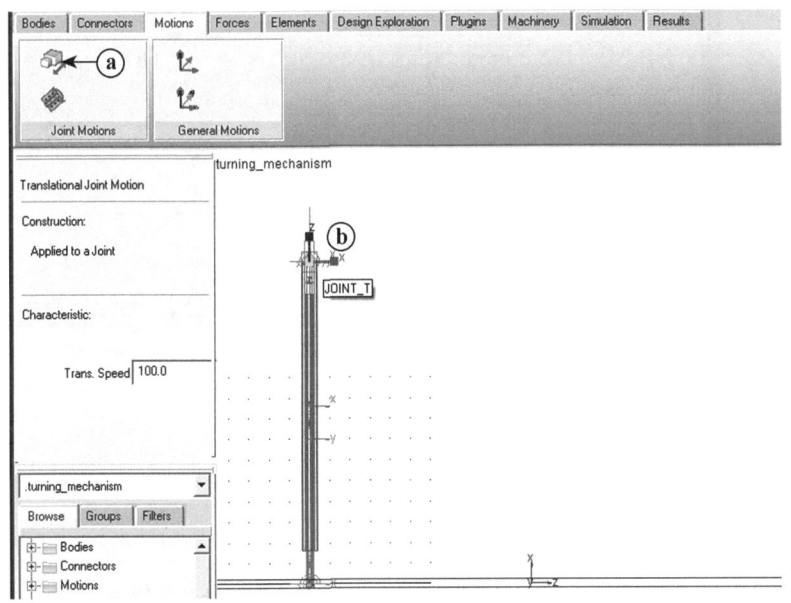

图 7-19　运动的施加

8. 模型的仿真

仿真模型，如图 7-20 所示。

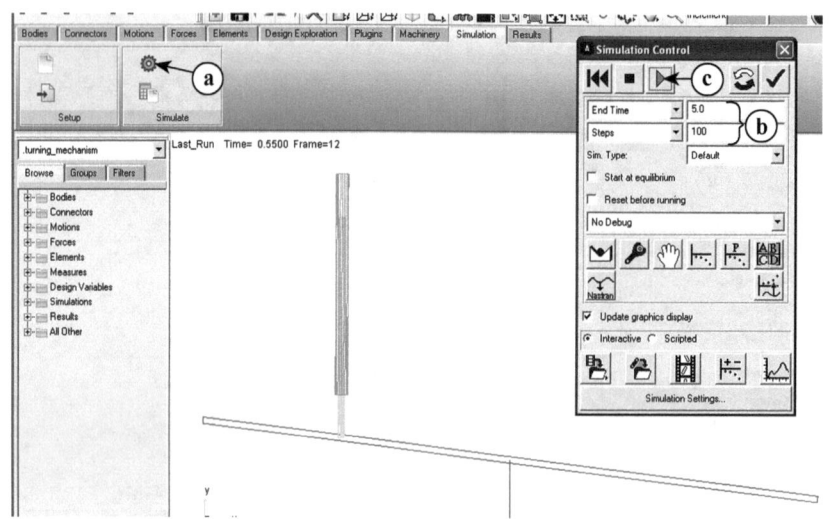

【图 7-20 仿真】

图 7-20　模型的仿真

9. 仿真结果的测量

如图 7-21 所示，测量得到运动"MOTION_1"的驱动力。

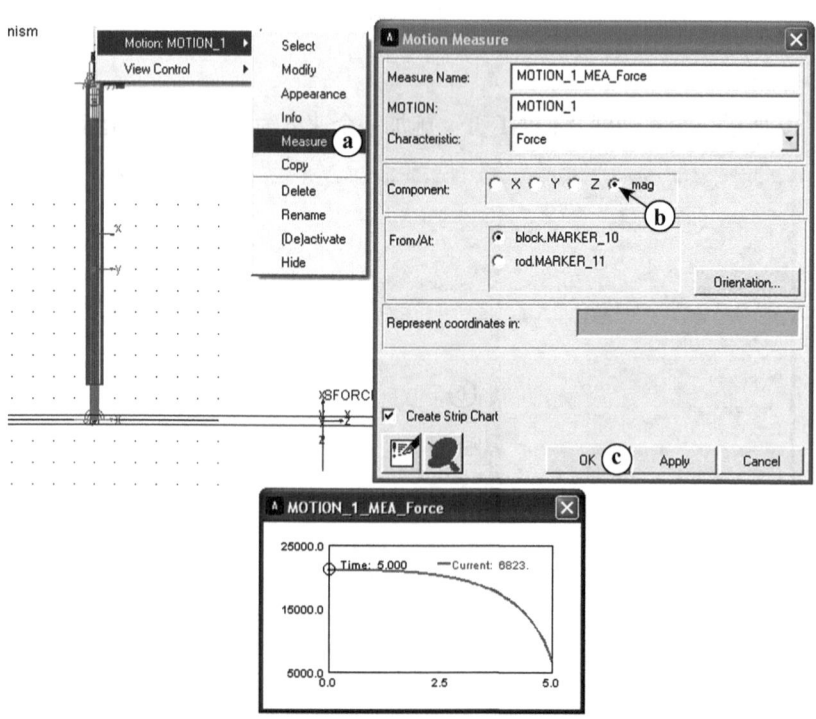

图 7-21　运动"MOTION_1"的驱动力的测量及其结果

保持架翻转角度的测量如图 7-22 所示。

a. 在操作区"Design Exploration"项的"Measures"中,单击"**Create a new Angle Measure**"图标。

b. 单击"**Advanced**"按钮。

c. 将"Measure Name"后的名称更改为"**MEA_ ANGLE**"。

d. 拾取"First Marker"为"**MARKER_ 16**"(注:此点必须为大地上的点,此点与力作用点重合)。

e. 拾取"Middle Marker"为"**MARKER_ 5**"(注:此点为 A 点处的标记点即可)。

f. 拾取"Last Marker"为"**holder. cm**"(注:此点为保持架上的运动点)。

g. 单击"**OK**"按钮。

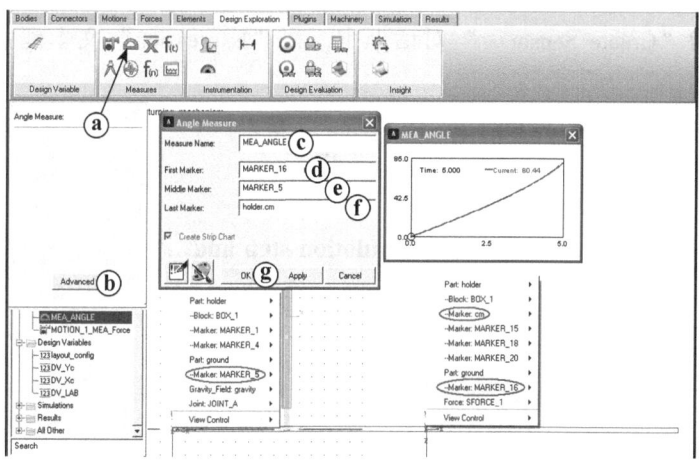

图 7-22 保持架翻转角度的测量

至此,翻转机构的模型创建、仿真分析与测量完成。模型的有关信息可从模型树中查看到,如图 7-23 所示。

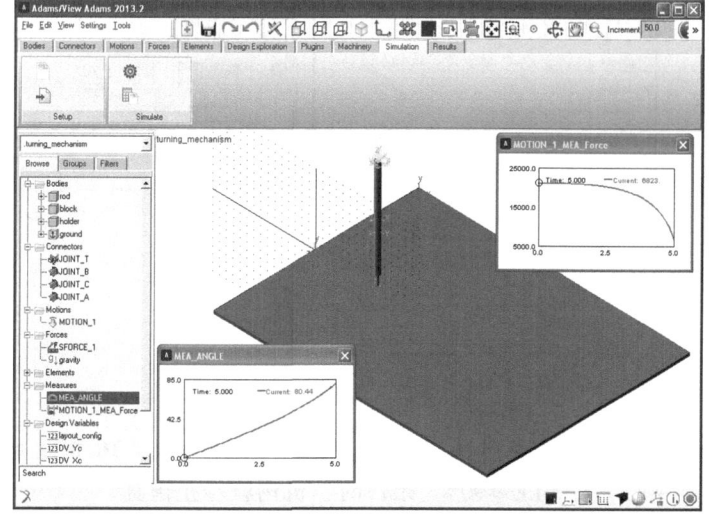

图 7-23 翻转机构模型及其信息树的信息

【图 7-23 仿真】

7.2 设计研究

7.2.1 传感器设置

翻转机构在翻转过程中，为保证飞行器外仓板在安装时的安全性，要求保持架从水平位置带着外仓板开始翻转，直到处于铅垂位置才结束，即要求翻转 90°。为此，设置一个传感器，用来感知保持架翻转的角度。当翻转角度≥90°时，停止仿真，即保持架停止翻转。传感器的设置如图 7-24 所示。

a. 在操作区"Design Exploration"项的"Instruments"中，单击"**Create a new Sensor**"图标。

b. 在弹出的"Create Sensor…"对话框中，在"Expression"文本框中输入"**MEA_ANGLE**"。

c. 选择"**Non-Angular Values**"。

d. 选择判断条件为"**greater than or equal**"。

e. 将"Value"后的值更改为"**90.0**"。

f. 勾选复选框"**Terminate current simulation step and…**"。

g. 选择"**Stop**"。

h. 单击"**OK**"按钮。

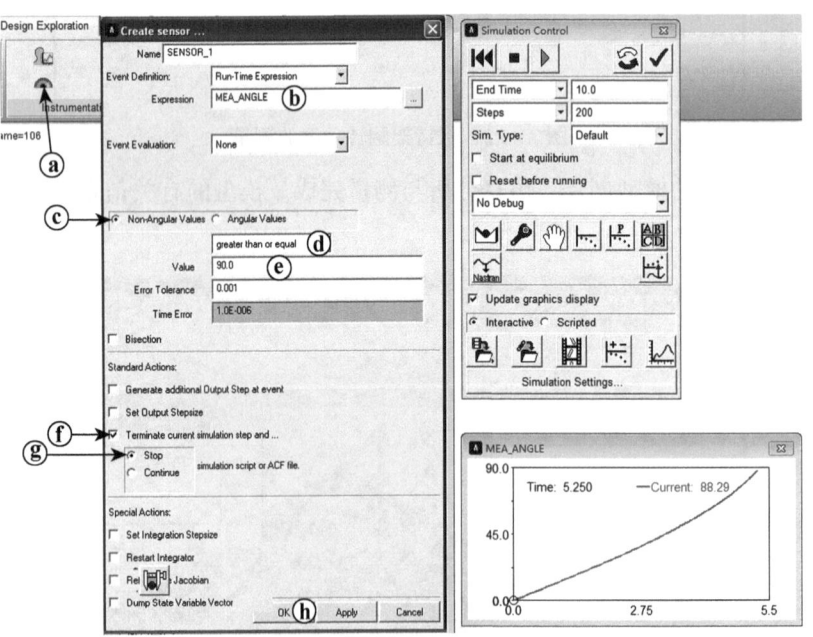

图 7-24 传感器的设置

设置完成后对机构进行仿真分析（设置"**End Time**"为"**10.0**"，设置"**Steps**"为"**200**"），当满足"MEA_ ANGLE≥90°"条件时，机构就停止仿真。

7.2.2 设计变量研究

在外仓板翻转机构中,一共设置了 3 个设计变量"DV_LAB""DV_Xc"和"DV_Yc"。它们取值的变化对运动的作用力的影响有所不同。为了判断每个变量对目标的影响程度,进而在机构的优化设计中依据影响度大小来选择优化设计变量,需要进行设计变量对目标影响度的分析。设计变量 DV_LAB 对目标的影响度分析如图 7-25 所示。

a. 在操作区"Design Exploration"项的"Design Evaluation"中,单击"**Design Evaluation Tools**"图标。

b. 在弹出的"Design Evaluation Tools"对话框中,选择"Study a"后的"**Measure**"。

c. 选择"**Maximum of**"。

d. 对应于"Maximum of",在文本框中输入"**MOTION_1_MEA_Force**"。

e. 选择"**Design Study**"。

f. 在"Design Variable"文本框中输入"**DV_LAB**"。

g. 在"Default Levels"文本框中输入"**5**"。

h. 单击"**Display**"按钮。

i. 在弹出的"Solver Settings"对话框中,选择"Show Report"后的"**Yes**"选项。

j. 单击"**Close**"按钮。

k. 单击"**Start**"按钮。

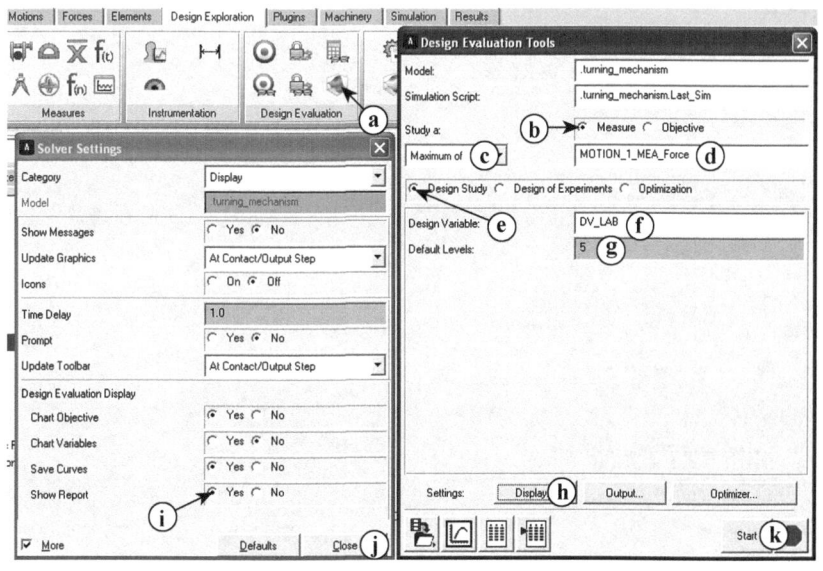

图 7-25 设计变量"DV_LAB"对目标的影响度分析

同理,可进行设计变量"DV_Xc"和"DV_Yc"对目标的影响度分析。3 个设计变量对目标影响度的分析报告如图 7-26 所示。

因在"Design Evaluation Tools"对话框中,取"Default Levels"为"**5**",所以报告中给出的每个设计变量都分别在其最小值和最大值范围内取 5 个数值。例如设计变量"DV_LAB"在其变化范围 [300, 2000] 内约平均取 5 个值:300, 725, 1150, 1575, 2000。保持另外 2 个设计变量("DV_Xc"和"DV_Yc")的值不变,分析"DV_LAB"的变化对目标的影响。如果"Default Levels"为"3",则变量"DV_LAB"的取值为300,1150,2000。

从图中的数据可以看出,设计变量"DV_LAB"的影响度最大,而"DV_Yc"的变化对目标值没有影响。

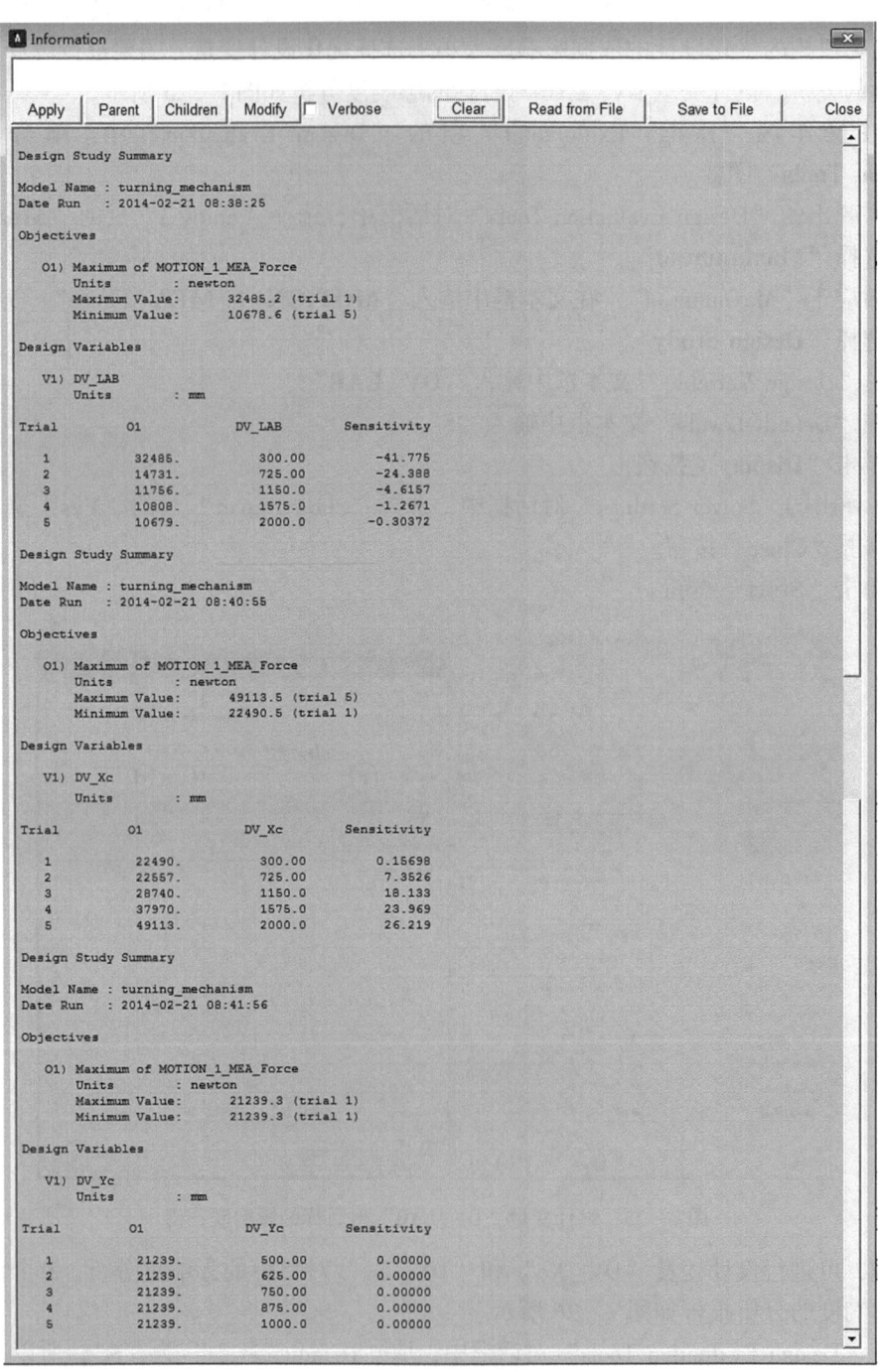

图7-26 设计变量影响度报告

依据以上的分析,下面以"DV_LAB"为优化设计变量来进行翻转机构的优化设计。

7.3 试验设计

上节所述的设计研究,是评估单个设计变量对目标的影响程度。如果要考虑若干个设计变量对目标的综合影响程度,就要采用试验设计的方法。分析过程如图 7-27 所示。

a. 在操作区的"Design Exploration"项的"Design Evaluation"中,单击"**Design Evaluation Tools**"图标。

b. 在弹出的"Design Evaluation Tools"对话框中,选择"Study a"后的"**Measure**"。

c. 选择"**Maximum of**"。

d. 对应于"Maximum of",在文本框中输入"**MOTION_1_ MEA_ Force**"。

e. 选择"**Design of Experiments**"。

f. 在"Design Variable"文本框中输入"**DV_ LAB**""**DV_ Xc**""**DV_ Yc**"。

g. 在"Default Levels"项中选择默认值"**2**"。

h. 在"Trials defined by"后下拉列表中选择"**Built-in DOE Technique**"。

i. 在"DOE Technique"后下拉列表中选择"**Full Factoria**"。

j. 单击"**Start**"按钮。

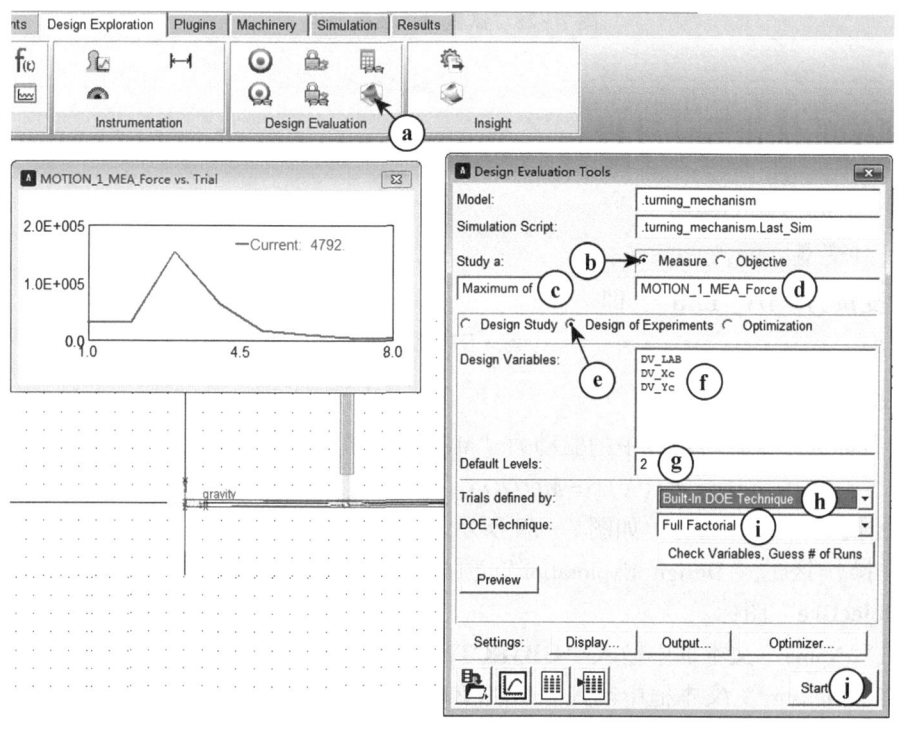

图 7-27 试验设计 【图 7-27 仿真】

最终试验设计结果报告如图 7-28 所示。

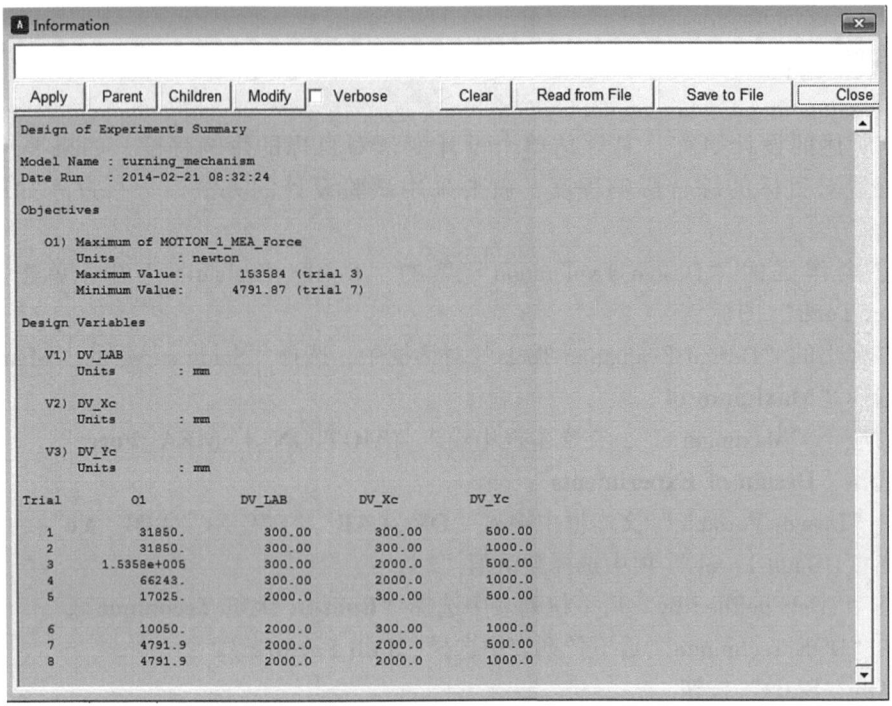

图 7-28　试验设计结果报告

7.4　机构的优化设计过程

7.4.1　机构优化模型

1. 设计变量

设计变量为"DV_LAB",即

$$X = DV\_LAB$$

2. 设计目标

设计目标为一次翻转过程中的驱动力"MOTION_1_MEA_Force"的最大值,即

$$F(X) = MOTION\_1\_MEA\_Force\_max$$

为此创建一个设计目标,如图 7-29 所示。

a. 在操作区的"Design Exploration"项的"Design Evaluation"中,单击"**Create a Design Objective**"图标。

b. 在"Name"文本框中输入"**OBJECTIVE**"。

c. 在"Measure"文本框中输入"**MOTION_1_MEA_Force**"。

d. 在"Design Objective's value is the"后下拉列表中选择"**maximum value during simulation**"。

e. 单击"**OK**"按钮。

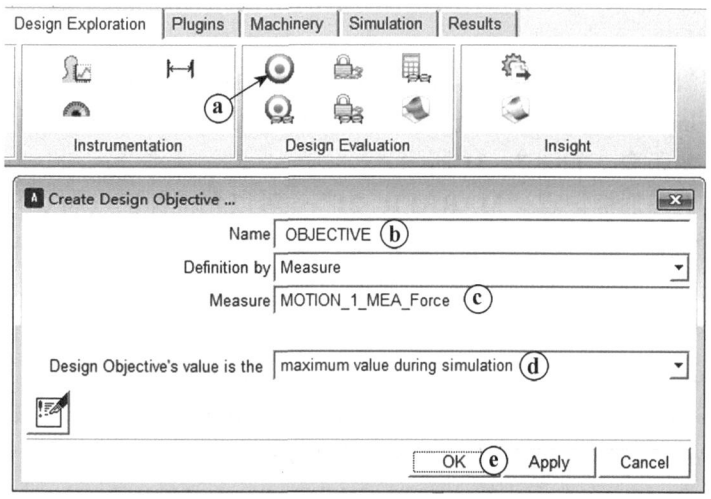

图 7-29 设计目标

通过寻优,获取最小的 $F(X)$ 值,即

$$\min\{F(X)\} = \min\{OBJECTIVE\}$$

可对设计目标进行评估,了解设计目标的数值。例如评估设计目标"OBJECTIVE"在模型最后一次运动时的大小,可进行图 7-30 所示的操作。

a. 在操作区的"Design Exploration"项的"Design Evaluation"中,单击"**Evaluate the Design Objective**"图标。

b. 在"Objective Name"文本框中输入"**OBJECTIVE**"。

c. 在"Analysis Name"文本框中右键选择"**Analysis→Guesses→Last_Run**"。

d. 单击"**OK**"按钮。

系统给出设计目标在模型最后一次仿真分析时的数值为 21239N。

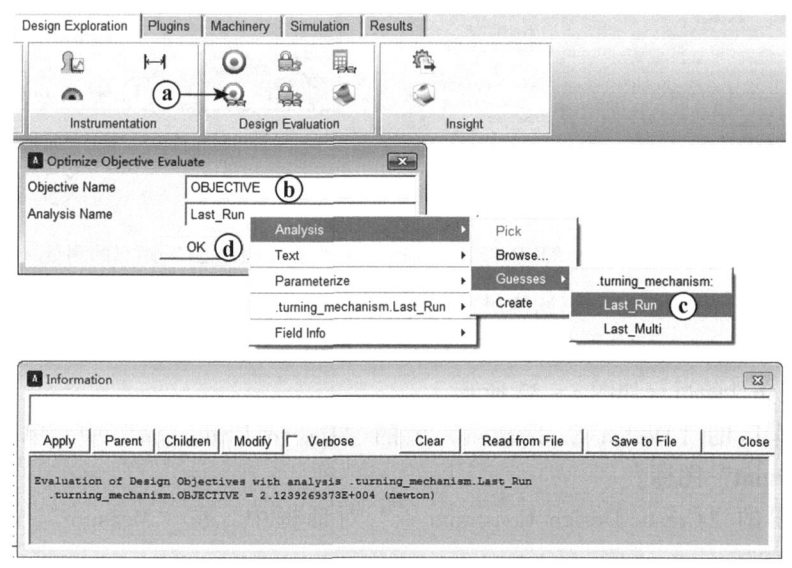

图 7-30 设计目标的评估

3. 约束条件

假设转动副"JOINT_B"的位置到保持架右边的距离不得小于200mm。为此在保持架上距离其右边200mm处添加一个标记点"MARKER_21",并测量转动副"JOINT_B"到"MARKER_21"的距离,如图7-31所示。

a. 在保持架上添加标记点"**MARKER_21**"(可以先将标记点MARKER_21放置在保持架质心位置,然后将其右移800mm,即距离右边200mm位置)。

b. 在操作区的"Design Exploration"项的"Measures"中,单击"**Create a new Point to Point measure**"图标。

c. 单击"**Advanced**"按钮,弹出"Point-to-Point Measure"对话框。

d. 在"Measure Name"文本框中输入". **turning-mechanism. MEA_PT2PT**"。

e. 在"To Point"文本框中输入"**MARKER_21**"。

f. 在"From Point"文本框中输入"**MARKER_9**"("JOINT_B"处的一个标记点)。

g. 选择"Component"后的"**X**"选项。

h. 选择"Represent coordinates in"为"**MARKER_21**"。

i. 单击"**OK**"按钮。

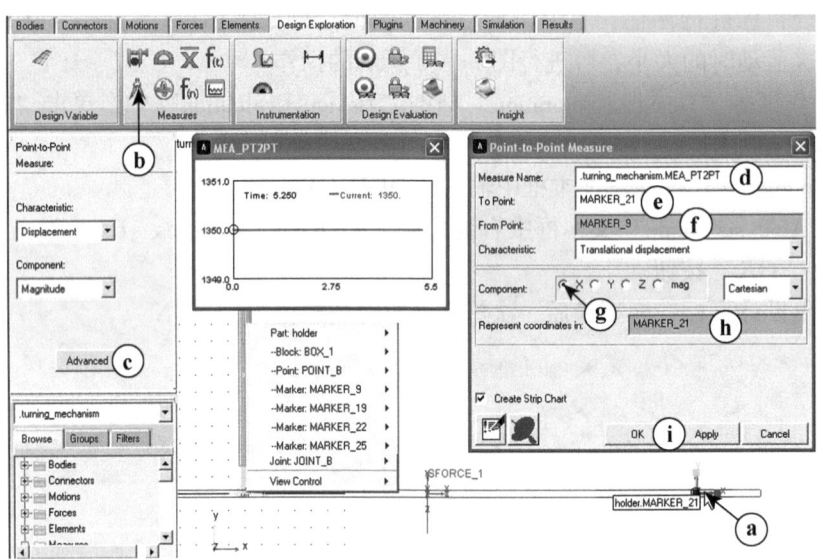

图7-31 转动副"JOINT_B"到标记点"MARKER_21"距离的测量

要求转动副"JOINT_B"要始终处于标记点"MARKER_21"的左侧,即得约束条件为

$$MEA\_PT2PT \geq 0$$

创建约束条件的过程如图7-32所示。

a. 在操作区的"Design Exploration"项的"Design Evaluation"中,单击"**Create a Design Constraint**"图标。

b. 在弹出的"Create Design Constraint…"对话框中,在"Measure"文本框中输入"**MEA_PT2PT**"。

c. 单击"**OK**"按钮。

第 7 章 机构的优化设计

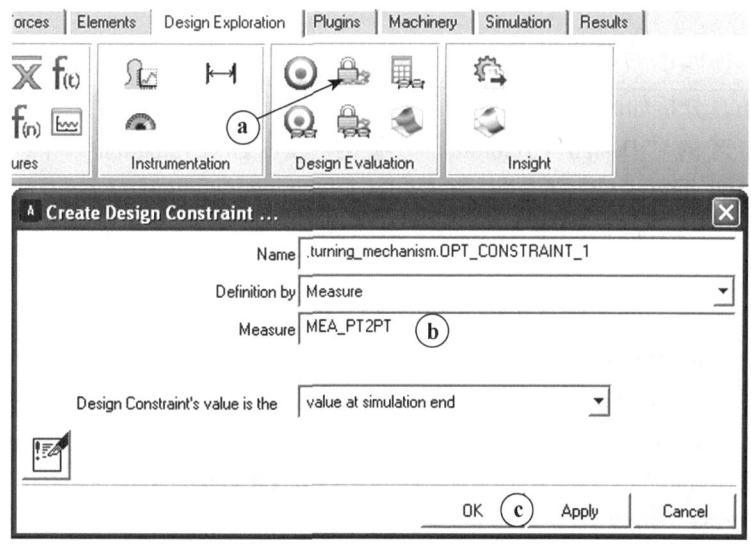

图 7-32 约束条件的创建

同样可对约束条件进行评估，以了解约束条件是否满足要求，即是否大于零。评估约束条件"CONSTRAIN_1"在模型最后一次运动时的大小，可进行图 7-33 所示的操作。

a. 在操作区的"Design Exploration"项的"Design Evaluation"中，单击"**Evaluate a Design Constraint for an Analysis**"图标，弹出"Optimize Constraint Evaluate"对话框。

b. 在"Constraint Name"文本框中输入"**OPT_CONSTRAINT_1**"。

c. 在"Analysis Name"文本框中，右击文本框，在弹出的菜单中选择"**Analysis→Guesses→Last_Run**"。

d. 单击"**OK**"按钮。

系统给出约束条件在模型最后一次仿真分析时的数值为 1350.0mm。

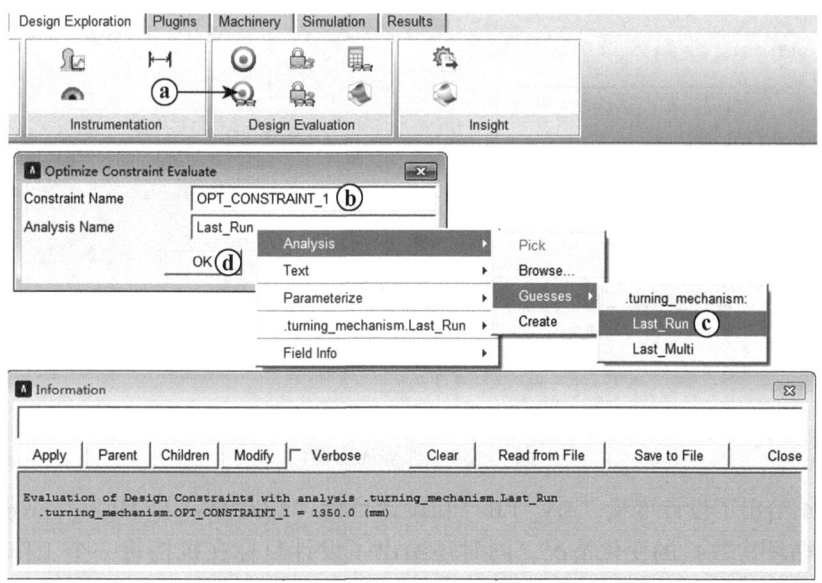

图 7-33 约束条件的评估

7.4.2 机构优化仿真分析

机构优化仿真分析如图 7-34 所示。

a. 在操作区的"Design Exploration"项的"Design Evaluation"中，单击"**Design Evaluation Tools**"图标。

b. 在弹出的"Design Evaluation Tools"对话框中，选择"Study a"后的"**Measure**"选项。

c. 在"Maximum of"文本框中输入"**MOTION_1_MEA_Force**"。

d. 选择"**Optimization**"选项。

e. 在"Design Variables"文本框中输入"**DV_LAB**"。

f. 勾选"**Constraints**"。

g. 在"Constraints"文本框中输入"**OPT_CONSTRAINT_1**"。

h. 单击"**Start**"按钮。

优化仿真过程中，系统将不断改变设计变量"DV_LAB"的值。每改变一次设计变量"DV_LAB"的值，就仿真一次机构的翻转过程，获取驱动力的最大值。比较这些最大驱动力值，最终找到这些最大驱动力值中的最小者，即为最优解。

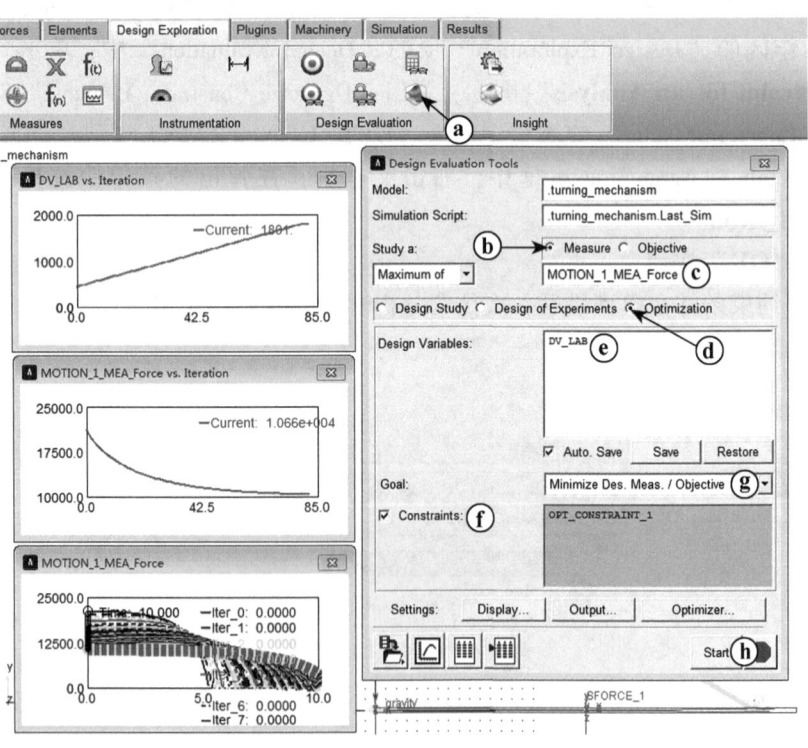

【图 7-34 仿真】

图 7-34 机构优化设计

图 7-34 给出了设计变量"DV_LB"和设计目标"MOTION_1_MEA_Force"随着优化设计进程（循环次数）的变化情况，同时还给出了设计目标在机构每一个工作过程中的变化情况。优化设计仿真结束后，给出分析报告，如图 7-35 所示。

提示：若没有给出分析报告，请按照图 7-25 所示的方法，打开 "Solver Settings" 对话框，选择 "Show Report" 后的 "**Yes**" 选项。

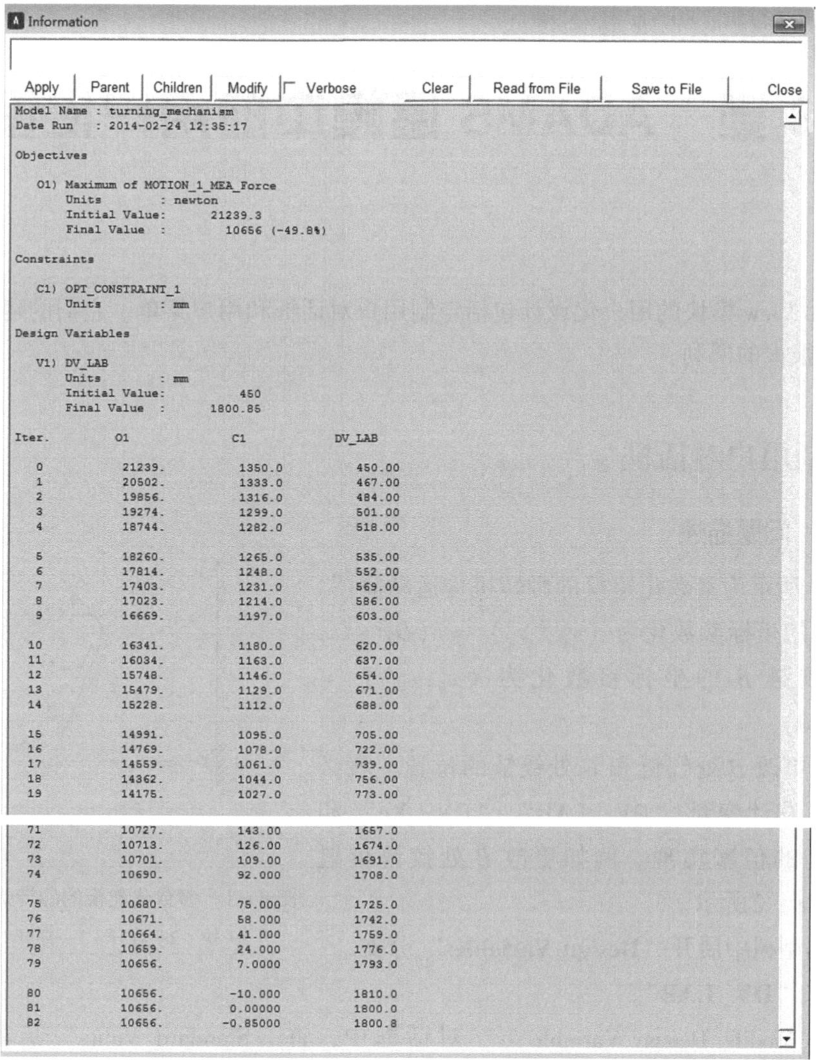

图 7-35 优化设计分析报告

从分析报告可以看出，设计目标 "MOTION_1_MEA_Force" 值由初始值的 21239N 变为优化值 10656N；设计变量 "DV_LAB" 由初始值 450mm 变为了优化后的 1800mm；约束条件值由最初的 1350 变为了优化后的 0.0。移动副处的拉力的最大值下降了 49.8%，优化效果显著。

最后将模型保存为 "**chapter7_4. bin**"。

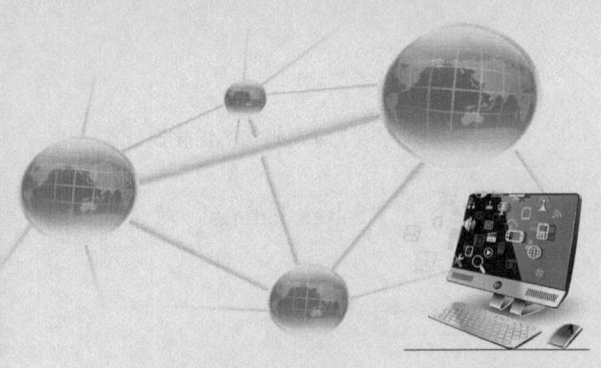

第8章　ADAMS 建模中的用户化设计

ADAMS/View 模块的用户化设计包括定制用户对话框和用户菜单。它们的建立给用户操作模型带来很大的便利。

8.1　定制用户对话框

8.1.1　问题描述

图 8-1 所示为参数化建模的翻转机构运动简图。已知铰链 C 的坐标参数化为 $(x_C, y_C) = (DV\_Xc, DV\_Yc)$，铰链 B 的坐标参数化为 $(x_B, y_B) = (DV\_LAB, 0)$。

如果要更改 B 处铰链和 C 处铰链的位置，就必须通过更改设计变量 "DV_LAB" "DV_Xc" 和 "DV_Yc" 的值来实现。例如更改 B 处铰链位置的方法如图 8-2 所示。

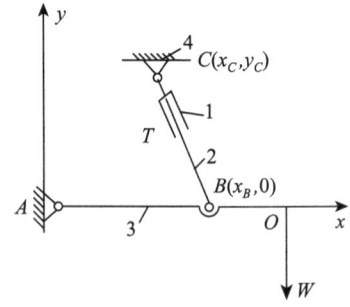

图 8-1　参数化建模的翻转机构运动简图
1—块　2—连杆　3—摇杆　4—机架

a. 在模型树中展开 "**Design Variables**" 分支。

b. 双击 "**DV_LAB**"。

c. 在 "Modify Design Variable…" 对话框中，将 "Standard Value" 后的值更改为 "**650**"。

d. 单击 "**OK**" 按钮。

可以看到 B 处铰链的位置相应地发生了变化。

但这样操作起来很不方便，更重要的是，对不熟悉机构模型的用户，无法将设计变量 "DV_LAB" 与 B 处铰链的 x 坐标对应起来，也就无法知道通过修改哪个或哪几个设计变量的数值来变更 B 处铰链的位置。

为了便于用户对模型的参数进行修改，需要设计一个专用的用户对话框，如图 8-16 所示。通过定制的用户对话框输入相应的参数值，即可方便地更改设计变量的数值。

第 8 章 ADAMS 建模中的用户化设计

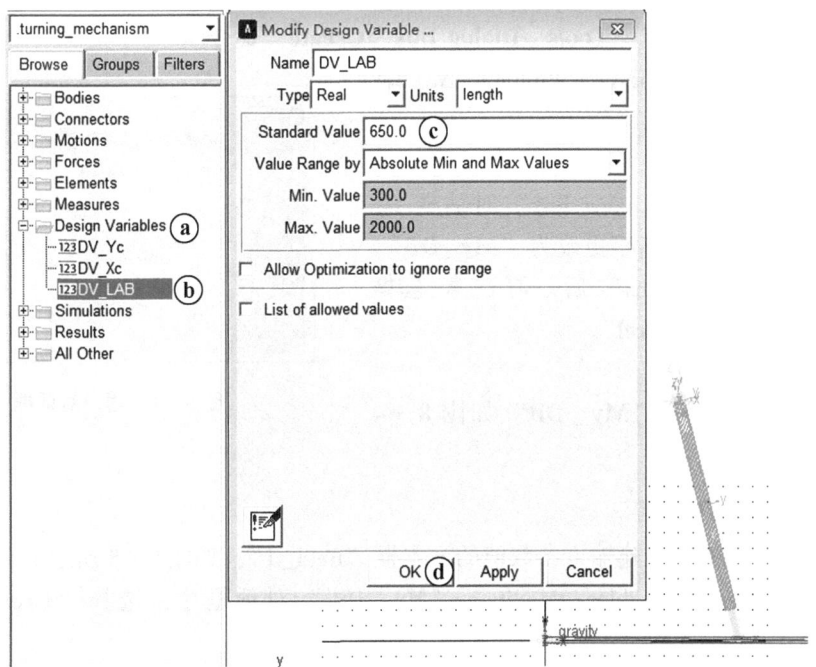

图 8-2 B 处铰链的位置更改

下面建立以 x_C、y_C 和 l_{AB} 为变量的参数化机构模型。

8.1.2 用户对话框的设计

1. 打开模型文件

打开翻转机构的模型文件 "chapter7_4.bin"。

2. 创建对话框

用户对话框的创建如图 8-3 所示。

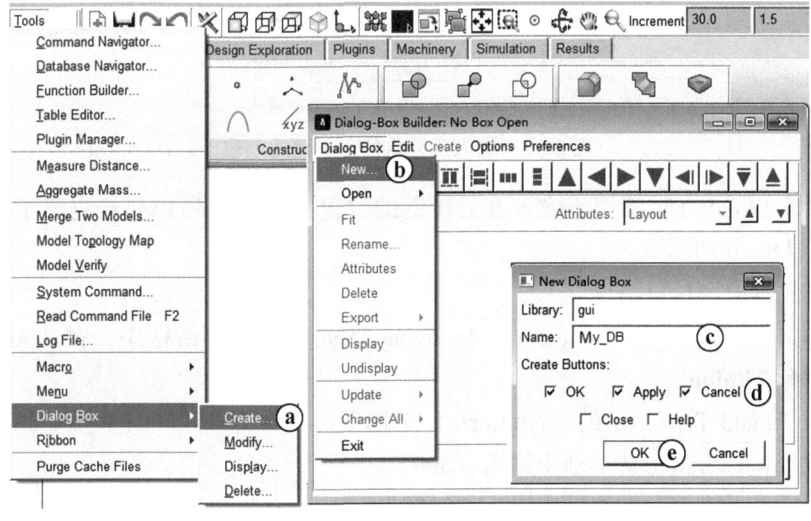

图 8-3 用户对话框的创建

a. 在主菜单中，选择"**Tools→Dialog Box→Create**"命令。

b. 在弹出的"Dialog-Box Builder：No Box Open"对话框中，选择"**Dialog Box→New**"命令。

c. 在弹出的"New Dialog Box"对话框中，将"Name"文本框中的名字更改为"**My_DB**"。

d. 在"Create Buttons"后，勾选复选框"**OK**""**Apply**"和"**Cancel**"。

e. 单击"**OK**"按钮。

创建的用户对话框"**My_DB**"如图 8-4 所示。

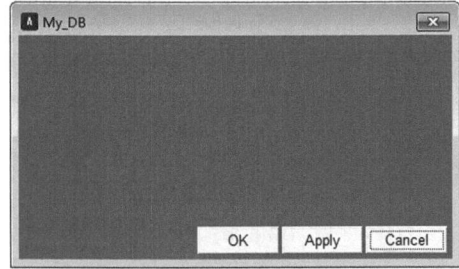

图 8-4　用户对话框

3. 创建文本框和标签

（1）创建文本框　创建输入参数值的文本框"field_1"，如图 8-5 所示。

a. 在"Dialog-Box Builder：Modifying ″My_DB″"对话框中，选择"**Create→Field**"命令。

b. 在"**My_DB**"对话框上单击，得到文本框"field_1"。

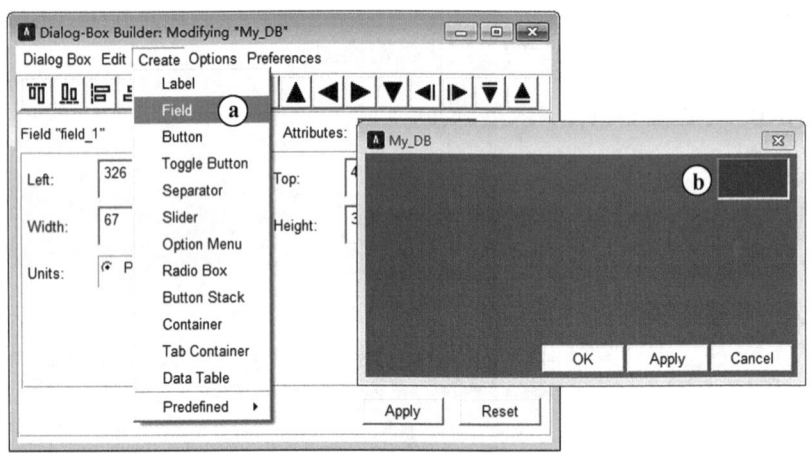

图 8-5　输入参数值的文本框的创建

因文本框"field_1"将用于输入 B 处铰链的位置 x_B 的值，所以要给它赋予初始值 450。操作过程如图 8-6 所示。

a. 双击文本框"field_1"。

b. 在弹出的"Dialog-Box Builder：Modifying ″My_DB″"对话框中，在"Attributes"下拉列表中选择"**Value**"。

c. 选中"Field Type"下的"**Numeric**"单选项。

d. 在"Lower Limit"文本框中输入"**300**"。

e. 在"Upper Limit"文本框中输入"**2000**"。

f. 在"Preload String"文本框中输入"**450**"。

g. 单击"**Apply**"按钮。

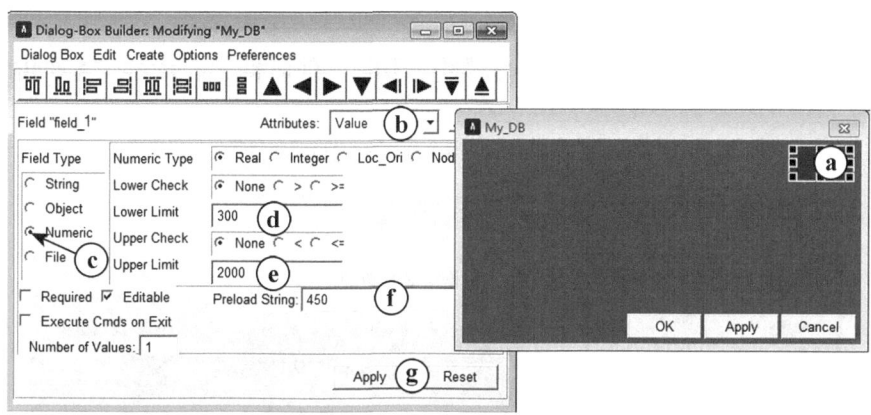

图 8-6 文本框"field_1"中赋初始值

同理，创建输入参数值的文本框"field_2"，其中"Preload String"=**450**，"Lower Limit"=**300**，"Upper Limit"=**2000**；创建输入参数值的文本框"field_3"，其中"Preload String"=**780**，"Lower Limit"=**500**，"Upper Limit"=**1000**。最终结果如图 8-7 所示。

（2）调整文本框 若所创建的文本框位置不对齐、大小不统一，可以通过适当的调整，使其位置对齐、大小统一，如图 8-8 所示。

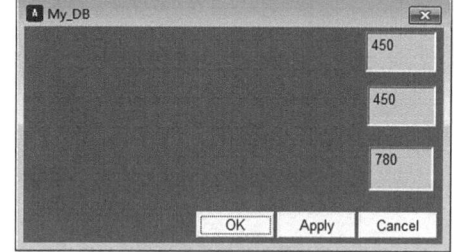

图 8-7 文本框"field_2"和"field_3"的创建

a. 用鼠标框选中 **3** 个文本框。

b. 在"Dialog-Box Builder：Modifying"My_DB""对话框中，单击"**Align left edge of selected objects**"按钮，使文本框左对齐。

c. 单击"**Align height of selected objects**"按钮，使文本框等高度。

d. 单击"**Align width of selected objects**"按钮，使文本框等长度。

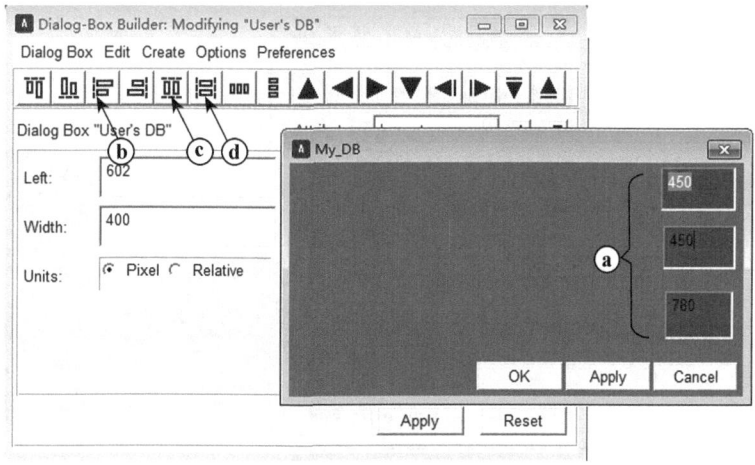

图 8-8 文本框的调整

(3) 创建文字说明标签　为了能知道文本框输入值对应的参数,在文本框前面添加说明标签,如图8-9所示。

a. 在"Dialog-Box Builder:Modifying ″My_DB″"对话框中,选择"**Create→Lable**"命令。

b. 在field_1前面的适当位置处单击,得到标签"lable_1"。

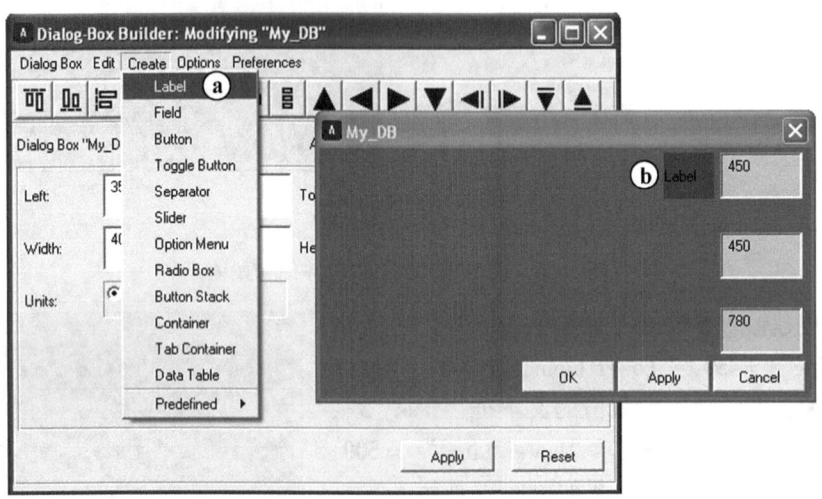

图8-9　文字说明标签的创建

将标签的文字由"Label"更改为"XB",如图8-10所示。

a. 双击标签"**label_1**"。

b. 在"Dialog-Box Builder:Modifying ″My_DB″"对话框中,选择"Attributes"下拉列表中的"**Appearance**"。

c. 将"Label Text"文本框中的内容更改为"**XB**"。

d. 选中"Justified"后的"**Center**"选项。

e. 单击"**Apply**"按钮。

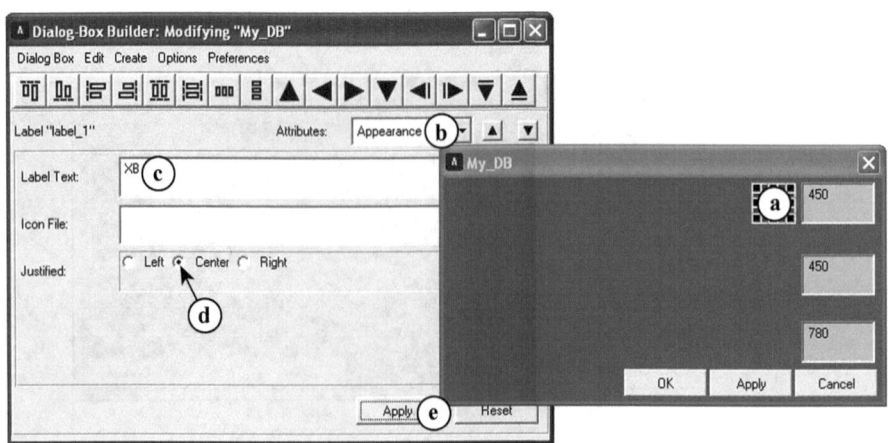

图8-10　标签说明的更改

同理，创建标签"**Xc**"和标签"**Yc**"，如图 8 - 11 所示。

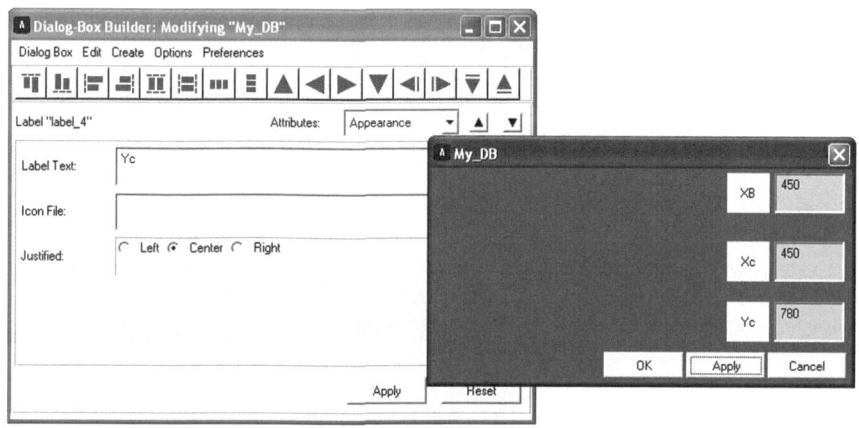

图 8 - 11　文字说明标签"Xc"和"Yc"的创建

（4）创建图形说明标签　创建 1 个标签"label_4"，用于显示翻转机构的运动简图，如图 8 - 12 所示。

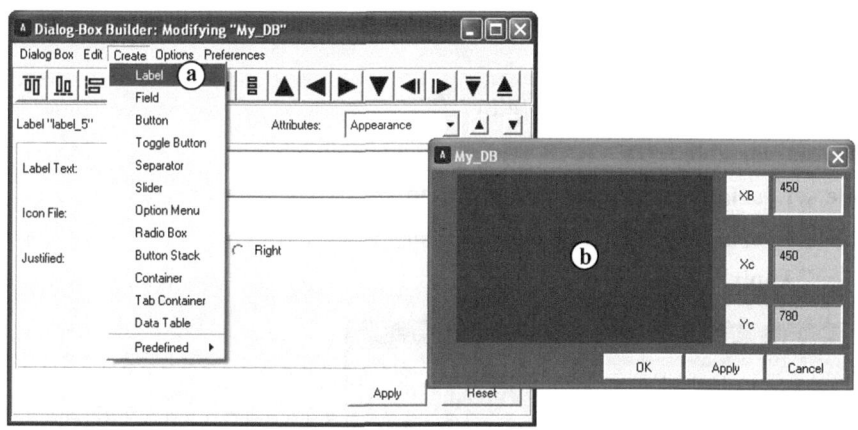

图 8 - 12　图形说明标签的创建

说明：此标签的大小在放入机构运动简图后可以进一步调整。

（5）添加标签图形　在标签"label_4"中加入图 8 - 1 所示的翻转机构运动简图图片，如图 8 - 13 所示。

a. 双击标签"**label_4**"。

b. 在"Dialog-Box Builder：Modifying ″My_DB″"对话框中，选择"Attributes"下拉列表中的"**Appearance**"。

c. 在"Icon File"文本框中输入"**D:\ Fig8_1.png**"（图 8 - 1 所示的图形名称为"fig8_1.png"）。

d. 选择"Justified"后的"**Center**"选项。

e. 单击"**Apply**"按钮。

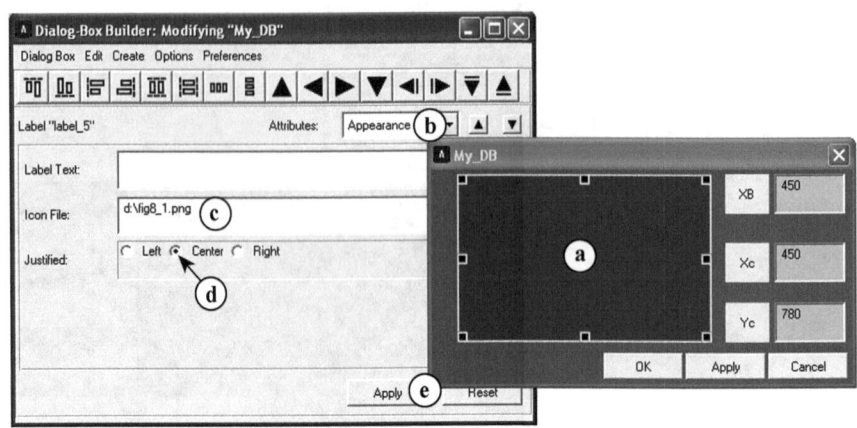

图 8-13　标签中添加图片

4．创建命令语句

命令语句的创建如图 8-14 所示。

a．双击"**My_DB**"对话框的背景。

b．在"Dialog-Box Builder：Modifying "My_DB""对话框中，选择"Attributes"下拉列表中的"**Commands**"。

c．在命令文本框中输入以下命令语句。

variable set variable = DV_LAB real = $field_1

variable set variable = DV_Xc real = $field_2

variable set variable = DV_Yc real = $field_3。

d．单击"**Apply**"按钮。

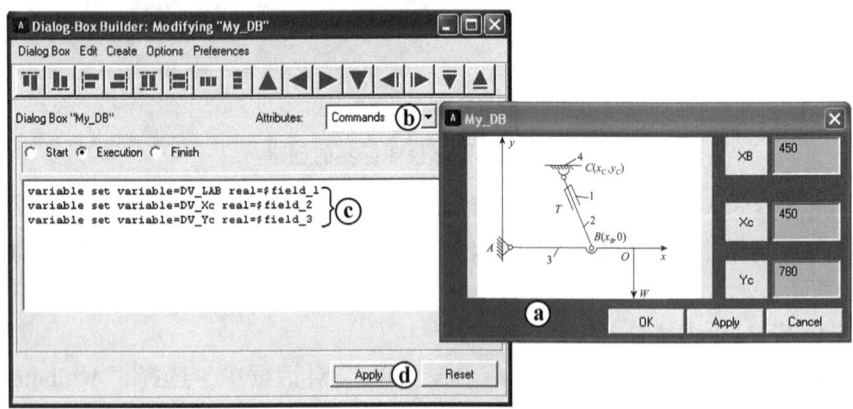

图 8-14　命令语句的创建

提示：若不慎关闭了"Dialog-Box Builder：Modifying "My_DB""对话框，或者双击"My_DB"对话框的背景后"Dialog-Box Builder：Modifying "My_DB""对话框不出现，可按图 8-15 所示的操作来打开该对话框。

第8章 ADAMS建模中的用户化设计

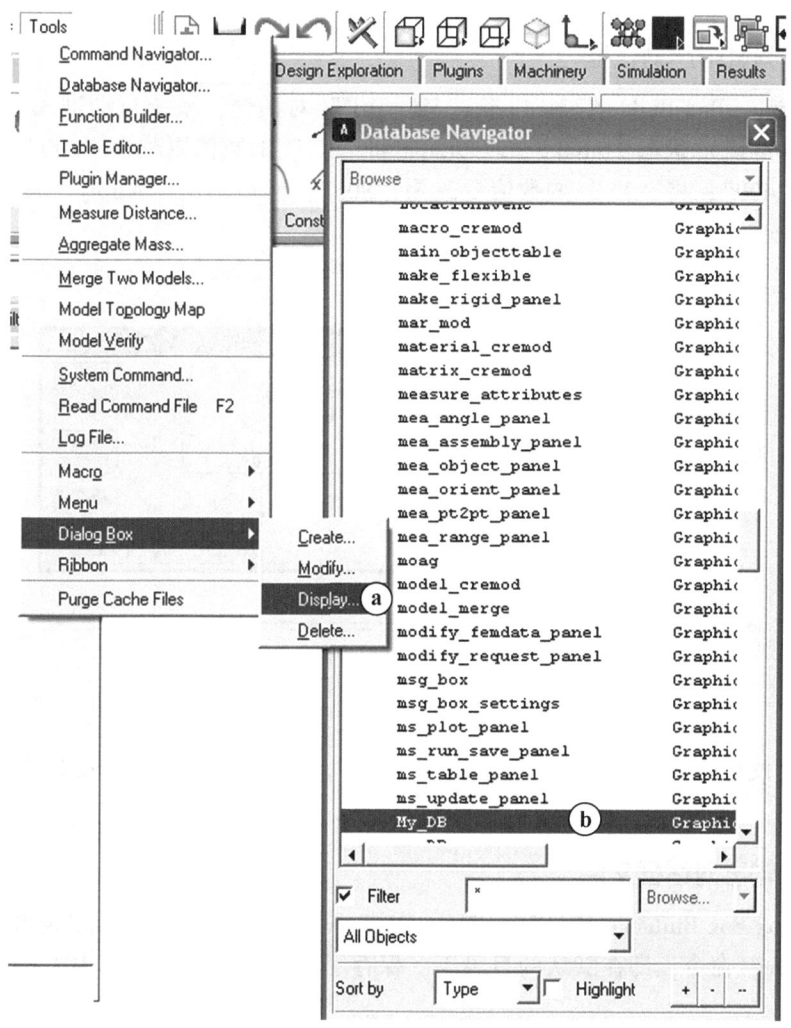

图 8-15 对话框的打开

关闭"Dialog-Box Builder：Modifying ″My_BD″"对话框后，"My_DB"对话框如图 8-16 所示。

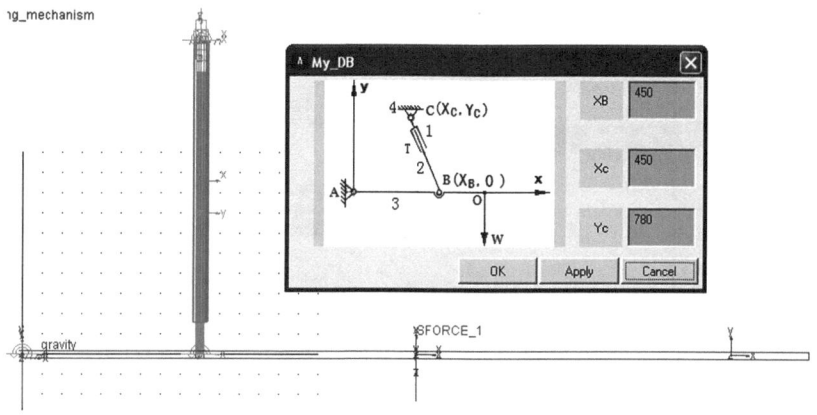

图 8-16 "My_DB"用户对话框

8.1.3 测试用户对话框

关闭"Dialog-Box Builder:Modifying "My_DB""对话框,系统自动进入"My_DB"对话框的使用(测试)状态。如图 8-17 所示,将"X_B"的数值更改为"800";将"Xc"的数值更改为"400";将"Yc"的数值更改为"800",然后单击"**Apply**"按钮,可观察到铰链 B 处和铰链 C 处的位置发生了变化。

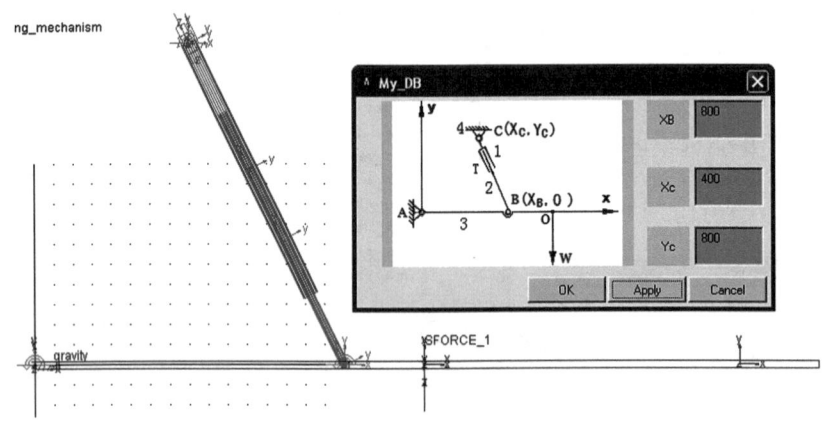

【图 8-17 仿真】

图 8-17 "My_DB"用户对话框的测试

提示:更改完各数值后,若单击"OK"按钮,系统在获取了新的设计变量值后,将对话框自动关闭。

8.1.4 输出对话框文件

在"Dialog-Box Builder:Modifying "My_DB""对话框中,选择"**Dialog Box→Export→Command File**"命令,即在默认的目录下,保存了对话框文件"**My_DB.cmd**",如图 8-18 所示。

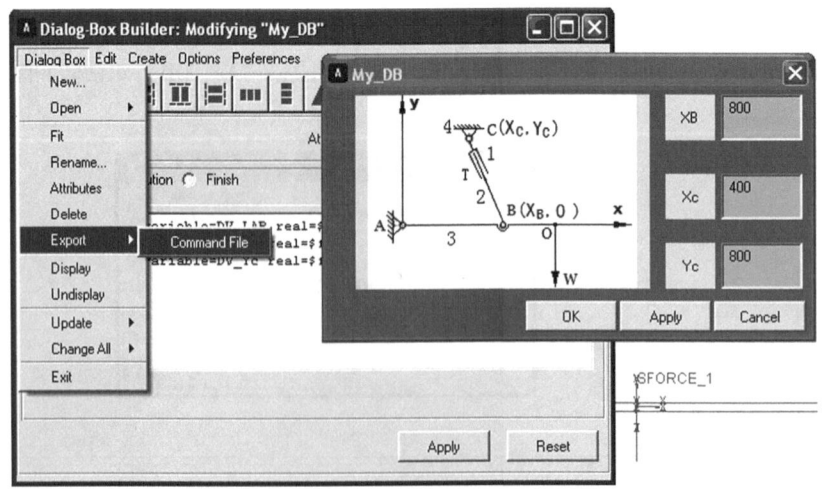

图 8-18 对话框的输出

这样，就可以在其他模型中通过"Import"命令来调入"My_DB.cmd"文件，将"My_DB"对话框添加到当前模型中。

最后将模型保存为"**chapter8_1.bin**"。

8.2 定制用户菜单

8.2.1 问题描述

上节虽然创建完成了用户对话框，但在使用中会发现，一旦关闭了用户对话框"My_DB"，对于不熟悉 ADAMS 软件的用户来说，要想重新调出用户对话框"My_DB"并不是一件易事。为了让用户能很方便地调出对话框"My_DB"，拟在主菜单的"Tools"项后面添加一项"Mymenu"，如图 8-19 所示，用来调出对话框"My_DB"。

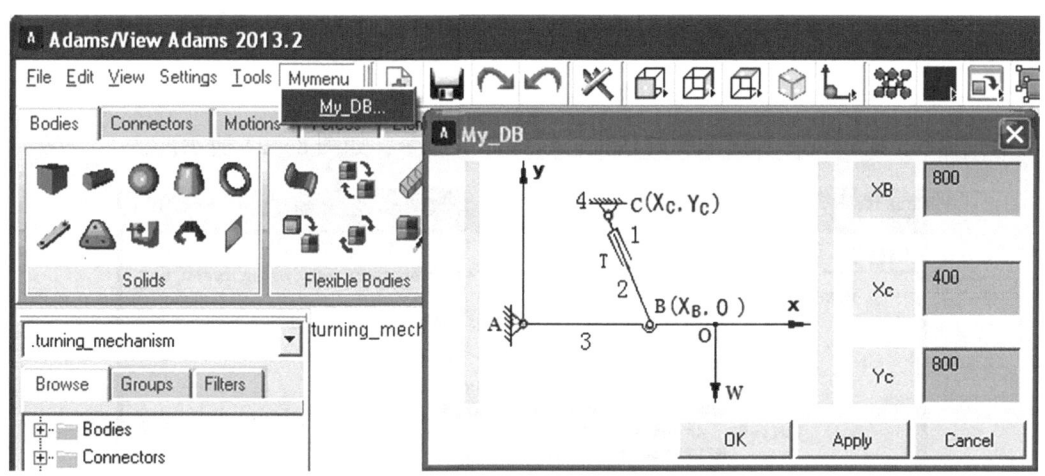

图 8-19 待增加的菜单项"Mymenu"

8.2.2 打开机构模型文件

1. 启动 ADAMS 软件

启动 ADAMS/View 模块。

2. 打开机构模型文件

打开机构模型文件"chapter8_1.bin"。

8.2.3 创建用户菜单

在主菜单中，选择"**Tools→Menu→Modify**"命令，如图 8-20 所示。

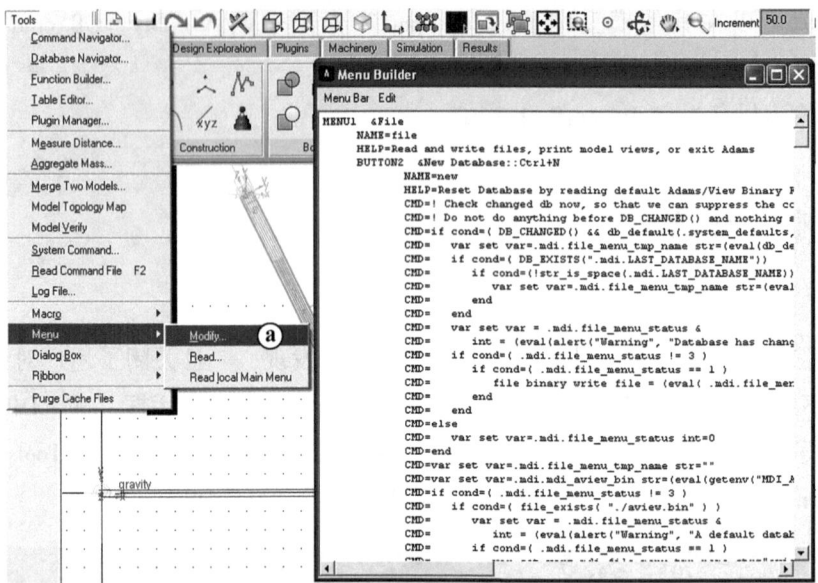

图 8-20 菜单的修改

在"Menu Builder"对话框中的最后，添加如下命令，如图 8-21 所示。

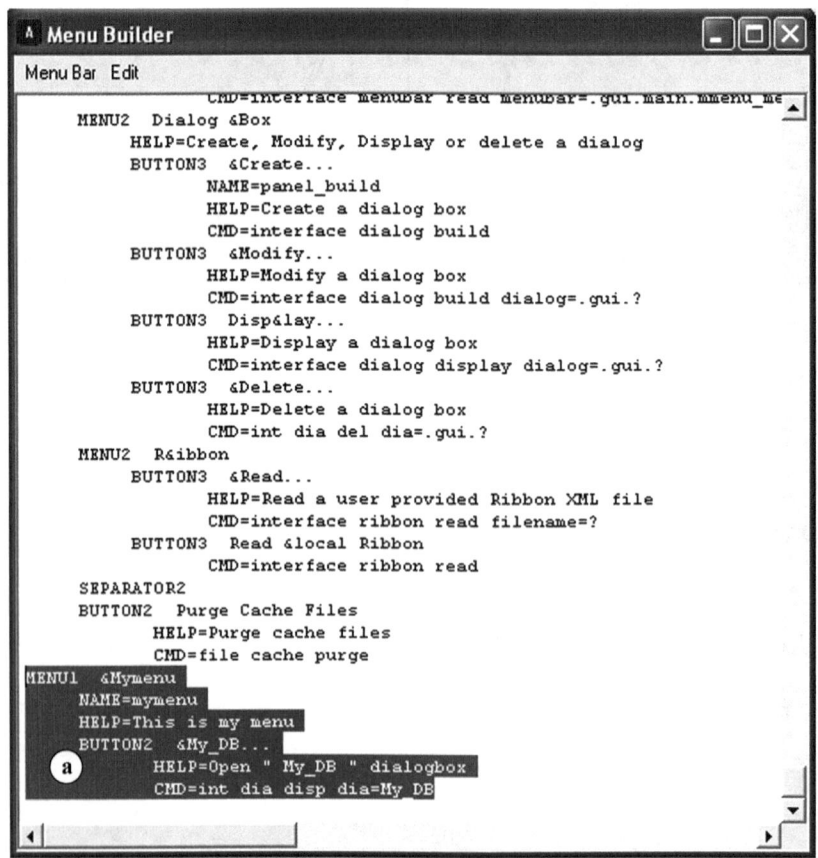

图 8-21 菜单添加命令

MENU1　&Mymenu
　　NAME = mymenu
　　HELP = This is my menu
　　BUTTON2　&My_DB...
　　　　HELP = Open "My_DB" dialogbox
　　　　CMD = int dia disp dia = My_DB

然后在"Menu Builder"对话框中，选择"**Menu Bar→Apply**"命令，如图 8 – 22 所示，新的菜单项"**Mymenu**"被添加到总菜单中，如图 8 – 23 所示。

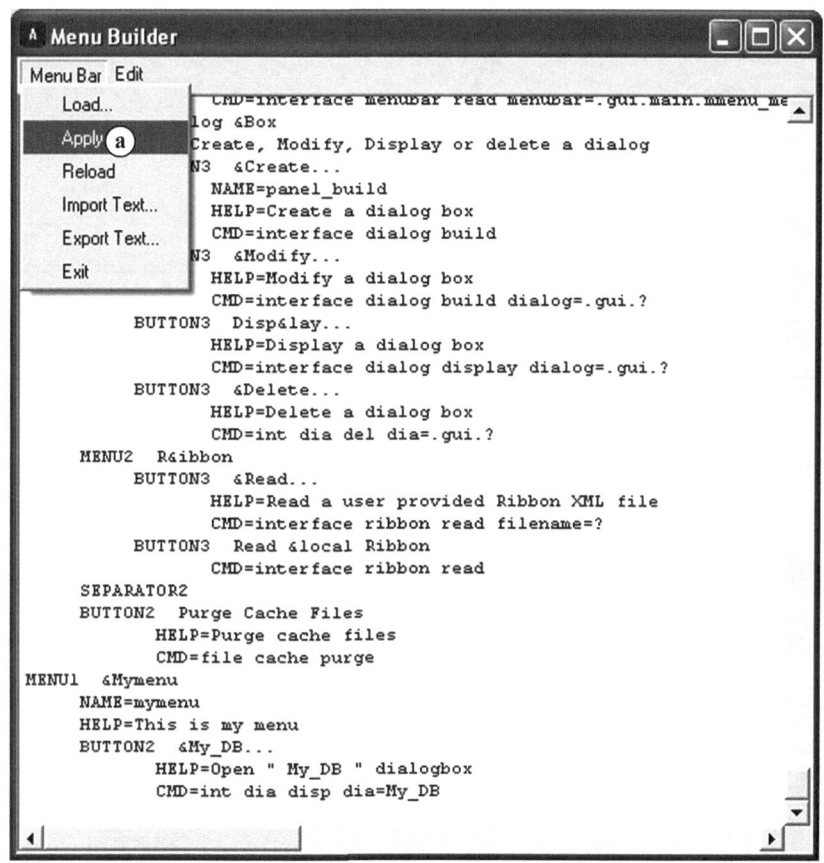

图 8 – 22　菜单命令添加应用

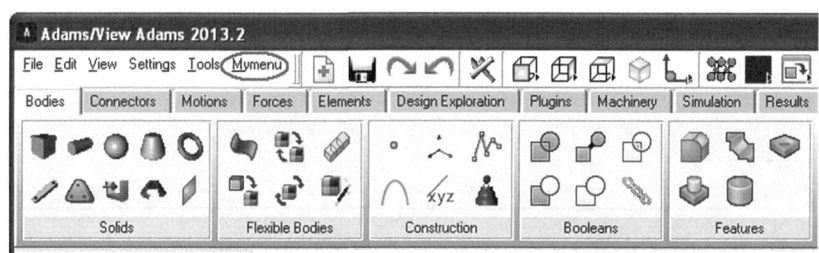

图 8 – 23　用户菜单项"Mymenu"的添加结果显示

8.2.4 执行用户菜单

关闭"**My_DB**"对话框,ADAMS 软件的工作区如图 8-24 所示。

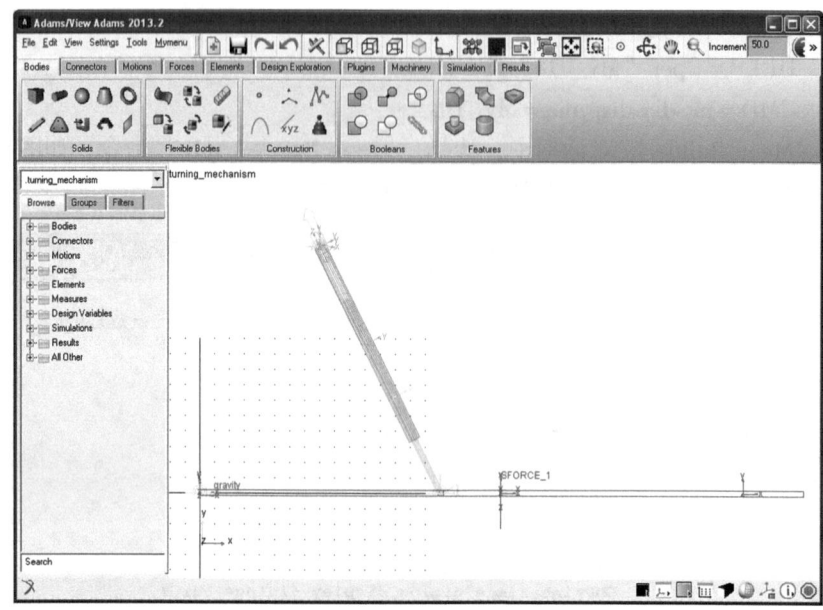

图 8-24 关闭"**My_DB**"对话框情况下的 ADAMS 软件工作区

在主菜单中,选择"**Mymenu→My_DB**"命令,"**My_DB**"对话框即刻出现,如图 8-25所示。

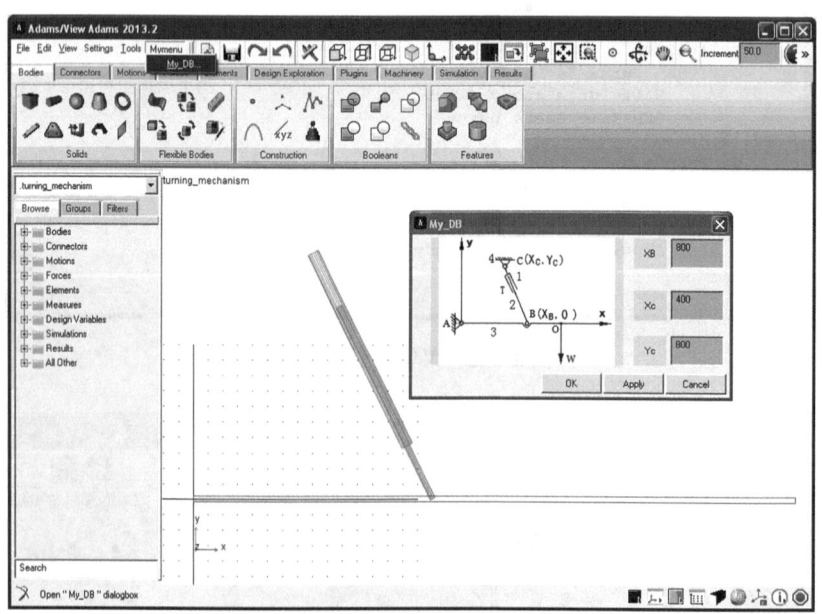

【图 8-25 仿真】

图 8-25 "**Mymenu**"用户菜单的调用

8.2.5 输出用户菜单

如图 8-26 所示，输出用户定制的菜单文件。

a. 在"Tools"菜单中，选择"**Menu→Modify**"命令。
b. 在"Menu Builder"对话框中，选择"**Menu Bar→Export Text**"命令。
c. 选择菜单文件的保存路径。
d. 输入保存的文件名"**Mymenu**"。
e. 单击"**Open**"按钮。

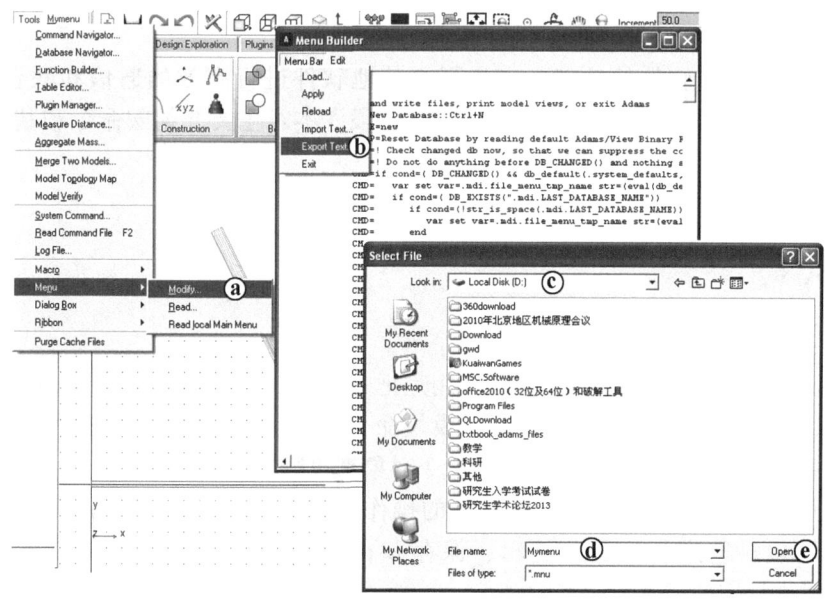

图 8-26 菜单的输出

"Mymenu.mnu"菜单文件可在其他机构模型中被调入。

最后将模型保存为"**chapter8_2.bin**"。

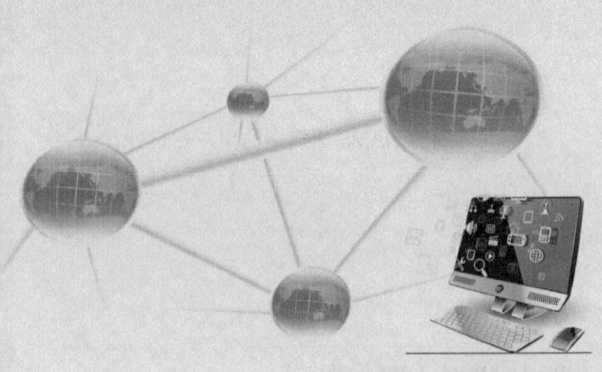

第 9 章　ADAMS 二次开发

为了拓展 ADAMS 软件的功能，也为了与其他软件进行有效的通信和联合仿真分析，ADAMS 软件提供了一些供用户进行二次开发的手段。本章主要介绍宏命令和基于 C 语言的用户子程序。

9.1　宏命令

9.1.1　宏命令简介

ADAMS 宏命令是一个命令对象，其作用是把一个自定义命令添加到 ADAMS/View 模块命令对象中，用以执行一组 ADAMS/View 模块命令。ADAMS/View 模块对待宏命令和其他 ADAMS/View 模块命令一样，是作为一个命令对象来执行的。

宏命令可以帮助用户自动完成重复性的操作或命令，它是 ADAMS/View 模块的命令集合，用户可以对它进行记录、编辑、保存和再运行。它是用户化设计最有用的工具之一。

1. 宏命令的作用

宏命令的主要作用有如下两方面：

（1）自动化建模、仿真和检查分析　例如，产生一系列的数据对象，建立一个完整模型，包括部件、约束、载荷等。

（2）自动化用户操作　可以用宏命令完成一系列 ADAMS/View 模块的自动化运行，如可以实现自动打开或关闭图标显示、设置求解器特征参数等。

2. 宏命令可实现的功能

ADAMS/View 模块对宏命令像其他命令一样，可以将其放在命令窗口，或者放在其他宏命令、对话框、菜单或按钮命令中去应用。用宏命令可实现的主要功能有：

1）自动完成重复性操作。
2）与 ADAMS/View 模型自动交换数据。
3）自动完成全部模型的建立。
4）自动快速地创建模型所需变量。

3. 宏命令的类型

宏命令主要有两种类型：无参数型和有参数型。

(1) 无参数型　这种类型的宏命令直接执行宏中的 ADAMS/View 命令。

(2) 有参数型　这种类型的宏命令可以在宏中添加参数，并在执行宏命令时可自动对参数求值。这一作用使得宏命令更加通用化，它可以让宏命令与模型交换数据，每次执行宏命令，可以自动用模型数据来替换参数值，完成不同的功能要求。

4. 宏命令的创建方式

宏创建的方式主要有 3 种。

(1) 宏编辑器方式　如图 9-1 所示，在宏编辑器需要输入宏的名称，该名称在 ADAMS 软件数据库中是一个唯一的命令字符串，使用它可以执行宏命令。

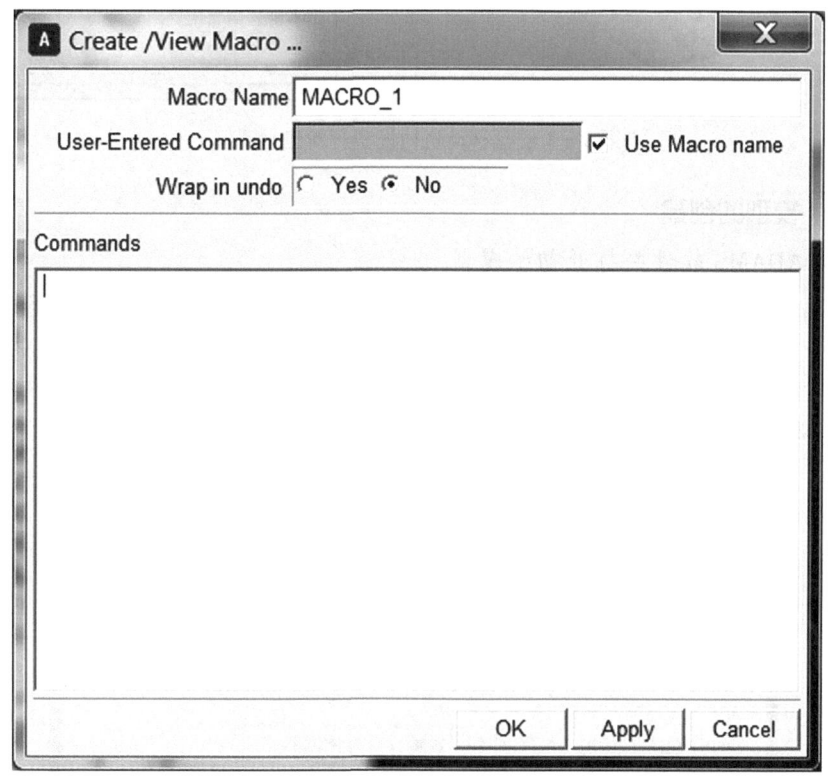

图 9-1　宏编辑器界面

(2) 录制宏方式　可以使用记录操作过程的方式创建宏，一旦记录开始，此后进行的所有操作都将包含在宏中，直至记录停止。所记录的操作可以回放演示，也可以存为宏对象。

(3) 从文件中读入文本方式　可用"READ"命令读入包含可执行命令文本的文件创建宏，也可用宏读取对话框创建宏，如图 9-2 所示。

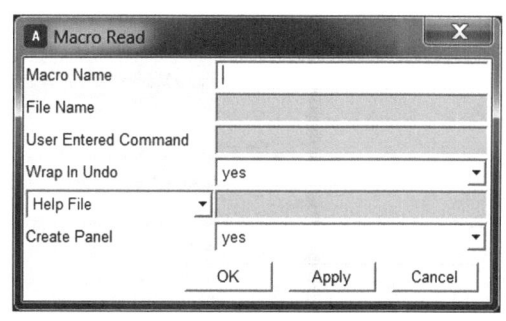

图 9-2　宏读取对话框

9.1.2 设计问题的描述

使用宏命令创建一个对话框,用于修改磁盘移动机构中1、2和4结构点的X、Y坐标值,实现对模型的快速修改。如图9-3所示。

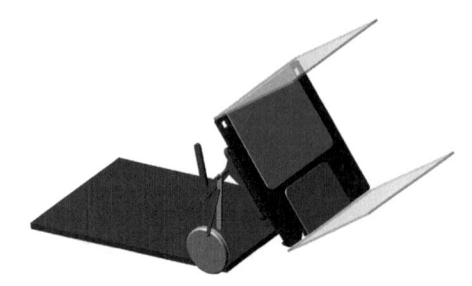
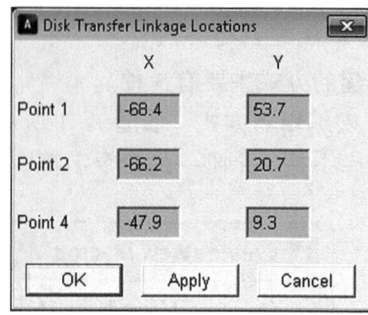

【图9-3仿真】

图9-3 磁盘移动机构模型和新建对话框

9.1.3 模型的创建

1. 启动 ADAMS 软件并打开初始模型

下载本教材提供的电子文件(下载方法见前言),并将其保存在本地硬盘中。启动 ADAMS/View 模块,在欢迎界面选择"Existing Model",确认后弹出"Open Existing Model"对话框,在"File Name"后选择"chapter9_1_start.cmd"文件,打开宏命令建模的初始模型。如图9-4所示。

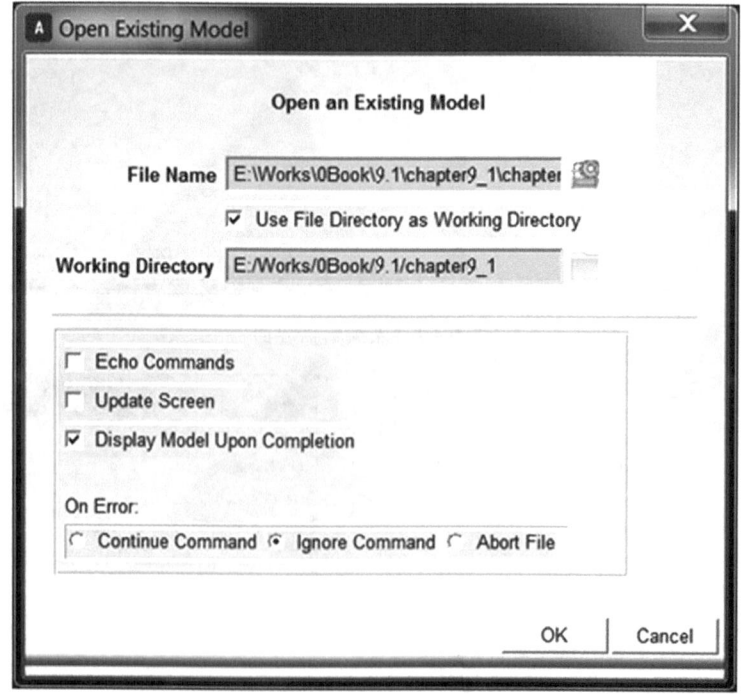

图9-4 ADAMS/View 打开初始模型

打开后的模型如图 9-5 所示。

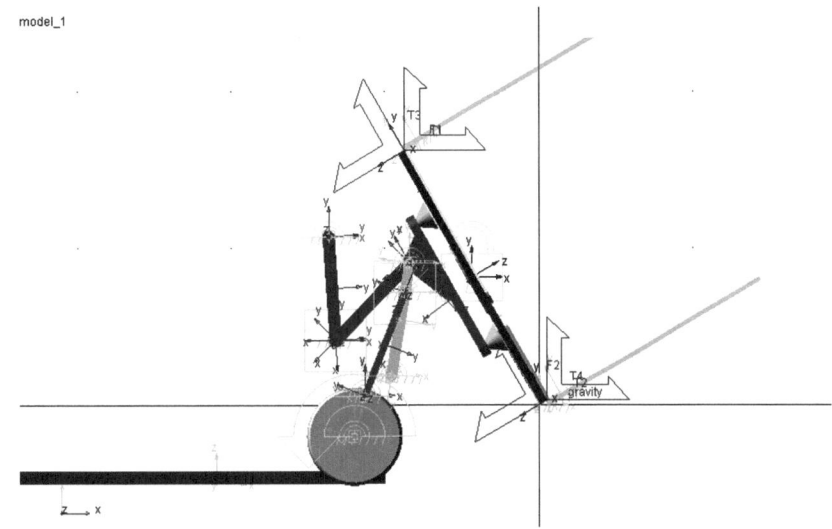

图 9-5 宏命令的初始模型

2. 创建一个新库

建议用户在创建所有定制对象（宏和对话框）前，应先创建一个用户自定义的库。把定制对象全部存储于该库中，以便查找和存取。同时，将这些定制对象组织在一起，与标准的 ADAMS/View 模块数据库并列存储，使整个结构条理清晰。

库的创建过程如下，如图 9-6 所示：

a. 在 "Tools" 菜单下，选择 "**Command Navigator**" 命令。

b. 在弹出的 "Command Navigator" 对话框中，选择 "library" 下的 "**create**" 命令。

c. 在弹出的 "Library Create" 对话框中，在 "Library Name" 文本框中输入 "**.my_cust**"。

注意：输入库名时前面必须包含实点符号 "."。

d. 单击 "**OK**" 按钮，完成新库的创建，并关闭 "Command Navigator" 对话框。

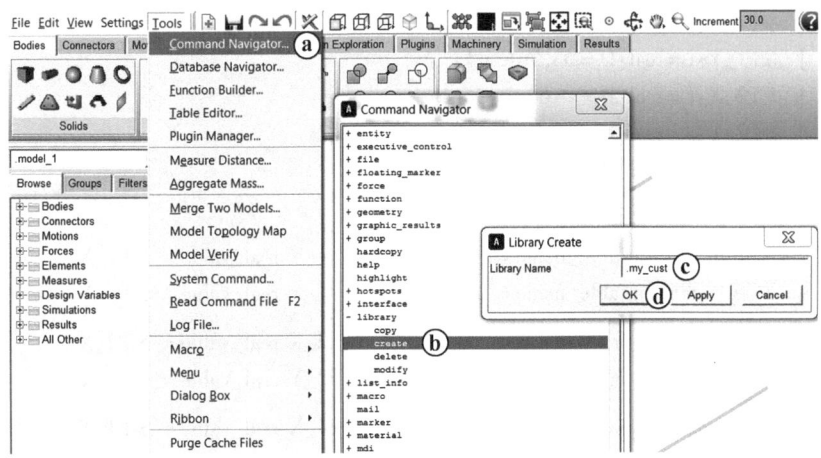

图 9-6 创建库

3. 创建一个宏

创建一个宏，用于修改结构点的位置，如图9-7所示。

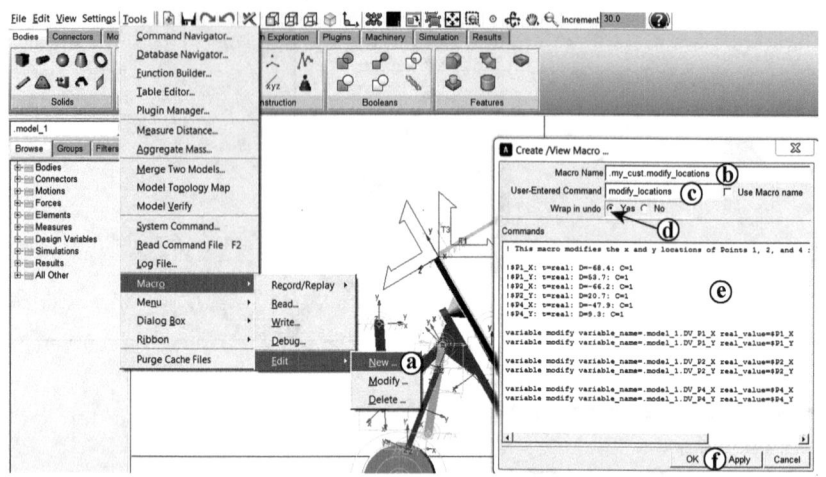

图9-7 创建宏

a. 在"Tools"菜单下，单击"**Macro → Edit → New**"命令，弹出"Create/View Macro…"对话框。

b. 在对话框中的"Macro Name"文本框中，输入宏的完整名称为"**.my_cust.modify_locations**"。

注意：一定要输入全称，不能只输入"modify_locations"。

c. 取消勾选"Use Macro name"复选框，并在"User-Entered Command"文本框中输入"**modify_locations**"，表示运行宏的名称。

d. 设置"Wrap in undo"选项为"**Yes**"，表示后续的撤销操作将会撤销宏中所有的命令，若是选择"**No**"，则仅撤销最后一个命令。

e. 在"Commands"区域，输入以下命令：

```
! $P1_X: t=real; D=-68.4; C=1
! $P1_Y: t=real; D=53.7; C=1
! $P2_X: t=real; D=-66.2; C=1
! $P2_Y: t=real; D=20.7; C=1
! $P4_X: t=real; D=-47.9; C=1
! $P4_Y: t=real; D=9.3; C=1

variable modify variable_name=.model_1.DV_P1_X real_value=$P1_X
variable modify variable_name=.model_1.DV_P1_Y real_value=$P1_Y

variable modify variable_name=.model_1.DV_P2_X real_value=$P2_X
variable modify variable_name=.model_1.DV_P2_Y real_value=$P2_Y

variable modify variable_name=.model_1.DV_P4_X real_value=$P4_X
variable modify variable_name=.model_1.DV_P4_Y real_value=$P4_Y
```

f. 单击"**OK**"按钮，完成宏的创建。

4. 运行宏

运行宏命令如图9-8所示。

a. 在"Tools"菜单下，单击"**Command Navigator**"命令。

b. 在弹出的"Command Navigator"对话框中，找到并双击上述所创建的"**modify_locations**"宏命令。

c. 系统弹出宏命令创建的"Modify Locations"对话框。

d. 在对话框中，通过输入不同的结构点坐标值检验宏的功能。

e. 通过关闭并重新打开"Modify Locations"对话框，使各个坐标变量值恢复为初始值，这些预定义值就是宏的初始默认值。

f. 单击"**OK**"按钮，各设计变量修改为初始值，并关闭"Modify Locations"对话框。

g. 在"Command Navigator"对话框中，单击"**Close**"按钮，关闭该对话框。

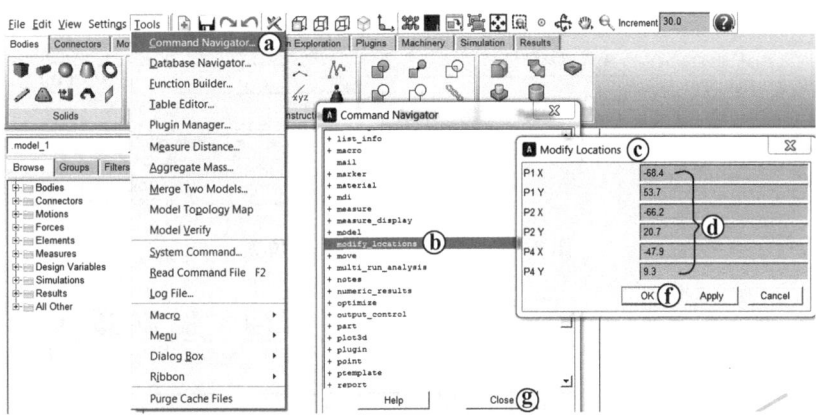

图9-8 运行宏命令

5. 改变对话框在数据库中的位置及名称

具体操作过程如图9-9~图9-10所示。

a. 在"Tools"菜单下，单击"**Database Navigator**"命令。

b. 在弹出的"Database Navigator"对话框中，将"Filter"的类型设置为"**All**"，表示显示所有对象类型。

c. 查找上述显示的对话框名称"modify_locations"，其位置在数据库". gui"下，原因是ADAMS/View模块自动将其存放在". gui"库中，并将其命名为创建它的宏的名称。

d. 单击"**Close**"按钮，关闭"Database Navigator"对话框。

e. 在"Edit"菜单下，单击"**Rename**"命令。

f. 在弹出的"Database Navigator"对话框中，选择需要重命名的对话框"**modify_locations**"。

g. 在"Database Navigator"对话框中，单击"**OK**"按钮。

h. 在弹出的"Rename"对话框中，在"New Name"文本框中输入"**. my_cust. modify_locations_dbox**"。

i. 单击"**OK**"按钮，完成对话框存储位置和名称的修改。

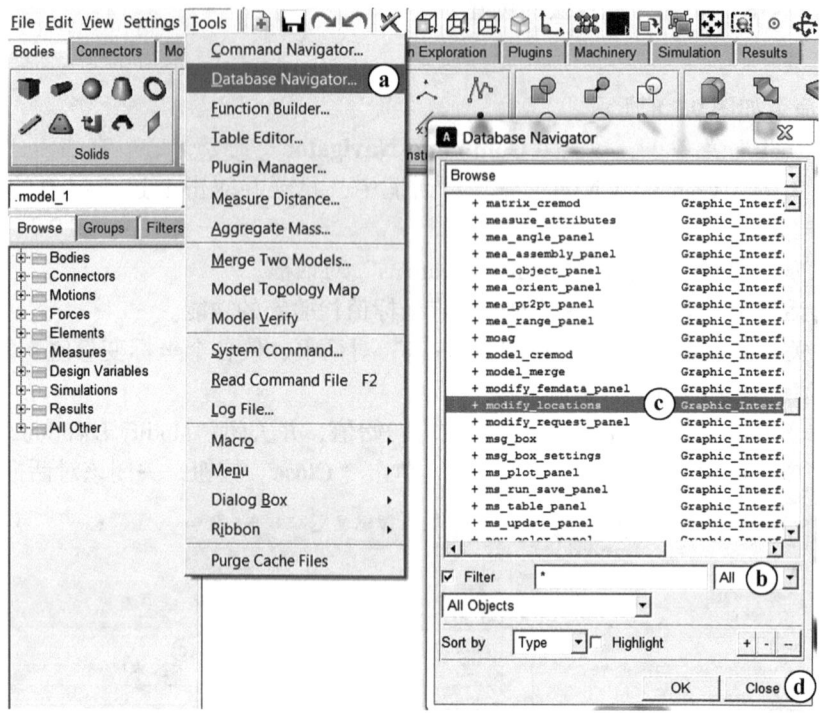

图9-9 查看生成对话框的位置

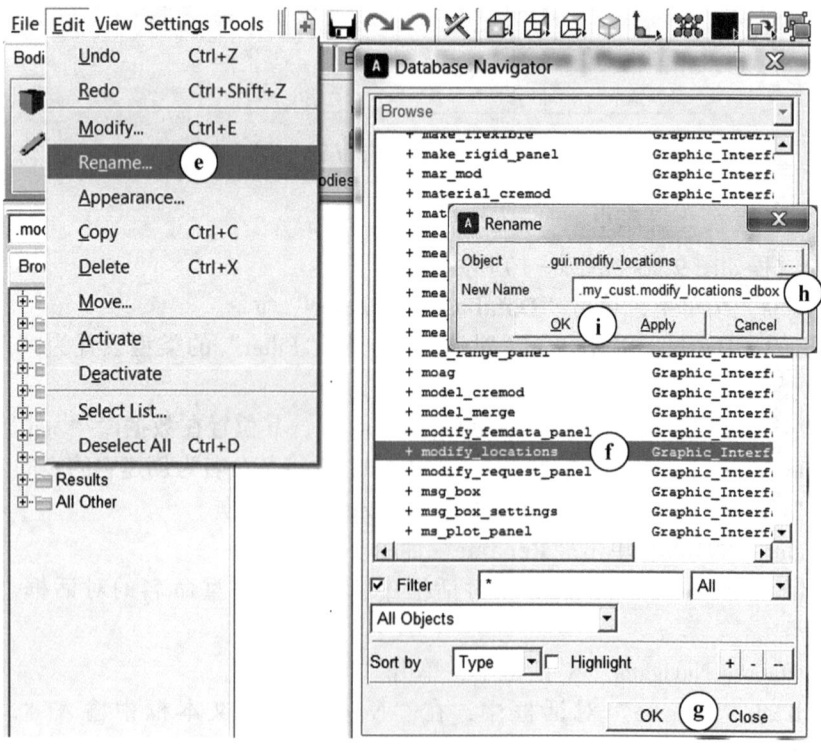

图9-10 修改对话框位置及名称

6. 运行对话框编辑器

a. 如图 9 – 11 所示，在"Tools"菜单下，选择"**Dialog Box→Modify**"命令。

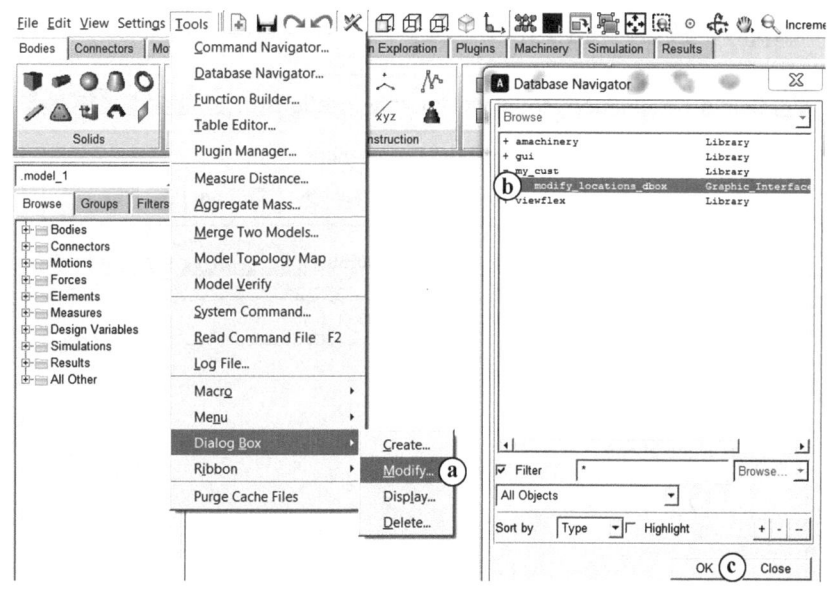

图 9 – 11　设置第 1 个张紧装置的参数

b. 在弹出的"Database Navigator"对话框中，选择 my_cust 库下的"**modify_locations_dbox**"。

c. 单击"**OK**"按钮，弹出对话框编辑器和"Modify Locations"对话框，如图 9 – 12 所示，此时对话框处于编辑状态。

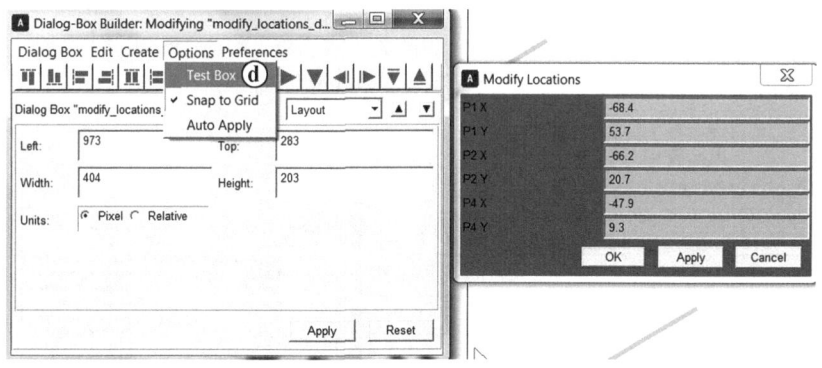

图 9 – 12　对话框编辑器和打开的对话框

d. 如图 9 – 12 所示，在对话框编辑器中，选择"Options"菜单下的"**Test Box**"命令，"Modify Locations"对话框即处于运行状态，可执行、测试该对话框的功能。清除"Options"菜单下的"**Test Box**"命令的选择，使该对话框返回为编辑状态。

e. 在对话框编辑器中，选择"Attributes"下拉列表中的"**Appearance**"。如图 9 – 13 所示。

f. 在"Title Text"文本框中输入"**Disk Transfer Linkage Locations**"。

g. 不勾选"**Can Be Iconified**"。
h. 不勾选"**Can Be Resized**"。
i. 勾选"**Has Decorations**"。
j. 单击"**Apply**"按钮，使上述设置生效。

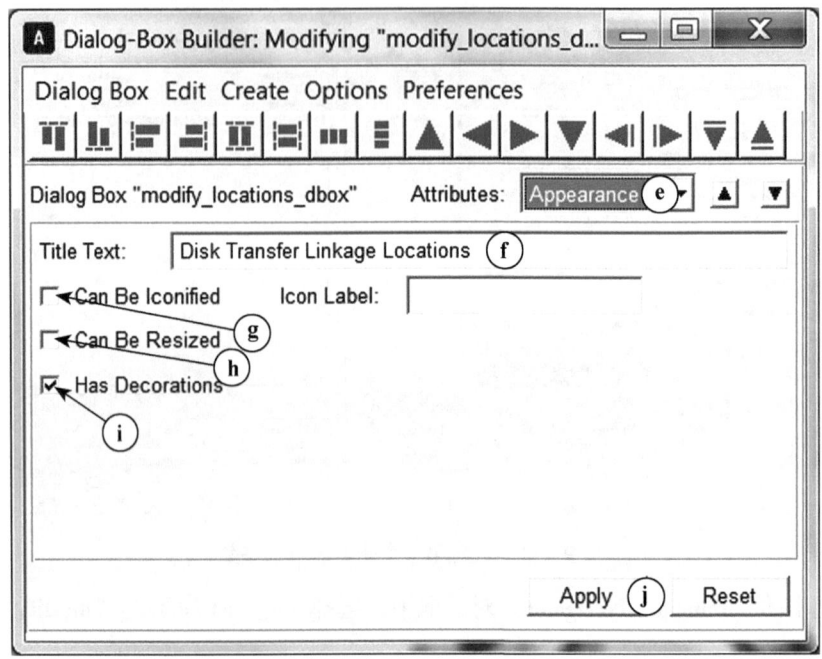

图 9-13　修改对话框属性

7. 删除标签

对话框标签的删除如图 9-14 所示。

a. 在对话框编辑器"Edit"菜单下，选择"Select"命令。

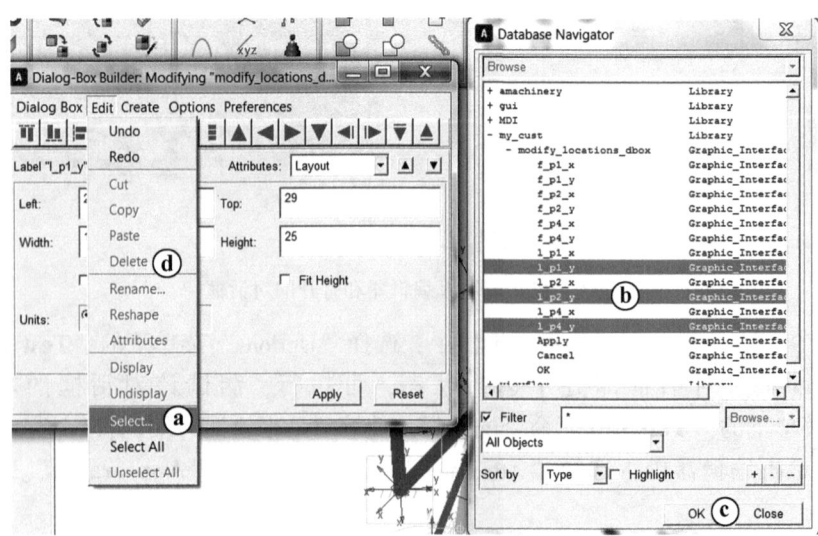

图 9-14　删除对话框标签

b. 在弹出的"Database Navigator"对话框中，按住〈**Ctrl**〉键，同时选择"modify_locations_dbox"下的"**l_p1_y**""**l_p2_y**"和"**l_p4_y**"共 3 个标签。

c. 在"Database Navigator"对话框中，单击"**OK**"按钮，完成选择操作。

d. 在对话框编辑器"Edit"菜单下，选择"**Delete**"命令，删除所选的标签。

8. 修改标签

标签的修改如图 9-15~图 9-17 所示。

a. 在"Disk Transfer Linkage Locations"对话框中双击外观文本为"**P1 X**"的标签。

b. 在对话框编辑器"Edit"菜单下，选择"**Rename**"命令。

c. 在弹出的"Rename"对话框中，在"Name"文本框中输入值"**l_p1**"。

d. 单击"**OK**"按钮，完成重命名操作。

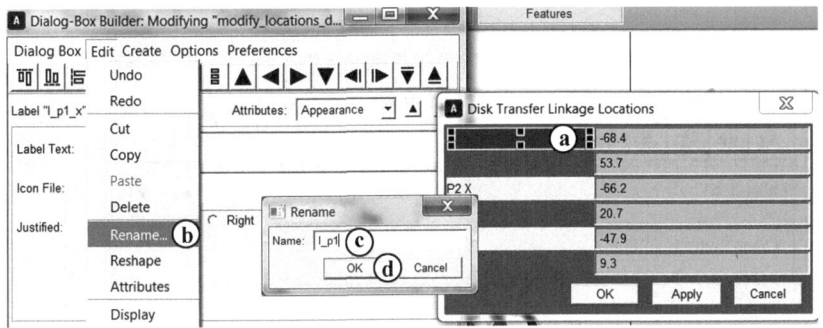

图 9-15　重命名对话框标签

e. 设置"l_p1"标签的"layout"属性值如下：

"Left"保持原值；

"Top"保持原值；

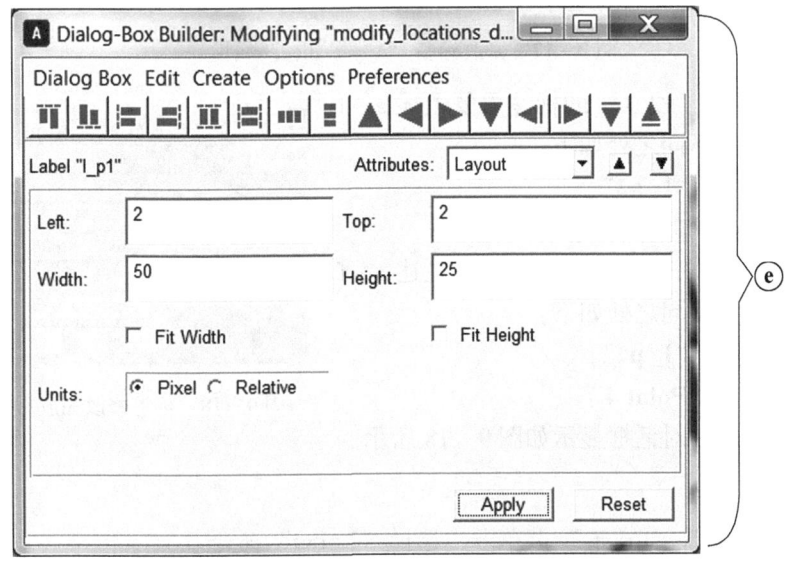

图 9-16　修改标签"Layout"属性

"Width" = "**50**";
"Height" = "**25**";
取消勾选 "**Fit Width**";
取消勾选 "**Fit Height**";
"Units" 选择 "**Pixel**" 选项。
修改完成后,单击 "**Apply**" 按钮,使修改生效。
f. 设置 "l_p1" 标签的 "Appearance" 属性值如下:
"Label Text" = "**Point 1**";
"Icon File" 的值为空;
"Justified" 后选择 "**Left**" 选项。
修改完成后,单击 "**Apply**" 按钮。

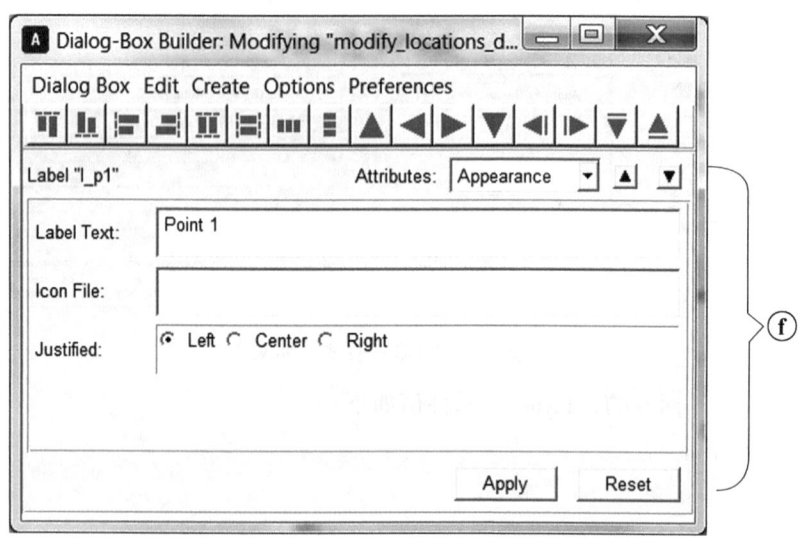

图 9-17 修改标签 "Appearance" 属性

g. 对外观文本为 "P2 X" 的标签重复上述 a~f 的操作,其参数设置不同之处如下:
"Label Name" = "**l_p2**";
"Label Text" = "**Point 2**"。
h. 对外观文本为 "P4 X" 的标签重复上述 a~f 的操作,其参数设置不同之处如下:
"Label Name" = "**l_p4**";
"Label Text" = "**Point 4**"。
上述操作完成后,对话框显示如图 9-18 所示。

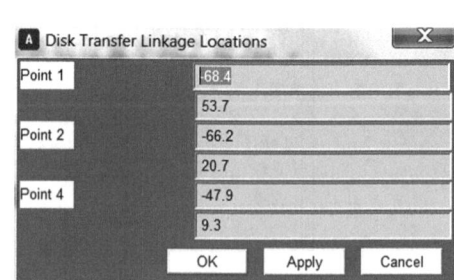

图 9-18 标签修改完成后的对话框

9. 创建标签
a. 在对话框编辑器 "Create" 菜单下,选择 "**Label**" 命令。
b. 在对话框中需要添加标签的位置单击并拖动一个区域,即出现一个标签。
c. 对该标签进行重命名,名称为 "**x_label**"。

d. 参照前面操作，设置 x_label 标签属性为以下值，并修改其他相应的属性；

"Label Text" = "**X**"；

"Justified" 后选择 "**Center**" 选项。

e. 重复上述步骤，创建另一个标签，标签名称为 "**y_label**"，外观文本为 "**Y**"。

此时对话框如图 9-19 所示。

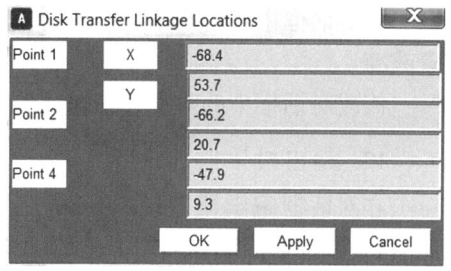

图 9-19　创建新标签后的对话框

10. 修改文本框

按照上述的方法，将 f_p1_x 文本框的宽度值修改为 "**50 Pixels**"。

a. 如图 9-20 所示，按住鼠标左键从 **1** 点拖动到 **2** 点，实现所有文本框的选取，此时选定的文本框全部显示为蓝色。

b. 在对话框编辑器中，单击 "**Align width of selected objects**" 按钮，实现所有文本框与 "f_p1_x" 文本框一样宽。

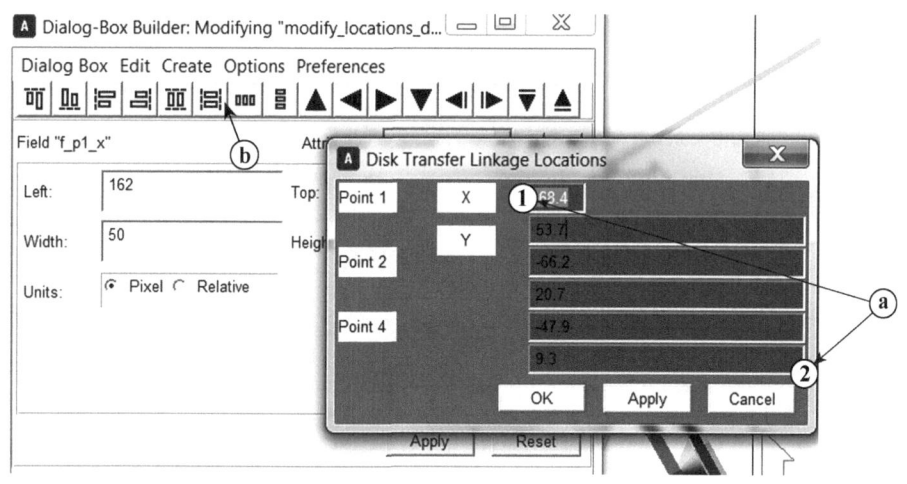

图 9-20　修改文本框

11. 移动对话框对象

当前对话框显示如图 9-21 所示。

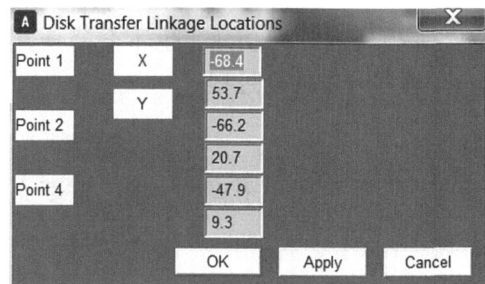 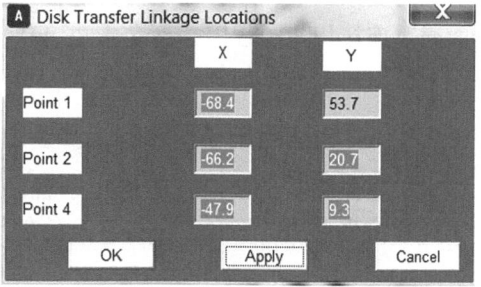

图 9-21　对象移动前的对话框　　　　图 9-22　对象移动后的对话框

在对话框中双击选中某一个对象，使用鼠标拖动到想要移动的位置，即可实现对象的位置改变。

修改对话框中的对象，使对话框如图9-22所示。

12. 输出对话框

在对话框编辑器"Dialog Box"菜单下，选择"Export→Command File"命令，即在ADAMS软件当前工作路径下生成一个以对话框名称命名的命令语言文件，用于保存创建的对话框。如图9-23所示。

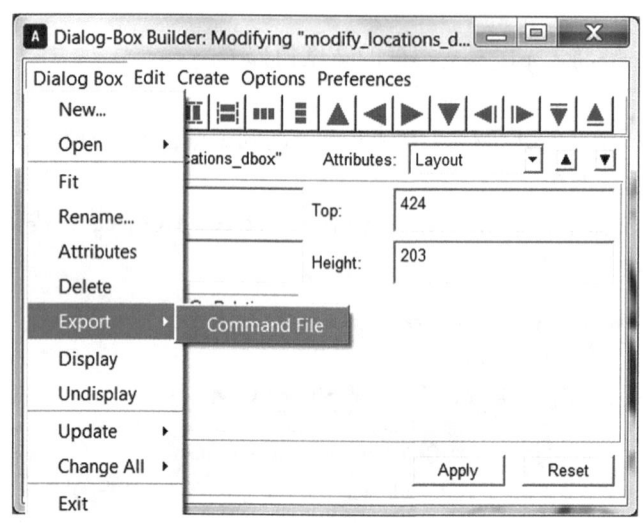

图9-23 输出对话框

最后将模型保存为"**chapter9_1. bin**"。

9.2 用户子程序

在ADAMS模型的仿真过程中，虽然软件提供了各类功能函数，但是函数的编程结构非常有限。而在实际的仿真中，往往需要一些逻辑比较复杂的函数，或者在仿真的过程中与其他系统软件进行数据的交互，实现联合仿真。为此，MSC公司留出了用户子程序的接口，这些子程序可以供用户进行灵活的编写（通常用C语言或FORTRAN语言），完成一些具有特殊功能的复杂函数，或者控制仿真过程开发出输入、输出接口，实现与其他软件的联合仿真。而通过连接用户子程序，不会失去ADAMS/View模块的任何功效，也不会降低其仿真速度。下面以一个简单的例子来说明ADAMS用户子程序开发的全过程。

9.2.1 C语言用户子程序的编译要求简介

这里主要介绍基于C语言的用户子程序的编写。在编写用户子程序之前，需要先搭好整个编译和仿真调用的平台，主要涉及的软件为ADAMS2013和Visual Studio2010。

1. 创建二次开发文件

在D盘下创建文件夹，命名为"**gwd**"（不能有中文路径），在ADAMS软件安装目录下找到"solver→c_usersubs"文件夹，里面的 C 文件都是 MSC 公司提供给用户进行二次开发的例子，如图 9-24 所示，找到其中的"consub.c"文件和"motsub.c"文件，并将其复制到"gwd"文件夹下。

图 9-24　"c_usersubs"文件夹界面

在 ADAMS 软件安装文件下找到"win32"文件夹，如图 9-25 所示，在文件夹中找到"libifcoremd.lib""libfportmd.lib""libric.lib""libmmd.lib""swml_dispmd.lib"5 个"lib"文件，并将其复制到"gwd"的文件夹下。同时，在安装文件夹下搜索"**slv_c_utils.h**"和"**userPortName.h**"头文件，并将其复制到"gwd"文件夹中，复制完成的文件夹如图 9-26 所示。

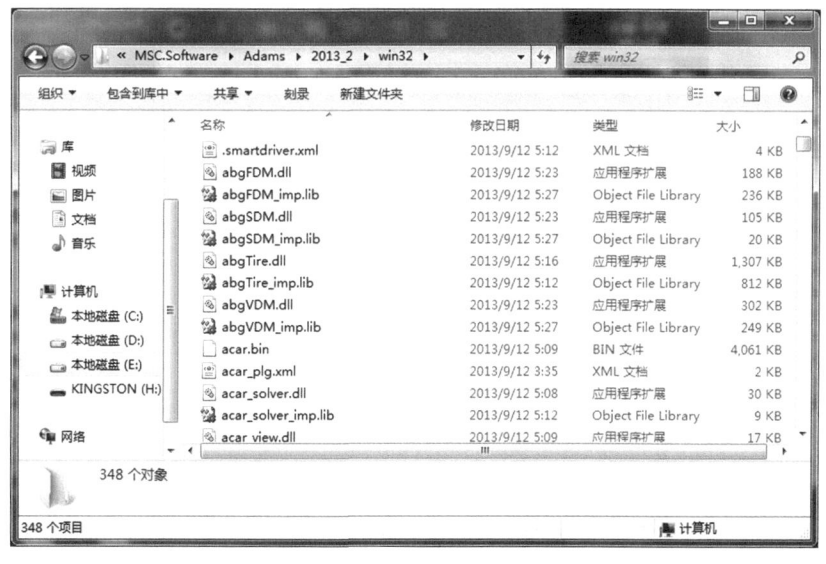

图 9-25　"win32"文件夹

图 9-26 "gwd" 文件夹

2. 创建环境变量

环境变量的创建如图 9-27 和图 9-28 所示。

a. 在 ADAMS 软件安装目录下找到"**mdi.bat**"文件,右击,复制文件路径。

b. 右击"我的电脑",单击"**高级系统设置**"。

c. 单击"**环境变量(N)…**"按钮,弹出"环境变量"对话框。

d. 单击选择"Path"路径变量,单击"**编辑(I)…**"按钮。

e. 在弹出的"编辑系统变量"对话框中,将"mdi.bat"文件的路径复制到"**变量值(v)**"后面的文本框中。

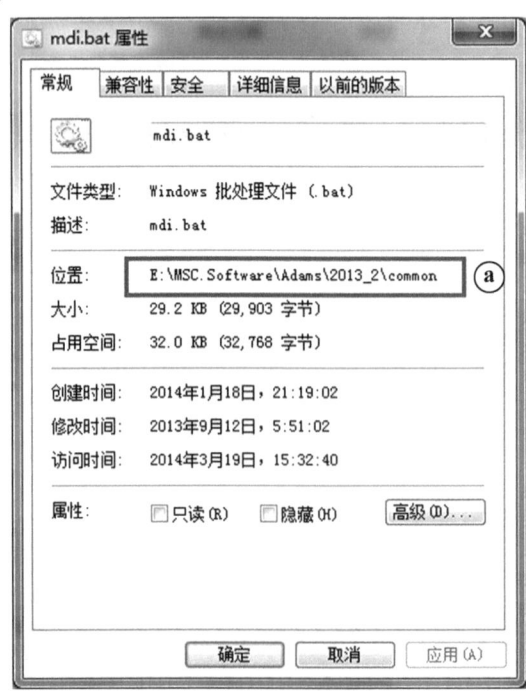

图 9-27 mdi.bat 文件路径

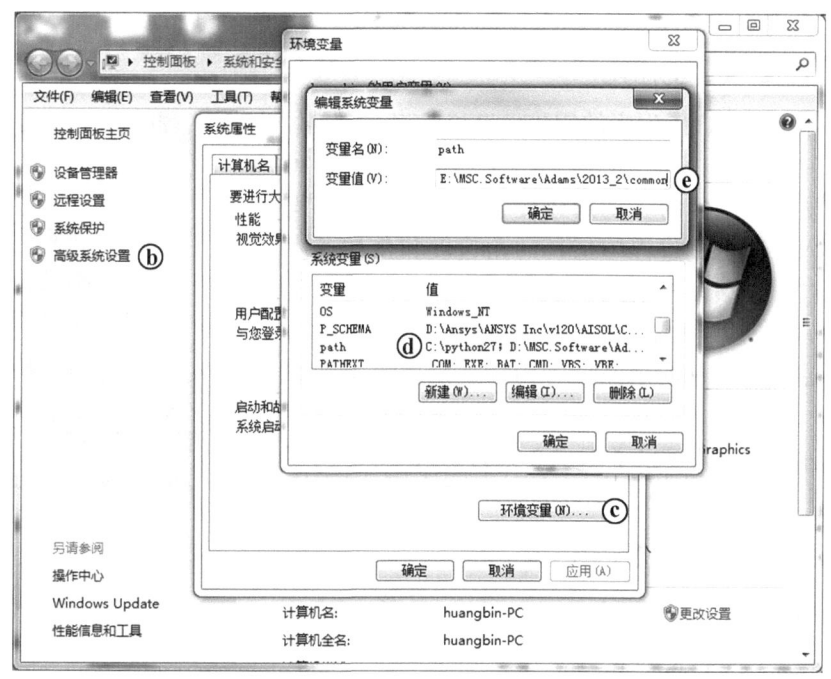

图 9-28 环境变量添加值

同理,如图 9-29 所示,将"gwd"文件夹的路径"D:\gwd"添加到环境变量中。

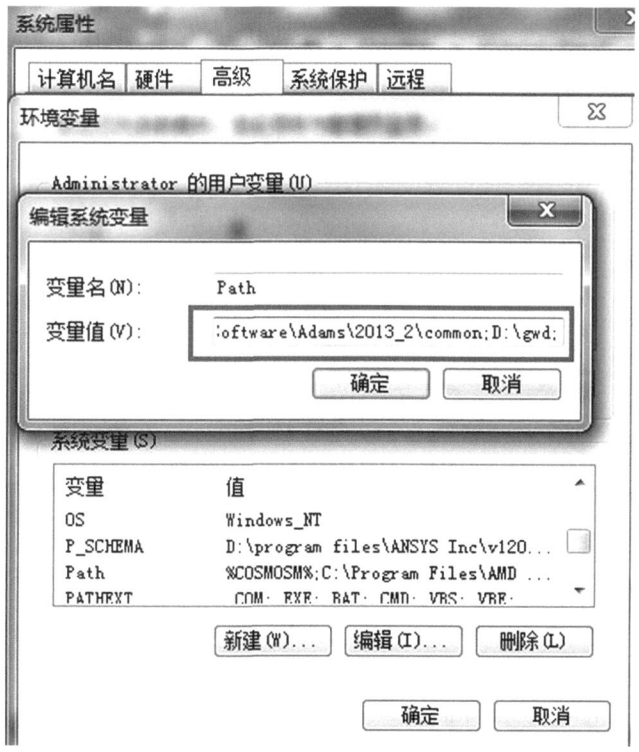

图 9-29 环境变量路径设置

9.2.2 设计问题的描述

为了具体说明用户子程序的用法,这里给出一个具体的实例,此实例和第 2 章 2.1 节的具有相同的曲柄摇杆模型,模型的机构简图如图 9 – 30 所示。在这里,将曲柄的驱动角速度通过编写用户子程序的方式输入,而仿真过程中摇杆的角速度和角加速度数据也是通过程序编写输出到"gwd.txt"文件中的。定义曲柄的驱动角速度和 2.1 中的模型驱动角速度一样,读者可以通过对比摇杆的角速度和角加速度值来验证方法的可行性。

这一过程相当于开发出了基于 C 语言的 ADAMS 仿真的输入、输出接口。

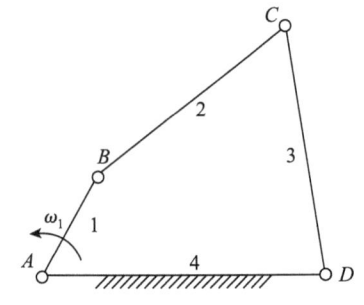

图 9 – 30 曲柄摇杆机构运动简图

9.2.3 模型的创建

打开"chapter2_1.bin"文件,如图 9 – 31 所示。

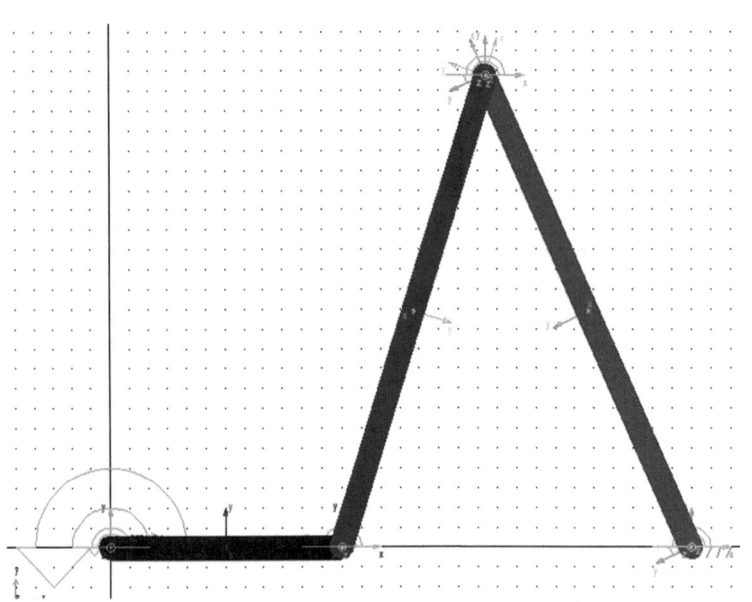

图 9 – 31 曲柄摇杆机构模型

1. 设置求解器

求解器的设置如图 9 – 32 所示。

a. 在操作区"Simulation"项的"Setup"中,单击"**Create a new Simulation Script**"图标。

b. 在弹出的"Create Simulation Script…"对话框中,将"Script"后的名称更改为"**SIM_SCRIPT_sub**"。

c. 选择"Script Type"后下拉列表中的"**Adams/Solver Commands**"。

d. 在"Adams/Solver Commands"文本框中输入"**con/FUNCTION = USER（0）**"。

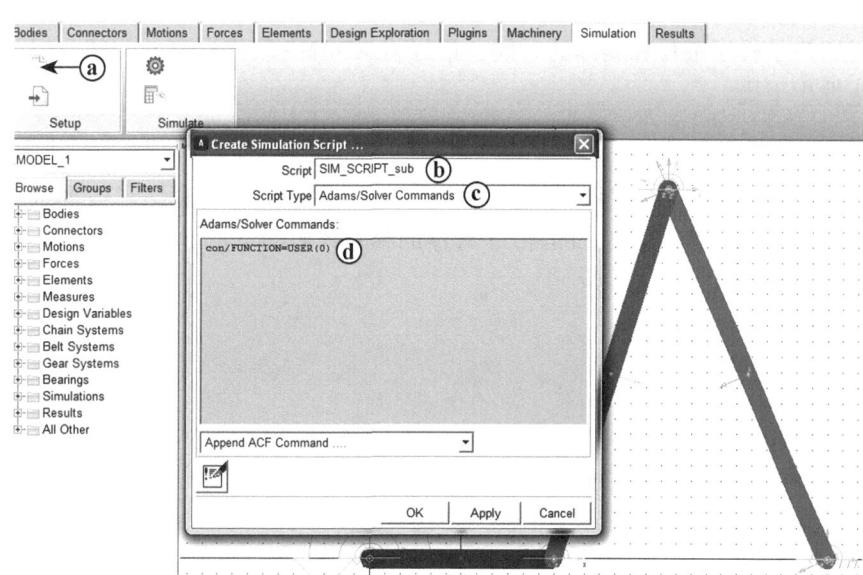

图 9 - 32　求解器设置

2. 曲柄驱动设置

曲柄驱动设置如图 9 - 33 所示。

a. 右击模型中的运动，在弹出的下拉菜单中，选择"**Motion：MOTION_1→Modify**"命令。

b. 在弹出"Joint Motion"对话框中，选择"Define Using"下拉列表中的"**Subroutine**"。

c. 在"User Parameters"文本框中输入"**1.0**"。

d. 在"Routine"文本框中输入"**motsub**"。

e. 选择"Type"下拉列表中的"**Velocity**"。

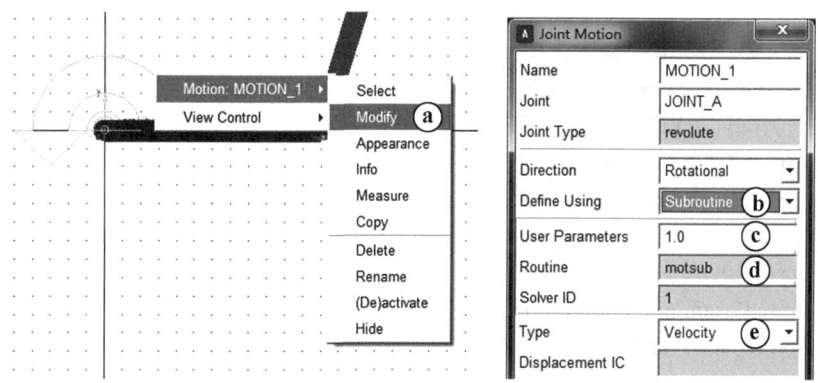

图 9 - 33　曲柄驱动设置

9.2.4 用户子程序的编写及编译

在进行用户子程序编写和编译的时候，最好将 ADAMS 软件保存并关闭，以节省计算机内存并防止发生干扰。

1. Consub 子程序的编写

Consub 子程序是控制子程序，调用 ADAMS/solver 模块时，仿真结果数据都将在这个子程序下完成。基于本设计实例的 Consub 子程序的编写代码如下：

```c
#include "slv_c_utils.h"
#include "stdio.h"
#include "userPortName.h"
#include "Windows.h"
adams_c_Consub    Consub;
void Consub(REAL *par, int *npar)
{
    int i, j, status, nsize, errflg, nstates;
    int iniflg = 1;
    int ipar[1];
    char errmsg[256];
    double states[3] = {1,1,1};
    FILE *outf;
    double time, dtime;
    time = 0;
    dtime = 0.06283;  //每一步仿真 0.06283s 步长
    ipar[0] = 3;    //摇杆的 ID 号
    outf = fopen("gwd.txt","w");//摇杆的速度和加速度将输出到"gwd.txt"文件中
    fprintf(outf,"Wx(rad/s) \tWy(rad/s) \tWz(rad/s) \tAx(rad/s^2) \tAy(rad/s^2) \tAz(rad/s^2) \t\n");
            for(i = 0; i < 100; i++)//一共仿真 100 步
            {
                c_analys("KINEMATICS", "BY GUO-Weidong", time, time + dtime, iniflg, &status);
                c_datout(&status);    //完成一步的仿真
                c_sysary("RVEL", ipar, 1, states, &nstates, &errflg);  //提取摇杆的角速度信息
                for(j = 0; j < 3; j++)
                    fprintf(outf,"%lf\t", states[j]);
                c_sysary("RACC", ipar, 1, states, &nstates, &errflg);  //提取摇杆的角加速度信息
                for(j = 0; j < 3; j++)
                    fprintf(outf,"%lf\t", states[j]);//将数据写入"gwd.txt"文件中
                fprintf(outf,"\n");
                time = time + dtime;
            }
        fclose(outf);
}
```

2. Motsub 子程序的编写

Motsub 子程序主要用于输入曲柄的驱动,其编写代码如下:

```
#include "slv_c_utils.h"
#include <stdio.h>
adams_c_Motsub    Motsub;
void Motsub(const struct sAdamsMotion* motion, double time, int iord, int iflag, double* value)
{
    value[0] = 1;//曲柄驱动角速度的输入,大小为 1rad/s
}
```

3. 用户子程序的编译

用户子程序的编译过程如图 9-34 和图 9-35 所示。

图 9-34 打开"Visual Studio 命令提示(2010)"

a. 在 Visual Studio2010 界面下打开"Visual Studio Tools"下的"Visual Studio 命令提示(2010)",对于 64 位的系统,打开"Visual Studio×64Win64 命令提示(2010)"。

b. 在命令输入提示符下输入"**mdi**",按〈**Enter**〉键。

c. 在"Enter your selection code or EXIT:"后输入"**cr-u**",按〈**Enter**〉键。

d. 在"Enter name of first user object or source file or EXIT:"后输入"**consub.c**",按〈**Enter**〉键。

e. 在"Enter name of next user object or source file (<CR> = none), or EXIT:"下,按〈**Enter**〉键。

f. 在"Enter name of your ADAMS/Solver User-DLL or EXIT:"后输入"**consub.dll**",按〈**Enter**〉键。

系统完成对"consub.c"程序的编译。

```
管理员: Visual Studio 命令提示(2010) - mdi

Setting environment for using Microsoft Visual Studio 2010 x86 tools.

D:\Program Files\Microsoft Visual Studio 10.0\VC>cd d:\gwd

d:\gwd>mdi (b)

+---------------------------------------------------------------+
|                                                               |
|            | Adams 2013.2                |                    |
|            -------------------------------                    |
|  !Action                               Selection Code         |
|  !------                               --------------         |
|                                                               |
|  !Create Adams/Solver with                                    |
|  |    Adams User-DLL                        cr-user           |
|                                                               |
|  !Run Adams/Solver with                                       |
|  |    Standard Adams executable             ru-standard       |
|  |    User executable                       ru-user           |
|                                                               |
|  !Pre- or Post-process with                                   |
|  |    Adams/View                            aview             |
|  |    Adams/Car                             acar              |
|  |    Adams/Driveline                       adriveline        |
|  |    Adams/PostProcessor                   appt              |
|  |    Adams/Insight                         ainsight          |
|  |    Adams/Flex Toolkit                    flextk            |
|  |    Adams/Durability Toolkit              durtk             |
|  |    MSC Registry Editor                   redit             |
|  |    MSC Registry Shell Tool               rtool             |
|  |    Custom Memory Model (uconfg_user)     cmm               |
+---------------------------------------------------------------+

    Enter your selection code or EXIT: cr-u (c)

Would you like to link in Debug mode? (CR=n) or EXIT:

 1) You may enter an object file compiled with:
       (Intel Fortran XE 2011)
     ifort /c /auto /Ob2 /MD /Gm xxx.f
          or
       (Microsoft Visual Studio 2010)
        cl /c /Ox /MD /EHsc xxx.c
 2) You may enter the name of the .f, .c or .cxx source file
 3) You may use a list file (@sub_list.lst)

Enter name of first user object or source file or EXIT:consub.c (d)
Enter name of next user object or source file (<CR>=none), or EXIT: (e)
Enter name of your ADAMS/Solver User-DLL or EXIT:consub.dll (f)

用于 80x86 的 Microsoft (R) 32 位 C/C++ 优化编译器 16.00.30319.01 版
版权所有(C) Microsoft Corporation。保留所有权利。

consub.c
consub.c(10) : warning C4028: 形参 1 与声明不同
consub.c(10) : warning C4029: 声明的形参表不同于定义

Linking Adams/Solver (User) DLL...
Microsoft (R) Incremental Linker Version 10.00.30319.01
Copyright (C) Microsoft Corporation.  All rights reserved.

"consub.obj"
"-out:consub.dll"
-def:mysolver.def
-debug:none
-nodefaultlib
-dll
"-libpath:E:\MSC~1.SOF\Adams\2013_2\win32"
msvcrt.lib msvcprt.lib
ws2_32.lib
kernel32.lib
libifcoremd.lib libmmd.lib libifportmd.lib
libirc.lib svml_dispmd.lib
asutility_imp.lib mdiloader_imp.lib
abgtire_imp.lib vpgutility_imp.lib
tire_imp.lib amd_imp.lib
   正在创建库 consub.lib 和对象 consub.exp
Adams/Solver (User) has been linked...

d:\gwd>
```

图 9-35 用户子程序的编译

同理，将上述命令符中的"consub. c"以及"consub. dll"分别替换为"**motsub. c**"及"**motsub. dll**"，即可完成对"motsub. c"文件的编译。

如图9-36所示，编译后将生成"consub. dll"及"motsub. dll"等一系列文件。

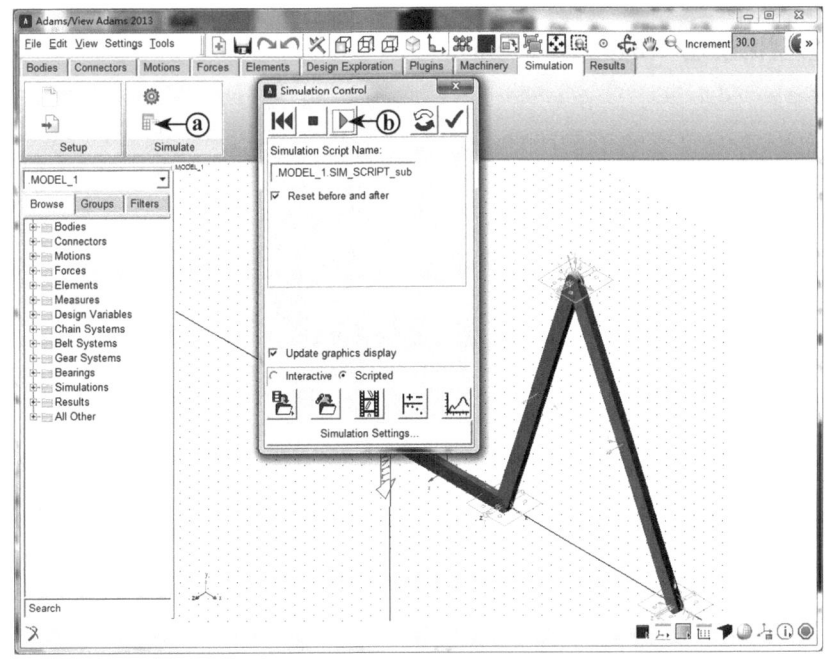

图9-36 编译完成生成"dll"文件

9.2.5 模型的仿真与分析

打开ADAMS软件，打开保存的曲柄摇杆的模型，如图9-37所示。

图9-37 仿真界面

【图9-37仿真】

a. 单击打开“SIM_SCRIPT_sub”仿真界面。

b. 单击“**Start simulation**”按钮，完成机构的仿真分析。

在“bin”文件周围会产生“gwd. txt”文件。打开“gwd. txt”文件，如图 9 – 38 所示，其中包含摇杆分别沿 x、y、z 三个轴的角速度和角加速度，和 2. 1 的仿真结果对比，各瞬时数据对应相同，从而说明了本用户子程序编写的正确性。

gwd.txt - 记事本

文件(F) 编辑(E) 格式(O) 查看(V) 帮助(H)

Wx(rad/s)	Wy(rad/s)	Wz(rad/s)	Ax(rad/s^2)	Ay(rad/s^2)	Az(rad/s^2)
-0.000000	0.000000	-0.639786	0.000000	-0.000000	-0.132769
-0.000000	0.000000	-0.603212	0.000000	-0.000000	0.051275
-0.000000	0.000000	-0.557959	0.000000	-0.000000	0.224200
-0.000000	0.000000	-0.505455	0.000000	-0.000000	0.379194
-0.000000	0.000000	-0.447381	-0.000000	-0.000000	0.511815
-0.000000	0.000000	-0.385513	-0.000000	-0.000000	0.620094
-0.000000	0.000000	-0.321567	-0.000000	-0.000000	0.704227
-0.000000	0.000000	-0.257091	-0.000000	-0.000000	0.766019
-0.000000	0.000000	-0.193396	-0.000000	-0.000000	0.808271
-0.000000	0.000000	-0.131525	-0.000000	-0.000000	0.834221
-0.000000	0.000000	-0.072259	-0.000000	-0.000000	0.847121
-0.000000	0.000000	-0.016140	-0.000000	-0.000000	0.849959
-0.000000	-0.000000	0.036492	-0.000000	-0.000000	0.845313
-0.000000	-0.000000	0.085461	-0.000000	-0.000000	0.835298
-0.000000	-0.000000	0.130717	-0.000000	-0.000000	0.821583
-0.000000	-0.000000	0.172302	-0.000000	-0.000000	0.805433
-0.000000	-0.000000	0.210320	-0.000000	-0.000000	0.787776
-0.000000	-0.000000	0.244918	-0.000000	-0.000000	0.769263
-0.000000	-0.000000	0.276268	-0.000000	-0.000000	0.750333
-0.000000	-0.000000	0.304551	-0.000000	-0.000000	0.731258
-0.000000	-0.000000	0.329949	-0.000000	-0.000000	0.712189
-0.000000	-0.000000	0.352641	-0.000000	-0.000000	0.693186
-0.000000	-0.000000	0.372796	-0.000000	-0.000000	0.674248
-0.000000	-0.000000	0.390572	-0.000000	-0.000000	0.655328
-0.000000	-0.000000	0.406111	-0.000000	-0.000000	0.636349
-0.000000	-0.000000	0.419544	-0.000000	-0.000000	0.617218
-0.000000	-0.000000	0.430987	-0.000000	-0.000000	0.597828
-0.000000	-0.000000	0.440541	-0.000000	-0.000000	0.578069
-0.000000	-0.000000	0.448296	-0.000000	-0.000000	0.557833
-0.000000	-0.000000	0.454330	-0.000000	-0.000000	0.537013
-0.000000	-0.000000	0.458707	-0.000000	-0.000000	0.515511
-0.000000	-0.000000	0.461485	-0.000000	-0.000000	0.493238
-0.000000	-0.000000	0.462712	-0.000000	-0.000000	0.470122
-0.000000	-0.000000	0.462429	-0.000000	-0.000000	0.446103

第 1 行，第 1 列

图 9 – 38　打开后的“gwd. txt”文件

最后将模型保存为“**chapter9_2. bin**”。

附 录 ADAMS 软件安装指南

ADAMS 软件安装分为 ADAMS 程序安装和 License 服务器安装两部分。这两部分软件安装是相互独立的，安装顺序也没有强制要求。一般来说，建议首先安装 License 服务器，然后再安装 ADAMS 程序。

下面以在 Windows 7 计算机操作系统环境下安装 ADAMS 软件（包含安装 License 服务器程序）为例，对 ADAMS 软件的安装过程进行介绍和说明。在其他操作系统环境下安装 ADAMS 软件过程也与此基本相同，同样可以参考。

附录 A　License 服务器安装

1) 如图 A-1 所示，右击选择 License 服务器程序，即右击 "msc_ licensing_ 11.9_ windows3264. exe" 文件，在弹出的菜单中选择 "**Run as administrator**" 命令，即以管理员身份运行服务器程序。

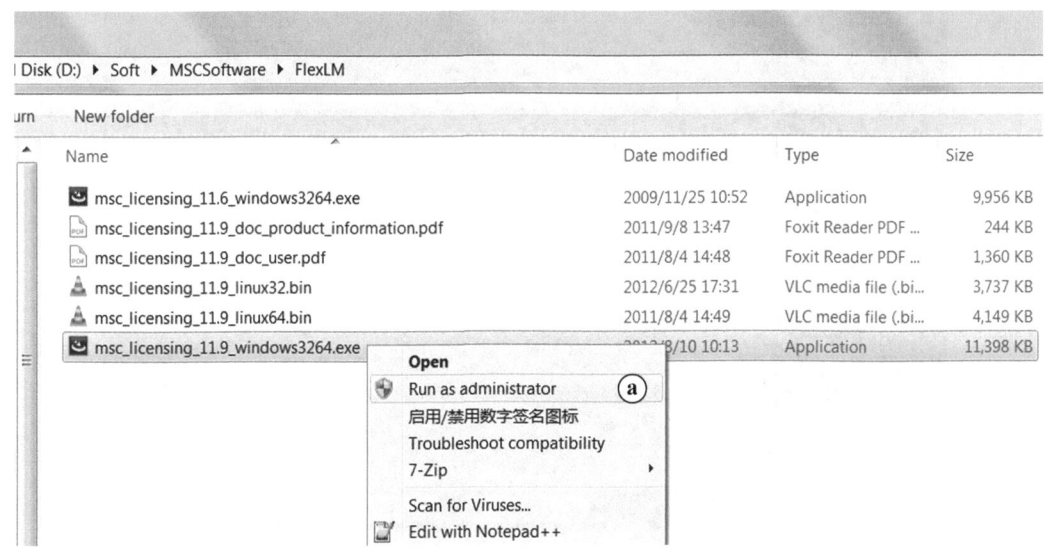

图 A-1　以管理员身份运行 License 服务器程序

2) 弹出 License 服务器安装欢迎界面，如图 A-2 所示，建议在运行此安装程序之前关闭所有 Windows 应用程序。单击 "**Next**" 按钮。

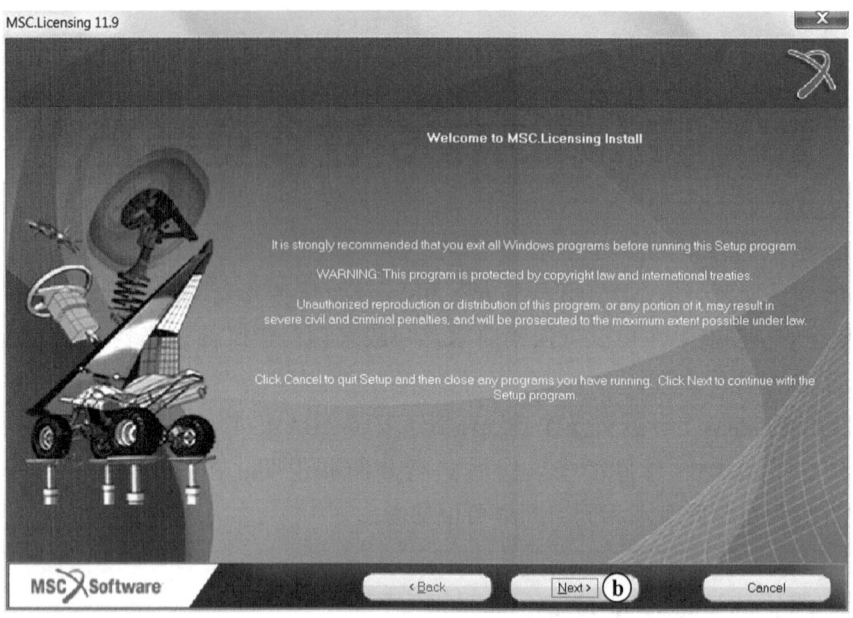

图 A-2　License 服务器安装欢迎界面

3) 安装界面显示安装计算机的信息，如图 A-3 所示，单击"**Next**"按钮。

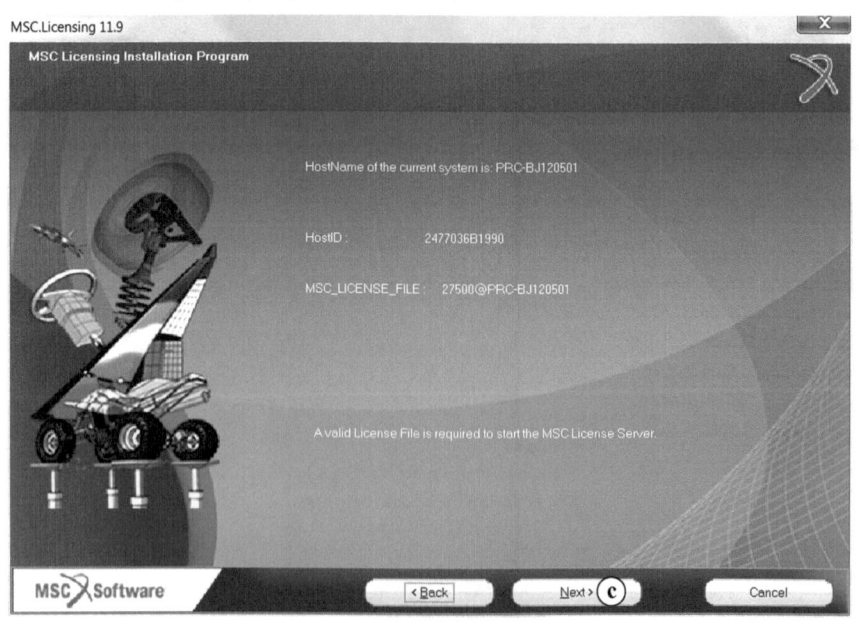

图 A-3　安装此软件的计算机信息

4) 选择本次安装的类型，建议选择系统默认的"New Installation"选项，如图 A-4 所示，单击"**Next**"按钮。

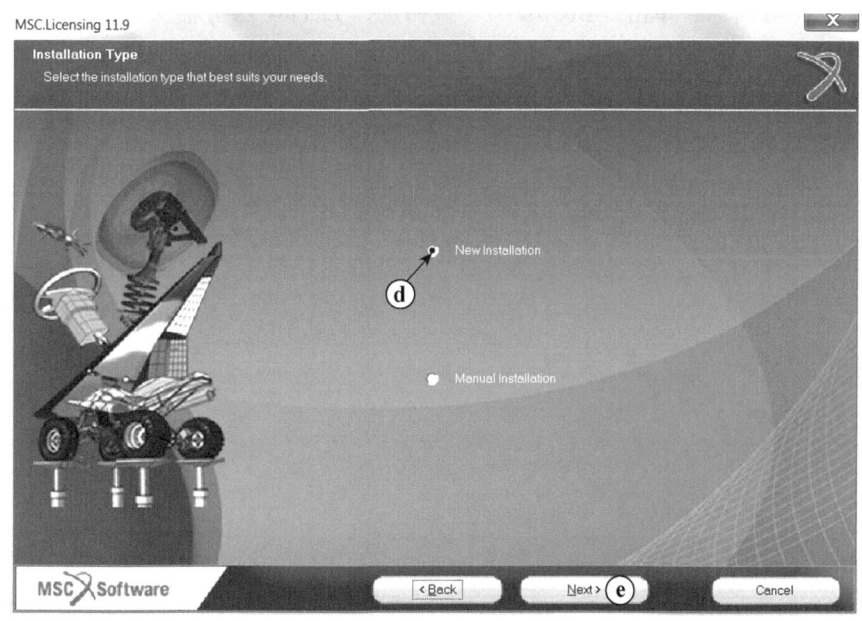

图 A-4　选择安装类型

5) 软件默认的安装位置是"C:\MSC.Software\MSC.Licensing\11.9",单击"**Browse**…"按钮可选择其他安装位置,本次安装选择的安装位置是"D:\MSC.Software\MSC.Licensing\11.9",如图 A-5 所示。

注意:此软件安装路径不支持中文字符,因此安装路径只能是英文字符或数字组合。

单击"Next"按钮。

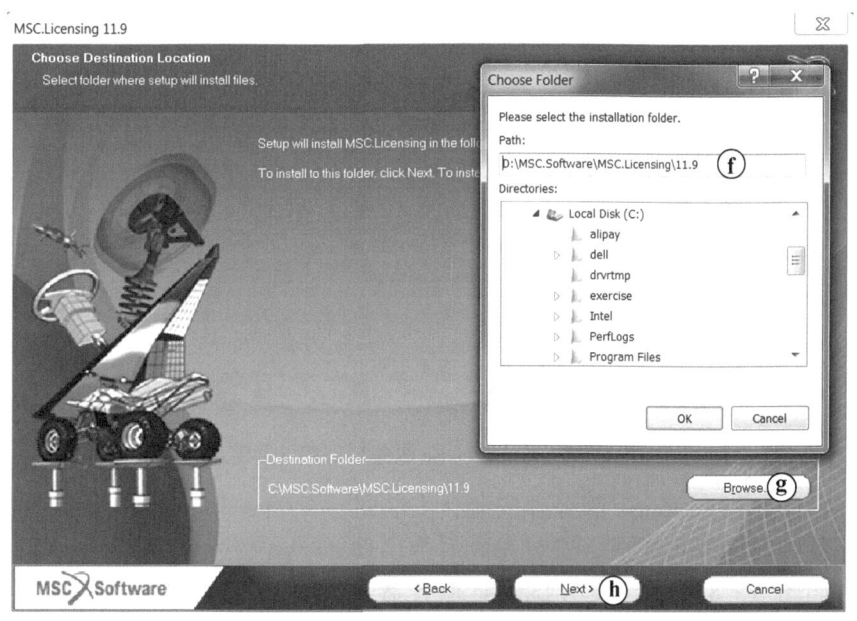

图 A-5　选择安装位置

6）如图 A-6 所示，单击"**Browse…**"按钮选择 License 服务器文件。文件有".lic"和".dat"两种格式。建议勾选"**Select this box to start the License Server automatically**"复选框，表示计算机开机后自动启动该 License 服务进程。单击"**Next**"按钮。

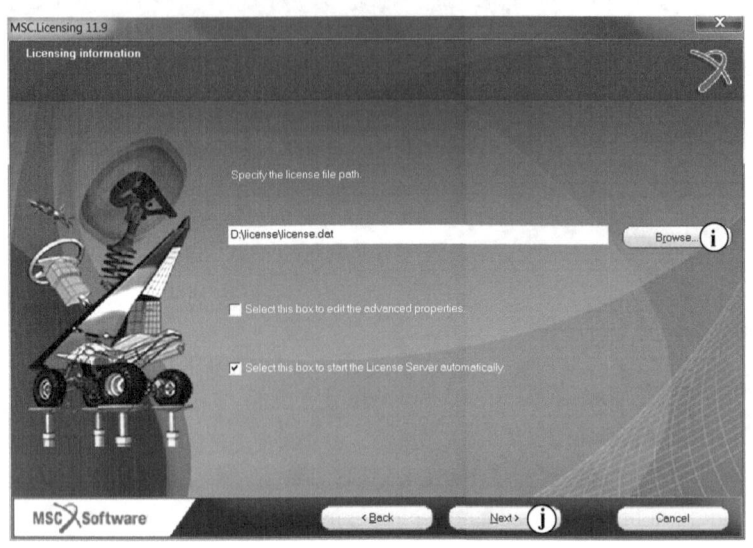

图 A-6 选择 License 服务器文件

7）如图 A-7 所示，确认当前的 License 服务器安装设置正确后，单击"**Next**"按钮。

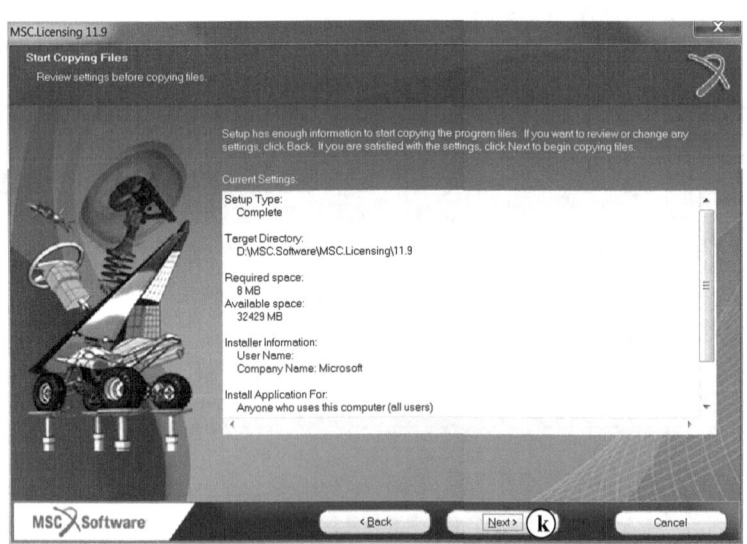

图 A-7 确认 License 服务器安装设置信息

8）系统开始进行 License 服务器安装，安装过程很快，几秒钟时间即可完成。安装完成后弹出确认对话框，如图 A-8 所示，表示 License 服务器安装成功。用户可以通过"Windows 开始菜单→程序→MSC.Software→MSC.Licensing 11.9"操作访问

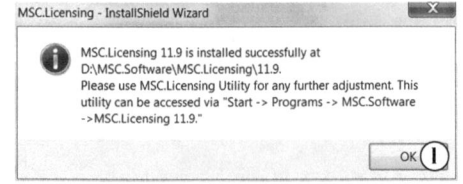

图 A-8 安装完成确认对话框

"MSC. Licensing Utility"程序，即 License 服务器程序。最后单击"**OK**"按钮。

9）安装过程完成，如图 A-9 所示，单击"**Finish**"按钮，退出安装。这样就完成了 License 服务器的安装。

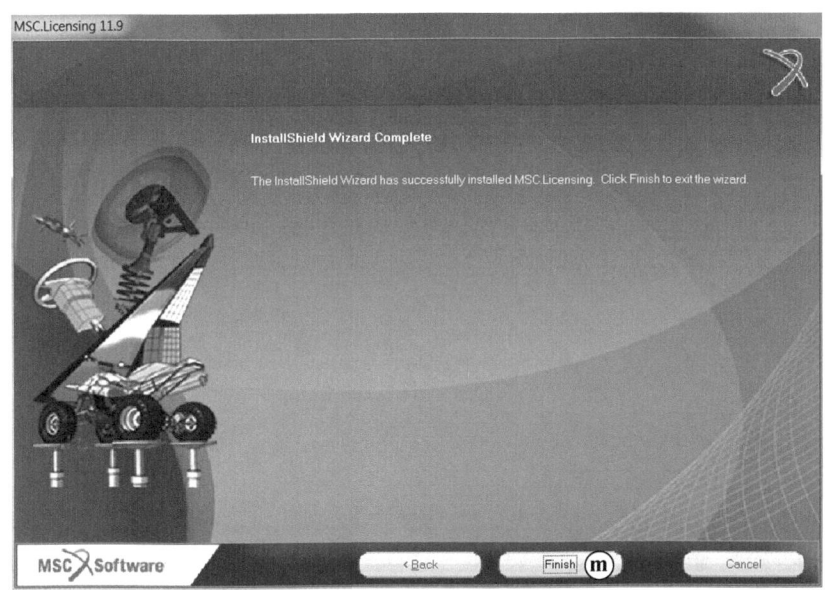

图 A-9 License 服务器安装完成

附录 B ADAMS 程序安装

1）根据计算机操作系统平台的不同，选择 ADAMS 32 位安装程序（即"adams_2013.2_windows32.exe"）或 64 位安装软件（即"adams_2013.2_windows64.exe"）。如图 B-1 所示，右击选择 ADAMS 安装程序，在弹出的菜单中选择"**Run as administrator**"命令，即以管理员身份运行该程序。

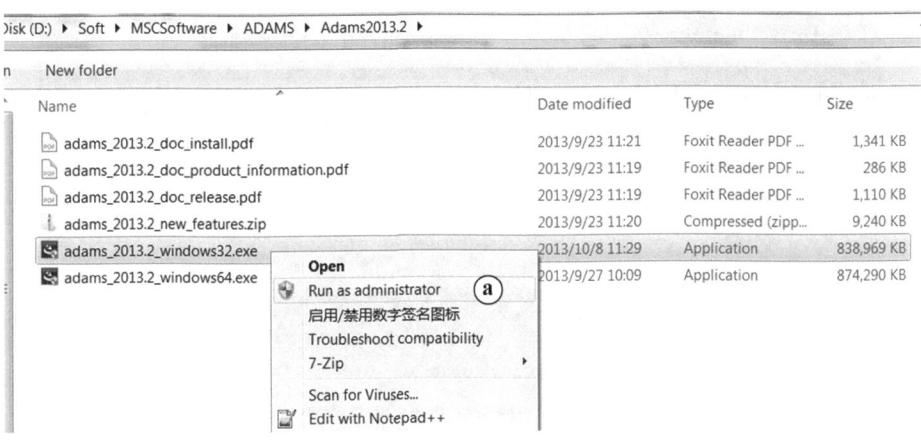

图 B-1 以管理员身份运行 ADAMS 安装程序

2) 弹出 ADAMS 程序安装欢迎界面，如图 B-2 所示，建议用户在运行此安装程序之前关闭所有的 Windows 应用程序，然后单击 "**Next**" 按钮。

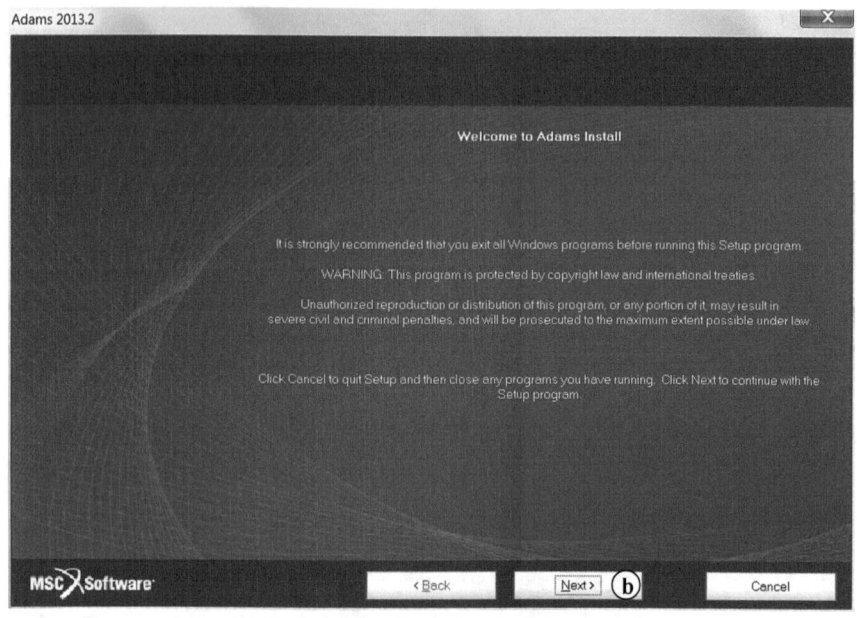

图 B-2　ADAMS 软件安装欢迎界面

3) 如图 B-3 所示，输入用户信息，包括用户名和公司名称，建议不要输入中文字符。选择默认选项 "**Anyone who uses this computer（all user）**"，表示此次安装的 ADAMS 程序能被该计算机的所有用户使用。然后单击 "**Next**" 按钮。

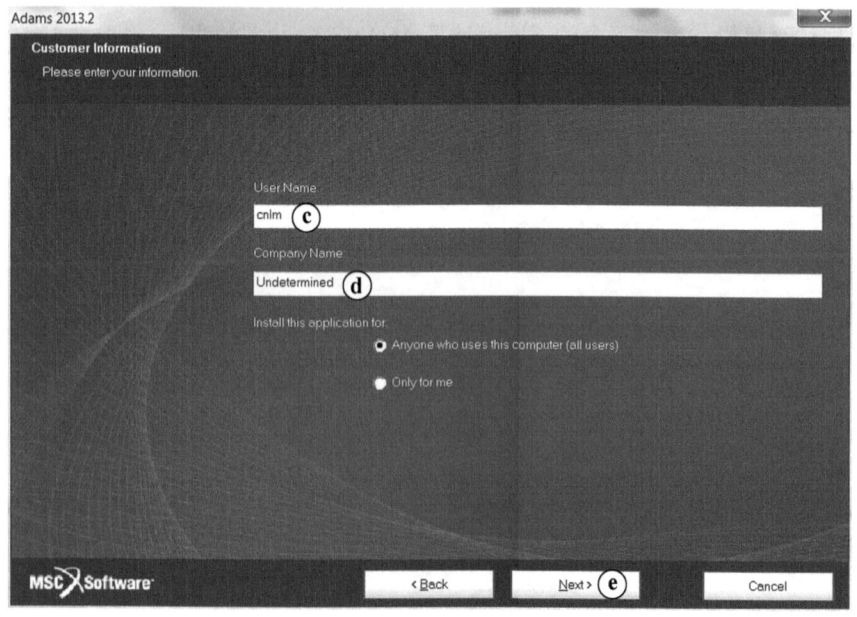

图 B-3　输入安装软件的用户信息

4）如图 B-4 所示，选择默认的安装方式"**Full**"选项，表示安装 ADAMS 程序所有的功能模块和帮助文档。软件默认的安装位置是"C: \ MSC. Software \ Adams \ 2013_2"，单击"**Browse**…"按钮可选择其他安装位置，本次安装选择的位置是"D: \ MSC. Software \ Adams \ 2013_2"。最后单击"**Next**"按钮。

注意：此程序安装路径不支持中文字符，因此安装路径只能是英文字符或数字组合。

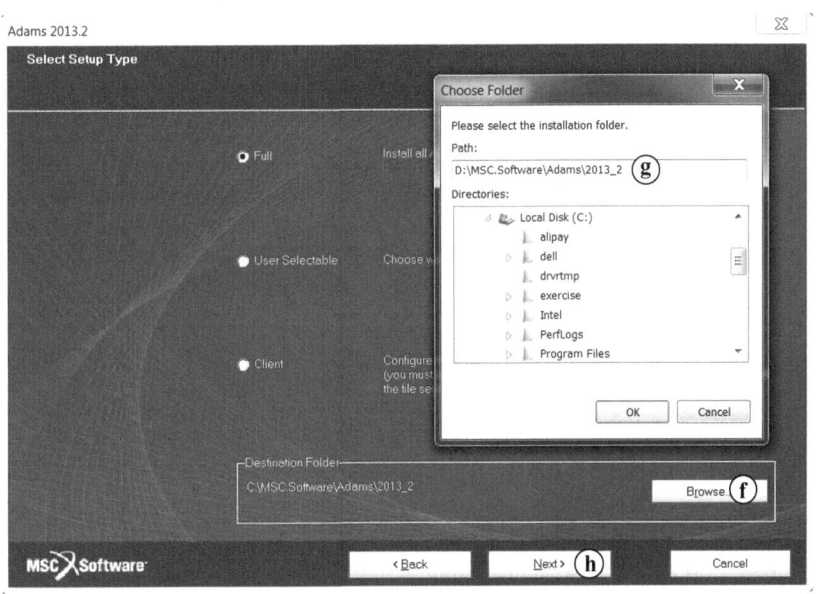

图 B-4　设置安装类型

5）如图 B-5 所示，确认当前的 ADAMS 程序安装设置正确，然后单击"**Next**"按钮。

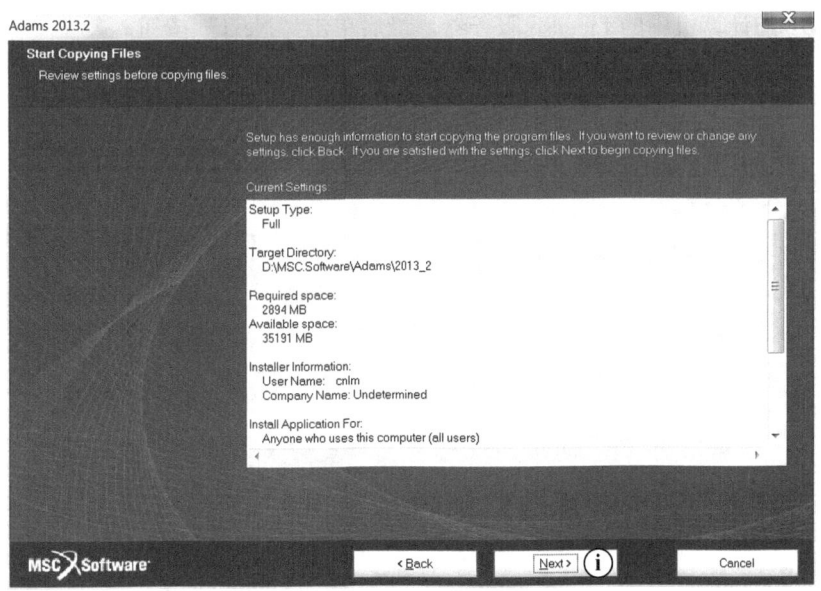

图 B-5　确认 ADAMS 程序安装设置信息

6）系统开始安装 ADAMS 程序，如图 B-6 所示。此过程需要十几分钟时间，由于计算机硬件配置的不同，安装时间会有所区别。

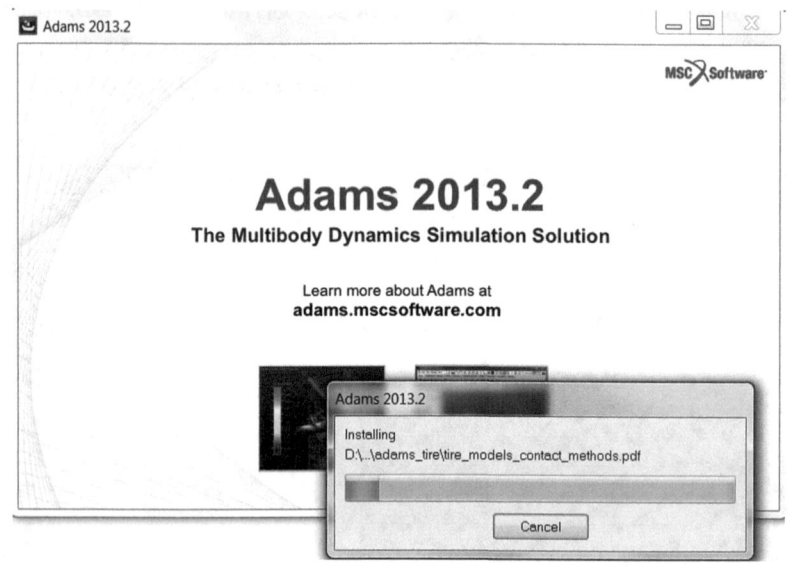

图 B-6　进行 ADAMS 程序安装

7）上述安装完成后，安装程序提示输入 ADAMS License 服务器信息，如图 B-7 所示。共有 3 种输入方式，其中"27500@ hostname"中的"hostname"表示安装 License 服务器的计算机名称。若使用第 1 种或第 2 种输入方式，则必须在计算机系统环境变量中设置"MSC_LICENSE_FILE=27500@ hostname"；若选择第 3 种输入方式，则不需要设置环境变量。本次安装输入的是"27500@ PRC-BJ120501"，表示本台计算机上安装的 ADAMS 程序使用名称为 PRC-BJ120501 的计算机中的 License 服务器。最后单击"**Next**"按钮。

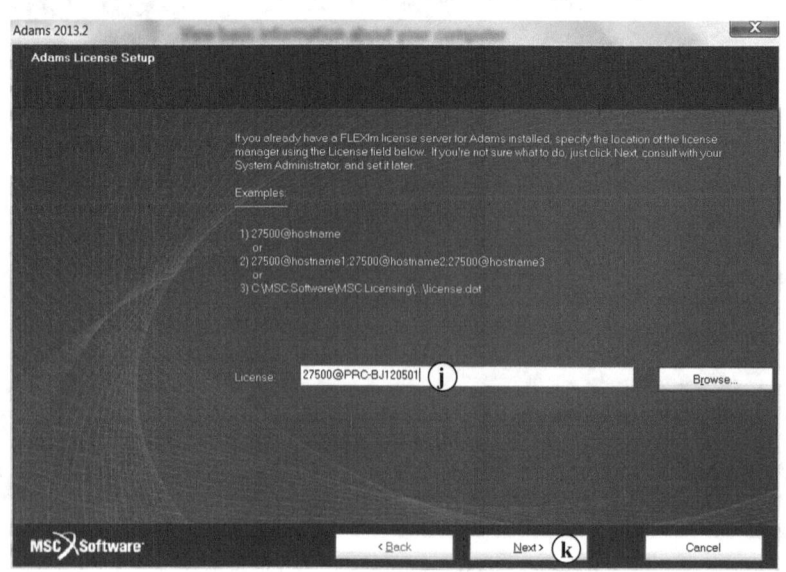

图 B-7　输入 ADAMS 使用的 License 信息

8）如图 B-8 所示，选择是否创建 ADAMS 桌面快捷方式，此处选择默认的"**Yes, I want to selectively choose my desktop icons.**"选项，然后单击"**Next**"按钮。

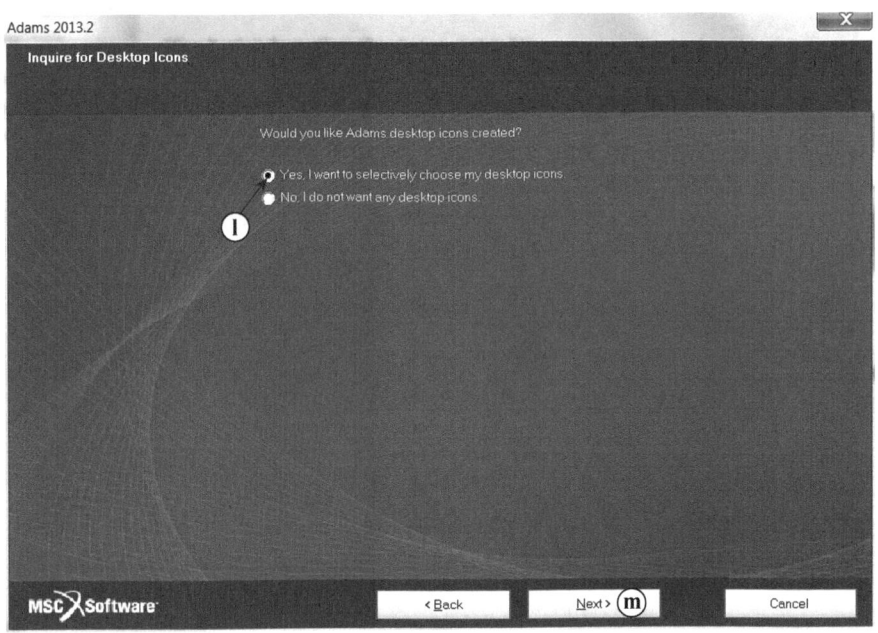

图 B-8　选择是否创建 ADAMS 桌面快捷方式

9）选择需要创建快捷方式的 ADAMS 功能模块，如图 B-9 所示。通常来说，仅选择"**Adams/View**"选项即可满足使用要求，然后单击"**Next**"按钮。

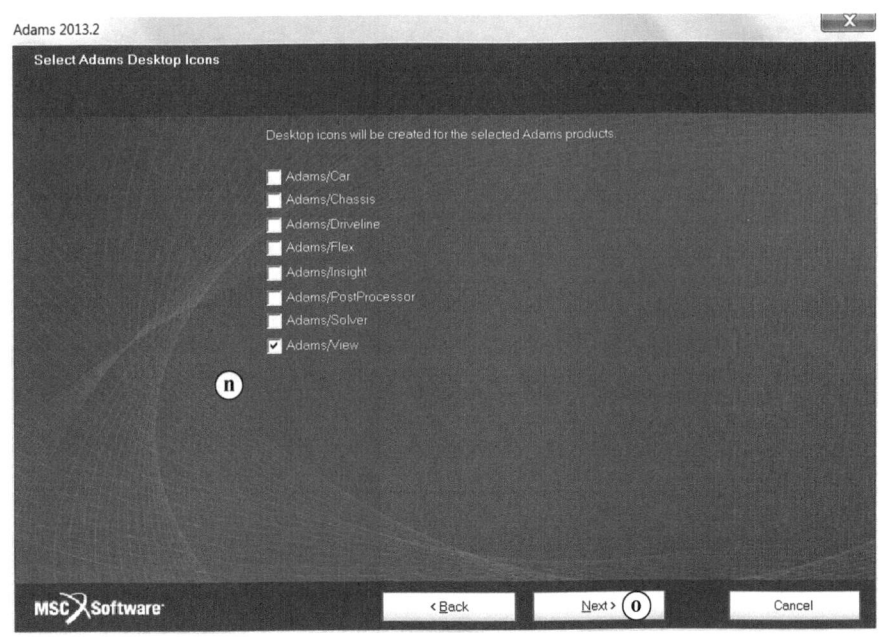

图 B-9　选择创建快捷方式的 ADAMS 功能模块

10）如图 B-10 所示，选择".acf"格式文件（批处理方式仿真运行脚本文件）关联的 ADAMS 求解器，建议选择默认选项"**Adams/Solver**"，然后单击"**Next**"按钮。

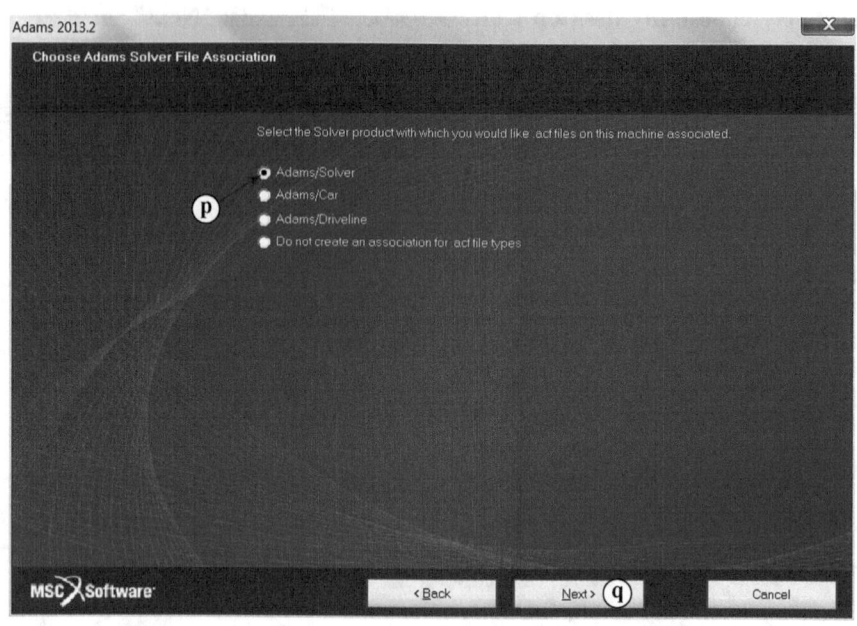

图 B-10　设置."acf"文件关联的求解器

11) 系统开始安装 ADAMS 求解器必需的 VC++ 插件，这个过程需要几分钟的时间。插件安装完成后，整个 ADAMS 软件就已安装完成，这时安装过程显示安装完成界面，如图 B-11 所示。单击"**Finish**"按钮，退出安装。

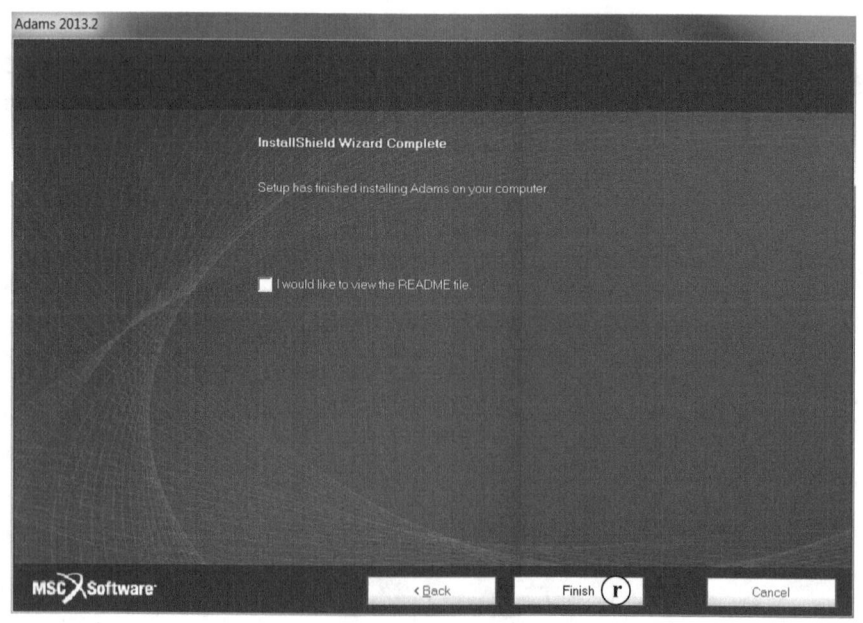

图 B-11　ADAMS 软件安装完成

12) 由于安装过程中输入的 License 服务器是"27500@ PRC-BJ120501"，这种方式要求设置环境变量。右击"我的电脑→属性→高级系统设置→环境变量→系统变量"操作，创建一个系统环境变量为"MSC_ LICENSE_ FILE =27500@ PRC-BJ120501"，如图 B-12 所示。

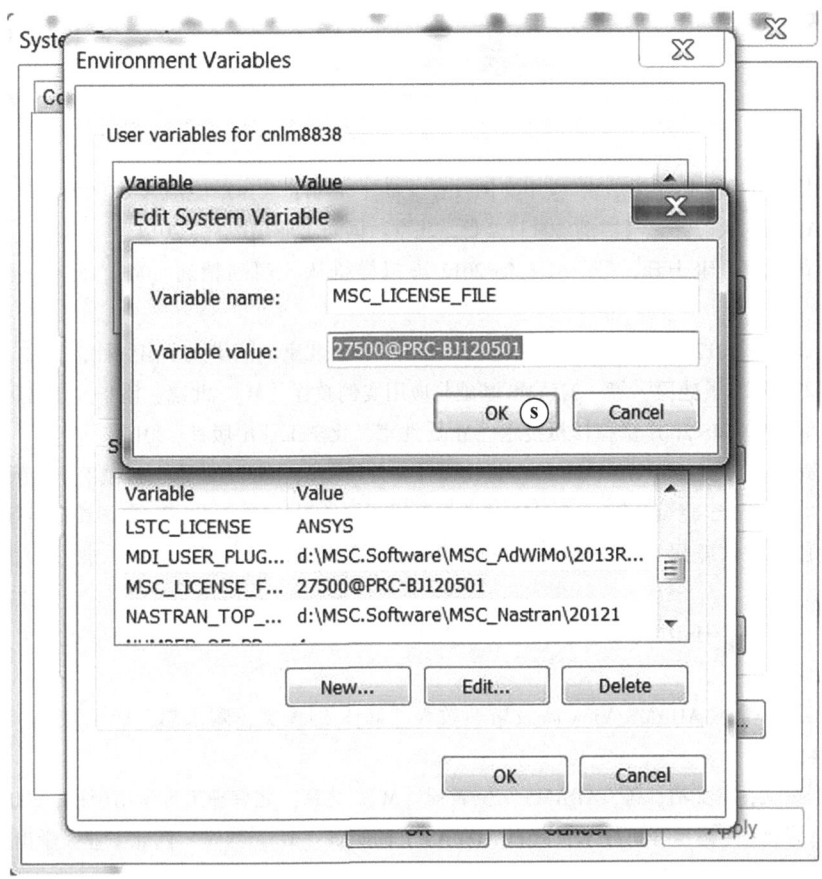

图 B-12　设置环境变量

13）通过双击桌面快捷方式"**Adams-View 2013.2**"图标，或者在 Windows "开始"菜单下单击"**Adams-View**"程序，即能启动 ADAMS/View 软件，开始 ADAMS 软件的学习旅程。

参 考 文 献

[1] 郭卫东. 虚拟样机技术与 ADAMS 应用实例教程 [M]. 北京：北京航空航天大学出版社，2008.
[2] 李增刚. ADAMS 入门详解与实例 [M]. 2 版. 北京：国防工业出版社，2014.
[3] 刘晋霞，胡仁喜，康士廷，等. ADAMS 2012 虚拟样机从入门到精通 [M]. 北京：机械工业出版社，2013.
[4] 陈峰华. ADAMS 2012 虚拟样机技术从入门到精通 [M]. 北京：清华大学出版社，2013.
[5] 赵武云，刘艳妍，吴建民，等. ADAMS 基础与应用实例教程 [M]. 北京：清华大学出版社，2012.
[6] 葛正浩，等. ADAMS 2007 虚拟样机技术 [M]. 北京：化学工业出版社，2010.
[7] 陈文华，贺青川，张旦闻. ADAMS 2007 机构设计与分析范例 [M]. 北京：机械工业出版社，2009.
[8] 石博强，申焱华，宁晓斌，等. ADAMS 基础与工程范例教程 [M]. 北京：中国铁道出版社，2007.
[9] 郑凯，胡仁喜，陈鹿民，等. ADAMS 2005 机械设计高级应用实例 [M]. 北京：机械工业出版社，2006.
[10] 陈立平，张云清，任卫群，等. 机械系统动力学分析及 ADAMS 应用教程 [M]. 北京：清华大学出版社，2005.
[11] MSC Software. MSC ADAMS/View 高级培训教程 [M]. 刑俊文，陶永忠，译. 北京：清华大学出版社，2004.
[12] 李军，刑俊文，覃文浩，等. ADAMS 实例教程 [M]. 北京：北京理工大学出版社，2002.
[13] 王国强，张进平. 虚拟样机技术及其在 ADMAS 上的实践 [M]. 西安：西北工业大学出版社，2002.
[14] 郑建荣. ADMAS——虚拟样机技术入门与提高 [M]. 北京：机械工业出版社，2002.
[15] 郭卫东. 机械原理 [M]. 2 版. 北京：科学出版社，2013.

《ADAMS 2013 应用实例精解教程》

郭卫东　李守忠　马璐　编著

读者信息反馈表

尊敬的老师：

您好！感谢您多年来对机械工业出版社的支持和厚爱！为了进一步提高我社教材的出版质量，更好地为我国高等教育发展服务，欢迎您对我社的教材多提宝贵意见和建议。另外，如果您在教学中选用了本书，欢迎您对本书提出修改建议和意见。

机械工业出版社教育服务网网址：http://www.cmpedu.com

一、基本信息

姓名：_____　性别：____　职称：_____　职务：_____
邮编：_____　地址：_____
任教课程：_____
电话：_____-_____（H）_____（O）
电子邮件：_____　手机：_____

二、您对本书的意见和建议
（欢迎您指出本书的疏误之处）

三、您对我们的其他意见和建议

请与我们联系：
100037　机械工业出版社·高等教育分社　舒恬 收
办公电话：010 - 8837 9217　　传真：010 - 6899 7455
电子邮件：shutianCMP@gmail.com